TOOL
ツール活用シリーズ

定番回路シミュレータ
LTspice
部品モデル作成術

コンデンサ/トランジスタ/トランス/モータ/真空管…どんな部品もOK！

堀米 毅 著
Tsuyoshi Horigome

CQ出版社

はじめに

■ 高嶺の花 電子回路シミュレータが誰でも使える時代に！

　私が初めて電子回路シミュレータに出会ったのは，新電元工業株式会社に入社した1996年です．回路図を描き，接続点にノード番号を振り，テキスト・エディタで，SPICE言語にて，ネットリストを作成し，コマンド入力で波形表示をしていました．

● 機能・性能制約なし！無償の定番電子回路シミュレータLTspice登場
　当時，電子回路シミュレータは非常に高価であり，職場に数えるほどしかありませんでした．ごく一部の恵まれた回路設計者だけが活用していました．
　しかし，リニアテクノロジーが素子数や機能に制約がない無償の電子回路シミュレータLTspiceを提供したことで，一種のイノベーションが生まれました．
　今まで先進国の大企業の恵まれた回路設計者だけが，電子回路シミュレータSPICEの恩恵を受けていました．フル装備のLTspiceの登場で，先進国，発展途上国を問わず，パソコンさえあれば，誰でも活用できるようになりました．

■ 電子回路シミュレータを使うときに求められること

● 最初に学んだこと…回路のことをちゃんと知らないとあまり使えない
　電子回路シミュレータで，私が最初に学んだことは，自分で解析結果の確からしさを判断できる眼力が必要であるということです．正確な回路知識がないと，シミュレーションの結果を信じてしまいますが，実機の波形と一致しないこともよくあります．

● 正確な回路知識があると等価回路がわかる！格段にうまく活用できる
　電子回路シミュレータは入力されたネットリストを正確に計算するものです．つまり，実際の回路設計のときに考慮するのと同じように，回路図には描かれていない素子(寄生素子)を入力すれば，再現性が高くなります．等価回路を作成する技術があれば，電子回

路シミュレータの適応範囲，応用範囲は格段に広がることもわかりました．

　私は幸運なことに，新電元工業時代に，デバイス・モデリング技術の先駆者のそばで，業務をする機会を与えられ，習得しました．デバイス・モデリング技術は，聞きなれない言葉ですが，言い換えれば，等価回路技術になります．任意のデバイスの等価回路がアイデアを出して作れればネットリストになり，そのデバイスの動作および機能が表現できれば，SPICEモデルになります．等価回路技術を向上させることで，あらゆる部品(電池，モータ，センサ，ヒューズ)のSPICEモデルの作成も可能になります．アイデア次第です．

　電子回路シミュレータは単なる計算機です．自分が電子回路したい回路図を構成する電子部品のSPICEモデルが必要不可欠になります．本書では，最低限知っていた方が良い部品モデル(電子部品／半導体などのSPICEモデル)の作成方法や考え方を解説しています．

私が期待すること

● SPICEにもっと慣れ親しんでもらえれば…

　リニアテクノロジーは，LTspiceだけではなく，多種多様な回路方式のシミュレーション用テンプレートも提供しており，通常ほとんど情報が公開されていないICのSPICEモデルが非常に充実しています．商用SPICEにはない機能も多くあり，内容も実務的です．この素晴らしいLTspiceをさらに実務で役立てるため，代表的な電子部品のSPICEモデルについて学習していただければと思います．PSpiceユーザも活用できる内容です．

● SPICE教育が実施されれば…

　私は，タイにデバイスモデリング研究所を設立しました．タイでは電子工学科の3年生でSPICE教育が実施されており，社会人のときにはSPICEがすぐに活用できます．日本においてもSPICE教育が実施されることを切に願います．

*

　本書がSPICEを有効活用したい方々に少しでもお役に立てれば幸いです．

　最後に私に等価回路技術を伝承してくださった恩師(故)原田 雅之氏，なかなか家に帰らない私を見守ってくれている妻，いろいろなプロジェクト参加の機会を与えてくれた方々，支援してくれた方々，そして編集にご尽力いただいたCQ出版社の上村 剛士氏と内門 和良氏に紙面を借りてお礼申し上げます．

2013年3月　堀米 毅

CONTENTS
目次

はじめに ………………………………………………………………………………… 2
付属CD-ROMの収録内容 ……………………………………………………………… 11

イントロダクション
こんないいものありません！電子回路シミュレーション ………………… 17

第1部　LTspice電子回路シミュレーション スタートアップ ……… 25

第1章
無償の電子回路シミュレータLTspice ………………………………………… 27
1-1──LTspiceの特徴 ………………………………………………………………… 27
1-2──LTspiceのいいところ ……………………………………………………… 31
1-3──LTspiceの入手方法とインストール ……………………………………… 32
　　　Column（1-Ⅰ）　LTspiceをちゃんと使うために必要なこと　33

第2章
まずやってみよう！電子回路シミュレーション ……………………………… 35
2-1──交流電源からDC電圧を作る電源回路をシミュレーション …………… 35
Appendix　LTspiceの参考情報があるウェブサイト ………………………… 43

第2部　部品モデル作りの基礎知識 ……………………………………… 45

第3章
部品モデルに必要なこと …………………………………………………………… 47
3-1──部品モデルを使えるようにするには ……………………………………… 47

第4章
SPICEモデルその1：パラメータ・モデル ……………………………………… 51
4-1──だいたいの動作を把握するには十分！パラメータ・モデル …………… 51
4-2──ケース1：パラメータ・モデル（SPICEモデル）と回路図シンボルが
　　　既に関連付けられている場合 ………………………………………………… 52
4-3──ケース2：パラメータ・モデル（SPICEモデル）と回路図シンボルが
　　　関連付けられていない場合 …………………………………………………… 52
Appendix　パラメータ抽出ツールの入手方法と使い方 …………………… 59

第5章
SPICEモデルその2：等価回路モデル ……………………………………………… 65
- 5-1────すべての部品が表せる！等価回路モデル ……………………………………… 65
- 5-2────ケース1：等価回路モデル(SPICEモデル)と回路図シンボルが
  既に関連付けられている場合 …………………………………………………… 66
- 5-3────ケース2：等価回路モデル(SPICEモデル)をLTspiceの標準回路図シンボルと
  関係付ける場合 …………………………………………………………………… 66
- 5-4────ケース3：等価回路モデル(SPICEモデル)を新規の回路図シンボルと
  関係付ける場合 …………………………………………………………………… 72
- Appendix すべての部品は等価回路で表せる！アナログ・ビヘイビア・モデル
  による酸素センサのモデル作成例 ……………………………………………… 79

第6章
従来のPSpiceモデルをLTspiceモデルに置き換える方法 ……………… 85
- 6-1────LTspiceは多くのPSpice用モデルをかなりそのまま使える ………………… 85
- 6-2────LTspiceでは使用できないPSpiceモデル ……………………………………… 85
- 6-3────一部修正すればLTspiceに使用できるPSpiceモデル ……………………… 86
- 6-4────PSpiceモデルをLTspiceで使用する場合の注意点 ………………………… 87
- 6-5────PSpiceの電圧制御電圧源(EVALUE)と電圧制御電流源(GVALUE)の再現 …… 88

第3部　ためして合点！部品モデルの作り方 ………………………………… 91

第7章
部品：抵抗　再現：インピーダンス特性 ……………………………………… 93
- 7-1────抵抗の等価回路モデル ………………………………………………………… 93
- 7-2────カーボン皮膜抵抗のSPICEモデルを作成 …………………………………… 95
- 7-3────セメント抵抗のSPICEモデルを作成 ………………………………………… 98

第8章
部品：汎用ダイオード　応用：整流回路 ……………………………………… 101
- 8-1────汎用ダイオード・モデルを作成して整流回路を再現 ……………………… 101
- 8-2────「汎用ダイオード」のモデル作成手順 ……………………………………… 102
- 8-3────手順1：順方向特性(IS, N, RS, IKF)を求める …………………………… 103
- 8-4────手順2：接合容量特性(CJO, M, VJ)を求める …………………………… 106
- 8-5────手順3：逆回復特性(TT)を求める ………………………………………… 108
- 8-6────作成したモデルを使った電子回路シミュレーション …………………… 110
  - Column(8-I)　モデル作成ツールPSpice Model Editorの無償評価版　108

Appendix　部品モデルの善しあしの評価…汎用ダイオードの例　113
　8-A──汎用ダイオード・モデルの評価項目は三つ　113

第9章
部品：電解コンデンサ　応用：整流／電源回路　117
　9-1──電解コンデンサのモデルを改良して整流回路のリプル波形を再現　117
　9-2──コンデンサのSPICEモデル　119
　9-3──3素子モデルのパラメータを求める方法　122
　9-4──モデル作成＆チューニングのための準備！
　　　　インピーダンス特性をシミュレーションで求める　125
　9-5──チューニング！　125
　9-6──補足：セラミックやフィルムの場合は？　128
　9-7──作成したモデルを使ってシミュレーション　129
　　　　Column（9-Ⅰ）　大電流では配線パターンの等価回路が必要　121

Appendix　等価回路モデルを一つの部品として扱う方法　131

第10章
部品：ショットキー・バリア・ダイオード　応用：誘導負荷の駆動回路　133
　10-1──目標：ショットキー・バリア・ダイオード・モデルを作成して誘導負荷回路を再現　133
　10-2──モデル作成手順　136
　10-3──手順1：エネルギ・ギャップ(EG)を決定する　137
　10-4──手順2：順方向特性(IS, N, RS, IKF)を求める　138
　10-5──手順3：容量特性(CJO, M, VJ)　141
　10-6──逆回復時間(TT)を求める　142
　10-7──手順5：デバイスの耐圧(BV, IBV)を求める　144
　10-8──手順6：モデル・パラメータを微調整する　144
　10-9──作成したモデルを使ってシミュレーションしてみる　146

Appendix A　部品の温度解析…SiC MOSFETの高温解析の例　148

Appendix B　きめ細かく忠実に特性を表現できる等価回路モデル　151

第11章
部品：コイル　応用：スイッチング電源回路　155
　11-1──目標：コイルのSPICEモデルを作成して，
　　　　スイッチング電源回路の出力ノイズを再現　155
　11-2──コイルのモデルのいろいろ　159
　11-3──2素子モデルを使った標準的なスイッチング電源のシミュレーション　164
　11-4──基本中の基本「3素子モデル」の作り方　167

Column(11-Ⅰ) コイルの直流重畳特性をモデリングする方法　161
Column(11-Ⅱ) チョーク・コイルのSPICEモデル　163

第12章
部品：パワーMOSFET　応用：DC-DCコンバータ回路 ……………173
12-1――パワーMOSFETのSPICEモデルを作成して，
　　　　DC-DCコンバータ回路の動作を再現 ………………………………………173
12-2――パワーMOSFETのSPICEモデル ……………………………………………177
12-3――パワーMOSFETのSPICEモデル作成手順 …………………………………179
12-4――〜MOSFET本体のモデル〜手順1：製造プロセス情報(L, W, TOX)を求める ……180
12-5――手順2：順方向伝達コンダクタンス特性(KP)を求める ……………………181
12-6――手順3：伝達特性(VTO)を求める …………………………………………183
12-7――手順4：ドレイン-ソース間オン抵抗(RD)を求める ………………………184
12-8――手順5：ドレイン-ソース間シャント抵抗(RDS)を求める …………………185
12-9――手順6：ゲート・チャージ特性(CGSO, CGDO)を求める …………………186
12-10――手順7：端子間容量特性(MJ, PB)を求める ………………………………188
12-11――手順8：ゲート・オーミック抵抗(RG)を求める …………………………191
12-12――〜ボディ・ダイオードのモデル
　　　　〜手順9：ボディ・ダイオードのI-V特性(IS, N, RS, IKF)を求める …………192
12-13――手順10：ボディ・ダイオードの逆回復特性(TT)を求める ………………193
12-14――手順11：ボディ・ダイオードのその他のモデル・パラメータ(BV, IBV)を求める ……194
12-15――〜ESD保護素子のモデル〜手順12：保護ダイオードのSPICEモデルの追加 ……195
12-16――〜MOSFET全体のモデルの作成〜手順13：パッケージの影響を表現する ………196
12-17――手順14：本体，ボディ・ダイオード，ESD保護素子，
　　　　端子間の抵抗成分を合体する ………………………………………………197
　　　　　Column(12-Ⅰ)　パワーMOSFETパッケージの影響をモデルに組み込む　198

第13章
部品：電源制御IC　応用：DC-DCコンバータ回路 ……………………199
13-1――電源制御ICのSPICEモデルを作成して，DC-DCコンバータ回路の動作を再現 ……199
13-2――ICのモデリングのコモンセンス ……………………………………………201
13-3――必要な機能と調べたい性能を決める ………………………………………203
13-4――チョーク・コイルと電解コンデンサのSPICEモデル ………………………205
13-5――シミュレーション波形を調べてみる ………………………………………208

第14章
部品：バイポーラ・トランジスタ2SC1815　応用：LEDドライブ ……213
14-1――バイポーラ・トランジスタのSPICEモデルを作成して，
　　　　LEDドライブ回路動作を再現 ………………………………………………213

14-2	バイポーラ・トランジスタのSPICEモデルを作成する ………………… 216
14-3	バイポーラ・トランジスタのSPICEモデル作成手順 …………………… 217
14-4	手順1：逆方向アーリー電圧より，モデル・パラメータ(VAR)を求める ………… 218
14-5	手順2：逆方向ベータ特性より，
	モデル・パラメータ(BR, IKE, ISC, NC)を求める …………… 220
14-6	手順3：ベース-エミッタ間飽和電圧より，モデル・パラメータ(IS, RB)を求める … 221
14-7	手順4：順方向アーリー電圧より，モデル・パラメータ(VAF)を求める ……… 223
14-8	手順5：順方向ベータ特性より，
	モデル・パラメータ(BF, IKF, ISE, NE, NK)を求める ………… 224
14-9	手順6：コレクタ-エミッタ間飽和電圧より，モデル・パラメータ(RC)を求める … 226
14-10	手順7：ベース-コレクタ間容量特性より，
	モデル・パラメータ(CJC, VJC, MJC)を求める ……………… 227
14-11	手順8：ベース-エミッタ間容量特性より，
	モデル・パラメータ(CJE, VJE, MJE)を求める ……………… 229
14-12	手順9：スイッチング特性(下降時間)より，モデル・パラメータ(TF)を求める … 231
14-13	手順10：スイッチング特性(蓄積時間)より，モデル・パラメータ(TR)を求める … 232

第15章
部品：白色発光ダイオード　応用：LEDドライブ回路 …… 235

15-1	白色発光ダイオードのSPICEモデルを作成して，LEDドライブ回路の波形を再現 … 235
15-2	白色LEDの特徴と駆動方法 ……………………………………… 236
15-3	LEDのSPICEモデルの作り方 …………………………………… 238
15-4	手順1：順方向特性(IS, N, RS, IKF)を求める
	～汎用ダイオードと比べて測定ポイントを多くする～ …………… 239
15-5	手順2：容量特性(CJO, VJ, M)を求める
	～逆電圧は絶対に大きくし過ぎない！5Vまで～ ………………… 241
15-6	手順3：逆回復特性より，(TT)を求める
	～小さいIRで逆回復時間を計らなければならない～ ……………… 242
15-7	手順4：デバイスの耐圧より(BV, IBV)を求める ………………… 243
15-8	完成したLEDモデルをドライブ回路に組み込んでシミュレーション …… 244

第16章
部品：エミフィルとプロードライザ　応用：FPGA用電源回路 …… 247

16-1	FPGA用電源回路の出力特性を再現する …………………………… 247
16-2	入力側フィルタのSPICEモデルを作成する ……………………… 249
16-3	出力側フィルタのSPICEモデルを作成する ……………………… 258
16-4	作成したフィルタのモデルを使ってシミュレーション …………… 263
	Column(16-I)　LTspiceにはリニアテクノロジーの電源ICモデルが用意されている　266

第17章
部品：IGBT　応用：モータ駆動回路 ………………………………………………… 267
- 17-1——IGBTのSPICEモデルを作成してモータ駆動回路の動作を再現 ……………… 267
- 17-2——モデル作成前に…IGBTの特徴 ……………………………………………… 270
- 17-3——IGBTのSPICEモデル ………………………………………………………… 270
- 17-4——IGBTのSPICEモデルを作る手順 …………………………………………… 275
- 17-5——準備1：SPICEモデル作成を効率よく行うための準備 ……………………… 276
- 17-6——準備2：合わせこみに使わないパラメータを設定 …………………………… 278
- 17-7——手順1：伝達特性に関わるパラメータを決定する …………………………… 278
- 17-8——手順2：飽和特性に関わるパラメータを決定する …………………………… 281
- 17-9——手順3：ゲート・チャージ特性に関わるパラメータの決定 ………………… 282
- 17-10——手順4：スイッチング特性（上昇時間）に関わるパラメータの決定 ……… 285
- 17-11——手順5：スイッチング特性（下降時間）に関わるパラメータの決定 ……… 287
- 17-12——手順6：その他に必要なパラメータ値の入力 ……………………………… 288
- 17-13——完成したIGBTモデルをモータ駆動回路に組み込んでシミュレーション … 289

第18章
部品：DCモータ　応用：モータ駆動回路 ……………………………………………… 291
- 18-1——DCモータのSPICEモデルを作成してモータ・ドライブ回路の動作を再現 … 291
- 18-2——DCモータのSPICEモデルを作成する前に ………………………………… 294
- 18-3——DCモータの3種類のSPICEモデル ………………………………………… 297
- 18-4——作成手順 ……………………………………………………………………… 299
- 18-5——準備1：トルク定数K_tの計算 ……………………………………………… 299
- 18-6——準備2：逆起電力の定数K_eの計算 ………………………………………… 300
- 18-7——手順1：周波数測定に関わるパラメータの決定 …………………………… 301
- 18-8——手順2：電流波形に関わるパラメータの決定 ……………………………… 303
- 18-9——手順3：電圧波形に関わるパラメータの決定 ……………………………… 304
- 18-10——手順4：部分的パラメータの最適化 ………………………………………… 304
- 18-11——完成したDCモータのSPICEモデルの機能 ……………………………… 305
- 18-12——IGBTをドライブするフォトカプラのモデル ……………………………… 307
- 18-13——完成したDCモータのSPICEモデルを組み込んでシミュレーション …… 309
    - Column（18-Ⅰ）　ステッピング・モータのSPICEモデル　311

第19章
部品：トランス　応用：絶縁型スイッチング電源 …………………………………… 313
- 19-1——トランスのSPICEモデルを作成してスイッチング電源の動作を再現 ……… 313
- 19-2——3種類のSPICEモデル ………………………………………………………… 316

19-3──インダクタンス周波数特性＋結合係数モデルの作り方·················319
19-4──手順1：1次側に関わるパラメータの決定·····················320
19-5──手順2：2次側に関わるパラメータの決定·····················321
19-6──手順3：リーケージ・インダクタンスに関わるパラメータの決定·········322
19-7──手順4：ネットリストにまとめる··························323
19-8──トランス以外のデバイスのSPICEモデル作成···················324
19-9──絶縁型フライバック・コンバータ回路に組み込んで再現シミュレーション···329

第20章
部品：太陽電池　再現：日照変化時の出力特性···············333
20-1──LTspiceでシミュレーションできる範囲······················333
20-2──基礎知識…太陽電池のデータシートの見方····················334
20-3──太陽電池の等価回路とシミュレーション結果···················336
20-4──等価回路のパラメータを決めてモデルを完成させる···············340
20-5──天候に応じた出力特性の表現方法·························343

第21章
部品：真空管　応用：オーディオ・アンプ·················345
21-1──三極管の特性と等価回路······························345
21-2──三極管のSPICEモデルを作成·····························348
21-3──三極管シングル電力増幅回路を設計·························351
21-4──やってみよう！真空管アンプのシミュレーション················357

第22章
部品：スピーカ 再現：シミュレーション波形を音声ファイルとして聴く！ ···363
22-1──スピーカのSPICEモデル·······························363
22-2──準備：スピーカの周波数特性（インピーダンス特性）を取得する·········365
22-3──手順1：電気系のインピーダンスに関わるパラメータの決定···········367
22-4──手順2：機械系のインピーダンスに関するパラメータの決定··········367
22-5──手順3：ネットリストにまとめる·························369
22-6──スピーカのSPICEモデルの周波数特性をシミュレーションする·········370
22-7──音源の回路を作成してファイル出力·······················371

　　　　参考文献　　375
　　　　初出一覧　　376
　　　　索引　　　　377

▶本書は，トランジスタ技術2011年7月号〜2012年7月号に掲載された連載「電子回路シミュレータLTspiceで実波形を再現！」を中心に加筆・修正を行い，さらに書き下ろし記事を追加して再構成したものです．流用元は初出一覧に記載してあります．

付属CD-ROMの収録内容

Windows XP/Vista/7/8で動作を確認しています.

CD-ROMを開いたとき表示される画面を図1に示します. 付属CD-ROMには以下の三つが収録されています.

- 電子回路シミュレータLTspice(リニアテクノロジー社)
- 150種類以上の部品モデル
- 本書で解説しているシミュレーションのファイル

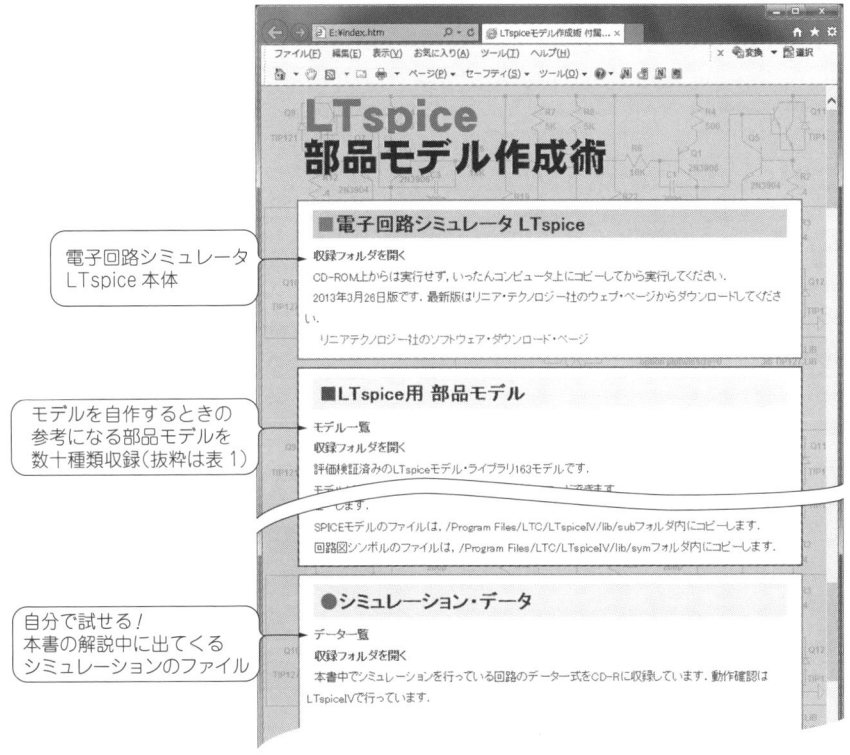

図1 CD-ROMのトップ・ページ(index.htm)

● 150種類以上の部品モデル

　自分でモデルを作成するときの参考になるように，さまざまな部品のモデルを収録しています．収録したモデルの一部を**表1**(pp.14-15)に示します．

　図1の「モデル一覧」をクリックして表示される画面を**図2**に示します．部品モデルは，**図3**に示すように，3種類のファイルをまとめたzipファイルになっています．評価レポートには，データシートや実測の特性とどの程度一致しているかをまとめてあります．

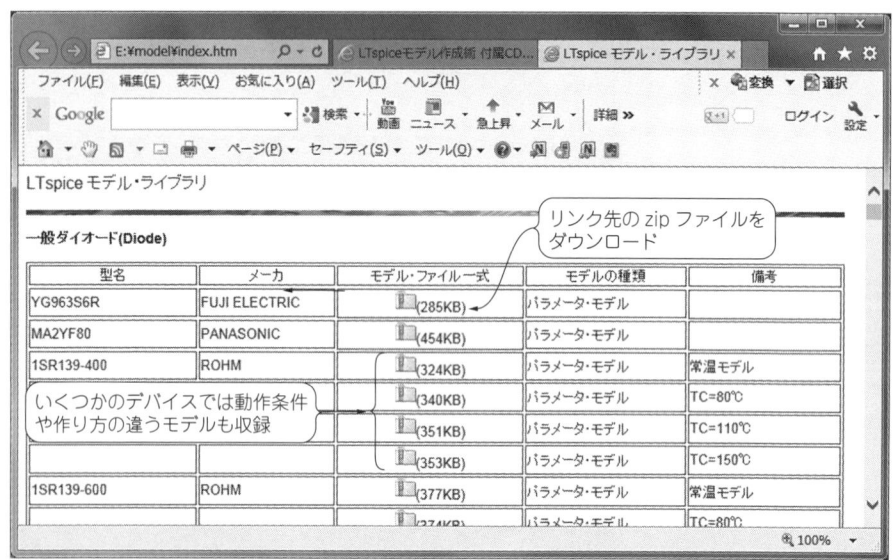

図2　CD-ROMにあるLTspiceの部品モデル一覧のページ
モデル・ファイル一式がまとめられたzipファイルがダウンロードできる

図3　モデル・ファイル一式の中身

▶複数のモデルを収録しているデバイスもある

いくつかのデバイスでは，モデルを複数収録しています．

例えば小信号ダイオード1SS397は，パラメータ・モデルと等価回路モデルの両方を収録しています．この二つのモデルは，図4に示すように，逆回復特性の再現性が異なります．等価回路モデルのほうが，実測特性をよく再現しています．ただし，等価回路モデルは作成がかなり難しくなります．

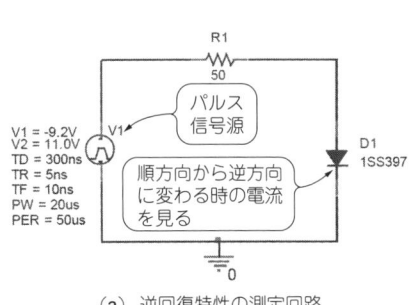

(a) 逆回復特性の測定回路

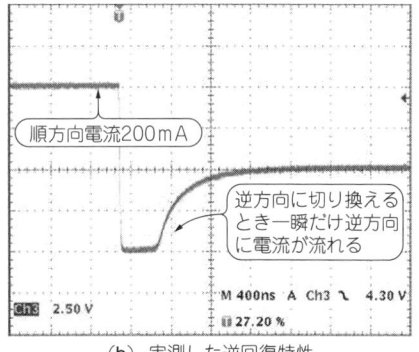

(b) 実測した逆回復特性

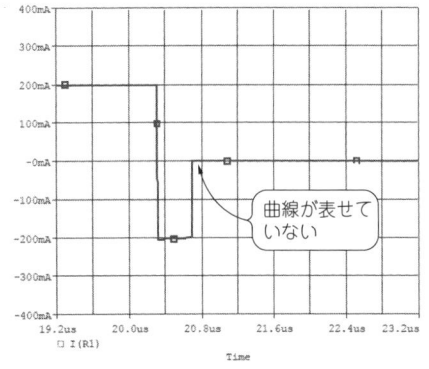

(c) パラメータ・モデルの逆回復特性

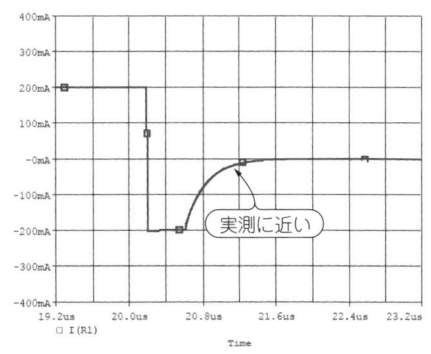

(d) 等価回路モデルの逆回復特性

図4　再現性などが異なる複数のモデルを収録しているデバイスもある
小信号ダイオード1SS397の例．等価回路モデルのほうが再現性は良い．しかしパラメータ・モデルのほうが作りやすい

表1 付属CD-ROMに収録しているLTspice用部品モデル(抜粋)

すべて評価レポート付きなので,どの程度の精度があるモデルなのかを確認して使える

部品の種類	型 名	メーカ	モデルの種類
小信号スイッチング・ダイオード	1SS187	東芝	パラメータ・モデル
	1SS250		パラメータ・モデル
	1SS272		パラメータ・モデル
	1SS370		パラメータ・モデル
	1SS397		パラメータ・モデル 等価回路モデル(逆回復特性に再現性がある)
	1SS400	ローム	パラメータ・モデル
整流用ダイオード	1SR139-600	ローム	パラメータ・モデル パラメータ・モデル(T_C=80℃) パラメータ・モデル(T_C=110℃) パラメータ・モデル(T_C=150℃)
	1SR153-400		パラメータ・モデル パラメータ・モデル(T_C=80℃) パラメータ・モデル(T_C=110℃) パラメータ・モデル(T_C=150℃)
	1SR154-400		パラメータ・モデル パラメータ・モデル(T_C=80℃) パラメータ・モデル(T_C=110℃) パラメータ・モデル(T_C=150℃)
	FML-G14S	サンケン電気	パラメータ・モデル
	D1NL20U	新電元工業	パラメータ・モデル
	D3SB80		パラメータ・モデル
	S3K60		パラメータ・モデル
	S3L60		パラメータ・モデル
	1R5GZ41	東芝	パラメータ・モデル
	20GL2C41A		パラメータ・モデル パラメータ・モデル(T_C=80℃) パラメータ・モデル(T_C=110℃) パラメータ・モデル(T_C=150℃)
ショットキー・バリア・ダイオード	11DQ06	日本インター	パラメータ・モデル
	1N5822	PANJIT	パラメータ・モデル
	CRS04	東芝	パラメータ・モデル
SiCショットキー・バリア・ダイオード	SCS110AG	ローム	パラメータ・モデル 等価回路モデル(逆特性の再現性が向上)
	CSD01060A	CREE	等価回路モデル
	C4D30120A		等価回路モデル
ツェナー・ダイオード	1N4760A	オン・セミコンダクター	等価回路モデル
レーザー・ダイオード	SLD323V	SONY	等価回路モデル
発光ダイオード	OSM57LZ161D	OptoSupply	パラメータ・モデル
フォトカプラ	TLP350	東芝	等価回路モデル

部品の種類	型　名	メーカ	モデルの種類
Junction FET	2N4416	VISHAY SILICONIX	パラメータ・モデル
MOSFET	MTM23223	パナソニック	パラメータ・モデル
	TPC8014	東芝	パラメータ・モデル 等価回路モデル(プロフェッショナル・モデル)
トランジスタ	2SA1015	東芝	パラメータ・モデル
	2SC1815		パラメータ・モデル
IGBT	GT15M321	東芝	IGBT：MOSFET+BJT型モデル 内蔵寄生ダイオード：パラメータ・モデル, 等価回路モデル, 電流減少率モデル
ボルテージ・レギュレータ	uPC7893A	ルネサス エレクトロニクス	等価回路モデル
シャント・レギュレータ	AN1431T	パナソニック	等価回路モデル
サイダック／トリガ・ダイオード	K1V14	新電元工業	等価回路モデル
ZNR／サージ・アブソーバ	ERZV05D391	パナソニック	等価回路モデル
ディジタル・トランジスタ／BRT	DTA123EE	ローム	等価回路モデル
	RN1418	東芝	等価回路モデル
電解コンデンサ	C10UF16V	エルナー	等価回路モデル
	C22U50V	HER-MEI	等価回路モデル
	EEUFM1E821L	パナソニック	等価回路モデル
セラミック・コンデンサ	DE1E3KX332MA5B	村田製作所	等価回路モデル
コイル	L7447140	Wurth Elektronik	等価回路モデル
DCモータ	RS-540SH	マブチモーター	等価回路モデル
スイッチング電源用トランス	T1-100LB	Siam Bee Technologies	等価回路モデル
太陽電池	FPV2090SFM1	富士電機	等価回路モデル
	FMS-200	福島ソーラー	等価回路モデル
	HEM115PA	HONDA	等価回路モデル
	PV-MX185H	三菱電機	等価回路モデル
	HIP-200BK5	パナソニック	等価回路モデル
	ND-165AA	シャープ	等価回路モデル
真空管	12AX7	GENERAL ELECTRIC	等価回路モデル
	6V6		等価回路モデル
	300B	Western Electric	等価回路モデル

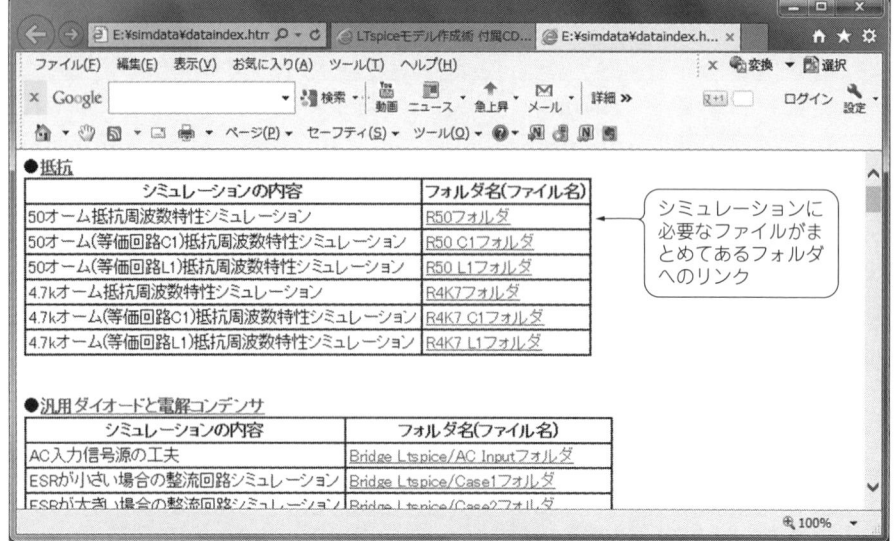

図5 CD-ROMにあるシミュレーション・データ一覧のページ
シミュレーションごとに必要なファイルがフォルダにまとめられている

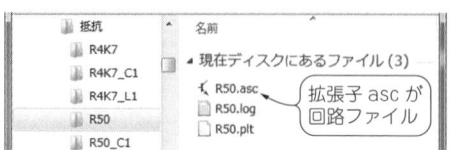

図6 シミュレーションごとのフォルダの中身
ファイルをすべてコンピュータ上にコピーして使う

● **本書で解説しているシミュレーションのファイル**

本書では，最終的にモデルを作り上げるまでに，さまざまなシミュレーションを行っています．それらをすぐに実行できるファイルを収録しています．

図1の「データ一覧」をクリックして表示される画面を図5に示します．部品ごと（章ごと）に分けてあります．

フォルダに収録されているデータの例を図6に示します．

定番回路シミュレータ LTspice 部品モデル作成術

イントロダクション
ちゃんとした部品モデルさえあれば…
こんなにいいものありません！「電子回路シミュレーション」

電子回路シミュレーションとは

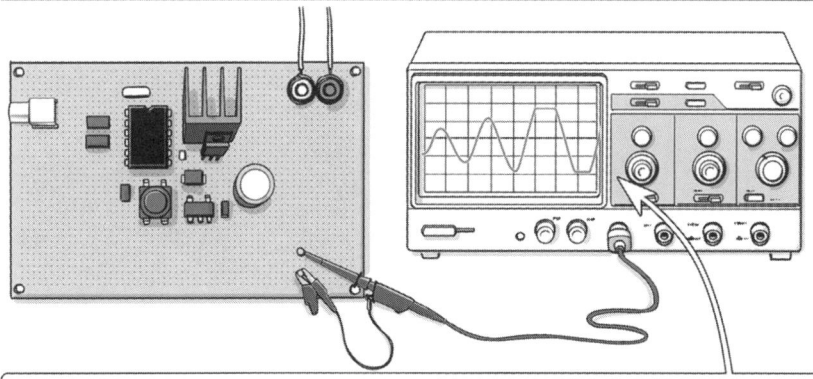

電子回路を作らなくてもふるまいがパソコン上でパッとわかる！

電子回路や半導体の電気的特性を表す等価回路やテーブルを「部品モデル」と言います

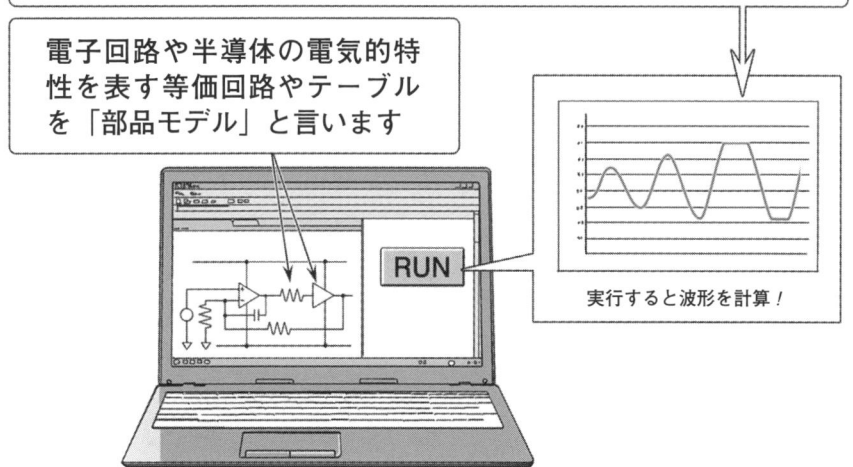

実行すると波形を計算！

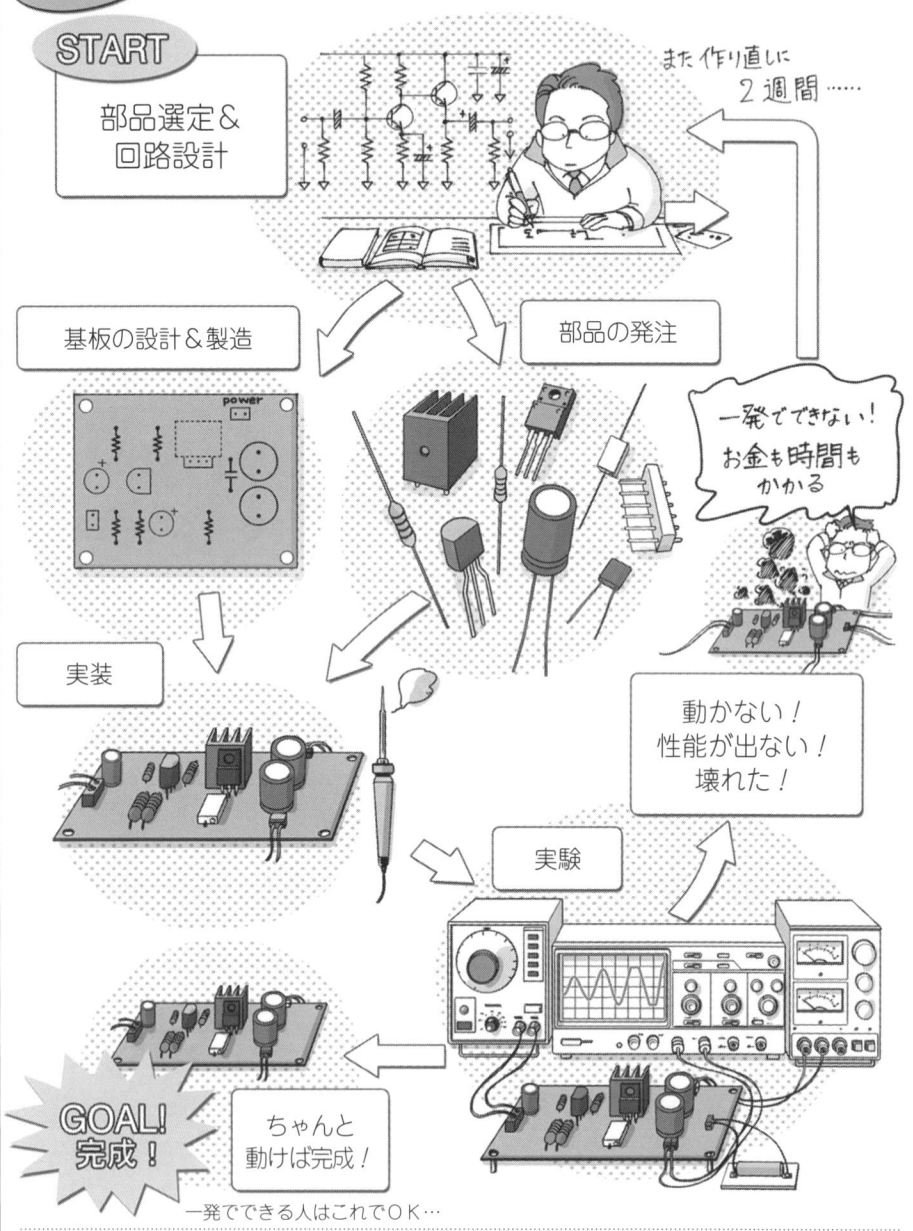

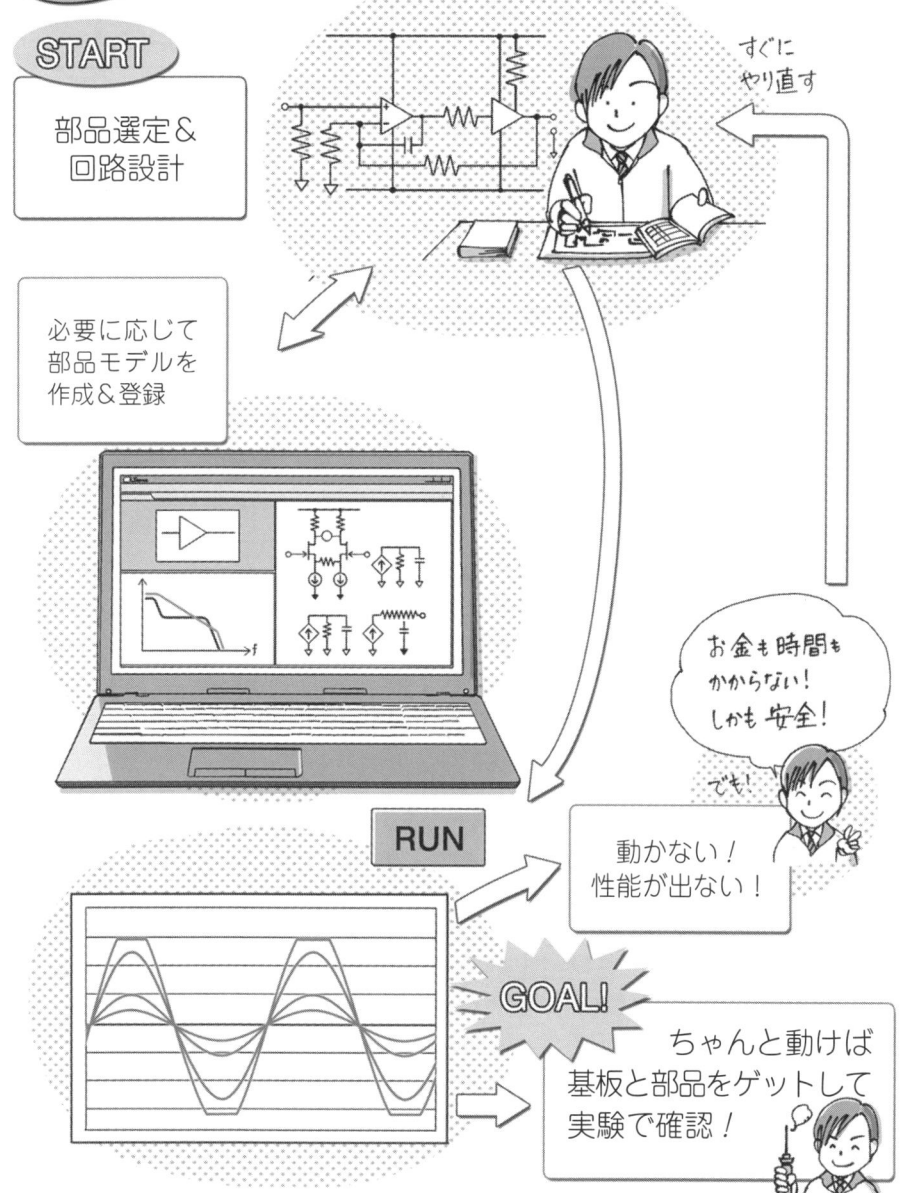

電子回路シミュレーションの問題…部品モデルが揃わない！

たった1個でも部品モデルが欠けていると計算できない！

部品表

参照番号	値	部品モデル
IC1	LT1056	○
IC2	LT1931	○
L1	10u	○
R1,R3	1k	○
R2	1M	○
R4	10k	○
R5	82k	○
C1,C2	22p	○
C3,C4,C6	10u	○
C5	1u	×
D1	CMS10	○

原因1　そもそもICや部品のモデルがない

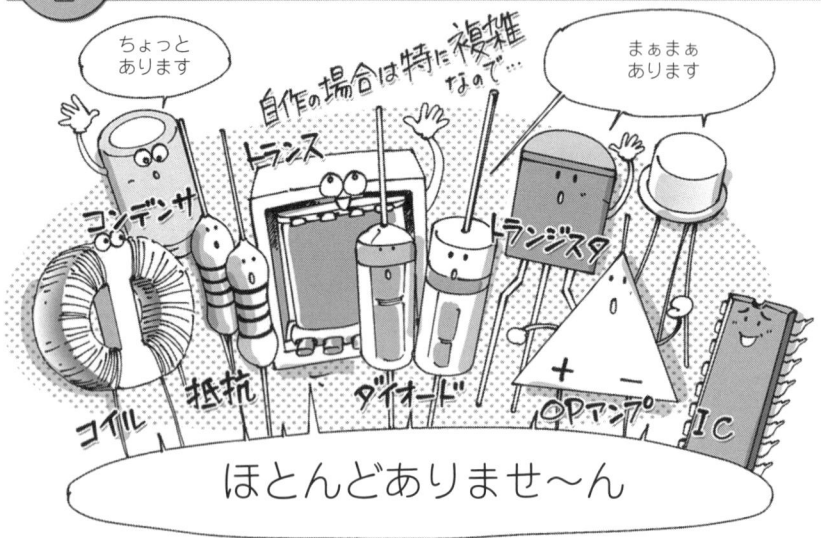

| 原因 2 | 今どきの部品モデルはもってない |

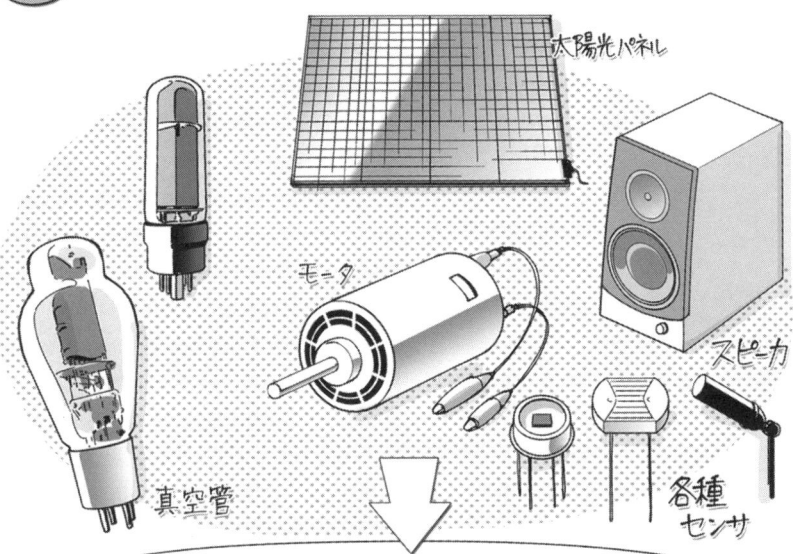

部品モデルは作れる！

イエス！

部品モデルを自作できるとさらに嬉しいことに…

実は提供されている部品モデルも不完全！

ちゃんとやると

実機のふるまいをかなり再現できる

シミュレーション波形

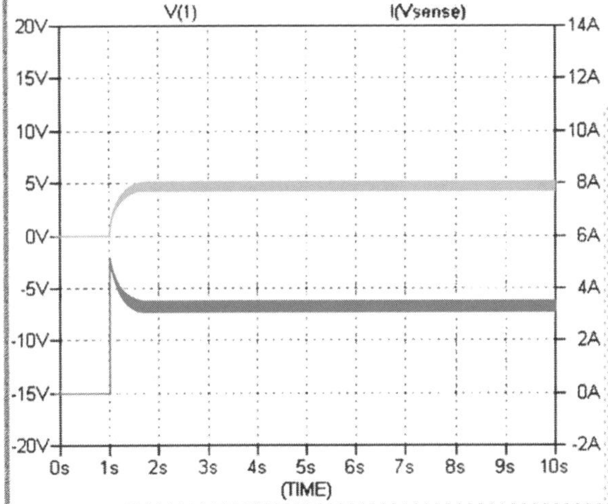

実測波形

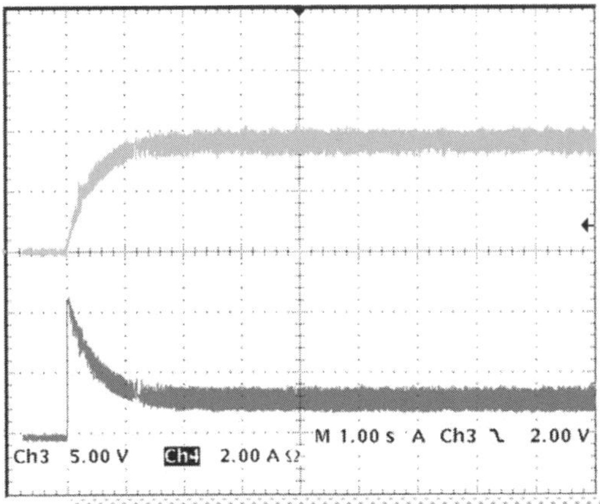

> ちょっとしたパラメータの違いで現れなくなる現象もちゃんと再現！

本書では！

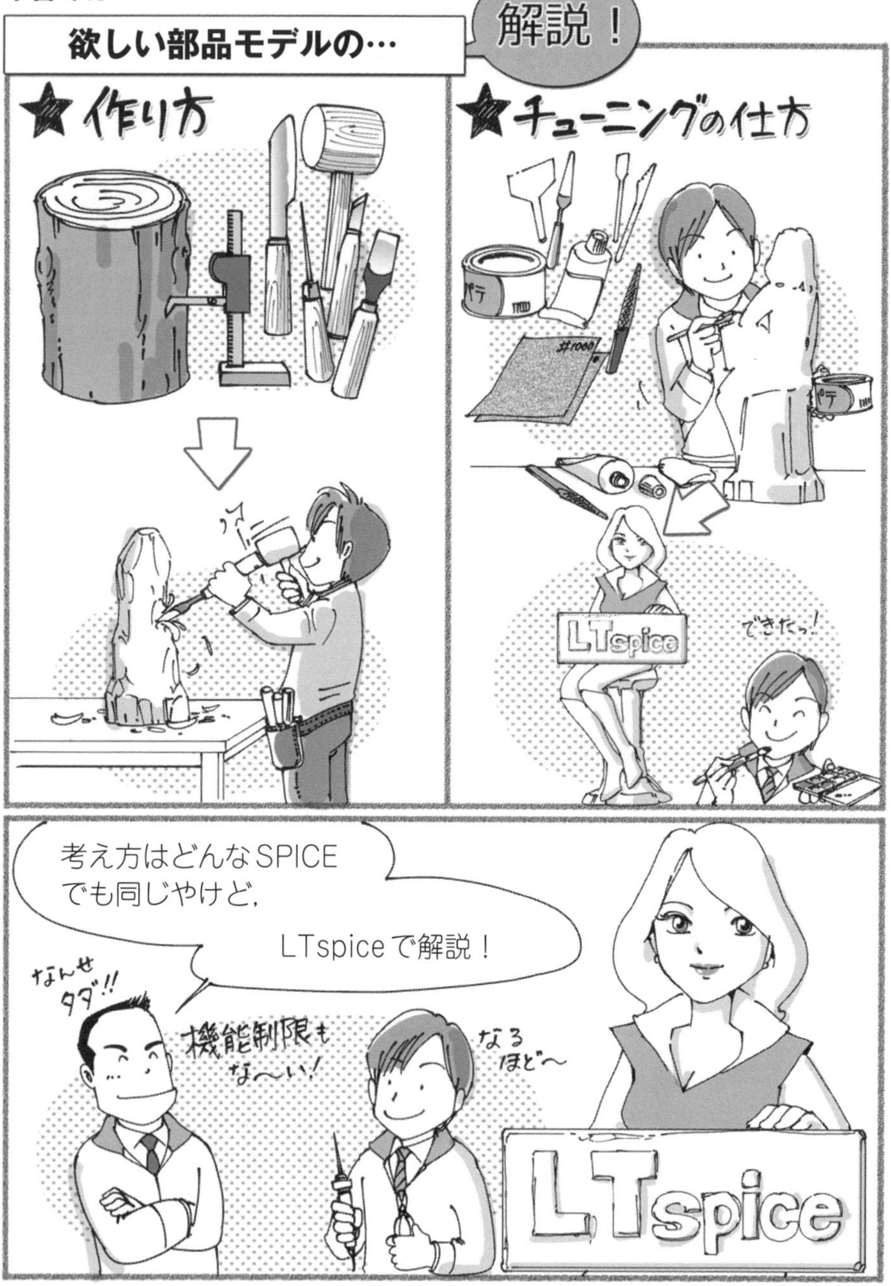

欲しい部品モデルの…　解説！

★作り方

★チューニングの仕方

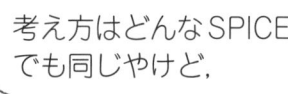
考え方はどんなSPICEでも同じやけど，LTspiceで解説！

なんせタダ！！
機能制限もな〜い！

なるほど〜

第1部

LTspice
電子回路シミュレーション
スタートアップ！

　定番電子回路シミュレータLTspiceの入手方法と基本的な使い方を紹介します．

　提供元：リニアテクノロジーの半導体は部品モデルが用意されており，わりと簡単にシミュレーションできるようになっています．まずは試してみましょう．

定番回路シミュレータ LTspice 部品モデル作成術

第1章
これが定番！無償の電子回路シミュレータ LTspice

1-1 —— LTspice の特徴

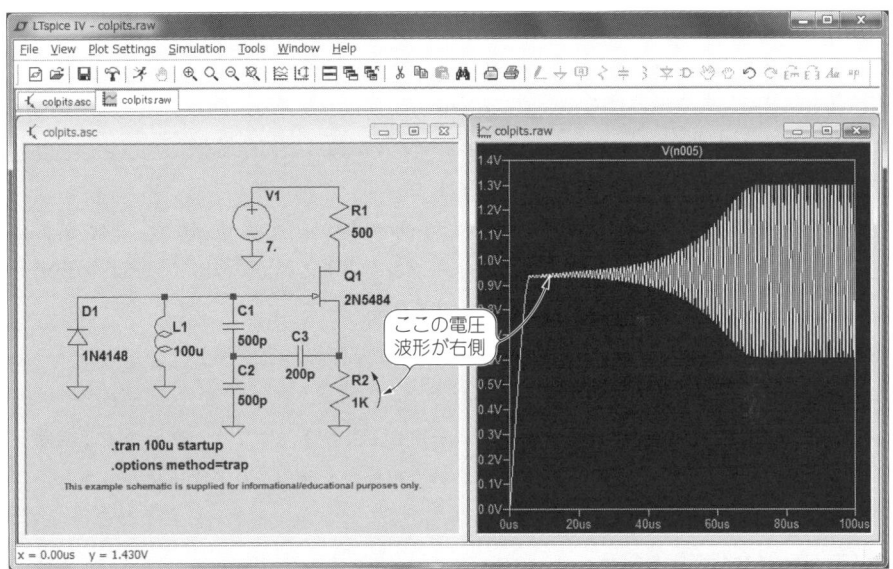

図1-1 機能や素子数の制限なし！　無償の電子回路シミュレータLTspice
回路図を描き，その回路が動作したときの理論上の電圧や電流をみることができる．半導体メーカのリニアテクノロジー社が提供

■ 最大の特徴！　無償で素子数や機能の制限がない！

　LTspice(図1-1)は，半導体メーカのリニアテクノロジー社が提供している無償の電子回路シミュレータです．フル装備の回路シミュレータであり，実務で十分に活用できます．

SPICE系回路シミュレータは，PSpiceをはじめ，色々と市場に出回っていますが，それらの多くは有償です．評価用のための無償版もありますが，素子数に制限があり，実務で使用すると，制限を越えてしまい，満足に使用できません．
　それに対して，無償で機能・性能がフル装備の電子回路シミュレータLTspiceは，世界中の回路設計者がダウンロードし，活用しています．以前は，先進国の大企業の回路設計者しか使用できなかった電子回路シミュレータがインターネットとPCさえあれば，誰でも使用できるようになりました．

● LTspiceの普及で広がった電子回路シミュレータの用途

　電子回路シミュレータは，本来は電子回路を設計するツールなので，用途は回路設計になります．LTspiceの存在で入手性が改善しあらゆる人が使用できるようになり，回路設計だけではなく，次の用途にも活用されてきています．
(1) 製造工場…生産現場では，原価低減，電子部品供給元からの廃品種要請などで，従来部品を代替品にしなければならないことがあります．今までは，回路実験を繰り返し，代替品の可否を決定していましたが，SPICEモデルを使った回路解析シミュレーションで，代替品調査の解析ができるようになりました．
(2) 品質保証部門…クレーム解析は，非常に手間と労力がかかる業務です．回路解析シミュレータの活用で，簡単に，ショート，オープンができるので，クレーム解析の現場でもシミュレーションが活用できるようになりました．
(3) 営業部門…半導体メーカが半導体部品を営業する際に，アプリケーション回路の動作を見ながら，提案できるようになりました．
(4) 教育部門…教育現場には1人にコンピュータが1台の時代になり，高価な電子回路シミュレータが無償になったので，電子回路の教育現場でも活用されるようになりました．

● LTspiceはなぜ無償なのか

　同じ機能を持ったPSpiceは，1ライセンスが150万円程度します．LTspiceは無償提供です．なぜ無償なのか．これは，リニアテクノロジー社の戦略にあります．
　電子回路シミュレータは，入手しただけでは活用できません．自分が描きたい回路図を構成している全ての電子部品のSPICEモデルを準備する必要があります．リニアテクノロジー社は，自社製品のSPICEモデルをLTspiceの中に格納しているため，回路設計者はすぐに，それらのSPICEモデルを採用し，回路設計ができるようになります．

リニアテクノロジー社は，世界中の回路設計者にLTspiceという回路設計ツールをプラットホームとして提供し，自社製品のSPICEモデルも提供することで，顧客に自社製品の選定の機会を創出するとともに囲い込んでいるわけです．欧米の半導体メーカが，その戦略に追随しようと色々なサービスを提供していますが，既に多くの回路設計者のプラットホームになっているLTspiceにはかなわないのが実情です．

■ その他の特徴

● ふつうは入っていない！ICのモデルや応用回路を多数内蔵！

　LTspiceには，リニアテクノロジー社製品のOPアンプを始め，高機能ICなど，様々な自社製品のSPICEモデルが内蔵されています．それだけではなく，そのデバイスの活用方法であるアプリケーション回路も同時に，シミュレーション・ファイルとして提供しています．よって，試作をほとんどしなくても，LTspiceで回路設計が終わってしまいます．他のSPICE系電子回路シミュレータの場合，トランジスタなどの個別半導体部品（ディスクリート部品）のSPICEモデルは標準ライブラリで多く格納されていますが，ICのSPICEモデルはほとんどありません．また格納されている電子部品のSPICEモデルも古いものが多く，廃品種も増えています．

● 安心！アップデートが頻繁

　他のSPICE系電子回路シミュレータのアップデートが年1回程度に対して，LTspiceの場合，頻繁に(1カ月に数回)アップデートがあります．このアップデートの際に，バグが改善されたり，最新デバイスのSPICEモデルやアプリケーション回路のシミュレーション・データが提供されており，充実しています．

● 実用的な特徴1…マルチスレッド対応で高速処理できる

　LTspiceの大きな特徴は二つあります．一つは，マルチスレッドに対応しています．マルチスレッド対応とは，マルチコアCPUを自動認識し，最大限の能力を発揮し，並列計算ができるようになったということです．最大で何スレッド実行できるかは，［Control Panel］の［SPICE］の画面（図1-2）のEngineのMax threadsで確認できます．

● 実用的な特徴2…浮遊ノードがあってもエラーなしでできる

　もう一つは，計算上の特徴です．PSpiceの場合，コンデンサを直列に接続すると，浮

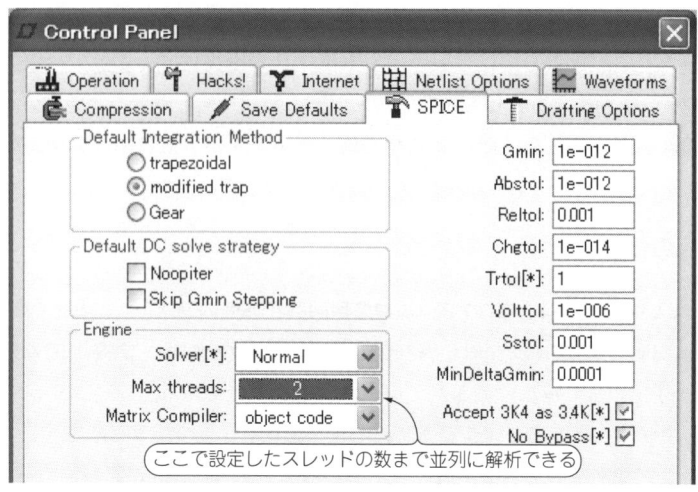

図1-2 LTspiceは，高性能なデュアル・コアなどのパソコンを使うと，コアの数だけ並列に演算させ処理を高速化できる

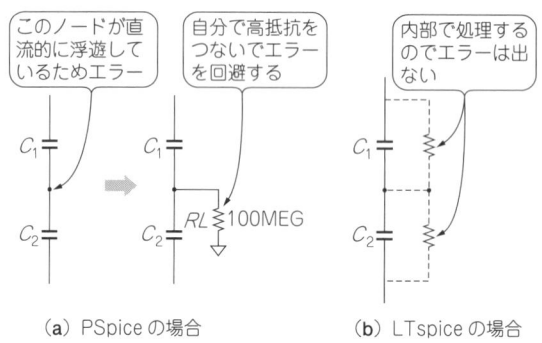

(a) PSpiceの場合　　　(b) LTspiceの場合

図1-3 LTspiceは，従来のシミュレータよりもエラーが起きにくくなっている

遊ノード・エラーが発生します(図1-3)．そのため，浮遊ノードに対して高抵抗の抵抗を挿入することで，エラーを回避します．しかし，LTspiceの場合，浮遊ノードは内部的に処理しているため，エラー表示もなく，適切にシミュレーションできます．これは，不必要な素子数が削減できるメリットがあります．

1-2 ── LTspice のいいところ

　SPICE系の回路解析シミュレータはいろいろなメーカから発売されています．回路設計分野では，OrCAD(PSpice)，ICAP，NI MultiSim，MicroCapなど，IC設計分野ではHSPICE，Smart SPICEがあります．その中で，LTspiceの優れている点は下記のとおりです．

● 導入面でのメリット

　無償で使用できるフル装備のSPICE系回路解析シミュレータです．以前はカーソル機能が弱点でしたが，最新版では充実し，有償のソフトウェアとほとんど変わりません．

● 運用面でのメリット

　回路解析シミュレータ導入後の最初の壁は，自分が設計する回路の電子部品のSPICEモデルを揃えなければならないことです．LTspiceの場合，SPICEモデル作成で一番難易度が高い，ICのSPICEモデルが充実している点がメリットです．ICのSPICEモデルの情報流通は少なく，SPICEモデル作成も実務経験が5年程度と高度な回路技術が必要であり，ハードルが高いです．

　さらにLTspiceは，色々な回路方式のテンプレートがすでに準備されており，ゼロから作成しなくても良いので，回路設計の開発時間を大幅に短縮してくれます．

　また，LTspiceの更新は1カ月に数回あります．対して，有償ソフトウェアの場合は年に1回が一般的です．更新では，LTspiceの機能の向上だけではなく，最新のSPICEモデルおよび回路方式のテンプレートが入手できて，実務者には嬉しいサービスです．

● 情報量のメリット

　LTspiceは世界中で活用されているため，インターネット上での情報量が非常に充実しています．日本国内でも，既にLTspice関連の書籍がいくつかあります．LTspiceに特化したセミナ，ワーク・ショップの開催も多く，学習できる環境がここ数年で良くなってきました．

● PSpiceと互換性が良い

　数あるSPICE系回路解析シミュレータで，LTspiceとともに世界規模でユーザが多いのがPSpice(OrCAD)です．PSpiceとLTspiceの互換性は非常に良く，PSpiceのSPICEモデルの資産を活用できます．PSpiceの情報，書籍もLTspiceに読み替えれば，活用できます．

すなわち，情報の共有化面でも優れています．この点が個人ユーザだけではなく，多くの大企業内でも活用されている背景です．

1-3——LTspiceの入手方法とインストール

● リニアテクノロジー社のホームページからLTspiceをダウンロードする

Googleで「LTspice」をキーワードにして検索すると，リニアテクノロジー社の設計支援ツールのサイトにいきます．LTspiceは一番最初に掲載されています．2013年3月でのURLは次の通りです．

http://www.linear-tech.co.jp/designtools/software/

ダウンロードと書かれている文字をクリックすると，登録の有無を聞いてきますが，登録してもしなくてもダウンロードができます．執筆時点での最新版は付属CD-ROMにも収録しています．ダウンロードのファイルは，LTspiceIV.exeです．約13MBのファイルです．自己解凍形式なので，後は画面に従いインストールします．インストールが終了すると，デスクトップ上にLTspice IVのアイコンが生成されます．LTspiceの使い方は，参考文献(1)が参考になります．

● LTspiceのファイル構造

デフォルトの状態でインストールすると，図1-4の構造になります．インストール後に頻繁に使用するのが，libフォルダ内のsubフォルダとsymフォルダです．subフォルダにはSPICEモデルのファイルが格納しています．symフォルダには回路図シンボルのファイルが格納されています．自分で作成した電子部品のファイルもその都度，これらのフォルダ内にファイルを格納していきます．

● アップデートの方法

LTspiceは製品向上および最新のSPICEモデルとアプリケーション回路のシミュレーションデータの提供で頻繁にアップデートをしています．長期間LTspiceを使用しなかった場合，起動時に，アップデートのチェックをするかどうかを聞いてきます．［はい(Y)］を選ぶと，アップデートがあった場合は，アップデートを行うかどうかが選べます．

自分でアップデートをしたい場合には，メニューの[Tool]→[Sync Release]で最新のアップデートに更新できます．

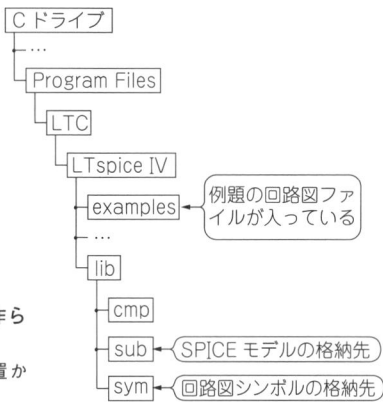

図1-4
LTspiceがインストールされたときに作られるフォルダ
自分で作る回路図ファイルはこの中には置かず，マイドキュメントなどに置く

図1-5
日本語環境で補助単位の「μ」が文字化けする問題を回避する設定
チェックを入れると「μ」と表示するところを「u」で代用するので文字化けしなくなる

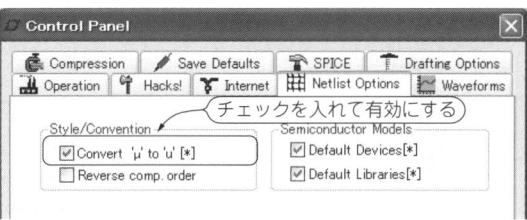

● インストールして最初に設定すること

　最初に設定するのは，数値の単位のマイクロ（μ）の表示の設定です．日本語環境では，デフォルトのままで使用するとマイクロの表示が文字化けしてしまいます．[Simulate]→[Control Panel]のNetlist Options画面（図1-5）にて，Convertのチェックボックスにチェックを入れて，有効にします．μがuで表示されるようになり，文字化けが回避できます．

Column（1-I）

電子回路シミュレータをちゃんと使うために必要なこと

LTspiceだけでなく，SPICE系の電子回路シミュレータを使用するときの注意点です．

● その1：電子回路シミュレータは計算するだけ！誤った回路も正確にシミュレーションしてしまうので正しい回路を作れないといけない

　電子回路シミュレータは何でも正確にシミュレーションをします．誤ったSPICE

モデルを採用すれば，誤ったシミュレーション結果になります．また，誤った回路をシミュレーションすれば，シミュレーション結果も誤ります．つまり，電子回路シミュレータを活用する前に，正確な電子回路の知識が必要になります．私も新入社員時代に，「シミュレーションでこういう波形になりました」と言ったら，ベテランの技術者に「そんな波形になるわけがない．回路が間違っている．」と叱られました．会社であれば，回路設計業務に慣れるまで，ベテラン技術者と一緒に電子回路シミュレータを活用した方が良いかも知れません．

● その2：解析する回路によって求められる精度は違う！目的に合った部品モデルを使う

回路解析の目的は様々です．回路動作の把握，損失計算，ノイズ現象，温度による動作の把握などです．

大まかな回路動作を把握するには，ある程度の解析精度のSPICEモデルを採用するだけで目的は果たせます．しかし，スイッチング回路の損失計算をする場合には，過渡解析において正確なスイッチング挙動を示すSPICEモデルを採用しなければなりません．また，ノイズ検証をする場合には，ノイズを考慮したSPICEモデルが必要です．温度の影響度合いを検証する場合には，温度のモデル・パラメータ，あるいは，任意の温度でチューニングされたSPICEモデルを採用する必要があります．目的に応じたSPICEモデルが必要になります．

● その3：解析精度が必要なら部品モデルも精度が高くないといけない

回路解析シミュレーションの解析結果は，採用するSPICEモデルの解析精度に依存します．高価な電子回路シミュレータでもいいかげんなSPICEモデルを採用すれば，解析結果もいいかげんになります．また，実機で部品の中に不良品が1個あれば正常に動作しないように，回路解析シミュレーションも，1個でも精度の悪いSPICEモデルがあれば，正確な解析結果にはなりません．よって，自分が採用するSPICEモデルについては，部品の受け入れ検査同様，評価をすることが大切です．

SPICEモデルはネットリスト記述のため，機械可読言語です．人間が理解するためには，SPICEモデルの評価シミュレーションを行い，必要な電気的特性の波形を出力させ，確認する必要があります．これは大きな手間のかかる作業ですが，省略すると後で大変な目にあいます．自分が使用するSPICEモデルの解析精度を把握することは重要です．SPICEモデルを入手する際に，SPICEモデルの評価レポートも同時に入手できると手間が省けます．

定番回路シミュレータ LTspice 部品モデル作成術

第2章
まずやってみよう！
電子回路シミュレーション

2-1──交流電源からDC電圧を作る電源回路をシミュレーション

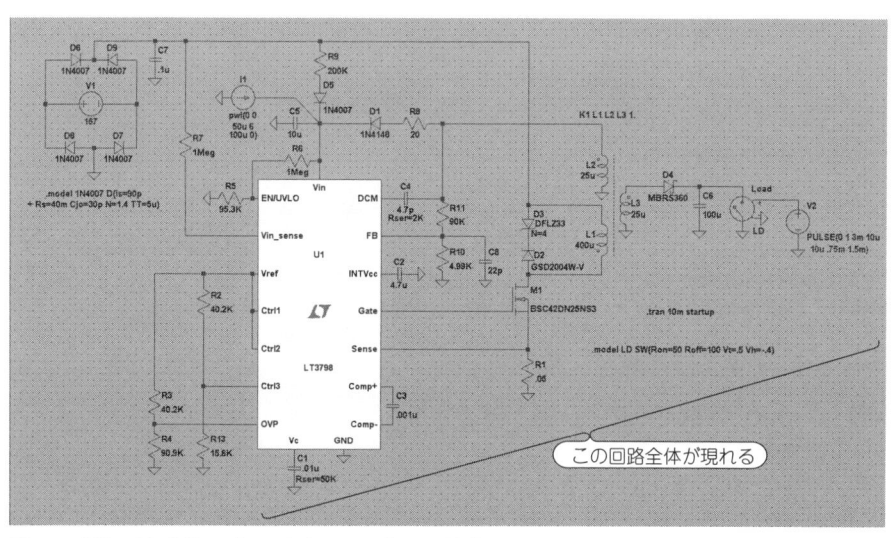

図2-1 試してみるサンプルのシミュレーション回路
スイッチング電源のコントロールIC　LT3798の呼び出し画面で[Open this macromodel's test fixture]ボタンをクリックするとサンプル回路が開く

　LTspiceには，リニアテクノロジー社のICとそのアプリケーション回路が多数収録されているので，それらを呼び出せば，すぐにシミュレーションできます．

　ここでは例として，スイッチング電源のコントロールIC LT3798[注1]（リニアテクノロ

注1：LT3798は，最近の交流電源で必要なことが増えているアクティブ力率補正(PFC)機能を備えた，絶縁型フライバック電源コントローラです．コンバータに出力電圧を帰還するのにフォトカプラが不要で，部品点数を減らせます．LED照明などに応用できるよう，定電圧，定電流どちらの制御も可能になっています．

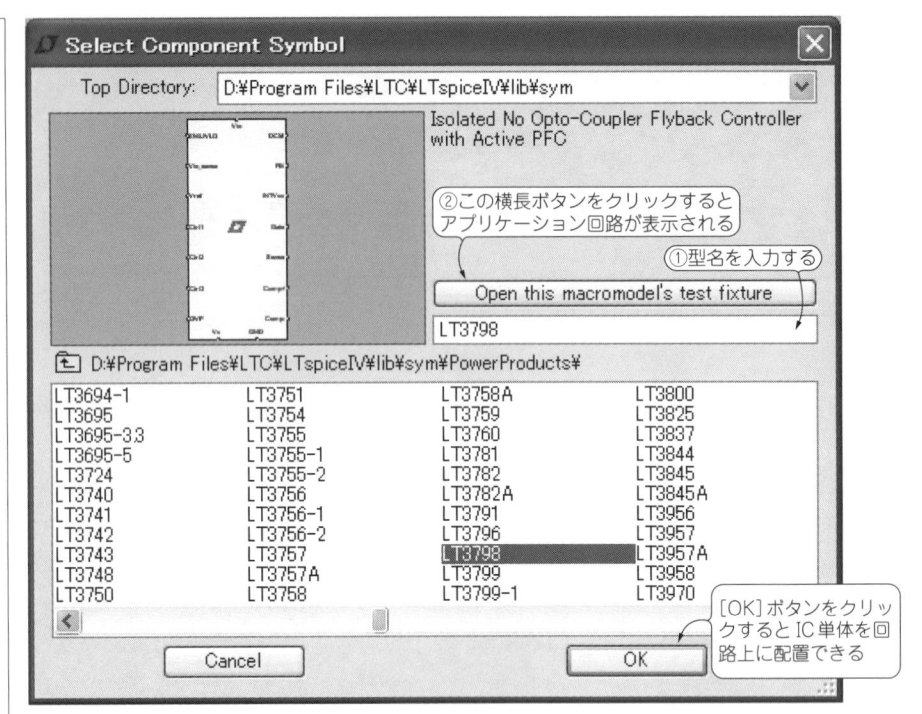

図2-2 部品選択画面からアプリケーション回路例を表示する
ICやトランジスタなど，*RLC*以外の部品はこの画面から呼び出す．今回はLT3798と入力

ジー)を使った**図2-1**の回路をシミュレーションしてみます．詳細は割愛しますが，交流電源からDC電圧を作る回路です．このICを使用したアプリケーション回路をシミュレーションしてみましょう．

● ステップ1…部品選択画面からシミュレーション・ファイルを開く

　LTspiceを起動し，[File]→[New Schematic]で新規回路図を開きます．次に[Edit]→[Component]を開くと，Select Component Symbol画面(**図2-2**)になります．入力画面で型名「LT3798」を入力します．[OK]ボタンを押すと，回路図上にLT3798単体が表示され，任意の回路を描けます．[Open this macromodel's test fixture]ボタンを押すと，アプリケーション回路のシミュレーション回路図(**図2-1**)が表示されます．[View]→[Zoom to Fit]で回路図が見やすくなります．

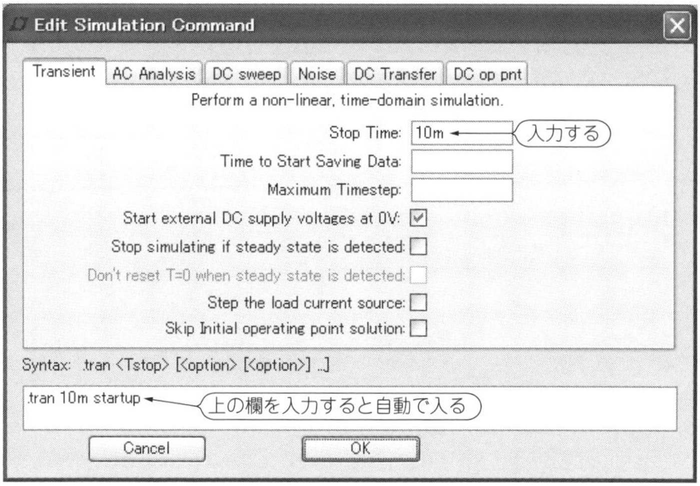

図2-3 シミュレーション設定画面でストップ時間などを指定する
どんなシミュレーションを行うのか設定する．今回はそのままで試してみる

● ステップ2…回路シミュレーションを実行する

[Simulate]→[Run]で回路シミュレーションが実行されます．その前に，シミュレーションの設定を確認します．[Simulate]→[Edit Simulation Cmd]にてEdit Simulation Command画面(**図2-3**)を開きます．この画面より，10msまでの過渡解析が確認できます．[Run]でシミュレーションを実行します．解析結果の表示画面が自動的に開きます．過渡解析ですので，横軸が時間になります．時間の単位は[秒]です．横軸の表示が10msまでになったら，解析が終了です．解析中は，LTspiceの画面左下にシミュレーションの進捗状況が表示されます．

● ステップ3…回路図上で見たい場所をクリックして波形を表示する

波形を見たい回路図上の場所にマウスでカーソルを合わせ，クリックするだけで，波形が表示されます．電圧波形を参照したい場合には，見たい信号線にマウスを持っていくと，電圧プローブの表示になるので，その状態でクリックすると，解析画面に出力波形が表示されます．電流波形を見たい場合には，部品の上にカーソルを持っていくと，電流プローブの表示になるので，その状態でクリックすると電流波形が表示されます．

また，[Plot Settings]→[Add trace]と選択してAdd Traces to Plot画面(**図2-4**)を開き，表示させたい対象を入力することで，波形表示もできます．

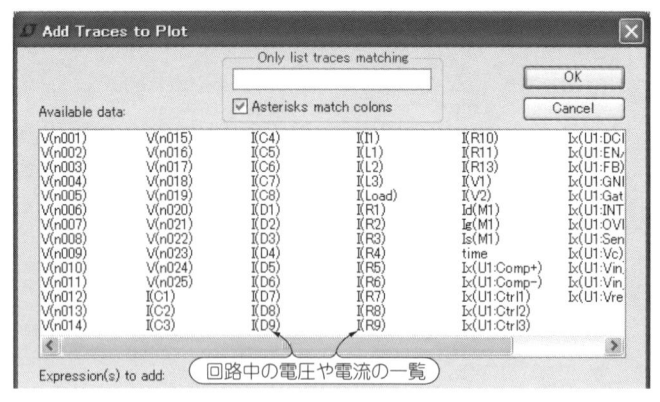

図2-4 [Add trace]画面で表示させたい電圧波形や電流波形を好きに選ぶ
回路図上のどの位置にあたるかは回路図上でマウス・カーソルをあてるとわかる

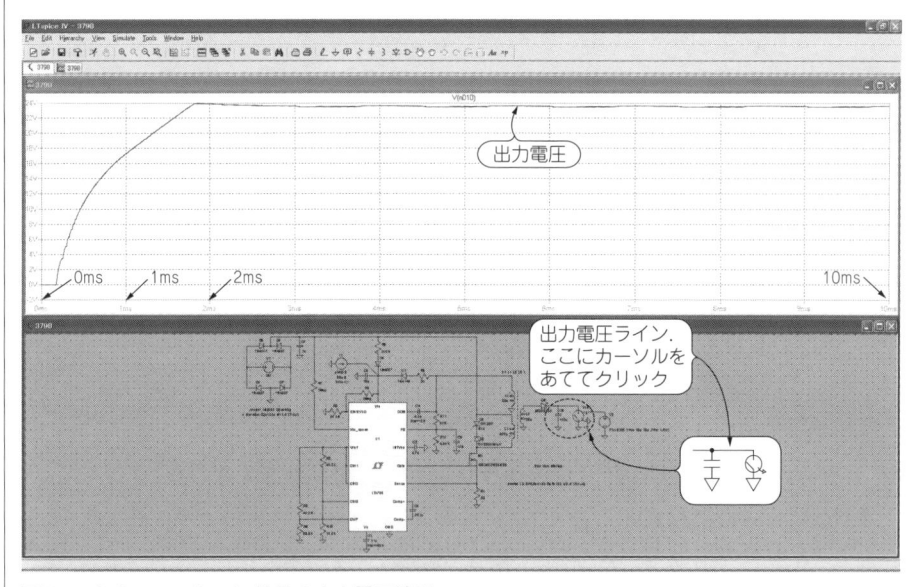

図2-5 シミュレーション結果の出力電圧波形
1.8ms以降はほぼ一定の出力電圧になっている

　ここでは出力電圧波形を確認します．出力電圧ラインにカーソルをあて，電圧プローブを表示させ，クリックすると，出力電圧波形が確認できます．出力電圧波形を**図2-5**に示します．起動してから，約1.8msで定常状態になっていることがわかります．

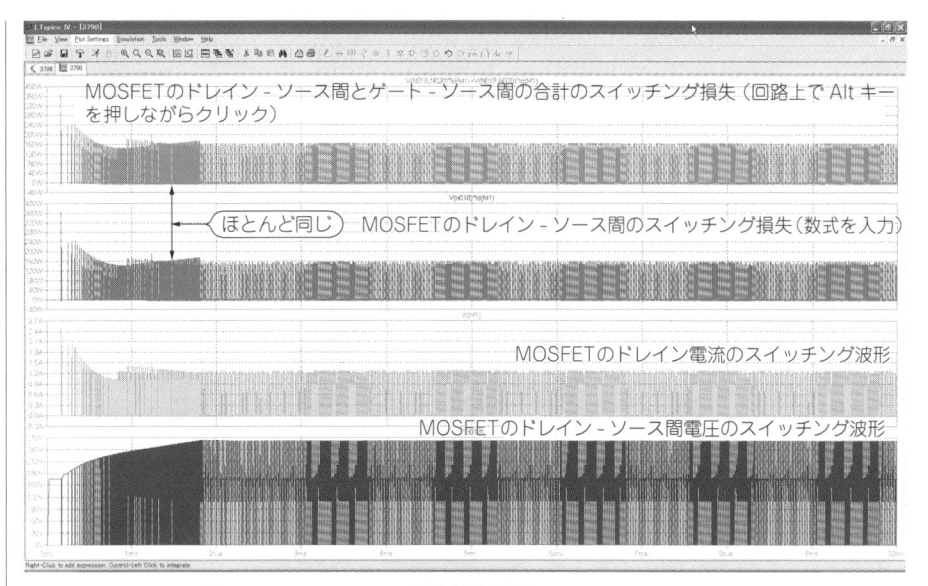

図2-6 スイッチングしているMOSFETの電力損失波形
ドレイン電流×ドレイン-ソース間電圧と，MOSFET全体の電力損失の両方を表示させた

● ステップ4…損失も簡単に求まる！電圧や電流を使って計算する

　LT3798のGateピンからMOSFET：M1（BSC42DN25NS3）がドライブされています．MOSFETのドレイン電流とドレイン-ソース間電圧の波形を表示させ，さらにその積であるスイッチング損失を計算させ，表示させてみます．解析画面で表示の窓を増やしたい場合には，[Plot Settings]→[Add Plot Pane]をクリックすれば増やせます．ドレイン-ソース電圧波形は，MOSFETのドレイン端子の上のラインを電圧プローブの状態でクリックします．また，ドレイン電流波形は，MOSFETの上部にて，電流プローブの状態でクリックします．また，マウスからの操作が難しい場合には，Add Traceで信号名を入力して，波形を選択できます．

> ドレイン・ソース電圧波形を表示させたい場合には，「V(n018)」を入力する
> ドレイン電流波形を表示させたい場合には，「Id(M1)」を入力する

　スイッチング損失を表示させたい場合には，Add Traceから数式を入力します．スイッチング損失＝ドレイン-ソース電圧×ドレイン電流　なので，次式を入力します．

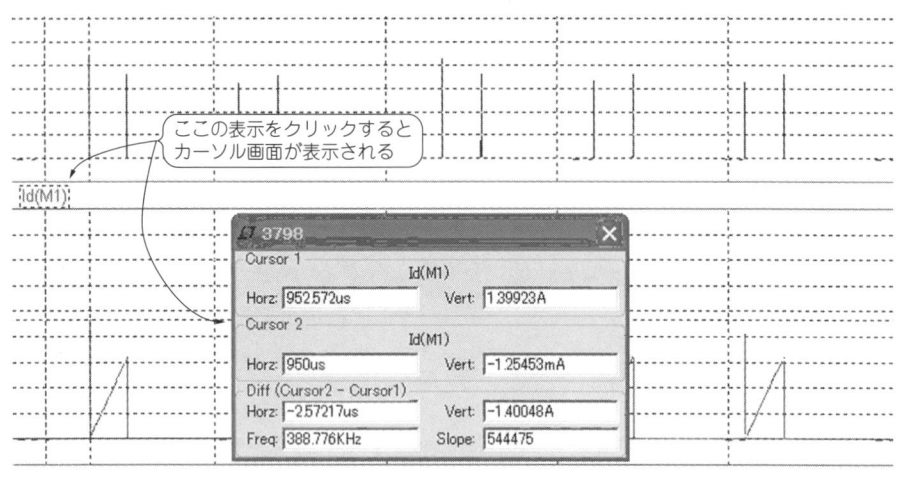

図2-7 カーソルを使うと波形の正確な値を読み取れる

（吹き出し：ここの表示をクリックするとカーソル画面が表示される）

$$V(n018) * Id(M1)$$

電子部品の損失を表示させる方法はもう一つあります．マウスのカーソルを部品の上にのせ，キーボードのAltキーを押しながらクリックすると，温度計のアイコンが表示されます．その状態でクリックすると，その部品の電力損失の波形が表示できます．ただしMOSFETの場合，ドレイン-ソース間の電力損失だけでなく，ゲート-ソース間の損失も含まれてしまうので，特定の損失波形を参照したい場合には，直接数式を入力する必要があります．解析結果を図2-6に示します．

■ 基本機能

● カーソル機能

波形から，数値を確認したい場合があります．その場合，解析結果の参照ノード表示をクリックすると，カーソル画面(図2-7)が自動的に出現し，カーソル機能が使用できます．

● 部品表の表示

回路図にある電子部品を表にして出力できます．回路図の画面で[View]→[Bill of Materials]→[Show on Schematic]をクリックすると，図2-8のとおり，回路図上に部品表が出現します．これも便利な機能の一つです．

```
---- Bill of Materials ----
Ref       Mfg               Part No          Description
C1        --                --               capacitor, 10nF
C2        --                --               capacitor, 4.7uF
C3        --                --               capacitor, 1nF
C4        --                --               capacitor, 4.7pF
C5        --                --               capacitor, 10uF
C6        --                --               capacitor, 100uF
C7        --                --               capacitor, 100nF
C8        --                --               capacitor, 22pF
D1        OnSemi            1N4148           diode
D2        Vishay            GSD2004W-V       diode
D3        Diodes Inc.       DFLZ33           diode
D4        OnSemi            MBRS360          diode
D5        --                1N4007           diode
D6        --                1N4007           diode
D7        --                1N4007           diode
D8        --                1N4007           diode
D9        --                1N4007           diode
L1        --                --               inductor, 400uH
L2        --                --               inductor, 25uH
L3        --                --               inductor, 25uH
M1        Infineon          BSC42DN25NS3     MOSFET
R1        --                --               resistor, 50m
R2        --                --               resistor, 40.2K
R3        --                --               resistor, 40.2K
R4        --                --               resistor, 90.9K
R5        --                --               resistor, 95.3K
R6        --                --               resistor, 1M
R7        --                --               resistor, 1M
R8        --                --               resistor, 20
R9        --                --               resistor, 200K
R10       --                --               resistor, 4.99K
R11       --                --               resistor, 90K
R13       --                --               resistor, 15.8K
U1        Linear Technology LT3798           integrated circuit
```

部品表

図2-8 部品表が表示された状態…部品の手配に便利

■ 自分オリジナル回路のシミュレーションを行うには

● その1…使いたい電子部品モデルを自分で揃える

　図2-2の回路図と全て同じ電子部品を採用する場合は，そのままシミュレーションできますが，自分が採用したい電子部品の種類や品種が異なる場合は，その電子部品のSPICEモデルを採用しなければなりません．おおまかな動作で構わなければ，似たような電子部

品のSPICEモデルでも構いませんが，正確に解析したい場合，例えば損失を計算させたい場合は，その型名のSPICEモデルを採用しなければなりません．入手するには，三つの方法があります．

(1) メーカからSPICEモデルを入手する

　欧米の半導体メーカの場合，SPCIEモデルはデータシートと同じように回路設計に必要な設計データと考えられているので，SPICEモデルを要求すると，かなり高い確率で提供してもらえるでしょう．その場合，SPICEモデルの評価レポートも添付してもらうとSPICEモデルの評価の手間が省けます．日本の半導体メーカの場合，ロームのようにSPICEモデルの提供に積極的なメーカもありますが，あまり積極的でないメーカが多く，SPICEモデルの入手性はあまり良くありません．

(2) SPICEモデル配信サイトから入手する

　SPICEモデルを配信しているサイト，スパイス・パーク(http://www.spicepark.info)もあります．ただし，世の中に存在する電子部品は500万品種，キーデバイスも10万品種と言われています．そこまでのライブラリ化はまだできてません．

(3) 自分で作成する

　(1)，(2)で揃えるものはそろえて，そろえられない電子部品のSPICEモデルは，自分で作成することが現実的です．ゼロからつくるのではなく，同じようなSPICEモデルを入手して，自分が欲しいSPICEモデルにチューニングする方法もあります．基本デバイスのSPICEモデル作成方法は確立されており，モデル・パラメータの意味，等価回路の考え方をマスタすれば，自由自在にSPICEモデルを作成することができます．本書の第3部が参考になるでしょう．

● その2…より高精度なシミュレーションを目指して部品モデルを改善する

　図2-1の回路図にある部品は，そのSPICEモデルをさらに改善できます．受動部品すなわちコンデンサおよびトランスをインピーダンスを考慮した周波数特性モデル(等価回路モデル)にする，MOSFETおよびダイオードに関して再現性のあるようにモデル・パラメータをチューニングする，などです．詳細は，第3部を参照してください．特に，MOSFETの場合，過渡解析において，ゲート・チャージ特性の再現性が重要になります．

Appendix
LTspiceの参考情報があるウェブサイト
※付属CD-ROMにリンクあり

　LTspiceの情報は書籍やインターネットで数多くの情報が公開されています．LTspiceはPSpiceとの互換性も非常に良いので，PSpiceの情報も活用できます．LTspiceは世界中にユーザがたくさんいるので，必要な情報は大体入手できます．ただし，インターネットのウェブサイトはURLが変更されたり，なくなったりしますので，必要な情報は画面のハード・コピー，印刷などでデータの保存をしておくとよいでしょう．関連ウェブサイトについて下記に掲載します．最新情報および更新情報は月刊「トランジスタ技術」（CQ出版社）のホームページ（http://toragi.cqpub.co.jp/）を参照してください．

● 米国Yahoo!のユーザーグループ
http://tech.groups.yahoo.com/group/LTspice/
　LTspiceに関する議論，Q&A，技術のトピックなどが掲載されています．また，ユーザが作成したスパイス・モデル，回路図シンボル，シミュレーション・データもアップロードされており，グループに参加すれば自由にダウンロードできます．ヤフーのユーザーグループには約4万人がメンバーになっており，英語でのやり取りになります．
　参加するためには，アメリカのYahoo!のIDの取得が必要です．是非，このグループに参加して，スキルアップしましょう．

● 超入門！電子回路シミュレーションLTspiceの部屋
http://toragi.cqpub.co.jp/tabid/470/Default.aspx
　月刊「トランジスタ技術」（ＣＱ出版社）のウェブサイトでLTspiceに関する記事などを紹介しています．記事を読みながら，関連ファイルをダウンロードして，自分で試せますので．体験学習ができます．また，関連情報も盛りだくさんで，ポータル・サイト的に活用できます．

● デバイスモデリング研究所
http://beetech-icyk.blogspot.com/

回路解析シミュレーション，デバイス・モデリングに関する情報が掲載されています．LTspiceだけではなく，SPICE系シミュレータの情報が掲載されています．幅広い内容ですが，実務的な内容のため，トピック的に役立つでしょう．

● スパイス・パーク
http://www.spicepark.info/

　SPICEモデルの配信サイトです．4,000種類の半導体部品，受動部品，モータ，電池，機構部品，センサ，スピーカのSPICEモデルがダウンロードできます．SPICEモデルの評価検証レポートもついていますので，解析精度を把握した上で，活用できます．

● エレキジャック　LTspice連載サイト
http://www.eleki-jack.com/KitsandKids2/cat196/ltspice_1/

　エレキジャック内にあるLTspiceの連載サイトです．これを一通り目を通せば，LTspiceで出来ることが一通り把握できます．具体的な例を示しつつ，1回毎に丁寧に解説されているので，実務にも役立ちます．LTspice独自の活用方法も紹介されています．アナログ分野の回路解析シミュレータのイメージが強いのですが，ディジタル素子もある程度，標準装備されているので，ディジタル回路のシミュレーションもできます．ディジタル素子についての解説もあり，役立ちます．

● ねがてぃぶろぐ
http://gomisai.blog75.fc2.com/blog-category-15.html

　ねがてぃぶろぐにあるLTspiceのカテゴリです．デバイス・モデリングにおいて等価回路技術を習得すると，自分で任意の電子部品の等価回路モデルを作成できます．そのとき等価回路をSPICE上のデバイスにするには，ABM（アナログ・ビヘイビア・モデル）ライブラリを活用します．そのABMの解説が丁寧に掲載されています．自分で試せるように，シミュレーション・データもアップロードされています．センサの等価回路モデルの作成方法の事例は，モデルの作り方のよい参考になると思います．

第2部
部品モデル作りの基礎知識

本格的な部品モデル作りに入る前に，基本構造や代表的な二つのSPICEモデルである，パラメータ・モデルと等価回路モデルについて解説します．
　従来のPSpiceとLTspiceの部品モデルの共通点や違いなども紹介します．

第3章
部品モデルに必要なこと

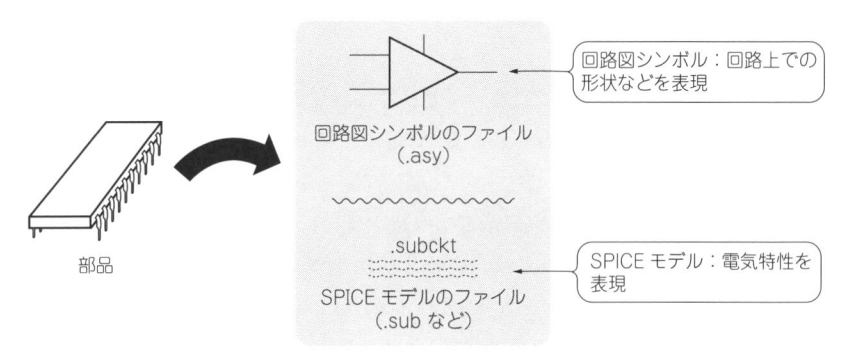

図3-1　LTspiceで使う部品には二つのファイルが必要

3-1── 部品モデルを使えるようにするには

　LTspiceを活用するには，LTspiceに標準装備されている部品モデルだけでなく，外部で入手した部品モデルを取り込んだり，自分で作成したモデルを取り込んだりして，活用できる環境作りが大切です．

● 自分で使う部品のモデルは自分で用意する
　LTspiceを活用するには，自分に必要な部品のモデルを揃えなければなりません．リニアテクノロジー製品の部品のモデルは充実していますが，その他の部品のモデルはほとんどありません．自分がよく使う部品のモデルをLTspiceに取り込んで，自分の最適な環境を構築していきましょう．

● **LTspiceで使われる部品モデルのファイル**

　部品モデルを用意するにあたって，まずはそれがどんなものか知っておく必要があるでしょう．LTspiceの場合，部品のモデルの基本構造は二つから成り立っています．イメージ図を図3-1に示します．回路図を描く際に使用する回路図シンボルのファイルと，シミュレーション時に使用するSPICEモデルのファイルです．それぞれのファイルの拡張子は次のとおりです．

> ● 回路図シンボルのファイルの拡張子：.asy
> ● SPICEモデルのファイルの拡張子：.sub, .lib, .inc, .txt等

　回路図シンボルのファイルは，電子回路シミュレータに依存するので，シミュレータが異なれば，拡張子も変わります．つまり，互換性がありません．LTspiceにはLTspice用の回路図シンボルのファイル(.asy)が必要であり，PSpiceにはPSpice用の回路図シンボルのファイル(.olb)が必要になります．

　SPICEモデルの場合には，SPICE系電子回路シミュレータにおいて，ある程度の互換性があります．完全な互換性があれば良いのですが，多少,方言みたいなものがあります．SPICE系電子回路シミュレータの中でもLTspiceは，PSpiceとの互換性が良い方です．SPICEモデルは基本的に，SPICE記述言語(ネットリスト)で書かれていますので，テキスト形式になります．拡張子も特にLTspice用の区分もなく，いくつかの拡張子でSPICEモデルが流通しています．代表的な拡張子は.subです．

● **部品モデルの登録方法**

　部品モデルは，LTspiceに登録する必要があります．基本はフォルダにSPICEモデルのファイルを格納して，そのファイルを指定します．

▶ 方法1：他のモデルが入っているフォルダに入れる

　一番，わかりやすくシンプルな方法は，下記の指定のフォルダ内に格納します．インストール先がデフォルトの場合です．

回路図シンボルのファイルの格納先：
C¥Program Files¥LTC¥LTspice IV¥lib¥sym

SPICEモデルのファイルの格納先：

C¥Program Files¥LTC¥LTspice IV¥lib¥sub

▶方法2：自分で入れるフォルダを決める

　他の登録の方法として，回路図シンボルのファイルの格納先を決めておく方法があります．C¥Program Files¥LTC¥LTspice IV¥lib¥symフォルダ内に任意のフォルダを作成し，その中に，回路図シンボルのファイルを格納します．

　こちらの方法では，回路図を描く際，［Edit］→［Componet］で部品登録画面が表示された時に，自分が生成した任意のフォルダを開く必要があります．メリットは，回路図シンボルのファイルを管理できることです．デメリットは，回路図を描くときに作業が増えることです．

　SPICEモデルも同様に，subフォルダに格納したほうが操作は楽ですが，任意のフォルダを作成し，その中にSPICEモデルを格納する方法もあります．

　LTspiceの場合，外部から取り込んだSPICEモデルに対しては，SPICE Directiveで定義する必要があります．例えば，新電元工業製品のダイオード，S3L60のSPICEモデル，S3L60.subのファイルをC¥Program Files¥LTC¥LTspice IV¥lib¥subフォルダ内に格納した場合は

　　　.lib S3L60.lib

という1行のコマンドで済みますが，任意のフォルダ内に格納した場合は，そのフォルダ位置（パス），つまり，.lib **パス** ¥S3L60.libを指定しなければなりません．パスが長い場合，入力が面倒です．自分に合った方法を選んでください．

第4章
SPICEモデルその1：
パラメータ・モデル

　部品のモデルは，回路図シンボルとSPICEモデルで構成されます．このうちSPICEモデルは大きく分類すると，パラメータ・モデルと等価回路モデルの2種類があります．この章では，SPICEモデルがパラメータ・モデルの場合についてLTspiceへの取り込み方を解説します．

4-1——だいたいの動作を把握するには十分！パラメータ・モデル

● SPICEモデルは2種類ある

　SPICEモデルを分類すると2種類あります．パラメータ・モデルと等価回路モデルです．パラメータ・モデルは，モデル・パラメータのみで表現されているSPICEモデルです．等価回路モデルは，名前の通り，電子部品が何らかの等価回路で表現されています．これらは，SPICEモデルのネットリストの最初の行で判断できます．

- パラメータ・モデルの場合
  ネットリストの表記が.modelで始まる
- 等価回路モデルの場合
  ネットリストの表記が.subcktで始まる

● パラメータ・モデルで表現できる部品

　パラメータ・モデルで表現できる代表的な部品は，次の通りです．

　　ダイオード(.model D)
　　トランジスタ(.model Q)
　　ジャンクションFET(.model J)
　　MOSFET(.model M)

● 特徴…パラメータだけで電気特性を表現する

　これらのデバイスについては，SPICEシミュレータ内部にパラメータ・モデル(.model)が用意されていて，モデル・パラメータだけで電気的特性を表現しています．パラメータだけで表現しているため，精度に限界はありますが，大体の動作を把握するには十分なモデルです．パラメータ・モデルの場合，LTspice内の標準ライブラリに回路図シンボル・ファイルがあるので，新規に絵柄から回路図シンボルを作成することはありません．

● 回路図シンボルとSPICEモデルの関係

　部品のモデルは，二つのファイルで構成されています．回路図シンボルのファイルとSPICEモデルのファイルです．これらの二つのファイルは関連付けられなければなりません．ここがパラメータ・モデルを利用する場合のポイントです．

　パラメータ・モデルの場合，部品モデルの利用方法には二つのケースがあります

4-2──ケース1：パラメータ・モデル（SPICEモデル）と回路図シンボルが既に関連付けられている場合

● 二つのファイルを格納するだけ

　パラメータ・モデル（SPICEモデル）と回路図シンボルが既に関連付けられている場合，それぞれのフォルダに格納するだけで，部品モデルとして活用できます．このような部品モデルはほとんどなく稀です．LTspiceを活用する回路設計者からすると非常に便利で，すぐに使えるケースです．

　しかし，実際はほとんど，次のケース2です．

4-3──ケース2：パラメータ・モデル（SPICEモデル）と回路図シンボルが関連付けられていない場合

● 標準装備された回路図シンボルを活用する

　パラメータ・モデル（SPICEモデル）はあるが，それに対する回路図シンボルがない場合は，LTspiceに標準装備された回路図シンボルを利用することで，LTspiceに取り込むことができます．

　例題として，LT3845を使用したスイッチング電源を例に解説していきます．

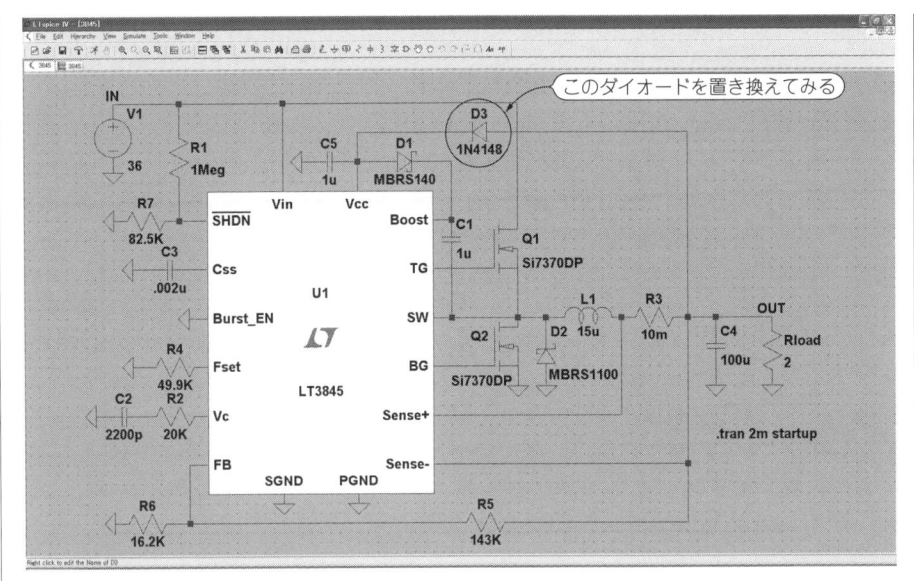

図4-1 例題にする電源回路
LTspiceに内蔵されている，高電圧DC-DC制御IC LT3845のアプリケーション回路

■ 例題：Pspice用SPICEモデルからLTspice用部品モデルを作ってみる

● 例題回路

メニューの[File]-[New Schematic]で新規回路図を開きます．[Edit]-[Component]で部品選択画面を出して型名欄にLT3845と入力し，[Open this macromodel's test fixture]ボタンでアプリケーション回路を開きます．回路図を**図4-1**に示します．

● ダイオードの置き換えに挑戦！

標準では，D3にNXPセミコンダクターズ社の汎用ダイオード1N4148が採用されています．これを(オーバー・スペックですが)新電元工業の電源用高速ダイオードS3L60に置き換えてみます．

半導体メーカなどから入手できるSPICEモデルは，多くがPSpice用に配布されているSPICEモデルです．例に出したS3L60のネットリストを**リスト4-1**に記載します．ファイルの拡張子は，libやmodなどが一般的です．

パラメータ・モデルの場合，ほとんどのモデルでPSpiceと互換性があるので，LTspice

リスト4-1 ダイオードのSPICEモデルの例
S3L60(新電元工業). 半導体メーカなどから入手するか，第3部のように自分で作る

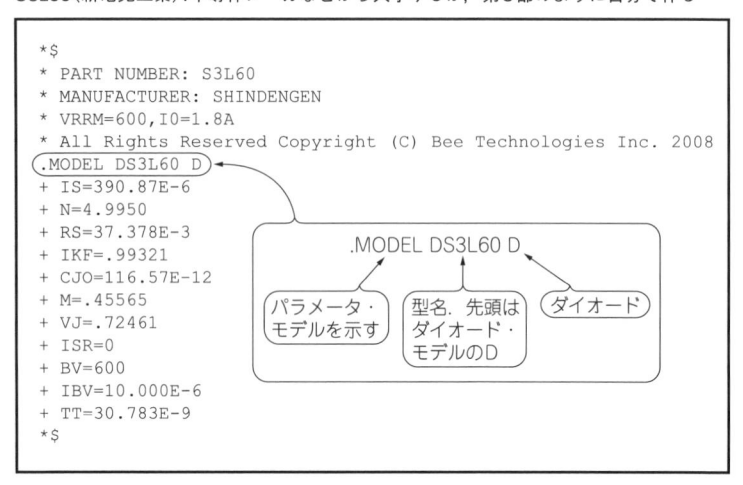

```
*$
* PART NUMBER: S3L60
* MANUFACTURER: SHINDENGEN
* VRRM=600,IO=1.8A
* All Rights Reserved Copyright (C) Bee Technologies Inc. 2008
.MODEL DS3L60 D
+ IS=390.87E-6
+ N=4.9950
+ RS=37.378E-3
+ IKF=.99321
+ CJO=116.57E-12
+ M=.45565
+ VJ=.72461
+ ISR=0
+ BV=600
+ IBV=10.000E-6
+ TT=30.783E-9
*$
```

.MODEL DS3L60 D
- パラメータ・モデルを示す
- 型名．先頭はダイオード・モデルのD
- ダイオード

でも利用できます．ただしPSpice用の回路図シンボルのファイルがあっても，LTspice用の回路図シンボルのファイルはありません．

まず，D3の1N4148を回路図上から削除します．削除は，[Edit]-[Delete]か，はさみのマーク(Cut)のアイコンをクリックするか，Deleteキーを押すかして，マウス・カーソルをはさみのマークにした後，D3の上でクリックします．削除状態をやめるには，マウスを右クリックします．

● LTspiceにあるダイオードの回路図シンボル

[Edit]-[Component]で部品の選択画面を開きます．図4-2のように部品選択画面にて，「Diode」を選択します．そして，回転させ，図4-3の通り配置します．この状態では，ダイオードの記号番号がD3で，ダイオードの名称が「D」になっています．このDの上にマウスのカーソルをもっていき，右クリックします．すると図4-4の通り，ダイオードの名称を入力する画面がでます．そこに「DS3L60」と入力します．これで回路図シンボルの作成が完了です．

● SPICEモデルを定義する

回路図シンボル作成が終了したら，SPICEモデルを定義します．まず，LTspiceの

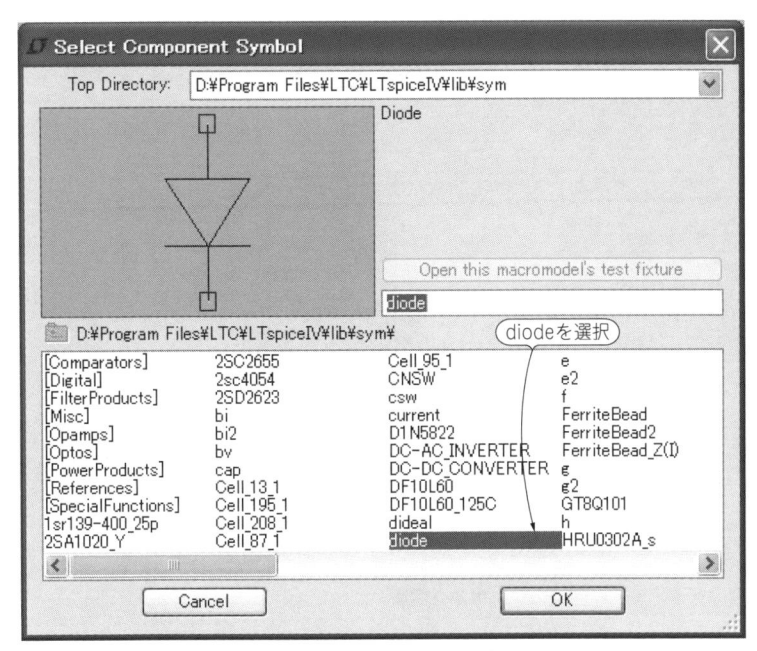

図4-2 部品選択画面で標準ダイオードのdiodeを選択
回路図上の交換したいダイオードを削除して,部品を選ぶ

SPICEモデルの格納先フォルダに,S3L60のSPICEモデルのファイルS3l60_s.libを入れます.

　　C:¥Program Files¥LTC¥LTspiceIV¥lib¥sub

次に,SPICEモデルを取り込むため,SPICE Directiveで定義します.[Edit]→[SPICE Directive]で呼び出し,下記のように入力します.

　　.lib s3l60_s.lib

.libの後に,SPICEモデルのファイル名を入力します(図4-5).入力したら[OK]ボタンをクリックして回路図に配置します.これでS3L60の部品モデルの取り込み終了(図4-6)です.別の定義の方法として,.libの代わりに,.incと記述しても同じです.その場合,

　　.inc s3l60_s.lib

という表記になります.

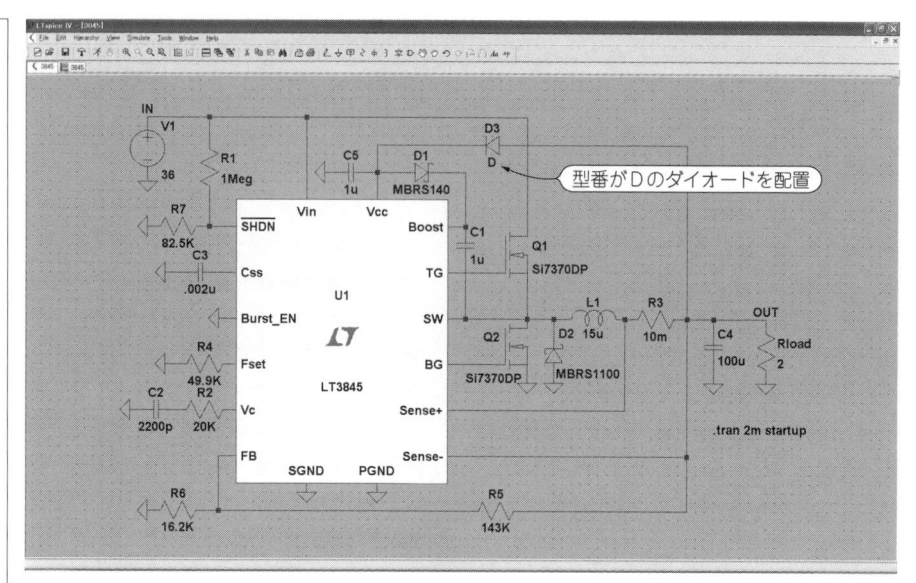

図4-3 標準ダイオードの回路図シンボルを配置

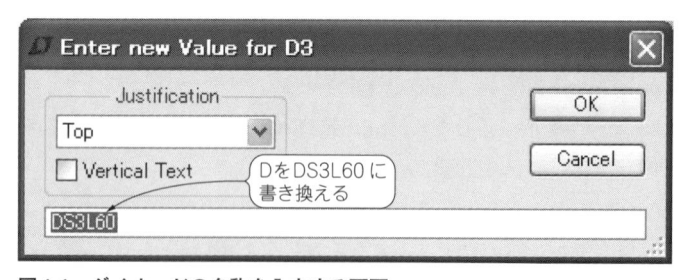

図4-4 ダイオードの名称を入力する画面
Dの文字で右クリックしてこの画面を出し，名称を使いたいSPICEモデルのものに書き換える

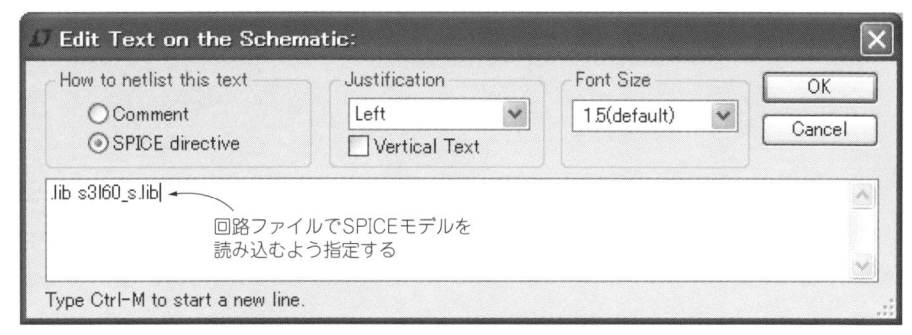

図4-5 回路ファイルへのSPICEモデルの取り込みを定義する画面
シミュレーションするときにSPICEモデルが記述されたファイルを読み込むよう設定する

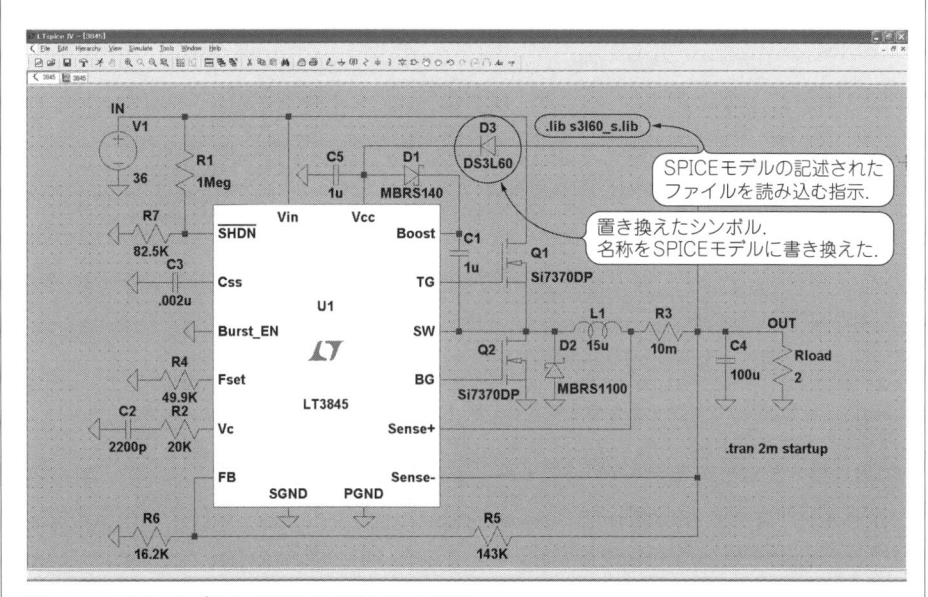

図4-6 SPICEモデルの取り込みが終了した画面

4-3 —— ケース2：パラメータ・モデル(SPICEモデル)と回路図シンボルが関連付けられていない場合

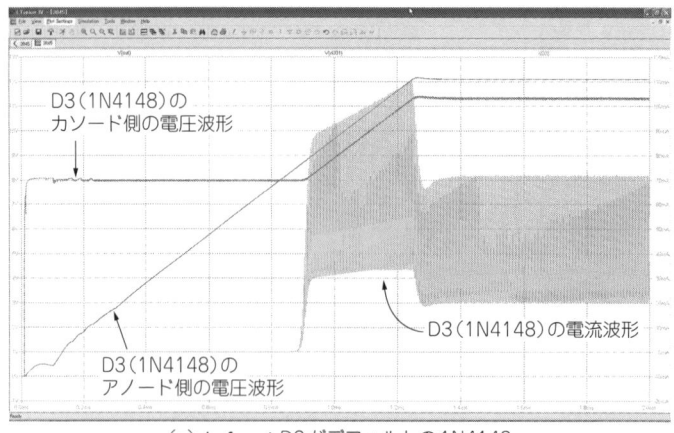

（a）before：D3がデフォルトの1N4148

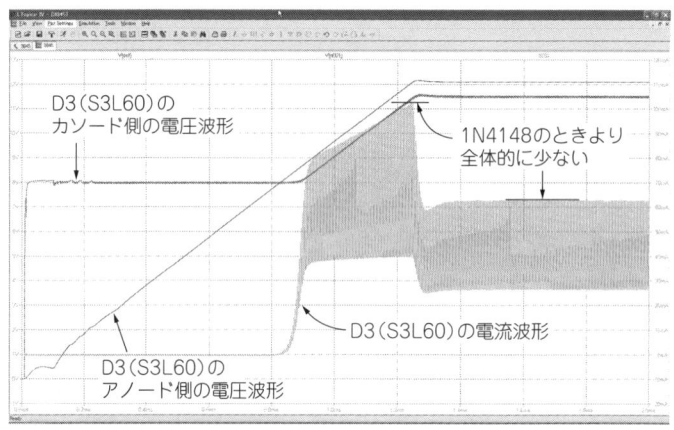

（b）after：D3をS3L60で置き換えた後

図4-7　ダイオードを置き換えに成功！例題回路のシミュレーション結果

● 置き換えたSPICEモデルでシミュレーションする

　シミュレーション結果を図4-7に示します．(a)と(b)のシミュレーション結果を比較すると，S3L60の方が少ない電流でスイッチングしており，S3L60の方がスイッチング損失が少ないことが，シミュレーション結果よりわかりました．

　このように，部品モデルがパラメータ・モデルの場合，簡単にLTspiceに取り込むことができ，自分の使いたい部品で回路解析シミュレーションができます．

Appendix

パラメータ抽出ツールの入手方法と使い方

　本書のSPICEモデル作成では，時々パラメータ抽出ツールが登場します．本書で活用するパラメータ抽出ツールはケイデンス社のOrCAD(PSpice)のアクセサリ・ツールである「PSpice Model Editor」です．入手方法と使い方について解説します．

パラメータ抽出ツール PSpice Model Editor

　ダイオード，トランジスタ，磁気コア，IGBT，接合型FET，OPアンプ，MOSFET，レギュレータIC，コンパレータIC，基準電圧IC，ダーリントン・トランジスタについて，データシートの仕様および電気的特性図から読み取った値を入力すると，パラメータを抽出して，任意のデバイスのSPICEモデルを作成できるソフトウェアです．必要な入力データは，データシートに記載されていないことが多く，実際には，デバイスを測定し，必要なデータを取得します．

● 評価版と製品版の違い[注1]

　製品版は，上記のデバイスについての抽出が可能ですが，評価版の場合，対象デバイスはダイオードのみになります．本格的に自分であらゆるデバイスのモデリングをする場合，製品版が必須になります．

● 入手方法

　PSpice Model Editor のみを入手することが出来ればよいのですが，PSpice Model EditorはあくまでもPSpice(ソフトウェアとしてはOrCAD)の付属ソフトウェアのため，OrCADをダウンロードする必要があります．

　最新のデモ版(評価版)を入手するためには，七つの手順があります．最新版を入手する場合，以下で解説する手順が必要です．面倒な場合，CQ出版社の書籍にある「電子回路

注1：執筆(2013年2月)時点．ケイデンス社の事情で使用範囲や入手方法などが変更になる可能性があります．ご注意ください．

シミュレータPSpice入門編」の付属CD-ROMからPSpiceをインストールし，PSpice Model Editorを入手する方が簡単です．

[手順1]ケイデンス社のウェブ・ページへアクセス
　ケイデンス社のOrCAD製品ページにアクセスしてください．
http://www.cadence.com/products/orcad/Pages/default.aspx
　ケイデンス社のアカウントを既にもっている人は，「Software Downloads」にて，[手順5]に進んでください．
　アカウントを持っていない場合は，ページ上部にあるRegisterをクリックして登録作業に入ります．

[手順2]電子メール・アドレスの登録
　Registerをクリックすると以下のページに移動します．
https://www.cadence.com/pages/registration.aspx
　このページにて，電子メール・アドレスの登録をします．利用目的の同意をチェックし，**同意して続ける**をクリックします．

[手順3]アカウント登録用URLの受信
　登録した電子メール・アドレスに，件名：Cadence.com registration: Email validationでメールが配信されます．指定されたURLをクリックし，登録作業を進めます．

[手順4]Cadence.comアカウントの登録
次に，パスワードの入力とアカウントの登録作業を行います．電子メール本文中のURLをクリックすると，ユーザー情報を入力するページになります．ここで，必要な情報を入力します．

[手順5]Cadenceのダウンロード・ページにログイン
　OrCADのダウンロード・ページにアクセスします．
http://www.cadence.com/products/orcad/pages/downloads.aspx
　　OrCAD PCB Designer Lite DVD (All Products)
　　OrCAD PCB Designer Lite DVD (Capture & PSpice only)

上記のいずれかをクリックします．その後のページで，評価版をクリックします．Cadence.com Log Inページになったら，登録した電子メールおよびパスワードを入力し，LOG INをクリックします．

[手順6]デモソフトウェアの選択
　デモソフトウェアの選択画面が表示されます．Demo版を選択し，送信ボタンをクリックします．

[手順7]ダウンロードの実行
　ダウンロード・ボタンをクリックし，任意の保存先を指定し，ダウンロードします．ダウンロード・ファイルをセットアップする際，デモ版の場合，ライセンスのファイルは必要ありません．ダウンロードするまでの手順が複雑であり，英語での処理のため，手順が解らない場合，開発元にお問い合わせください．

● 起動の方法
　評価版の場合，作成できるSPICEモデルはダイオードモデルのみになります．Windowsのスタートから[すべてのプログラム]→[OrCAD]→[PSpice Accessories]→[Model Editor]と選択し，PSpice Model Editorを起動します．
　起動したら，メニューの[File]→[New]で新規画面を開きます．次に[Model]→[New]でウインドウを呼び出します．Model Nameに任意のモデル名称を入力し，From ModelでDiodeを選択して[OK]ボタンをクリックします．図4-Aのようなダイオードのモデル・パラメータ抽出画面が開きます．

● パラメータ抽出の基本手順
　図4-AがPSpice Model Editorの抽出画面です．大きく分けて三つの画面で構成されています．上部左側にはモデル・リストが表示されます．上部右側には，特性図の入力画面，仕様の入力画面と抽出の測定データとシミュレーション・データの比較図が表示されます．下部には，モデル・パラメータ関連の情報が表示されます．基本的な操作手順は次のとおりです．

[手順1]　抽出する電気的特性を選択する

　ダイオードの場合，五つの電気的特性の抽出を選択できます．通常は，左から順番に抽出を進めていきます．タブをクリックすると，画面下部のモデル・パラメータの表に表示されるモデル・パラメータが変わります．表示されたパラメータが抽出の対象になります．

[手順2]　抽出に必要な電気的特性データを入力する

　特性図から読み取ったプロット・データを入力する場合と，仕様書の数値を入力する場合があります．プロット・データは，できるだけ必要な測定範囲より広い範囲をカバーするように入力します．対数スケールの場合，1,2,5,10,20,50…の間隔で入力すると確度が向上します．また，プロット入力は数が多いほど良いでしょう．

[手順3]　必要なデータを入力したら抽出を実行

　必要なデータを入力したら，抽出を実行するボタン(**図4-A参照**)をクリックします．数

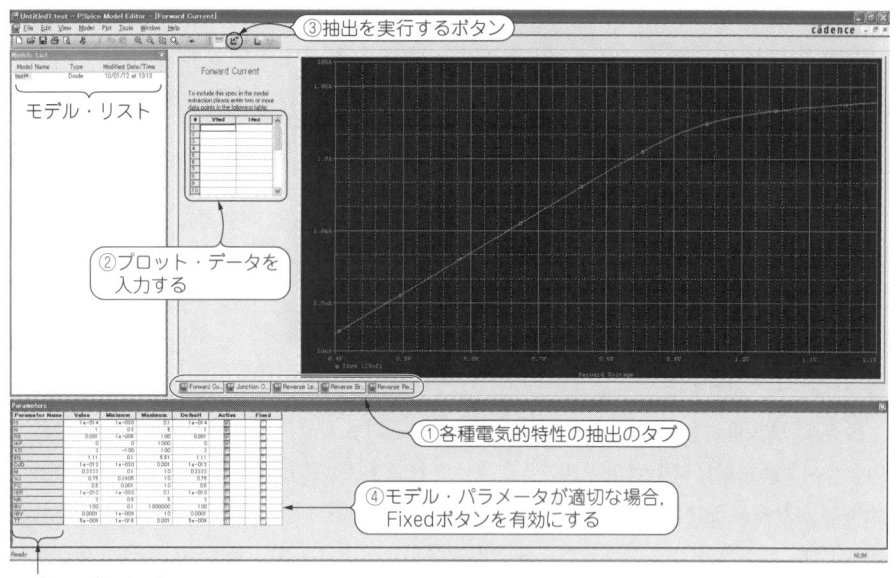

図4-A　パラメータ抽出ツールその1…PSpice Model Editor
ケイデンス社のSPICEシミュレータPSpiceの付属ツール．評価版では，ダイオードのモデル作成にしか使えないが，接合容量のモデル抽出にも使える

回押すと良いでしょう．画面にて，プロット点とシミュレーション結果を比較します．プロット点は任意の点で表示されます．抽出されたパラメータを用いたシミュレーション結果は，緑色の線で表示されるので，可視的に解析精度を確認できます．

[**手順4**] 適切なパラメータが確認できたら値を固定する

モデル・パラメータの最適化が確認されたらFixedボタンを有効にします．有効の方法は，マウスのクリックにて，Fixedのコラムにて，対象となるモデルパラメータのチェック・ボタンを有効にします．

抽出は，各種電気的特性の抽出のタブにて，[手順1]から[手順4]を繰り返します．完成したら，保存します．

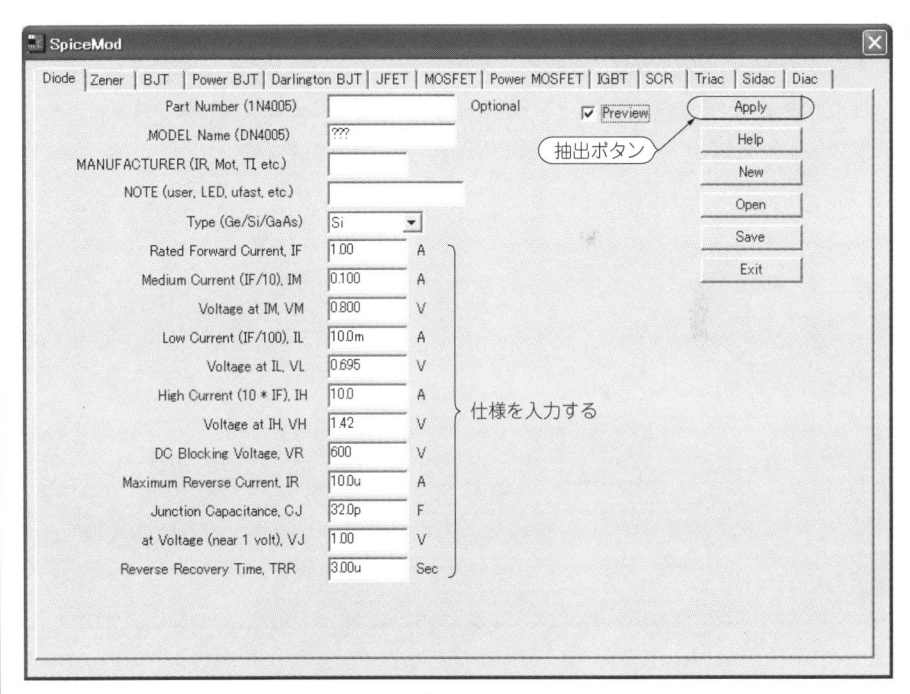

図4-B　パラメータ抽出ツールその2…SpiceMod
Intusoft社のSPICEシミュレータICAP4の付属ツール

● 接合容量の抽出タブは等価回路を作るときにも役立つ

　評価版ではダイオードのモデル・パラメータの抽出しかできませんが，他にも応用できます．

　電子部品の等価回路を開発するとき，接合容量を組み込むことがあります．その場合，ダイオードの抽出のうちJunction Capacitanceのタブで，容量に関するモデル・パラメータ，CJO，M，VJの最適化を行うことができます．接合容量の抽出ツールの精度は優れており，等価回路開発にも役立ちます．

● 簡易モデル抽出ツールSpiceModもある

　電気的特性図からではなく，仕様データと任意の動作点におけるデータのみでSPICEモデルを作成できるツールがSpiceModというソフトウェアです．Intusoft社のSPICEシミュレータICAP4の付属ツールであり，有償ですが，簡易モデル作成時に活用できます．

　デフォルトのSPICEモデルよりは精度がよい，程度の解析精度ですが，5分程度でSPICEモデルが作成できます．すぐにSPICEモデルを活用したい場合に利用すると便利です．過渡解析での損失計算には向きません．

　抽出可能なデバイスの書類は，13種類あります．図4-Bのとおり，仕様の数値データを入力し，[Apply]ボタンを押すだけでSPICEモデルの作成が完了です．

第5章
SPICE モデルその2：
等価回路モデル

部品モデルは回路図シンボルとSPICEモデルで構成され，このうちSPICEモデルは大きく分類すると，パラメータ・モデルと等価回路モデルの2種類があります．本章では，SPICEモデルが等価回路モデルの場合のLTspiceへの取り込み方を解説します．

5-1──すべての部品が表せる！等価回路モデル

● 等価回路モデルとは実際にどういうものか

等価回路モデルの場合，SPICEモデルのネットリストでは，最初の行のはじまりが，.subcktになります．等価回路モデルは，パラメータ・モデルだけでは表現できない電子部品を等価回路で表現しているSPICEモデルのことをいいます．等価回路モデルは主に二つのモデルから構成されます．

・素子モデル（ダイオード，トランジスタ，MOSFET，抵抗，コンデンサ，コイルなど）
・SPICEの標準ライブラリの中にあるアナログ・ビヘイビア・モデル

この二つを使ってほぼすべての部品の等価回路を表現します（Appendix参照）．

● 回路図シンボル・ファイルとSPICEモデルの関係

部品モデルは，二つのファイルで構成されています．回路図シンボルのファイルとSPICEモデルのファイルです．これらの二つのファイルは関連付けられなければなりません．

ウェブなどで部品のモデルを入手した場合，SPICEモデルと回路図シンボルのファイルの関係は，大きくすると三つのケースがあります．それぞれについての等価回路モデルを作成する場合のポイントを解説します．自分でSPICEモデルを作成した場合はケース2

かケース3のどちらかになるでしょう．

> ケース1：等価回路モデル（SPICEモデル）と回路図シンボル・モデルが既に関連付けられている場合
> ケース2：等価回路モデル（SPICEモデル）をLTspiceの標準回路図シンボルと関係付ける場合
> ケース3：等価回路モデル（SPICEモデル）を新規の回路図シンボルと関係付ける場合

5-2 ── ケース1：等価回路モデル（SPICEモデル）と回路図シンボルが既に関連付けられている場合

● それぞれのファイルを指定のフォルダに格納するだけ

　等価回路モデル（SPICEモデル）と回路図シンボル・モデルが既に関連付けられている場合，それぞれのフォルダに格納するだけで，部品モデルとして活用できます．このような部品モデルの情報流通はほとんどなく稀ですが，LTspiceを活用する回路設計者からすると，非常に便利ですぐに使えるケースです．しかし，実際はほとんど，ケース2およびケース3です．

5-3 ── ケース2：等価回路モデル（SPICEモデル）をLTspiceの標準回路図シンボルと関係付ける場合

● LTspiceに標準装備された回路図シンボルを活用する

　等価回路モデル（SPICEモデル）があっても，それに対する回路図シンボルがない場合は，LTspiceに標準装備されたモデルを利用することで，LTspiceに取り込むことができます．
　ここでは，MOSFETのSPICEモデルを例に解説します．LTspiceには電源ICのアプリケーション回路のシミュレーション用ファイルがたくさんあります．スイッチング・デバイスにはMOSFETが採用されている場合がほとんどです．それらのMOSFETはほとんどが欧米の半導体部品で，日本製品のMOSFETはあまりありません．
　ロームのホームページにいくと，データシートのとなりにSPICEモデルがダウンロードできるようになっています．ロームの場合，提供しているモデルが汎用性の高いSPICEモデルのため，LTspiceでも活用できます．しかし，LTspice用の回路図シンボルのファ

イルはありません．そこで，あらかじめLTspiceに用意されている回路図シンボルのファイルを流用して，SPICEモデルを利用しましょう．

ロームのようなSPICEモデルの提供方法は，回路設計者にとっては活用しやすい提供方法です．汎用性の高いSPICEモデルの提供のため，LTspiceでも互換性がよく，そのまま使用することができます．当然，PSpiceでも活用できます．

● 例題…スイッチング電源のMOSFETを置き換えてみる

LTC3867という降圧スイッチング・レギュレータICのアプリケーション回路を題材にします．MOSFETをローム製品に置き換えてシミュレーションしてみます．

LTC3867は，降圧スイッチング・レギュレータ用ICです．Nチャネルのパワー MOSFETを2個外付けして，高効率の同期整流を行います．

第3章で解説したのと同様の操作で，LTC3867のアプリケーション回路を開きます．開いた回路図を図5-1に示します．標準では，Q1およびQ2のNチャネルMOSFETにルネ

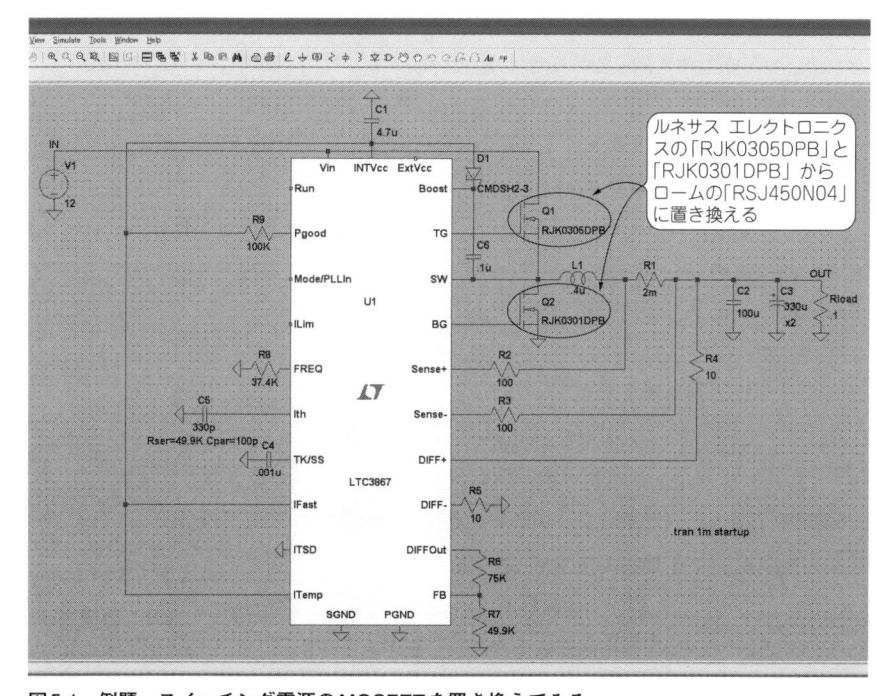

図5-1 例題…スイッチング電源のMOSFETを置き換えてみる
LTspiceに内蔵されている，LTC3867のアプリケーション回路図を呼び出す

5-3—— ケース2：等価回路モデル（SPICEモデル）をLTspiceの標準回路図シンボルと関係付ける場合

リスト5-1　MOSFET RSJ450N04（ローム）のSPICEモデルをLTspiceで使えるようにする

```
* RSJ450N04 NMOSFET model          + RS=1.5000E-3              + RS=2.3951E-3
* Model Generated by ROHM          + RD=0                      + IKF=9.1081
* All Rights Reserved              + VTO=2.4053                + CJO=1.1068E-9
* Commercial Use or                + RDS=40.000E6              + M=.47201
* Resale Restricted                + TOX=2.0000E-6             + VJ=.76152
* Date: 2011/08/08                 + CGSO=2.20n                + BV=40
******************D G S            + CGDO=100p                 + TT=34n
.SUBCKT RSJ450N04 1 2 3            + CBD=0                     .MODEL DDG D
M1     11 22 3 3 MOS_N             + RG=0                      + CJO=807.33E-12
D1         3 1 DDS                 + N=2                       + M=.69266
R1         1 11 RTH 7.14m          + RB=1.0000E-3              + VJ=.75458
D2         22 11 DDG               + GAMMA=1.1                 + N=10000
R2         2 22 8.1                + ETA=0.0001                + FC=-1.7
.MODEL MOS_N NMOS                  + KAPPA=0                   .MODEL RTH RES
+ LEVEL=3                          + NFS=15G                   + TC1=0.0055
+ L=2.0000E-6                      .MODEL DDS D                + TC2=0.000021
+ W=1                              + IS=13.735E-12             .ENDS RSJ450N04
+ KP=2.7979E-4                     + N=1.0682
```

サス エレクトロニクスRJK0301DPBとRJK0305DPBが採用されています．これを，ロームのRSJ450N04に置き換えます．ロームの製品のSPICEモデルはロームのホームページからダウンロード（http://www.rohm.co.jp/products/discrete/transistor/mosfet/rsj450n04/）できます．ロームのホームページからダウンロードした「RSJ450N04」のSPICEモデルのリストを**リスト5-1**に示します．ネットリスト中の「*」は，コメント文ですので，SPICEの取り込みには影響しません．最初の行を見ると，.subcktとあるので，このSPICEモデルは，等価回路モデルであることが分かります．

　この時点で，SPICEモデルは手に入りましたが，LTspice用の回路図シンボルのファイルがありません．置き換えには色々な方法がありますが，基本的な手順で進めます．**図5-1**のQ1とQ2にあるパワーMOSFETの「RJK0301DPB」と「RJK0305DPB」の回路図シンボルを回路図上から削除します．削除は，メニュー・バーからはさみのマーク（Cut）を選び（あるいはDELキーを押して）Cutモードに入り，Q1およびQ2の上でクリックすると，Q1，Q2を削除できます．

● **LTspiceにあるMOSFETの回路図シンボルを使用する**

　[Edit]-[Component]で部品の選択画面を開きます．**図5-2**のように部品選択画面にて，「nmos」を選択します．そして，回転させ，**図5-3**の通り配置します．この状態では，ダ

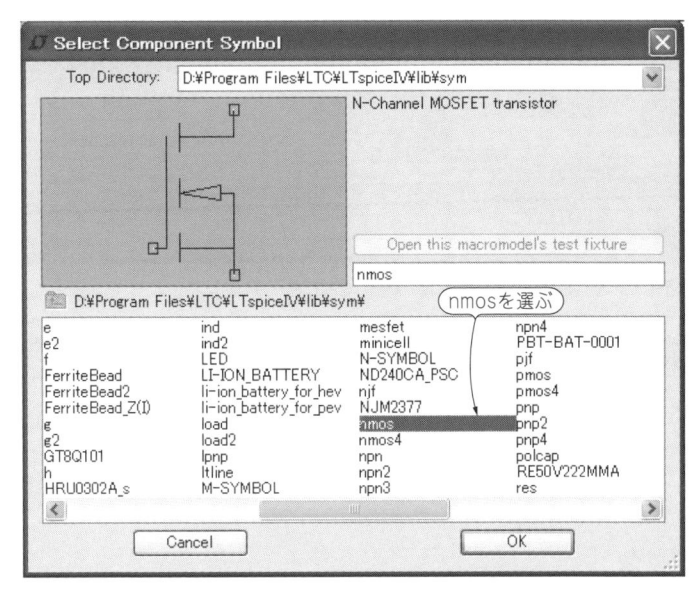

図5-2 パーツ選択の画面でnmosを選択する

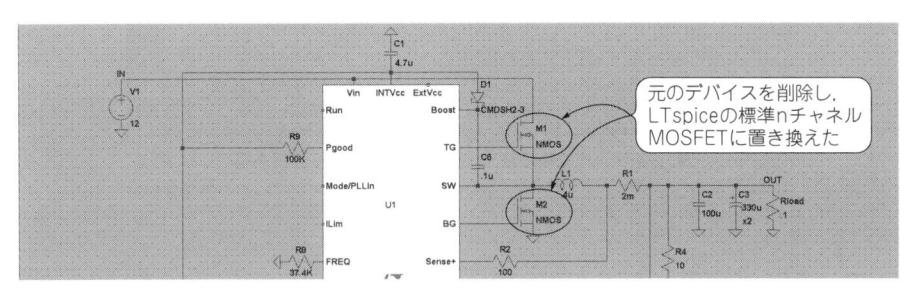

図5-3 例題回路のMOSFETをnmosに置き換えたところ

イオードの記号番号が，M1でダイオードの名称が「M」になっています．このMの上にマウスのカーソルをもっていき，右クリックします．すると図5-4の通り，MOSFETの名称を入力する画面がでます．そこに「RSJ450N04」と入力します．M2も同様にMOSFETの名称を入力してください．

● 等価回路モデルの場合はもう一つの設定が必要

　パラメータ・モデルの場合は，これで回路図シンボルの設定が終了しますが，等価回路モデル(.subckt)の場合，M1とM2に対してもう一つの設定が必要です．まず，M1の回路

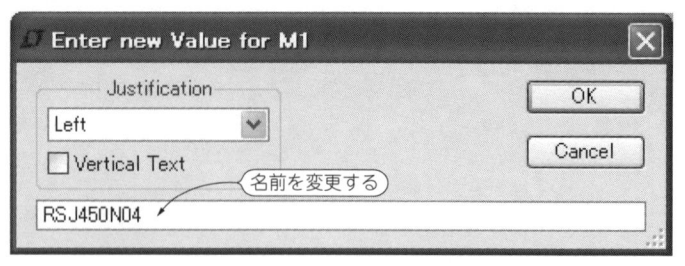

図5-4 MOSFETの名称を使いたいSPICEモデルの名前に変更する

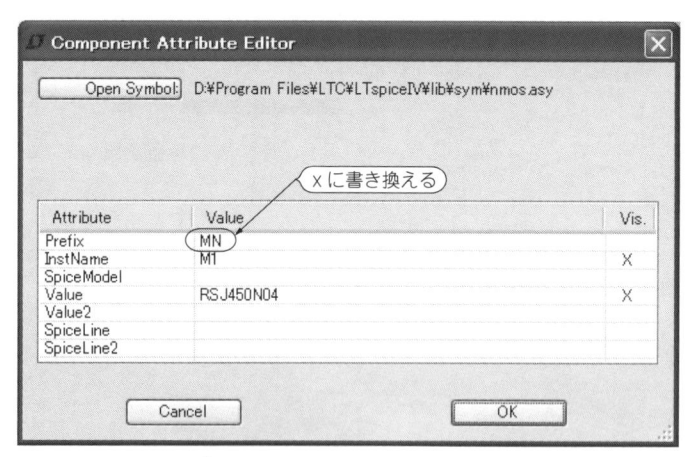

(名前を変更する)

図5-5 等価回路モデルを使うことを設定してやる必要がある
回路図シンボルの上でCtrlキーを押しながら右クリックし，Component Attribute Editorの画面を呼び出す

(xに書き換える)

図シンボルの上にマウスのカーソルをもっていきます．そして，キーボードのCtrlボタンを押しながら，マウスの右クリックを押すと，**図5-5**のComponent Attribute Editor画面が出現します．デフォルトの状態では，AttributeのPrefixの値が「MN」になっています．等価回路モデル(.subckt)の場合，「MN」から「x」に値を変更します．これで回路図シンボルの作成が完了しました．

● SPICEモデルのファイルの中身を確認しておく必要がある

MOSFETの場合，回路図シンボルと等価回路モデルとの関係付けの場合，決まりがあります．SPICEモデルの等価回路モデルのピンの記述が，D(ドレイン)，G(ゲート)，S(ソース)の順番で等価回路モデルのネットリストの記載のノード番号(ピン番号)，1，2，

3に対応していなければなりません．もし，ネットリストの記載がこの順番になっていない場合，正しい記述に書き換えなければなりません．ロームのSPICEモデルの場合は記載が正しいので，そのまま，採用できます．自分がSPICEモデルを作成する場合は，上記のルールを守って作成してください．また，外部から入手した場合は，正しい記載かどうかを確認してください．

● SPICEモデルを定義する

　回路図シンボル作成が終了したら，SPICEモデルを定義します．まず，RSJ450N04のSPICEモデル（rsj450n04.lib）をLTspiceのSPICEモデルの格納先フォルダに入れます．C¥Program Files¥LTC¥LTspiceIV¥lib¥subフォルダです．次にSPICEモデルを取り込むため，SPICE Directiveで定義します．[Edit]-[SPICE Directive]でウインドウを呼び出し，下記のように入力します．

　　　.lib rsj450n04.lib

.libの後に，SPICEモデルのファイル名称を入力します（図5-6）．入力したら，「OK」ボタンを押し回路図上に配置します．これでRSJ450N04の部品モデルの取り込み終了（図5-7）です．

　.libでなく，.incで定義する方法もあります．その場合，

　　　.inc rsj450n04.lib

という表記になります．

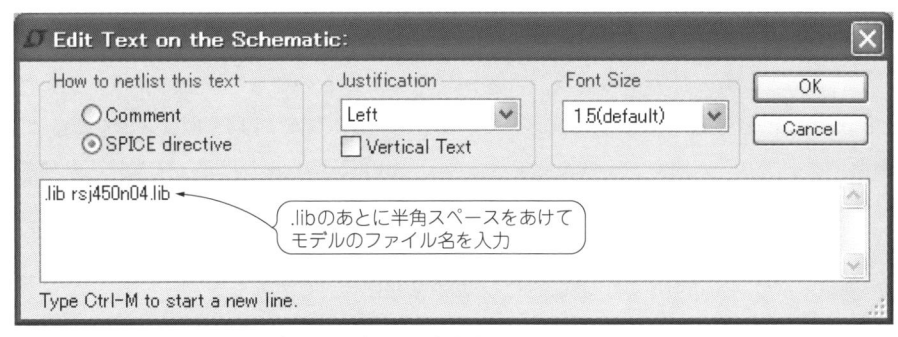

図5-6　回路中に使用するモデルを呼び出す設定をする
[Edit]-[Spice Directive]でSPICEモデルの記述されたファイルを定義する

5-3 ── ケース2：等価回路モデル（SPICEモデル）をLTspiceの標準回路図シンボルと関係付ける場合

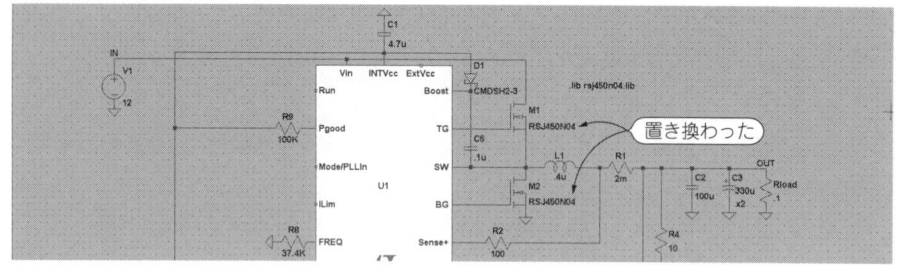

図5-7　MOSFETをロームの等価回路モデルに置き換えた回路図

● 置き換えたSPICEモデルでシミュレーションする

　シミュレーション結果を図5-8に示します．(a)と(b)のシミュレーション結果と比較すると，RSJ450N04の方が電流波形において，高い電流でスイッチングしており，その結果，スイッチング損失が大きいことがシミュレーション結果より解りました．このように，LTspiceに標準で使いたい部品の回路図シンボルがある場合，簡単にLTspiceに取り込むことができ，自分の必要な部品の等価回路モデルにて回路解析シミュレーションをすることができます．

5-4 ── ケース3：等価回路モデル（SPICEモデル）を新規の回路図シンボルと関係付ける場合

● LTspiceに自分が使いたい回路図シンボルがない場合は自分で作成する

　LTspiceの中に自分が使いたい回路図シンボルがある場合，ケース2の手順で部品モデルの作成および登録ができますが，適切な回路図シンボルがない場合は，自分で作成しなければなりません．

　LTspiceの場合，世界中の回路設計者が使用しているので，インターネット上にはLTspiceに無い回路図シンボルを配信しているサイトもあります．回路図シンボルの場合，画面に表示され，人間がすぐに確認できるので，SPICEモデルとは違って受け入れは簡単です．

● 例題…パワーMOSFETの回路図シンボルを新規に作成してみる

　実際に，回路図シンボルを自作してみましょう．例として，パワーMOSFETの回路図シンボルを自作してみます．

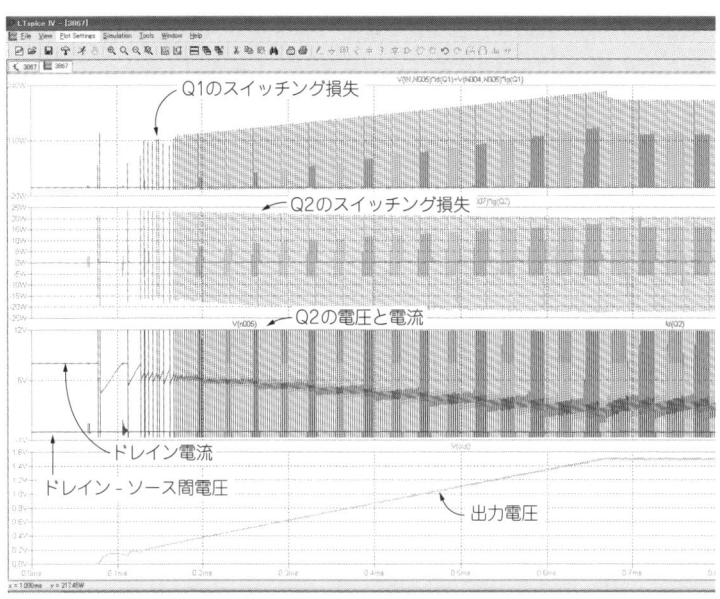

(a) before：デフォルトのRJK0301DPB&RJK0305DPB

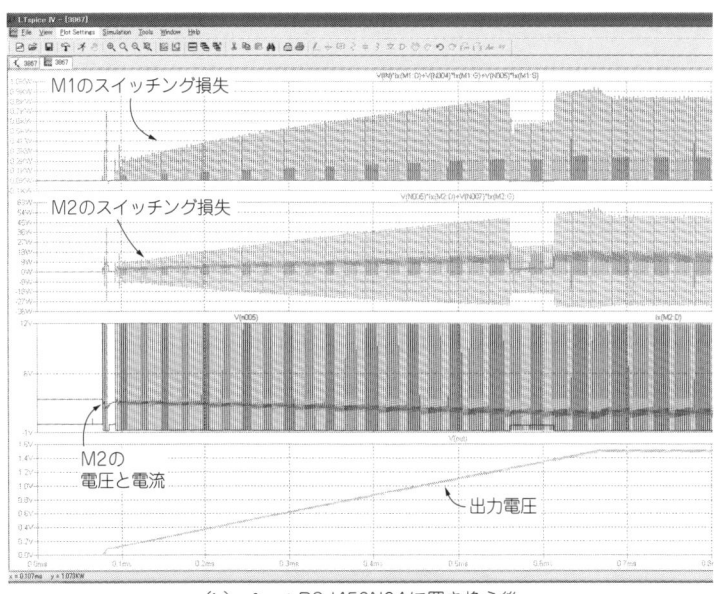

(b) after：RSJ450N04に置き換え後

図5-8　MOSFETの置き換えに成功！例題回路のシミュレーション結果

パワーMOSFETは一般的に，図5-9の通り，本体のMOSFETとボディ・ダイオードで構成されています．パワーMOSFETのデータシートを参照すると，多くは図5-9の回路図シンボルです．さらに，ゲート-ソース間に保護素子が挿入されているパワーMOSFETもあります．このような回路図シンボルはLTspiceの中にはないので，自作する必要があります．

● 新規の回路図シンボル作成編集ツールを使う

　LTspiceにはユーザが自由に回路図シンボルを作成できる編集ツールが内蔵されています．[File]-[New Symbol]で新規回路図シンボル作成画面を開きます．図5-10の通り，新規回路図シンボル作成画面になります．[Draw]の中に作図機能があります．これらを使用して，図5-9の形状に作図していきます．全て，[Line]で作図しました．図5-11に作図した画面を示します．

● ピン属性を定義する

　回路図シンボルの作図が終了したら，ピン属性を定義します．パワーMOSFETの場合，等価回路モデルにおいて，ネットリスト記述は，ドレイン，ゲート，ソースで定義されるので，それらを考慮します．[Edit]-[Add pin/Port]をクリックします．設定画面（図5-12）が表示されます．

　Labelに「1」を入力し，「OK」ボタンを押すと，設定画面が閉じ，作成画面に戻ります．マウス・カーソルは，四角の中に入った丸になっています．この丸をドレインの端子の位

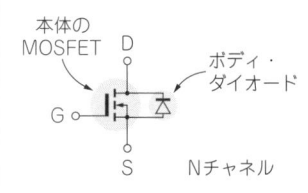

図5-9　新規に作成するパワーMOSFETの回路図シンボル

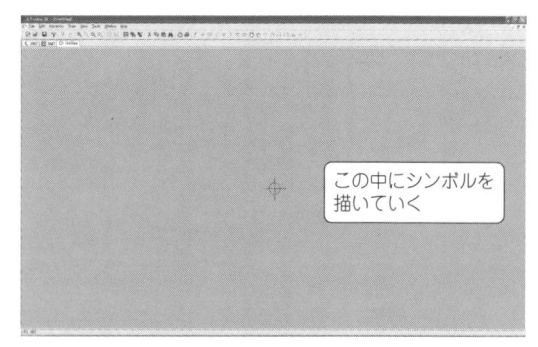

図5-10　新規シンボル作成画面
[File]-[New Symbol]でこの画面が開く

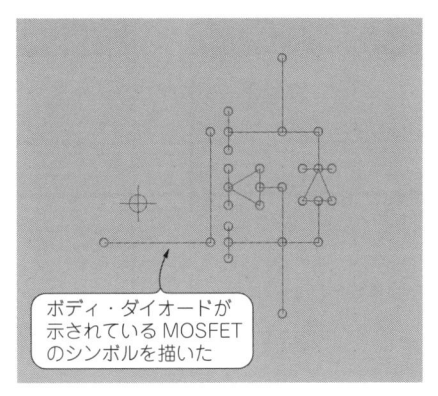

図5-11 作図したパワーMOSFETの回路図シンボル

(吹き出し: ボディ・ダイオードが示されているMOSFETのシンボルを描いた)

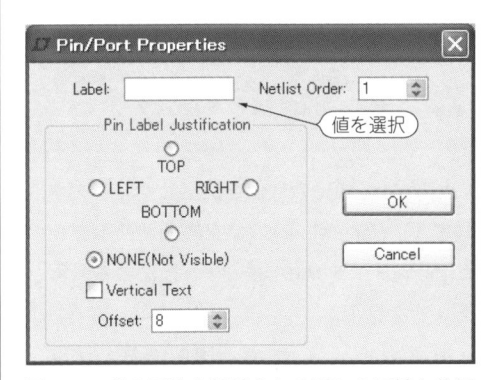

図5-12 他の回路と接続されるピンの属性と位置を設定する

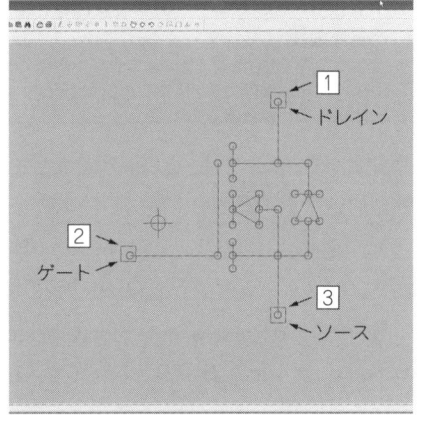

図5-13 各ピンが定義された状態

(図5-13の注釈: 1 ドレイン, 2 ゲート, 3 ソース)

置にてあわせてクリックします.これでピン属性の「1」の位置が定義されました.この手順で**図5-13**の通り,「2」,「3」を定義します.

　ドレイン端子:1
　ゲート端子:2
　ソース端子:3

● シンボルに必要なその他のデータを編集

[Edit]-[Attributes]-[Edit Attributes]をクリックします.**図5-14**の編集画面が表示さ

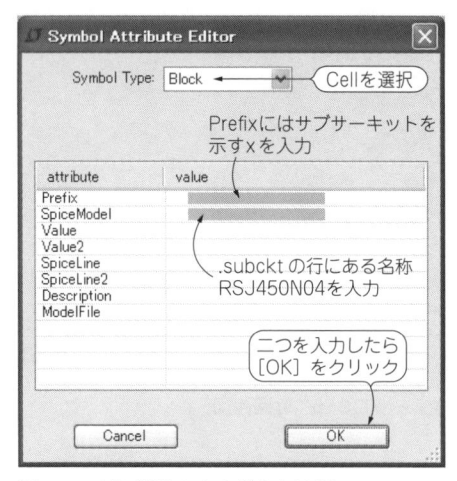

図5-14 ピン以外のさまざまな情報Attributesの編集画面
部品なのでSymbol TypeをCellに，等価回路モデルなのでPrefixの値をxにする．SpiceModelには等価回路のモデル名を入力する

図5-15 Attributeに情報を追加する
この画面から，回路図シンボルに記号番号（U1,U2…など）を追加する

れます．Symbol TypeをCellに選択します．次に，attibuteの数値を決定していきます．等価回路モデルなので，Prefixの値を「x」にします．SpiceModelの値を等価回路モデルの名称「RSJ450N04」を入力します．この数値は，SPICEモデルの.subcktの行にある名称と同一にします．入力できたら[OK]ボタンをクリックします．

[Edit]-[Attributes]-[Attribute Window]をクリックします．**図5-15**のAttribute Window to Add画面が表示されます．InstNameを選択し[OK]ボタンを押すと，作成画面に戻り，カーソルとして「Unnn」が表示されます．シンボルの近くの適切な場所に移動させて，クリックします．配置されると，**図5-16**の画面になります．次に，SpiceModelを選択し[OK]ボタンをクリックし，やはり適切な場所に移動させ，クリックします．**図5-17**の通り，配置できました．

これで回路図シンボルが完成したので，[File]-[Save As]で回路図シンボルのフォルダ，symフォルダに，RSJ450N04の名前をつけて保存します．

● **部品選択画面で作ったシンボルを確認**

正常に回路図シンボルが作成できたかどうかを確認します．部品選択画面を開きます．**図5-18**の通り，「RSJ450N04」の回路図シンボルが確認できるはずです．

図5-16　回路図シンボル上に記号番号の InstName を設置したところ

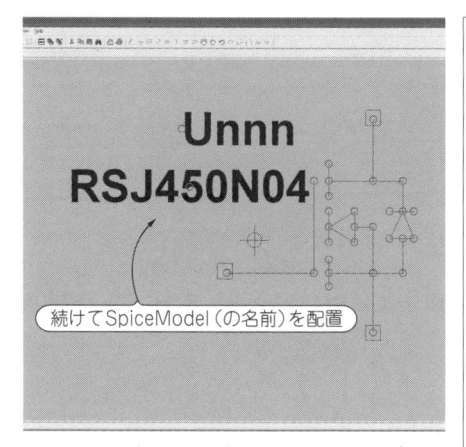

図5-17　回路図シンボル上にSPICEモデル名の SpiceModel を設置したところ

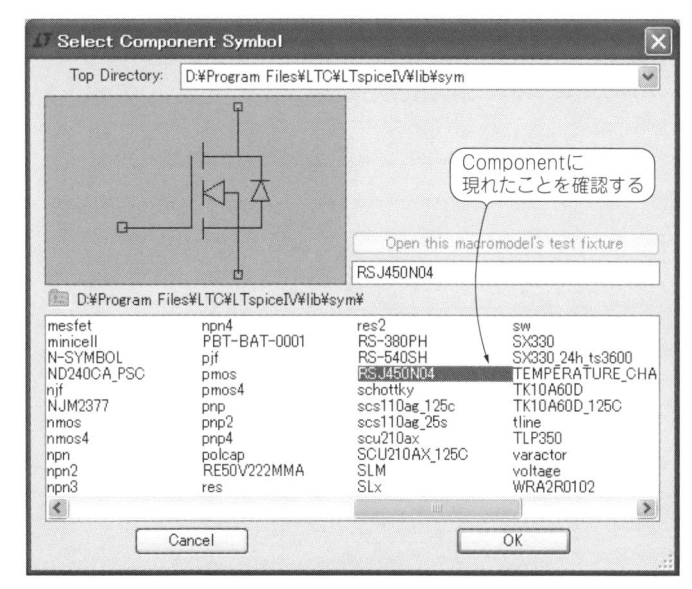

図5-18　作成した回路図シンボルを部品選択画面で確認

● 作成した回路図シンボルを使用して回路解析シミュレーション

作成した回路図シンボルを使用し，図5-1の回路図で回路解析シミュレーションを実施します．図5-3の回路図で，M1およびM2の回路図シンボルを削除し，作成した回路図シ

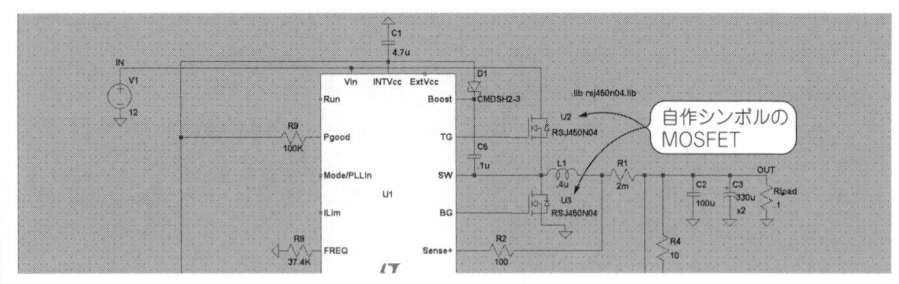

図5-19 回路図シンボルの自作に成功！置き換え後の回路図

ンボルに置き換えます．**図5-19**の通り，新規に作成したパワーMOSFETの回路図に置き換えられました．回路解析シミュレーション結果が**図5-8**の結果と同じ事が確認できました．このように，自分が欲しい回路図シンボルは新規で作図することで，自由に作成することができます．

Appendix

すべての部品は等価回路で表せる！
アナログ・ビヘイビア・モデルによる酸素センサのモデル作成例

　回路解析シミュレータSPICE(およびLTspiceなどSPICE派生のシミュレータ)は，回路中の電圧や電流を計算するソフトウェアです．ただし，自分が採用したい部品のSPICEモデルを準備し，シミュレータに登録する必要があります．電子回路を構成する部品は様々で，半導体部品，受動部品，電池，センサ，モータ，スピーカなどいろいろなものがあります．

　部品の等価回路さえ思いつけば，SPICE中にある素子モデルやアナログ・ビヘイビア・モデル(ABM)などで等価回路を表現できます．等価回路はアイディア次第です．アイデアさえあれば，どんな部品でも等価回路で表現できます．

● **等価回路づくりに必要なこと**

　等価回路づくりには多くの経験が必要です．SPICEの世界で部品の動作を表現するためには，等価回路を開発し，素子モデルおよびABMで置き換え，ネットリストにする必要があります．等価回路づくりは，デバイスと回路の両面の知識とアイディアが必要になります．ある部品のSPICEモデルを作成する場合，次の視点が必要になります．

- この部品の構造はどうなってるのか？
- 材料は何を採用しているのか？
- 電気的な特性は？
- 周波数的な特性は？

　これらを統合して動作する等価回路を考えていきます．感覚的には，機能的な観点からICのブロック図を作成し，それらのブロックを電気的および周波数的な振る舞いととして，等価回路に置き換えていくプロセスです．

● **アナログ・ビヘイビア・モデル(ABM)で等価回路を表現するための基本的素子**

　等価回路づくりに頻繁に使用するのは二つの素子です．

　　電圧制御電圧源のEVALUE
　　電圧制御電流源のGVALUE

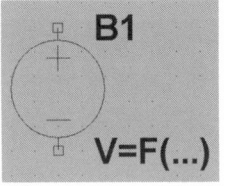

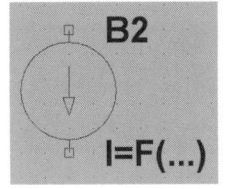

(a) EVALUEに相当するbv　　(b) GVALUEに相当するbi

図5-A　LTspiceの電圧制御電圧源と電圧制御電流源

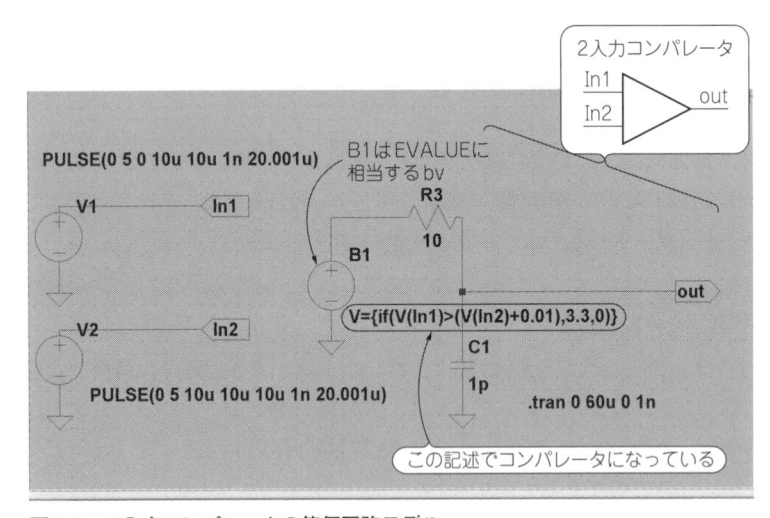

図5-B　2入力コンパレータの等価回路モデル

　それぞれの素子にて，数値，テーブル，関数を組み合わせて，任意の等価回路を構築していきます．この二つのABMの素子が基本中の基本になります．

● PSpiceのABM素子をLTspice用に置き換える

　ネットリスト上においては，LTspiceでも電圧制御電圧源(EVALUE)と電圧制御電流源(GVALUE)は使用できますが，LTspiceの回路図上では，これらのシンボル図がありません．もともと，電圧制御電圧源(EVALUE)と電圧制御電流源(GVALUE)はPSpiceのABM素子だからです．しかし，LTspiceにもこの二つの素子に相当する素子があります．図5-Aに示します．それぞれ，LTspiceのコンポーネントから選択できます．

　電圧制御電圧源でEVALUE相当の素子は「bv」
　電圧制御電流源でGVALUE相当の素子は「bi」

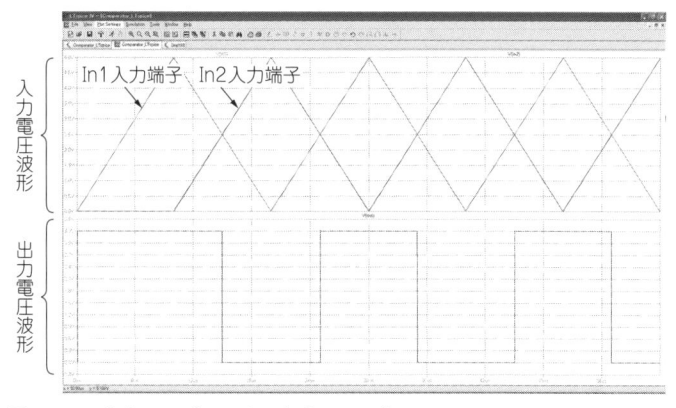

図5-C　2入力コンパレータのシミュレーション

■ 例題1…電圧制御電圧源(EVALUE)相当の「bv」を使ってコンパレータを作ってみる

2入力コンパレータの等価回路モデルの事例です．等価回路図を図5-Bに示します．入力端子In_1, In_2に対する出力結果についてB1で表現しております．電圧制御電圧源(EVALUE)に相当するのが，LTspiceの「bv」です．記述は下記のとおりです．

$V=\{if(V(In_1)>(V(In_2)+0.01)\ 3.3,0)\}$

In_1の端子電圧がIn_2の端子電圧であるV(In_2)+0.01Vより大きい場合，3.3Vを出力し，それ以外では0Vを出力する，という意味です．シミュレーション結果を図5-Cに示します．

■ 例題2…酸素センサのSPICEモデルを作ってみる

センサのSPICEモデルを回路に組み込み回路解析シミュレーションで回路解析をする事例が増えています．酸素センサの部品の等価回路を表現してみます．手順を示します．対象としたセンサ・デバイスは，GSユアサのKE-12です．

[手順1] 酸素センサの構造を把握する
　一般的な酸素センサの構造を図5-Dに示します．
[手順2]何を等価回路で表現するかを決定する
　次に酸素センサについてどのような等価回路モデルを作成するかの仕様を決定します．今回は，酸素濃度を検出し，酸素濃度-出力電圧特性の電気的特性と応答速度を等価回路で表現します．

**図5-D
酸素センサの構造**

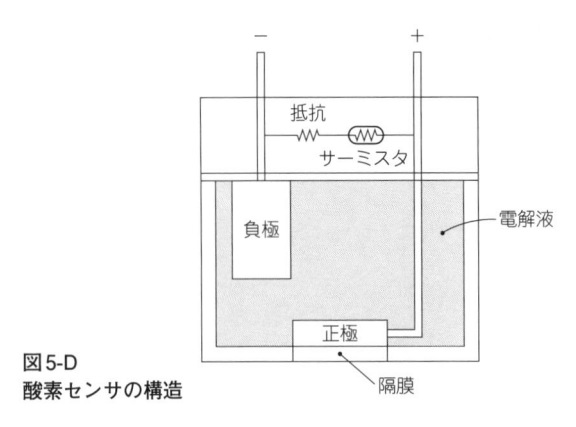

[手順3] 等価回路の機能ブロックを考え方針を決定する

等価回路を構成するブロックは三つになります.

(1) 酸素濃度を検出する

電圧を検出する端子にて，100%を1V，0%を0Vとして検出する

(2) 酸素濃度-出力電圧特性の電気的特性により，出力電圧を決定する

酸素濃度-出力電圧特性図は線形的な関数で表現する

(3) 応答速度を表現する

応答速度は，時間と出力変化率の応答速度図を参考にし，90%応答速度の時間を評価項目とする

[手順4] 具体的に等価回路にする

等価回路図を**図**5-Eに示します．酸素ガス濃度は，V1で表現し，0～1までの数値に制約するため，B2でリミット関数を採用しています．B1で酸素濃度-出力電圧特性を表現し，R1およびC1で応答性を表現しています．また，Ropを挿入し，高抵抗値にすることで，絶縁性を再現しています．

[手順5] 評価検証を行う

作成した等価回路モデルは必ず，シミュレーションで評価検証を行い，実測と比較し，解析精度を確認します．今回の場合，評価検証項目は，次の2項目になります．

(1) 酸素濃度-出力電圧特性

酸素ガス濃度を入力し，出力電圧検出し，グラフを作成しました．**図**5-Fに示します．

(2) 応答速度

過渡解析にて応答速度をシミュレーションしました．**図**5-Gにシミュレーション結果を

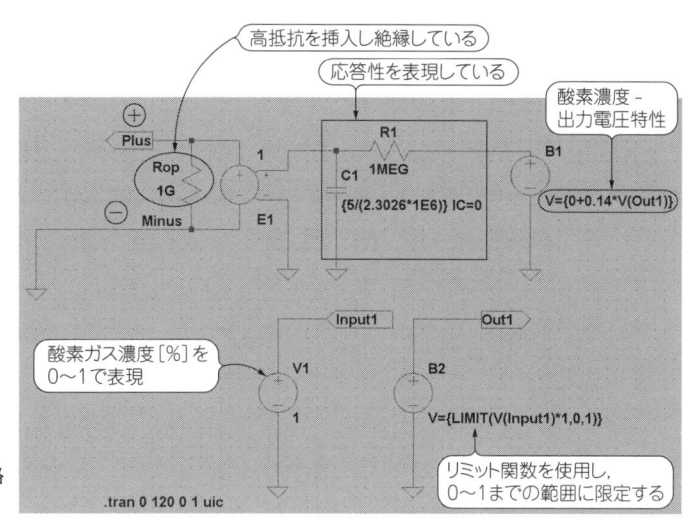

図5-E 酸素センサの等価回路図

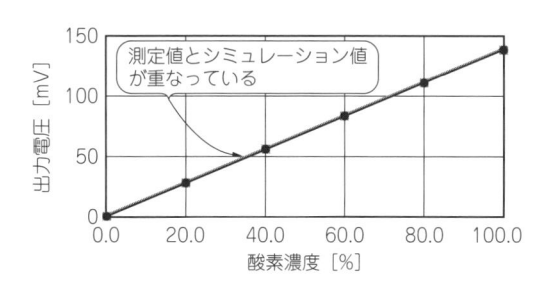

- 高抵抗を挿入し絶縁している
- 応答性を表現している
- 酸素濃度-出力電圧特性：$V=\{0+0.14*V(Out1)\}$
- Rop 1G
- R1 1MEG
- C1 $\{5/(2.3026*1E6)\}$ IC=0
- 酸素ガス濃度[%]を0〜1で表現：V1 = 1
- リミット関数を使用し、0〜1までの範囲に限定する：$V=\{LIMIT(V(Input1)*1,0,1)\}$
- .tran 0 120 0 1 uic

図5-F　酸素濃度-出力電圧特性の評価検証…等価回路モデルがちゃんと自作できた！

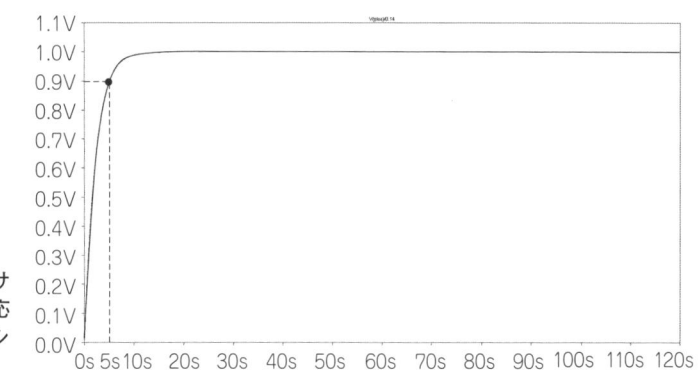

測定値とシミュレーション値が重なっている

図5-G 制作した酸素センサのモデルを使った応答性のシミュレーション

第5章 Appendix——すべての部品は等価回路で表せる！アナログ・ビヘイビア・モデルによる酸素センサのモデル作成例

示します.カーソルで確認すると,90%応答速度が5秒のため,シミュレーション結果と実測値が合致します.

*

　このように,センサ・デバイスについても等価回路で表現できれば,回路解析シミュレーションに組み込むことができます.この手法であらゆる部品は何らかの等価回路で再現できます.

定番回路シミュレータ LTspice 部品モデル作成術

第6章
従来の PSpice モデルを LTspice モデルに置き換える方法

　LTspiceには，リニアテクノロジー製品の部品モデルは数多く標準装備されていますが，回路を設計する場合，半導体部品だけではなく，受動部品，バッテリ，センサ，モータなどの部品モデルが必要になることもあります．リニアテクノロジーの製品だけでは回路設計ができません．ほかのSPICEモデルも用意しないといけません．
　世の中で流通しているSPICEモデルは，現状PSpiceモデルが主流であり，LTspiceで使いたいときは取り込まないといけません．

6-1──LTspice は PSpice 用モデルをかなりそのまま使える

● LTspiceとPSpiceの相性はとても良い
　他のSPICE系電子回路シミュレータと比較すると，LTspiceはPSpiceとの相性が非常に良く，回路図シンボルはLTspice用に自作する必要はあっても，修正なしで使用できるモデルがたくさんあります．LTspiceは，PSpiceのSPICEモデルの資産も継承できるプラットフォームであり，世界中の回路設計者が使用しています．
　ただし，LTspiceで使用できないPSpiceモデルや，修正を加える必要があるPSpiceモデルもあります．

6-2──LTspice では使用できない PSpice モデル

● その1…PSpiceのディジタル素子ライブラリが使われているモデル
　PSpiceは，独自にディジタル素子ライブラリを充実させています．そのため，ディジタルICのSPICEモデルはPSpiceのディジタル素子で表現されているものが多くあります．そのようなモデルは，LTspiceだけでなく，PSpice以外のSPICE電子回路シミュレー

タで使用できません．

　ディジタル素子のライブラリがなくても，すべてのディジタル素子は第5章で紹介したアナログ・ビヘイビア・モデルを活用した等価回路で表現できるので，特に困ることはありません．LTspiceはアナログの電子回路シミュレータというイメージが強いですが，ディジタル回路シミュレーションも可能ですし，Sパラメータを取り扱うような高周波回路のシミュレーションも可能です．

● その2…PSpice用のIGBTヘフナ・モデル

　LTspiceで使えないモデルとして，PSpice用のIGBTのヘフナ・モデルがあります．これはオリジナルのSPICEになく，PSpiceで導入されたパラメータ・モデルです．このヘフナ・モデルはLTspiceにもってきても使用できません．ただし，ヘフナ・モデルは古いモデルであり，現在のIGBTのSPICEモデルと比べると，伝達特性や飽和特性の点で再現性がありません．

　現在主流のIGBTのモデルは，MOSFET+BJT型等価回路モデルであり，これはLTspiceで取り込めます．ヘフナ・モデルが使用できないからといって特に困ることはありません．

● その3…PSpice用に暗号化処理されたICのSPICEモデル

　欧米の半導体メーカが提供しているICのSPICEモデルには，PSpiceに組み込んだとき以外では中身が読み取れないように，暗号化処理されたモデルもあります．その場合，暗号化に対応したバージョンのPSpice（OrCAD）でしか取り込めず，動作もしません．

　この場合，半導体メーカに汎用性の高いSPICEモデルの提供をお願いするしかありません．それができない場合は，ICのSPICEモデル作成を自分で行う必要がありますが，ICのSPICEモデル作成は難しく，経験なしでは現実的ではありません．

　等価回路をよく研究すれば，簡易的なSPICEモデルを作成することは可能です．

6-3　一部修正すればLTspiceに使用できるPSpiceモデル

● 等価回路モデル内に「^」の表記があるSPICEモデル

　流通しているSPICEモデルのなかには，ネットリストの中に「^」の表記があるものがあります．関数表現を等価回路モデルに取り込んでいる場合に多いです．

LTspiceで使用する場合「^」を「**」に変更することで使用できます．手作業で「**」に置換するのは大変なので，テキスト編集ツールにある置換機能を活用し，一括変換することで，置換ミスを減らせます．

6-4──PSpice モデルを LTspice で使用する場合の注意点

● 回路図シンボルとSPICEモデルは正しく関連付けられないといけない

部品モデルは，回路図シンボルのファイルとSPICEモデルのファイルの両方が必要です．それらが回路図シンボルのピン番号と属性，ネットリストのピン番号が一致して関連づけられていないと正しく動きません．パラメータ・モデルの場合は問題ありませんが，等価回路モデル(.subcktモデル)の場合，十分な注意が必要です．等価回路モデルに回路図シンボルを合わせて使えるようにする方法は，第5章で解説しています．

● OPアンプで特に危ない！ SPICEのピン番号とパッケージのピン番号を一致させないといけない

現在，世界中の半導体メーカのOPアンプのSPICEモデルが流通しています．SPICEでは，OPアンプの回路図シンボルのピン番号と，実際のパッケージのピン番号とが一致していない場合が多くあります．回路設計者が，OPアンプのパッケージのピン番号で定義された回路図シンボルとSPICEモデルでシミュレーションしたい場合は問題ありませんが，LTspice標準のOPアンプの回路図シンボルで使用したい場合，SPICEモデルのピン番号を一致させなければなりません．一致していないと，正しい電子回路シミュレーションができません．途中で気づけば良いのですが，誤った関連付けのピン配置でシミュレーション結果が出ているのに気付かず，設計に使用してしまう例も多く見られます．

LTspice標準のOPアンプの回路図シンボルの場合，図6-1の決まりがあります．回路図シンボルは全部で5ピンであり，SPICEモデルの.SUBCKTステートメントのピン番号の数は5です．シンボルにおけるピンの順番は「＋入力」，「－入力」，「＋電源」，「－電源」，

図6-1
要注意！ OPアンプの回路図シンボルのピン番号はパッケージのピン番号とは違う
OPアンプのSPICEモデル(ネットリスト)をこの回路図シンボルと組み合わせるには，ピンの定義順を一致させなければいけない

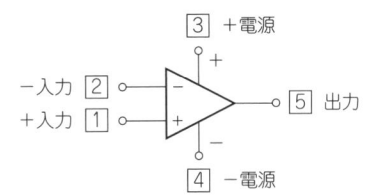

「出力」で決定されています．この通りに，.subcktのピン番号を定義する必要があります．

OPアンプのSPICEモデルの場合，ネットリストのピン番号が，OPアンプの標準回路図シンボルで定義されているか，あるいは，パッケージのピン番号で定義されているか．最初に確認する必要があります．

6-5──PSpiceの電圧制御電圧源（EVALUE）と電圧制御電流源（GVALUE）の再現

● 素子の振る舞いを数式などで記述するアナログ・ビヘイビア・モデル

PSpiceはアナログ・ビヘイビア・モデルが充実しています．電子部品のSPICEモデルがない場合，対象となる電子部品の振る舞い，電気的特性，内部構造，デバイス動作を考慮しながら，自分で等価回路を作成します．次に，その等価回路をSPICE上で扱える素子やコンポーネントで置き換えていきます．このとき多用されるのが多種多様なアナログ・ビヘイビア・モデルです．

● よく使われるのは電圧制御電圧源(EVALUE)と電圧制御電流源(GVALUE)

SPICEに多くのアナログ・ビヘイビア・モデルがありますが，代表的なアナログ・ビヘイビア・モデルは，次の2種類です．

 EVALUE：電圧制御電圧源
 GVALUE：電圧制御電流源

これらは等価回路モデルを作成する際に，多く採用されます．

LTspiceでは，上記の2種類が含まれるSPICEモデルのネットリストを読み取り，シミュレーションできます．

しかし，LTspiceでモデルを作成しようとした場合には，この二つのモデルはLTspiceに素子としてないため，そのものずばりの等価回路をLTspiceの回路図上で描けません．

LTspiceを活用して電子部品の等価回路モデルを研究開発する場合，PSpiceのEVALUEおよびGVALUEに相当するものがあった方が便利でしょう．

工夫すれば，LTspiceでもEVALUE，GBALUEの動作を再現できます．

● LTspiceで電圧制御電圧源(EVALUE)を再現するには

LTspiceで電圧制御電圧源(EVALUE)を再現する場合は素子「bv」を使用します．部品

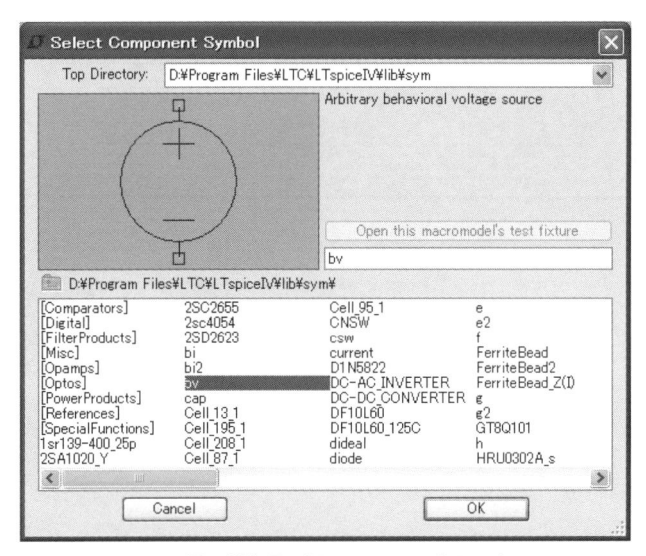

図6-2 PSpiceの電圧制御電圧源EVALUEの代用になるLTspiceの電圧源bv

選択画面でbvを開き，配置します（**図6-2**）．ただし，これだけでは，EVALUEの関数部分しか入力できず，外部からのノードからの信号が取れません．外部からの信号は，[Edit]→[Label Net]で配置できるラベル（Label）を使用します．入力が複数ある場合は，ラベル

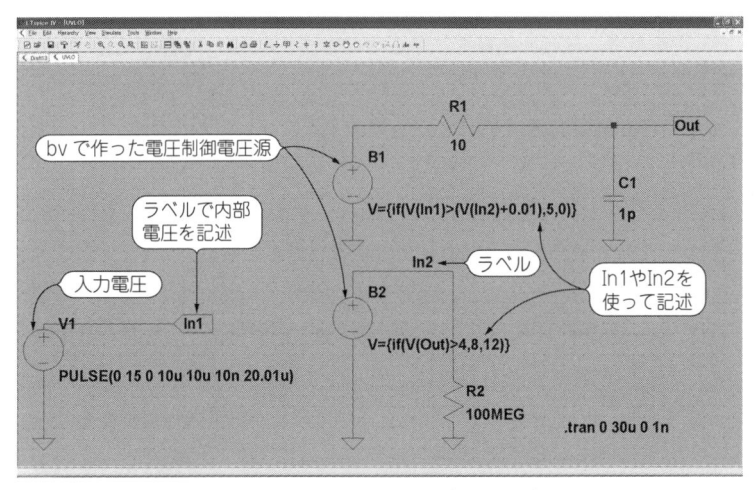

図6-3 bvとラベルを組み合わせてEVALUEの代わりにする

6-5 —— PSpiceの電圧制御電圧源（EVALUE）と電圧制御電流源（GVALUE）の再現

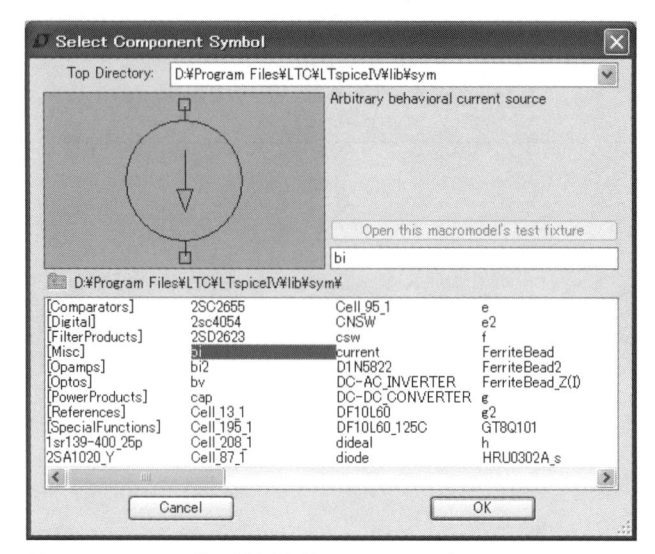

図6-4 PSpiceの電圧制御電流源GVALUEの代用になるLTspiceの電流源bi

を複数準備します．bvとラベルの組み合わせでEVALUEを再現できます．

例として，**図6-3**にUVLO(Under Voltage Lock Out)の等価回路を示します．B1およびB2がEVALUEに相当する箇所です．ラベルで「In1」，「In2」を表現し，B1およびB2の計算結果をラベル「Out」に出力しています．このように，EVALUEに相当するものをLTspiceでも再現でき，等価回路開発にも活用できます．

● **LTspiceで電圧制御電流源(GVALUE)を再現するには**

考え方はEVALUEと同じです．LTspiceで電圧制御電流源(GVALUE)を再現する場合は，「bi」を使用します．部品選択画面でbiを開きます(**図6-4**)．EVALUEと同様に，外部からの信号は，[Edit]→[Label Net]で呼び出せるラベルを使用します．

*

このように，PSpiceモデルもほとんどLTspiceで活用できます．資料などに蓄積されたPSpiceのモデルや，世界中で流通しているPSpiceモデルは数多く，これを利用しない手はありません．是非，PSpiceモデルも取り込んで，自分が最大限活用できるLTspiceの回路設計環境を構築していきましょう．

定番回路シミュレータ LTspice 部品モデル作成術

第3部

ためして合点！
部品モデルの作り方

　コンデンサ／コイル／ダイオード／トランジスタ／フィルタ素子からトランス／モータ／太陽電池／真空管／スピーカまで，既存モデルを改造して部品モデルを作ったり，チューニングしたりする方法を解説します．
　チューニング対象の部品モデルとシミュレーション・データはすべて付属CD-ROMに収録されているので，自分で試しながら作り方を理解することができます．

第7章
部品：抵抗
再現：インピーダンス特性

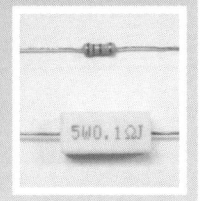

7-1──抵抗の等価回路モデル

● 2種類のよく使う抵抗器を例にモデルを作成してみる

抵抗器には色々な種類があります．代表的な例として，次の2種類の抵抗について，SPICEモデルを作成してみます．

(1) カーボン皮膜抵抗[**写真7-1(a)**]：4.7kΩ

(2) セメント抵抗[**写真7-1(b)**]：50Ω 5W

カーボン抵抗は，電子工作で良く使用される種類の抵抗です．安価ですが，温度係数が大きいのが弱点です．E12, E24などの規格にそって幅広い抵抗値があります．

セメント抵抗は，巻き線型抵抗や酸化金属皮膜抵抗などを耐熱性に優れたセメントで固めた抵抗です．用途は，大電力用であり，大きな電流が流れる場合に使用されます．弱点は，インダクタンス成分が大きく，高周波用の回路には使用できないことです．

● 回路が動作する周波数が高くなると寄生成分を考慮する必要がある

回路解析シミュレーションでは抵抗は通常，抵抗のシンボル図を表示させ，値に抵抗値を入力します．しかし，高周波領域でシミュレーションをする場合，抵抗といえども，寄生素子を考慮した周波数特性モデルを採用する必要性があります．

(a) カーボン皮膜抵抗

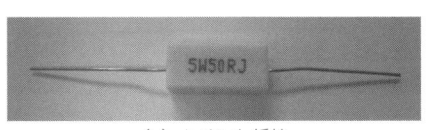

(b) セメント抵抗

写真7-1 抵抗のSPICEモデルを作成してみる

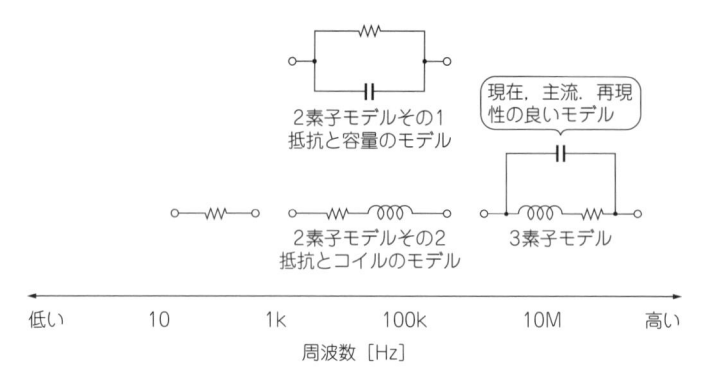

図7-1 周波数特性によって異なる抵抗の等価回路

回路の動作周波数において特にインピーダンスに影響を与える場合，インピーダンス特性に再現性がある等価回路モデルを採用しなければいけません．他の章で説明するコンデンサ，コイルなどと同様に，寄生素子を考慮した等価回路モデルを使います．

抵抗の等価回路モデルは，周波数帯域によって採用する等価回路モデルが異なります(図7-1)．再現性の良い等価回路モデルは3素子モデルであり，多くの抵抗器で活用できます．

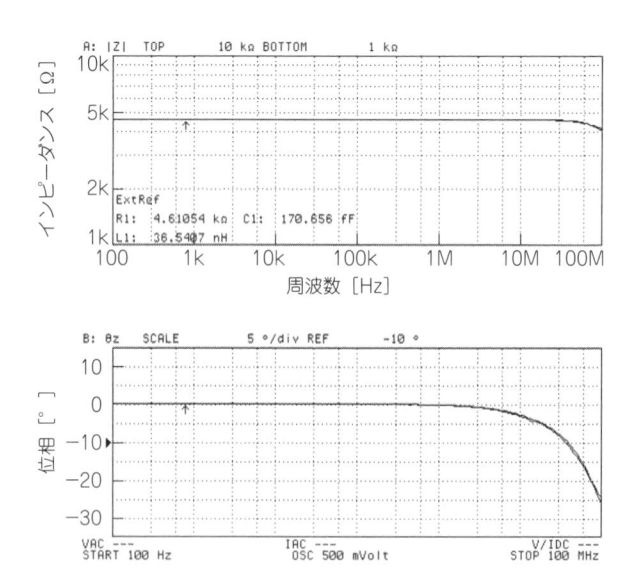

図7-2 カーボン皮膜抵抗のインピーダンス特性(実測)…SPICEモデルをこの特性に合わせていく

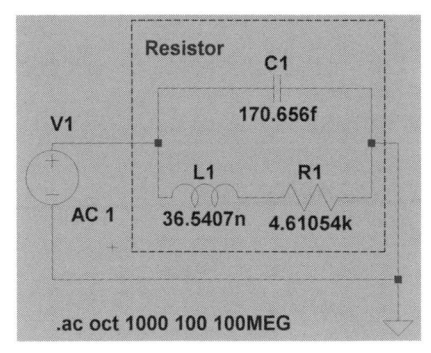

図7-3 カーボン皮膜抵抗の3素子モデルのシミュレーション回路
この値を元に周波数特性を確認しながら定数をチューニングする

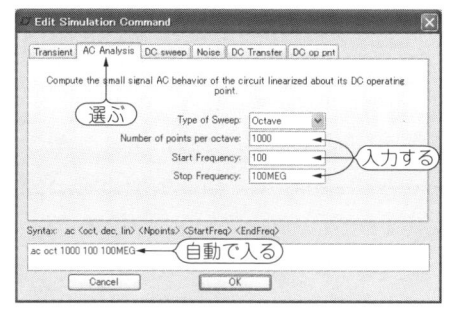

図7-4 AC解析の設定

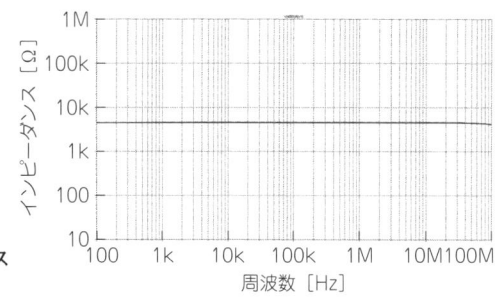

▶**図7-5**
カーボン皮膜抵抗のインピーダンス特性(シミュレーション)

今回も3素子モデルでSPICEモデルを作成します．

7-2 — カーボン皮膜抵抗の SPICE モデルを作成

● インピーダンス特性を準備する

抵抗のデーターシートにインピーダンス特性の掲載はほとんどありません．よって，インピーダンス・アナライザで実測が必要になります．インピーダンス・アナライザは高価で，メンテナンスも大変です．抵抗の製造メーカに聞くのも一つの手段です．

ここでは，インピーダンス・アナライザ4294Aで測定しました．**図7-2**にインピーダンス特性を示します．測定図の上部がインピーダンス，下部が位相です．

● 等価回路を作成してシミュレーションの準備する

　LTspiceを起動させて，図7-3の回路図を描きます．抵抗の3素子モデルの等価回路図とAC解析用に入力信号(V1)のAC電源を使用します．シミュレーションの種類はAC解析です．解析設定画面を図7-4に示します．

　LとCの値は，この図を参照して仮の値を入れ，周波数特性を見ながらチューニングするとよいでしょう．

　設定終了後，[Run]でシミュレーションを行います．インピーダンス特性を描かせるために，TraceはV/Iで行います．この場合，V(n001) /I(V1)になります．シミュレーション結果を図7-5に示します．

● 等価回路の定数をパラメトリック解析で確認しながら決める

　カーボン皮膜抵抗の場合，高周波帯域でもインピーダンス値$|Z|$にほとんど変化はなく，3素子モデルを採用したものの，容量値もインダクタンス値も微小な値になります．

　各素子の影響度合いを知る上では，パラメトリック解析が有効です．影響度合いを知ることで，チューニングの方法がわかります．

▶容量成分の影響を確認する

　C1をパラメトリック解析の対象にして，影響度合いを確認しました．100pFから500pFまで100pFの刻みで解析した結果を図7-6に示します．容量値が大きい場合，低い周波数領域からインピーダンスが低下します．よって，カーボン皮膜抵抗の場合，容量値を非常に小さくする必要がありました．

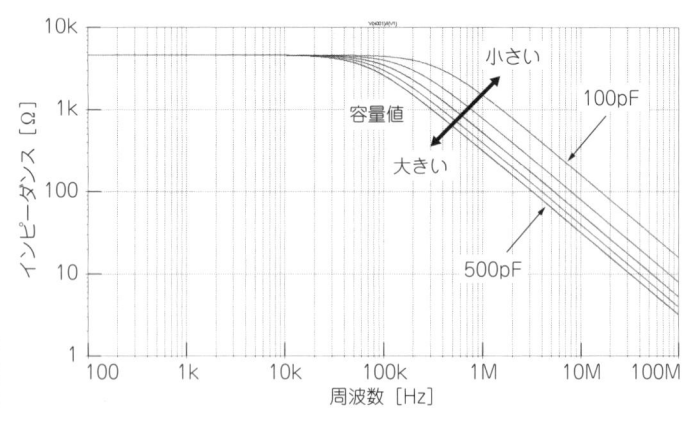

図7-6
カーボン皮膜抵抗における容量値の影響
(パラメトリック解析)

▶インダクタンス成分を確認する

L1をパラメトリック解析の対象にして、影響度合いを確認しました。100nHから900nHまで200nHの刻みで解析した結果を図7-7に示します。インダクタンス値が大きい場合、高周波領域において、インピーダンスの低下の勾配がゆるくなっています。

▶最適値を決定する

影響度合いを考慮し、抵抗値、容量値、インダクタンス値の順番でチューニングを行います。下記の値に決定しました。

R1=4.61054kΩ
C1=170.656fF
L1=36.5407nH

● 等価回路をネットリストにまとめてモデルを作成

SPICEの文法にのっとって、ネットリスト記述を行います。作成したSPICEモデルをリスト7-1に示します。

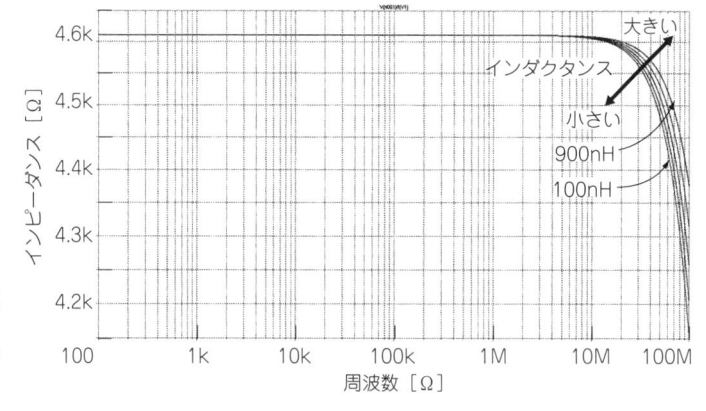

図7-7 カーボン皮膜抵抗におけるインダクタンス値の影響（パラメトリック解析）

リスト7-1 作成したカーボン皮膜抵抗の3素子SPICEモデル

```
*$
* PART NUMBER: R4K7
* COMPONENTS: Carbon resistor
* MANUFACTURER: Unknown
* All Rights Reserved Copyright (C) Bee Technologies Inc.2012
.SUBCKT R4k7 1 2
L_L1      1       N1       36.5407n
C_C1      1       2        170.656f
R_R1   N1 2      4.61054k
.ENDS
*$
```

7-2 ── カーボン皮膜抵抗のSPICEモデルを作成

7-3——セメント抵抗の SPICE モデルを作成

セメント抵抗のSPICEモデルも，カーボン皮膜抵抗と同じ作成手順です．

● インピーダンス特性を準備する

インピーダンス特性を取得します．インピーダンス・アナライザで測定した結果を図7-8に示します．

カーボン皮膜抵抗は，インピーダンスの変化が少なかったのに対し，セメント抵抗の場合，高周波領域でインピーダンス値が急激に上昇します．これはセメント抵抗の大きな特徴であり，高周波領域ではそのまま使用するわけにはいかない理由でもあります．

● 等価回路をシミュレーションできるよう準備する

LTspiceを起動させて，図7-9の回路図を描きます．抵抗の3素子モデルの等価回路図とAC解析用に入力信号(V_1)のAC電源を使用します．シミュレーションの種類はAC解析です．解析設定は図7-4と同じです．

設定終了後，[Run]でシミュレーションを行います．インピーダンス特性を描かせるために，TraceはV/Iで行います．この場合，V(n001)/I(V1)になります．シミュレーション結果を図7-10に示します．

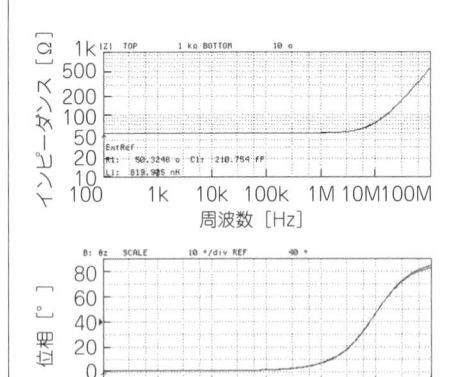

図7-8 セメント抵抗のインピーダンス特性（実測）…SPICEモデルをこの特性に合わせていく

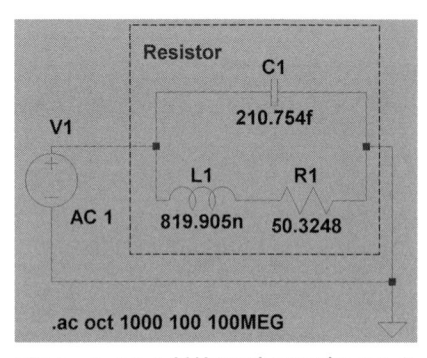

図7-9 セメント抵抗の3素子モデルのシミュレーション回路

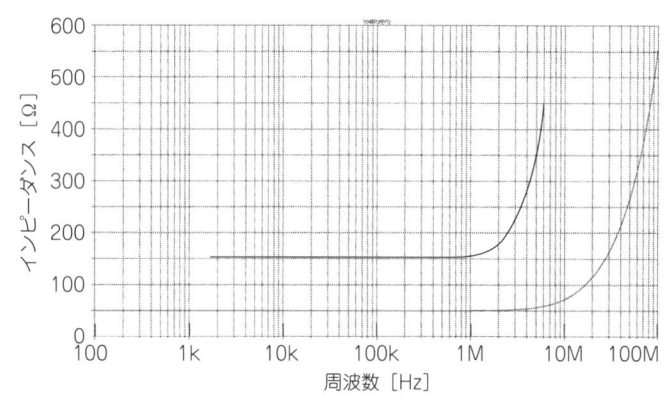

図7-10
セメント抵抗のインピーダンス特性(シミュレーション)

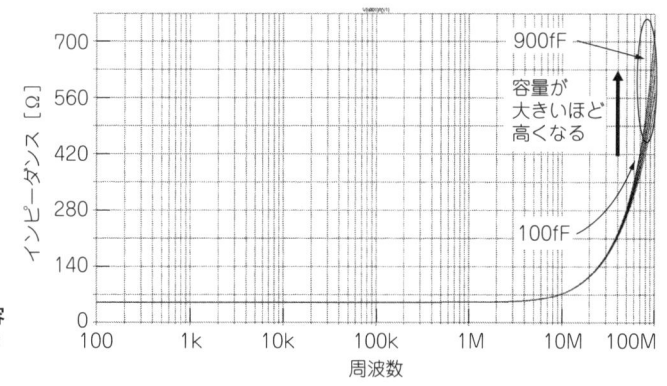

図7-11
セメント抵抗における容量値の影響(パラメトリック解析)

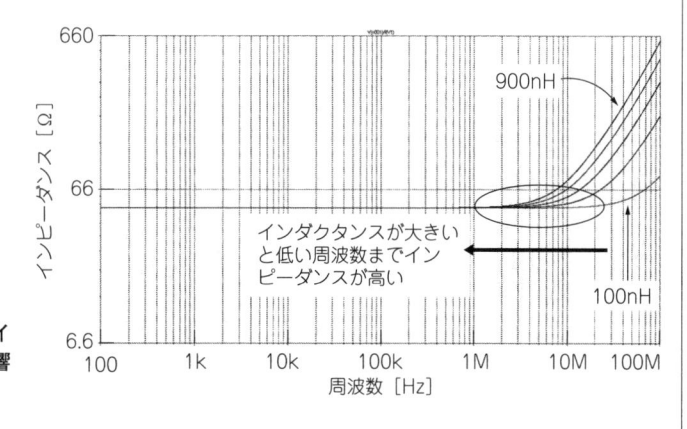

900fF
容量が大きいほど高くなる
100fF

図7-12
セメント抵抗におけるインダクタンス値の影響(パラメトリック解析)

900nH
インダクタンスが大きいと低い周波数までインピーダンスが高い
100nH

リスト7-2
セメント抵抗のSPICEモデル

```
*$
* PART NUMBER: R50
* COMPONENTS: Ceramic resistor
* MANUFACTURER: Unknown
* All Rights Reserved Copyright (C) Bee Technologies Inc. 2012
.SUBCKT R50 1 2
L_L1        1        N1        819.905n
C_C1        1        2         210.754f
R_R1   N1   2        50.3248
.ENDS
*$
```

● 等価回路の定数をパラメトリック解析で確認しながら決める

▶容量成分の影響を確認する

　C1をパラメトリック解析の対象にして，影響度合いを確認しました．100fFから900fFまで200fFの刻みで，解析した結果を図7-11に示します．容量値が大きい場合，高周波領域においてインピーダンスが高くなります．

▶インダクタンス成分を確認する

　L1をパラメトリック解析の対象にして，影響度合いを確認しました．100nHから900nHまで200nHの刻みで解析した結果を図7-12に示します．高周波領域において，インダクタンス値が大きい場合，周波数が低い帯域でインピーダンスが高くなっています．

▶最適値を決定する

　影響度合いを考慮し，抵抗値，容量値，インダクタンス値の順番でチューニングを行います．下記の値に決定しました．

　　R1=50.3248 Ω
　　C1=210.754fF
　　L1=819.905nH

● ネットリストにまとめる

　SPICEの文法にのっとって，ネットリスト記述を行います．作成したSPICEモデルをリスト7-2に示します．

定番回路シミュレータ LTspice 部品モデル作成術

第8章
部品：汎用ダイオード
応用：整流回路

　本章からは，実際に回路を組んで測定した実測データと，シミュレーション結果のデータを比較していくことにします．正しくモデルを作成すれば，シミュレーションでも実測に近いデータが得られることを確認できます．まずは，半導体モデルの中で最も簡単なモデルである汎用ダイオードのモデルを作成してみます．題材は整流回路(電源回路)です．

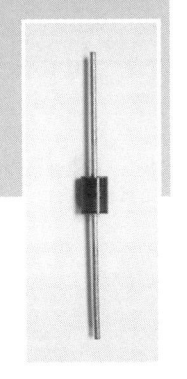

8-1──汎用ダイオード・モデルを作成して整流回路を再現

● 回路と再現する波形
　本章では，整流回路の実機の動作をシミュレーションで再現します．整流回路を図8-1に示します．トランスで，入力AC220Vから出力AC16Vに降圧し，整流ダイオードで整流し，C_1，C_2の電解コンデンサで平滑化しています．オシロスコープで観察した実機の電圧および電流波形を図8-2(a)に示します．

● デフォルトのSPICEモデルを安易に使うと実機のふるまいを再現できない
　今回採用した整流ダイオードは1SR139-400(ローム)です．正確にモデリングしたSPICEモデルを使ってLTspiceでシミュレーションした結果を図8-2(b)に示します．1SR139-400のSPICEモデルは提供されていないので，LTspiceでデフォルトとして用意されているダイオードのモデルを使用した場合のシミュレーション結果を図8-2(c)に示します．
　SPICEモデルがないからといって回路シミュレータに標準でついてくるダイオード・モデルを安易に採用すると，実機とシミュレーション結果が合いません．その型名にあったSPICEモデルを使う必要があります．

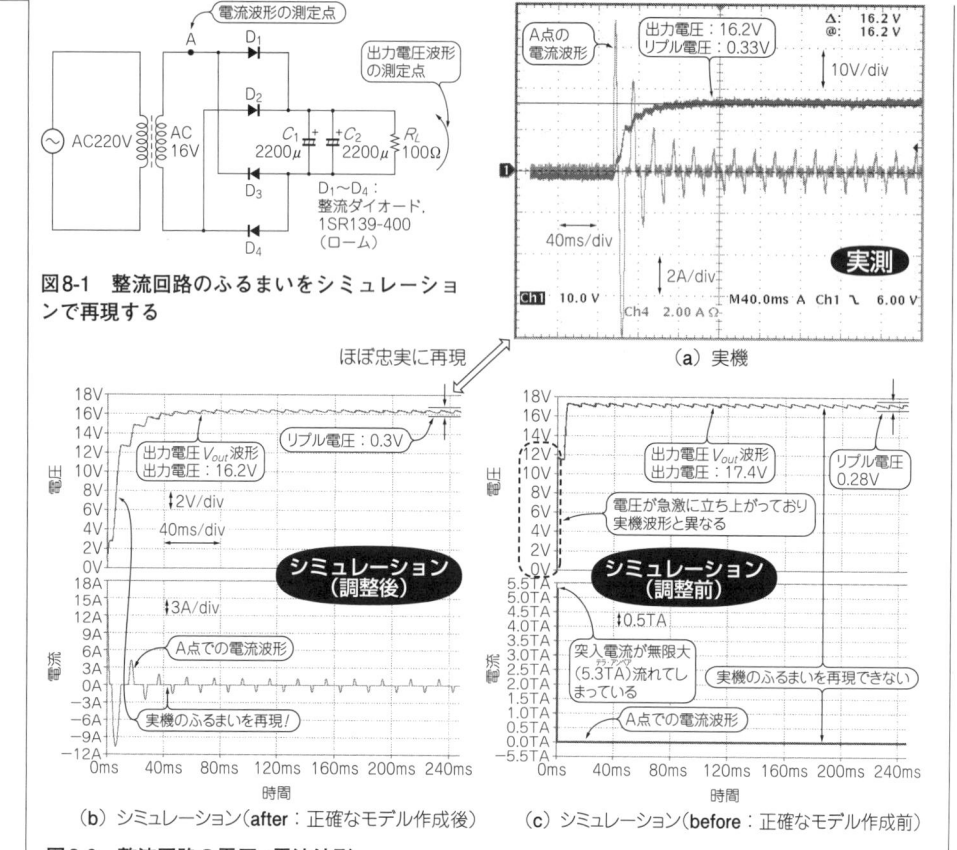

図8-1 整流回路のふるまいをシミュレーションで再現する

(a) 実機

(b) シミュレーション(after：正確なモデル作成後)

(c) シミュレーション(before：正確なモデル作成前)

図8-2 整流回路の電圧／電流波形

そこで今回は整流ダイオードのSPICEモデルを作成し，最終的には図8-2(b)を目指します．

8-2 ——「汎用ダイオード」のモデル作成手順

● 「モデル・パラメータ」を設定してモデルを作成

パラメータ・モデルのパラメータをモデル・パラメータといいます．モデル・パラメータは各電気的特性を使った関数で表されます．

ダイオードの等価回路を図8-3に示します．基本は，電流源と直列抵抗，容量成分で構

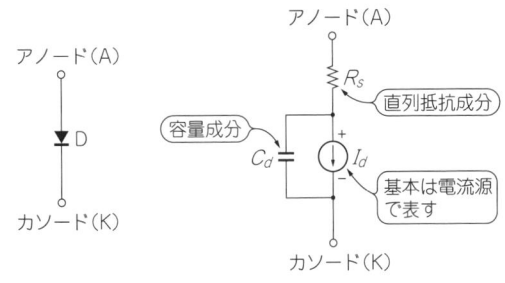

図8-3
ダイオードの等価回路
回路図に現れない成分を含んでいる　（a）回路図シンボル　　　　（b）ダイオードの等価回路

成されています．

ダイオード・モデルに使われる各種方程式(関数)は，参考文献(2)を参照してください．実際に使用するモデル・パラメータは各電気的特性により決まるので，その都度，解説します．

● 汎用ダイオードのモデル・パラメータ作成手順

汎用ダイオード・モデルのパラメータ・モデルの場合，電気的特性によりモデル・パラメータが独立しているため，作成の手順が体系化できます．それぞれの電気的特性で必要なモデル・パラメータを決定していきます．ダイオードのSPICEモデル作成の手順は次の四つです．

> **手順1**：順方向特性より，モデル・パラメータ IS，N，RS，IKFを求める
> **手順2**：接合容量特性より，モデル・パラメータ CJO，VJ，Mを求める
> **手順3**：逆回復特性より，モデル・パラメータ TTを求める
> **手順4**：モデル・パラメータの微調整を行う

8-3 ── 手順1：順方向特性(IS，N，RS，IKF)を求める

● 作成するモデル・パラメータはIS，N，RS，IKFの四つ

ダイオードの順方向特性から抽出できるモデル・パラメータは，IS，N，RS，IKFの四つがあります．それぞれのモデル・パラメータの意味を**表8-1**に示します．

● モデル作成ツールの無償版を使うと便利

抽出ツールを活用するとダイオードのSPICEモデル作成が容易になります．電気的特

性の値を入力すれば，各種モデル・パラメータの抽出を行ってくれます．

　例えばOrCAD PSpice（ケイデンス）のアクセサリ・ツールにPSpice Model Editor（以下Model Editor）があります．　PSpiceの無償評価版では，ダイオード・モデルのみ作成できます．国内の販売代理店サイバネットシステムのウェブ・サイト（http://www.cybernet.co.jp/orcad/download/）より最新版（R16.6，2013年2月時点）をダウンロードしてください．このツールを活用してダイオードのSPICEモデルを作成していきます（コラム8-I）．

● データシートや測定から得たデータをツールに入力

　ダイオードの順方向特性を図8-4に示すModel Editorに入力して，モデル・パラメータを抽出し，モデルを作成します．順方向特性から各プロット点の座標を読んで，表形式で入力します．表8-2は1SR139-400の順方向特性のデータです．順方向のデータは，データシートからプロット点を取得しても良いし，データがない場合には半導体のI-V特性を測

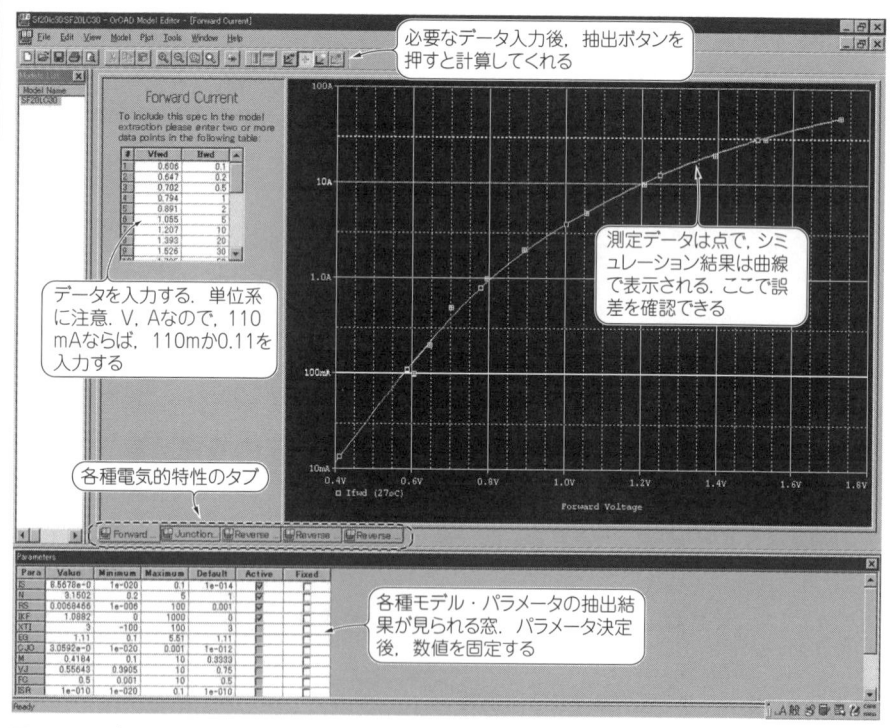

図8-4　モデル作成ツールPSpice Model Editorのダイオード・モデル・パラメータ抽出画面

第8章――部品：汎用ダイオード　応用：整流回路

表8-1　ダイオードの順方向特性に関連するモデル・パラメータは四つ

モデル・パラメータ	説　明	単位	デフォルト値
IS	飽和電流	A	10.00E−15
N	放射係数	なし	1
RS	寄生抵抗	Ω	0.001
IKF	高注入Knee電流	A	0

表8-2　今回使った汎用ダイオード1SR139-400の順方向特性

順方向電圧 V_{fwd} [V]	順方向電流 I_{fwd} [A]
0.56	0.0001
0.57	0.0002
0.61	0.0005
0.64	0.001
0.71	0.002
0.7104	0.005
0.72	0.01
0.735	0.02
0.78	0.05
0.81	0.1
0.84	0.2
0.92	0.5
0.99	1

るための汎用測定器カーブ・トレーサでも取得できます．

軸が対数の場合，1，2，5，10，…の間隔でデータを取得するとバランスよく抽出できます．プロット点が多い程，モデルの解析精度は向上します．

ISR139-400についてModel Editorから得られた抽出結果は，

IS = 9.2487E−12
N = 1.3422
RS = 83.042E-3
IKF = 0.61035

となりました．数値を決定したら，値が変わらないように固定します．

● モデル・パラメータのチューニングのポイント

順方向特性に関わるモデル・パラメータはIS，N，RS，IKFです．自分が作成したダイオード・モデルや外部から入手したダイオード・モデルの順方向特性をチューニングしたい場合，モデル・パラメータの数値を変える必要性があります．

電子回路シミュレータの機能である パラメトリック解析にてモデル・パラメータを変数にすることで，影響の度合いを見ることができます．四つのパラメータの影響の度合いを図8-5に示します．例えば，LEDの場合，発光色により順方向電圧V_F値が高くなりますが，その場合，Nのパラメータを変更することで，再現性が高くなります．

(a) IS：ほとんどのチューニングはこれだけで済む！順方向特性を平行移動したい

(b) RS：大信号領域の精度を上げたい

(c) N：V_Fを変えたい

(d) IKF：順方向特性の傾きを変えたい

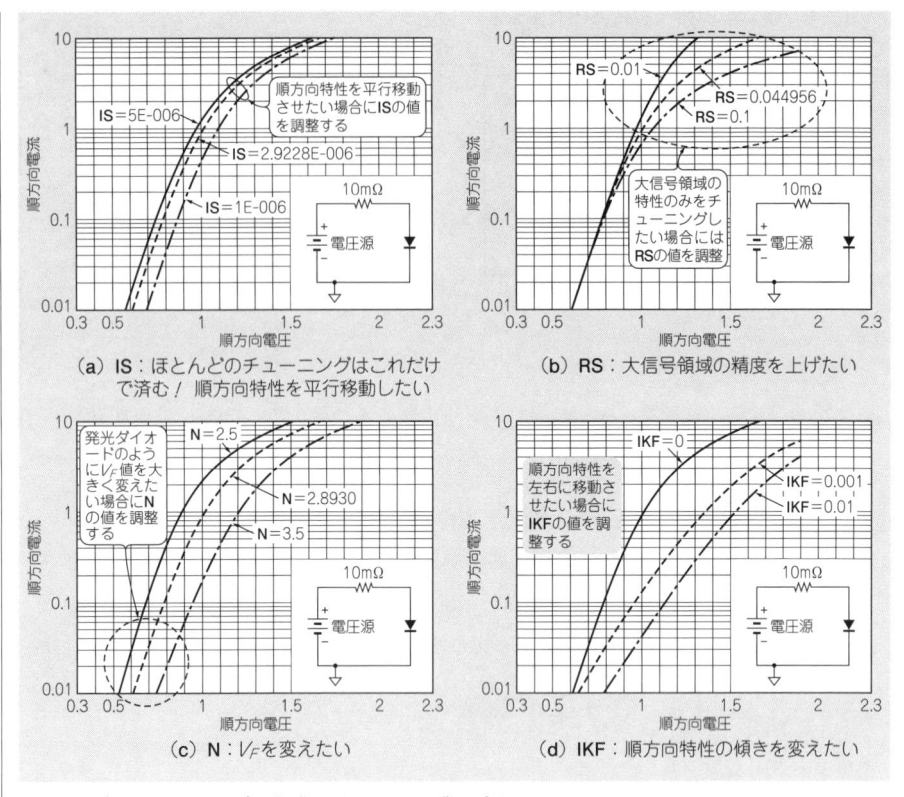

図8-5　ダイオード・モデル作成＆チューニングのポイント！

8-4 ── 手順2：接合容量特性（CJO，M，VJ）を求める

● 作成するパラメータはCJO，M，VJの三つ

接合容量特性から抽出できるモデル・パラメータは，CJO，M，VJの三つがあります．それぞれのモデル・パラメータの意味は表8-3に示します．

接合容量特性は，以下の関数で表現できます．

$$C_j = \frac{CJO}{\left[1 - \left(\frac{V_R}{VJ}\right)\right]^M} \quad \cdots\cdots\cdots\cdots\cdots\cdots\cdots\cdots\cdots\cdots\cdots\cdots\cdots\cdots(1)$$

C_jが接合容量値，V_Rが逆電圧値です．CJOは，$V_R = 0$のときのC_j値なので，値をす

表8-3　ダイオードの接合容量特性に関連するモデル・パラメータ

モデル・パラメータ	説　明	単位	デフォルト値
CJO	ゼロ・バイアス接合容量	F	10.00E − 13
VJ	接合ポテンシャル	V	0.75
M	接合傾斜係数	なし	0.333

表8-4　今回使った汎用ダイオード1SR139-400の接合容量特性

V_R [V]	C_j [pF]	V_R [V]	C_j [pF]
0	22.543	5	9.1786
0.1	20.955	10	7.2356
0.2	19.843	20	5.6147
0.5	17.035	50	3.9533
1	14.733	100	3.0262
2	12.199		

ぐに決定できます．また，接合容量特性の2点が分かれば，式(1)からMとVJ値を計算できます．

● データシートや測定から得たデータをツールに入力

　PSpice無償評価版のModel Editorを利用する場合，図8-4と同様に接合容量特性を入力します．

　接合容量特性は，データシートに記載されている場合はそのグラフから，記載されていない場合は，LCR測定機器と逆バイアスを印加する外部電源などを使って実測します．逆バイアスは，100Vまで加えると良いモデルが作成できます．ただし印加する電圧値はダイオードのV_{RM}値を超えるとデバイスが破壊されるので，注意が必要です．

　取得した汎用ダイオード1SR139-400の接合容量特性のデータを表8-4に示します．このデータをModel Editorに入力し，抽出ボタンを押し，三つのモデル・パラメータを決定します．

　抽出結果は以下のようになりました．

> CJO = 22.539E − 12
> M = 0.36819
> VJ = 0.46505

● モデル・パラメータのチューニングのポイント

　CJO，M，VJのモデル・パラメータの影響度合いを，接合容量特性のパラメトリック解析で評価した結果を図8-6に示します．CJO値のチューニングは，値を大きくすれば，$V_R = 0$のときのC_j値が大きくなります．また，グラフの傾きが，MとVJにて表現されていることが分かります．

Column(8-I)

モデル作成ツールPSpice Model Editorの無償評価版

PSpice Model EditorはOrCAD PSpiceに付属するアクセサリ・ツールです．製品版PSpiceの場合，11種類のデバイス（ダイオード，トランジスタ，コア，IGBT，ジャンクションFET，OPアンプ，MOSFET，ボルテージ・レギュレータ，コンパレータ，参照電圧，ダーリントン・トランジスタ）のモデル・パラメータが抽出できます．電気的特性の画面で必要な特性値を入力すると各種モデル・パラメータを計算してくれます．また，そのシミュレーション結果を画面上に表示してくれます．

実際には，データシートに記載されていない特性も多いので，ある程度測定しないと精度の良いモデルを作成ができない場合もあります．

このModel Editorで一番精度が良いのが，ダイオード・モデルの抽出です．PSpice評価版の場合，ダイオードのみモデルを抽出できます．ダイオード・モデルを作成する場合，以下の手順で図8-4に示すモデル抽出画面を起動できます．

① PSpice Model Editorを起動
② [File] → [New], [Model] → [New] でFrom Model：にて [Diode] を選択
③ [Use Device Characteristics Curves] を選択
④ Model Name：にて任意の型名を入力
⑤ [OK] ボタンを押す

8-5 ── 手順3：逆回復特性(TT)を求める

● モデル・パラメータTTを作成する

逆回復特性を取得する測定方法は2種類あります．IFIR法と電流減少率法です．SPICEの世界ではIFIR法でモデル・パラメータTTを取得します．TTは，トランジット時間と呼ばれ，デフォルト値は5E − 9[秒]です．

測定で注意する点は，$I_F = I_R$にすることです．一般的には，データシートから取得したt_{rr}値などを使って，TT = 1.44 × t_{rr}の式で算出します．

図8-7の波形データを取得してt_{rj}やt_{rb}が分かっている場合，TT = t_{rj}/0.693の計算式も使用できます．また，t_{rr}値と測定条件のI_F, I_R値からModel EditorにてTTを抽出することもできます．1SR139-400の場合，$I_F = I_R = 0.2$A，$t_{rr} = 5.32 \mu$sより，TT = 7.6751E − 6

(a) CJO：特性を上下に平行移動したい

(b) M：接合容量特性の傾きを変えたい．その1

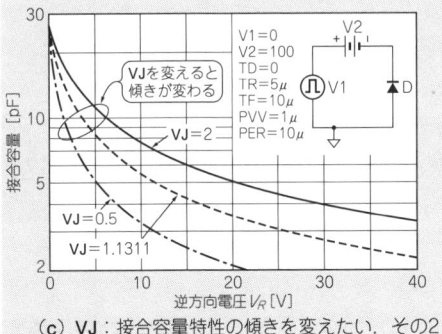

(c) VJ：接合容量特性の傾きを変えたい．その2

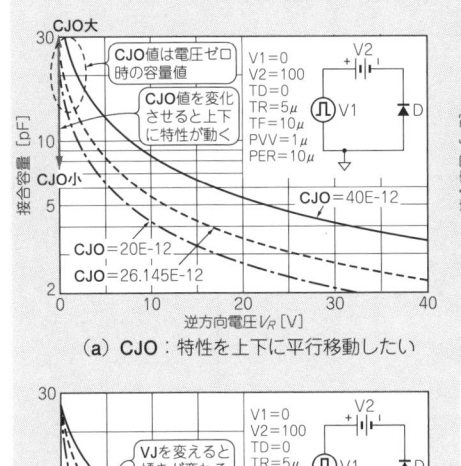

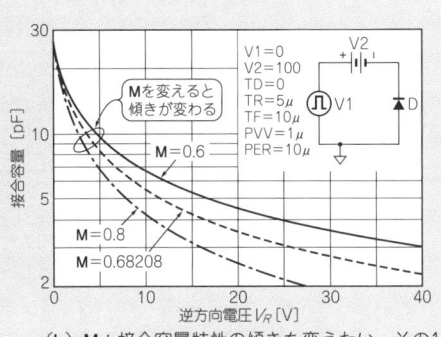

図8-6 ダイオード・モデル作成＆チューニングのポイント！

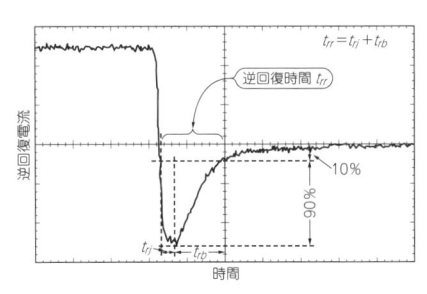

図8-7 逆回復特性 $t_{rr} = t_{rj} + t_{rb}$ の定義（IFIR法）

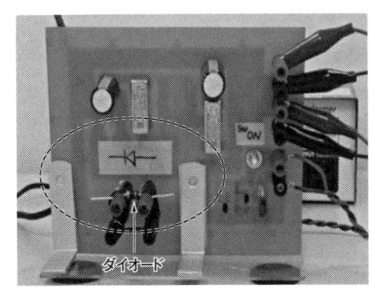

写真8-1 逆回復特性の測定するときは治具を自作する

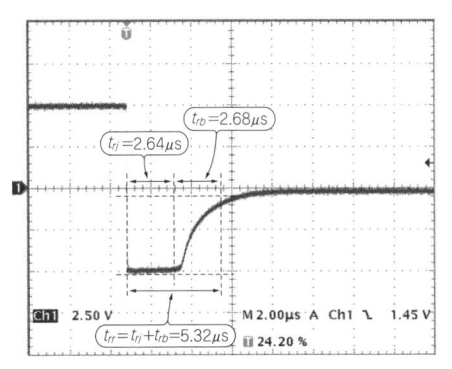

図8-8 実測した汎用ダイオードの逆回復特性波形

8-5 —— 手順3：逆回復特性(TT)を求める

リスト8-1 汎用ダイオード1SR139-400のチューニング済みSPICEモデルのネットリスト

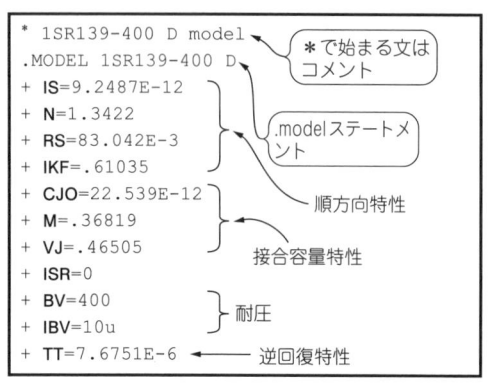

```
* 1SR139-400 D model
.MODEL 1SR139-400 D
+ IS=9.2487E-12
+ N=1.3422
+ RS=83.042E-3
+ IKF=.61035
+ CJO=22.539E-12
+ M=.36819
+ VJ=.46505
+ ISR=0
+ BV=400
+ IBV=10u
+ TT=7.6751E-6
```

- ＊で始まる文はコメント
- .modelステートメント
- 順方向特性
- 接合容量特性
- 耐圧
- 逆回復特性

になります．

IFIR法にて**図8-7**の波形を取得する場合，汎用測定機器は市販されていないため，**写真8-1**のように測定回路基板を自作する必要があります．1SR139-400の逆回復特性の波形を**図8-8**に示します．

● モデル・パラメータのチューニングのポイント

モデル・パラメータTTのチューニングは，逆回復時間を大きくしたければTTを大きくし，小さくしたければTTを小さくします．

● モデルの最終調整

ダイオード・モデルはSPICEモデルの中で唯一耐圧が表現できます．モデル・パラメータは，BV，IBVです．BV = V_{RM} = 400V，$I_{BV} = I_R$ = 10μAで決定できます．また，私の経験則からISR = 0にすると良いでしょう．これで1SR139-400のモデル作成が完成しました．ネットリストを**リスト8-1**に示します．行頭に＊があるとコメント文になり，LTspiceでは無視されます．

8-6──作成したモデルを使った電子回路シミュレーション

● 手順1：作成したモデルの回路シンボルを作成し，モデルを定義する

整流用ダイオードのSPICEモデルの準備ができました．後は，回路図シンボルの準備

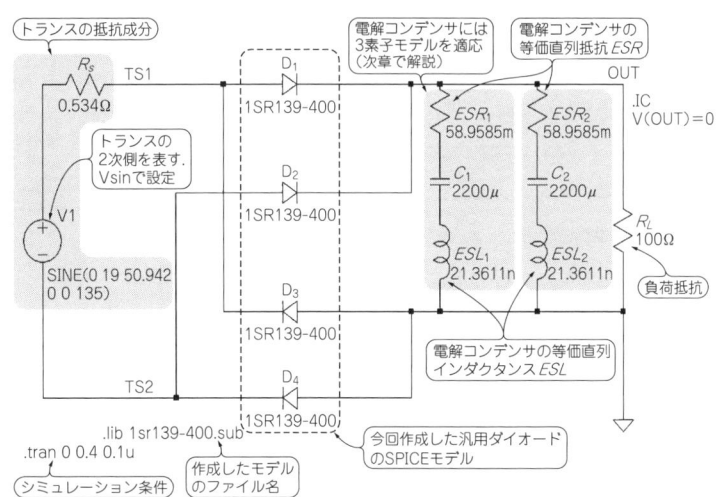

図8-9
作成したダイオードのモデルで構成した整流回路でシミュレーションしてみる

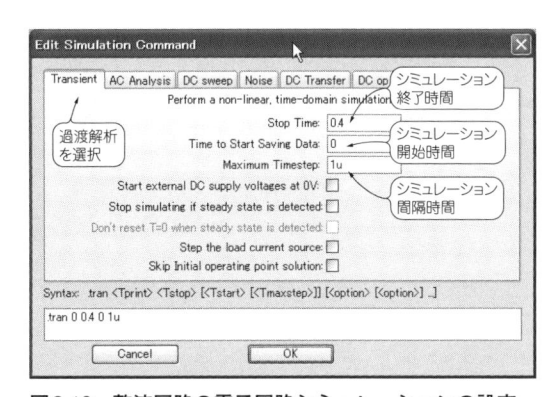

図8-10 整流回路の電子回路シミュレーションの設定

をします．デフォルトのダイオードを採用し，ダイオードの型名を実際に使用する型名1SR139-400に変更します．

また，[Edit]→[SPICE Directive]を選択し，「.lib 1sr139-400.sub」と記述することで**リスト8-1**のモデルを定義します．

● 手順2：シミュレーション用の回路図を作成する

作成したSPICEモデルのSUBファイルを使って，LTspiceで回路図を描きます．今回の整流回路用に作成した回路図を**図8-9**に示します．ここでは，トランス2次側のAC出力

8-6——作成したモデルを使った電子回路シミュレーション

16VをV_1のSIN電源で表現しています.R_sの抵抗はトランスの抵抗成分です.今回作成したSPICEモデルが,D_1,D_2,D_3,D_4になり,整流ダイオードとして働きます.

平滑化のための電解コンデンサがC_1,C_2です.電解コンデンサの抵抗成分はESR,インダクタンス成分はESLで表しています.

● 手順3：解析

図8-10の通りに解析の設定を行います.今回は過渡解析[Transient]を選択します.解析時間は,「0」から「0.4」[秒]まで「1u」の刻みで解析します.もっと細かくシミュレーションをしたい場合は,「1u」の刻みを,「10n」などに小さくします.小さくするとシミュレーション時間は長くなります.シミュレーション後,[Add Trace]にて波形のノードを選択するか,プローブ機能にて波形を表示させます.以上の設定で解析を行った結果が**図**8-2(b)の波形です.

*

ダイオード・モデルはこの手法を使って自分で作成できます.ぜひ,自分がよく使うダイオードのモデルを作成して,実機のふるまいを電子回路シミュレーションで再現してみましょう！

Appendix

部品モデルの善しあしの評価…
汎用ダイオードの例

● SPICEモデルの評価の重要性

さまざまなデバイスのSPICEモデル(部品モデル)が流通していますが,質もさまざまです.

しかし,SPICEモデルはネットリスト記述です.機械は読めますが,人間が参照しても電気的特性を把握できません.つまり,実デバイスと同様,品質確認(受け入れ検査)が重要です.以下に汎用ダイオード・モデルの品質確認方法を紹介します.

8-A——汎用ダイオード・モデルの評価項目は三つ

汎用ダイオードの評価項目は下記の通りです.この評価項目を習得すれば,すべての汎用ダイオードのSPICEモデルを評価できます.
(1)順方向特性シミュレーション
(2)接合容量特性シミュレーション
(3)逆回復特性シミュレーション
(1)はDC解析を,(2)は過渡解析を行い,軸を変換して容量と電圧の関係を表示させます.(3)は過渡解析です.

● 評価対象のSPICEモデルの入手方法

今回は,汎用ダイオードS3L60(新電元工業)のSPICEモデルを使用します.SPICEモデル配信サイト「スパイス・パーク(http://www.spicepark.info/)」の[ダイオード]→[SHINDENGEN]→[S3L60]からダウンロードしました.

● その1:順方向特性シミュレーション

図8-A(a)のようにスイープさせるDC電源V_1を配置し,抵抗R_1には微小な抵抗値を入れます.図8-A(b)のようにDC解析の設定を行います.DC解析にてV_1をスイープさせ,電流値をトレースしていきます.シミュレーション結果を図8-A(c)に示します.後は,カー

ソル機能を使用して，実測値と比較し，SPICEモデルが正確かを確認します．

● その2：接合容量シミュレーション

回路を図8-B(a)に示します．ダイオードには逆電圧を印加するため，ダイオードの極性の向きに注意してください．逆電圧の印加をV_{PULSE}で表現します．DC電源V_{sense}がありますが，ここに電圧源があるのではなく，ノードを作り，電流検出のための電流計とし

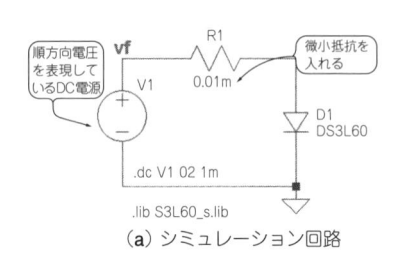

(a) シミュレーション回路

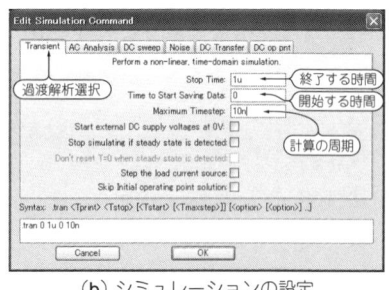

(b) シミュレーションの設定

(c) シミュレーション結果と実際の特性を見比べて確認

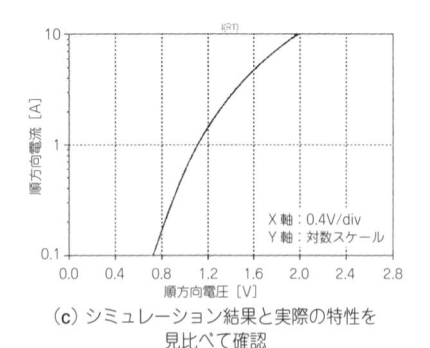

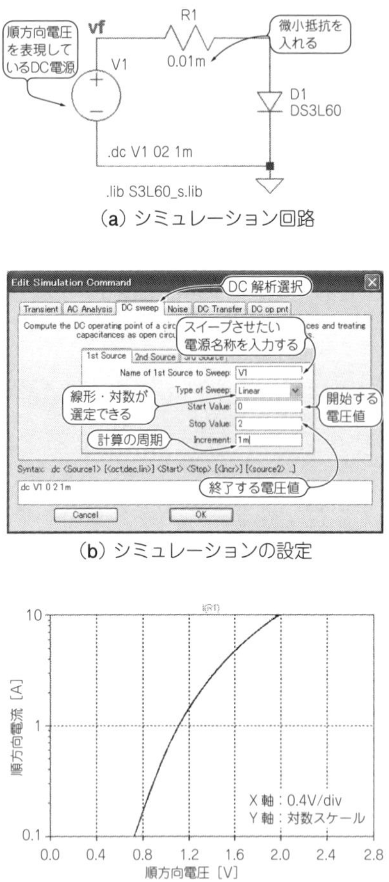

図8-A 評価項目その1…順方向特性

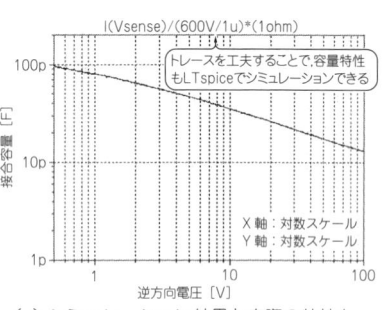

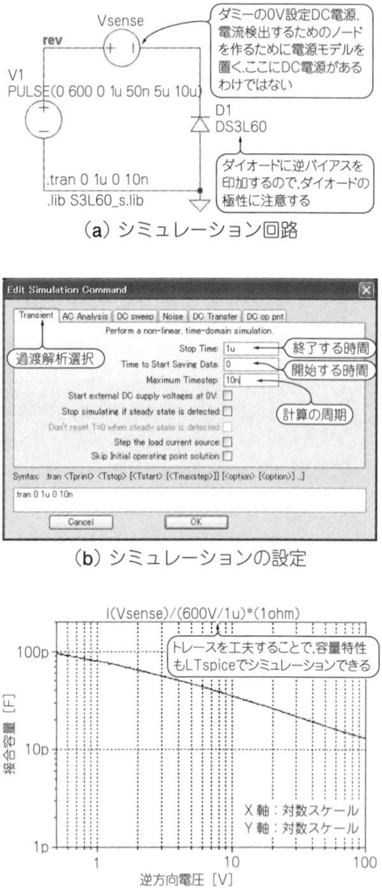

図8-B 評価項目その2…接合容量特性

て機能します．よって，電圧値はゼロにします．

図8-B(b) が過渡解析の設定画面です．まずは過渡解析を行います．過渡解析はX軸が時間軸になっているため，これを$V_{(rev)}$に軸変換します．

次に，$Q = CV = It$ より，$C = It/V$の式でトレースさせれば，Y軸が接合容量になります．実際には，$I(V2)/(600V*1\mu)$をトレースさせます．

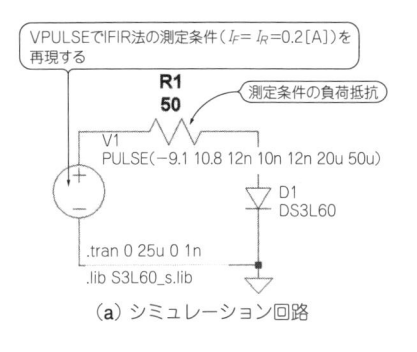

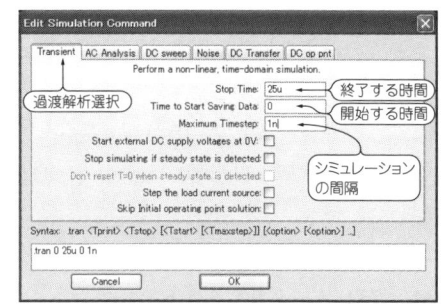

(a) シミュレーション回路

(b) シミュレーションの設定

(c) シミュレーション結果と実際の特性を見比べて確認

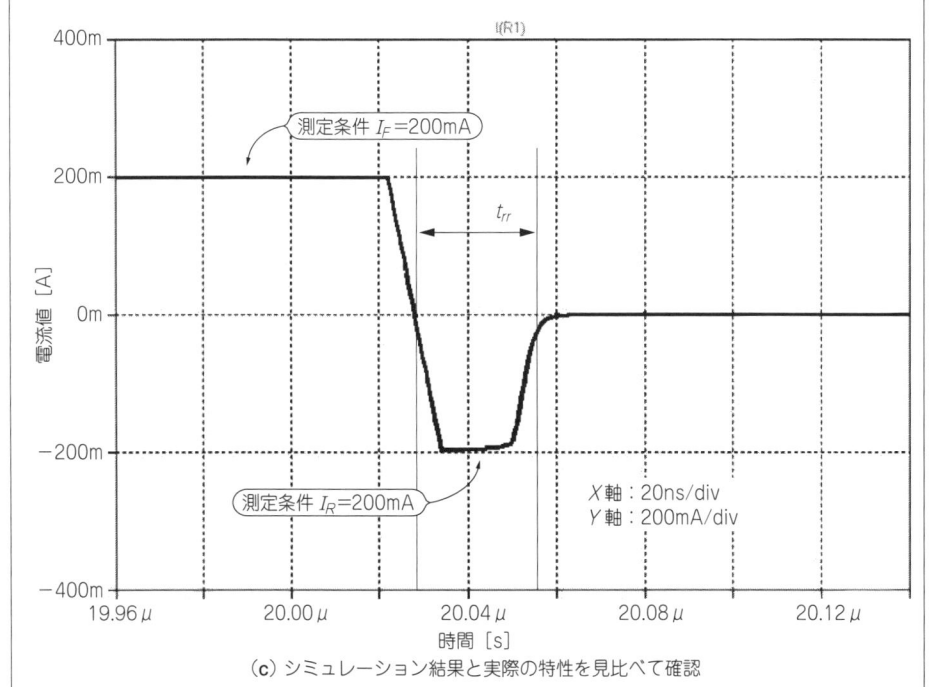

図8-C　評価項目その3…逆回復特性

図8-B(c)がシミュレーション結果です．$I(V2)/(600V*1\mu)$に1ohmをかけることで，単位を消せます．この結果と実測値を比較して精度を確認します．

● その3：逆回復特性シミュレーション

回路を図8-C(a)に示します．逆回復特性の測定条件に合うように，V_{PULSE}を設定します．今回の場合，IFIR法にて，$I_F = I_R = 0.2A$，$R_L = 50\Omega$になるように回路図を描きます．

解析の設定は過渡解析です．設定は図8-C(b)を参照してください．シミュレーション結果を図8-C(c)に示します．

これで評価シミュレーションが完了です．SPICEモデルの解析精度がシミュレーション全体の解析精度に影響しますので，自分が納得するまで，SPICEモデルの精度向上に努めてください．微調整は，第8章のチューニング方法を参照してください．

● 評価レポートをもらえると楽チン

SPICEモデルを入手する場合，ネットリストと同時に，デバイス・モデリング・レポート(SPICEモデル評価検証報告書)を入手すると，SPICEモデルの評価検証の手間(専門的な知識と時間がかかる地味な作業)が省けます．

定番回路シミュレータ LTspice 部品モデル作成術

第9章
部品：電解コンデンサ
応用：整流/電源回路

　本章では，整流/電源回路で使う電解コンデンサのSPICEモデルの作成＆チューニング方法を解説します．電解コンデンサのSPICEモデル作成法を把握できれば，より作成しやすいセラミック・コンデンサやフィルム・コンデンサのSPICEモデルも作れるようになります．

　半導体だけでなく，受動部品にも，再現性のある等価回路モデルを採用することで，実機に近いふるまいを再現できます．

9-1──電解コンデンサのモデルを改良して整流回路のリプル波形を再現

● シミュレーションする回路と再現対象

　シミュレーションする整流回路を図9-1に示します．回路図上は，ダイオードのモデルを作成した前章と同じです．

　入力のAC220Vからトランスで AC16V に降圧，4本の汎用整流ダイオード（$D_1 \sim D_4$）で整流し，C_1，C_2の電解コンデンサで平滑化します．その時の出力波形にはリプルが出現します．

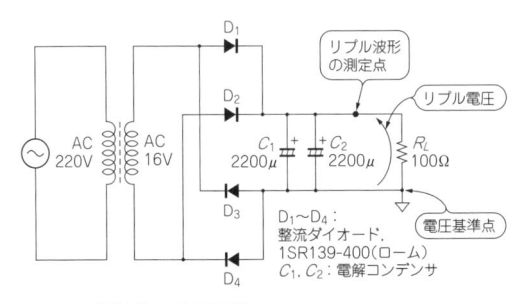

図9-1　解析する整流回路

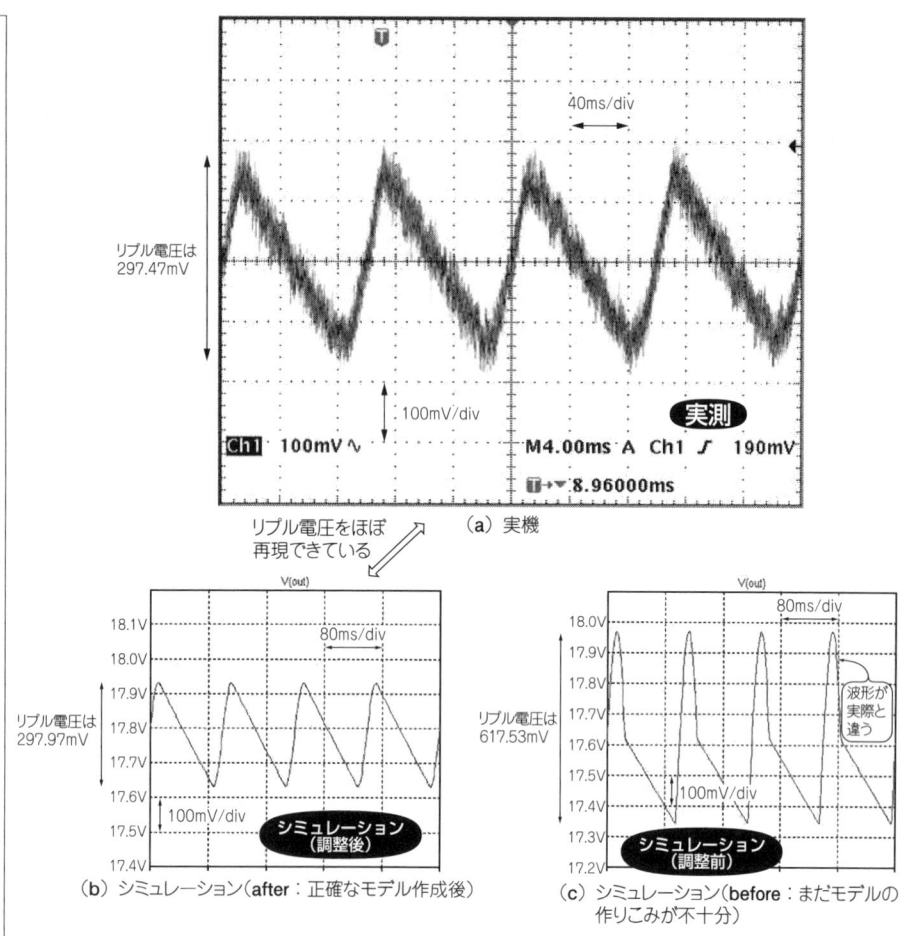

図9-2　整流回路の出力リプル電圧
モデルが正確なら実機のふるまいをかなり忠実に再現できる

(a) 実機　リプル電圧は 297.47mV

(b) シミュレーション（after：正確なモデル作成後）　リプル電圧は 297.97mV

(c) シミュレーション（before：まだモデルの作りこみが不十分）　リプル電圧は 617.53mV

　オシロスコープで観察した実機のリプル波形を**図9-2**(a)に示します．このリプル波形には，ダイオードだけでなく，電解コンデンサの特性が影響します．そこで，この電解コンデンサのモデルを改良して，再現性を上げましょう．

● LとRを追加した3素子モデルで表す

　回路図では2200μFの電解コンデンサが描かれますが，電子回路シミュレーションで解析を行うための回路ではコンデンサを等価回路で置き換えます．

波形の再現にはC_1, C_2の電解コンデンサを「2200u」と回路図のまま入力するのではなく，より再現性の高い電解コンデンサのSPICEモデルを使うことになります．LTspiceには標準で用意されていないので自作します．

よく使われるのは後述する3素子モデルです．コンデンサにESR（直列抵抗成分），ESL（直列インダクタンス成分）を含みます．

● インピーダンスの周波数特性を忠実に再現する

受動部品のデバイス・モデリングのポイントは，いかに周波数特性を忠実に再現するかです．適当なESRの値を入力した場合のシミュレーション結果は図9-2(c)で，再現性は今一つです．

部品とモデルの周波数特性がなるべく一致するようモデリングを行い，正しくSPICEモデルを作成した場合，図9-2(b)のように，再現性の高いシミュレーション結果が得られます．

今回は，コンデンサの周波数特性モデルについて解説していきます．そして，最終的には図9-2(b)を目指します．

9-2 ── コンデンサの SPICE モデル

● わずかな寄生成分もモデリングする

実際の電解コンデンサには，図9-3のように直列抵抗成分と直列インダクタンス成分が含まれているので，電解コンデンサを3素子で表現します．

電子回路シミュレーションの世界では，いかに電子部品を等価回路で考え，シミュレー

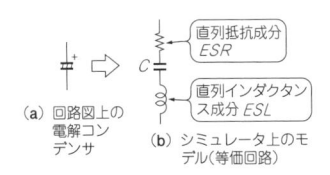

図9-3 電解コンデンサの等価回路
電解コンデンサにわずかに含まれている直列抵抗成分や直列インダクタンス成分もモデリングする

(a) 回路図上の電解コンデンサ
(b) シミュレータ上のモデル（等価回路）
直列抵抗成分 ESR
直列インダクタンス成分 ESL

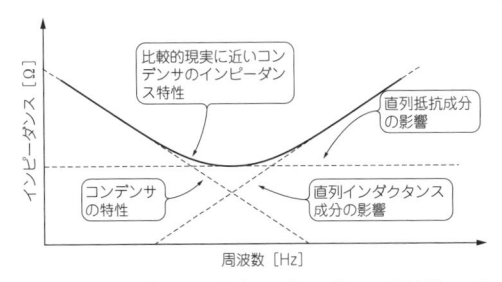

図9-4 コンデンサの等価回路モデルは周波数－インピーダンス特性から作る

比較的現実に近いコンデンサのインピーダンス特性
直列抵抗成分の影響
コンデンサの特性
直列インダクタンス成分の影響

ションに反映させるのかがポイントです．

　等価回路（SPICEモデル）は，**図**9-4のようなインピーダンス特性から作ります．コンデンサは容量性リアクタンス成分を主とする素子であり，理想素子では周波数が高くなるにつれて，無限にインピーダンスが下がってしまいます．しかし，実際の素子にはESR（等価直列抵抗）やESL（等価直列インダクタンス）成分があり，それを反映させないと正確な回路解析シミュレーションができません．

● 3素子モデルの考え方

　コンデンサのSPICEモデルにはいろいろな種類がありますが，基本となっているのは3素子モデルです．3素子モデルは容量と直列抵抗成分，直列インダクタンス成分で表現されており，過渡応答におけるそれぞれの役割は次の通りです．

- 直列抵抗成分…電流変動di/dtによる電圧降下に影響
- 容量…放電による電圧降下に影響
- 直列インダクタンス成分…電流による電圧降下に影響

　3素子モデルを使えば，ESRやESLの影響を過渡解析によって観察できるため，コンデンサの基本的な特性を直観的に理解できます．

● 高周波では4素子モデルや5素子モデルを使う

　コンデンサのSPICEモデルは，3素子モデル以外に，4素子モデル，5素子モデル（2種類），ラダー・モデルがあります．これらのSPICEモデルは，回路の動作周波数によって使い分けます．今回の電源回路（整流回路）の場合，3素子モデルで十分です．
　ただし，動作周波数が高い回路の場合，**図**9-5に示すように，5素子モデルやラダー・モデルを使います．
　電源回路でもインバータ回路やDC-DCコンバータなどの場合は5素子モデルが最適です．5素子モデルの特徴は次の通りです．
(1) 高周波領域でのESR（等価直列抵抗）の変化に再現性がある
(2) 高周波領域での容量の変化に再現性がある
　そして，CPU周辺（高速信号の伝送線路や動作周波数が非常に高い場合など）の電解コンデンサには，ラダー・モデルを使います．ラダー・モデルを採用すると，**図**9-6に示すように，5素子モデルよりも広範囲の周波数領域で再現性が良くなります．

[図中ラベル]
- 3素子モデルにCRが1組追加されたモデル
- (c) 5素子モデルその1
- CPU周辺など高速信号を扱う場合，コンデンサはこのラダー・モデルを採用する
- 電源回路や整流回路のシミュレーションによく使われる
- 現在はほとんど使われていない．3素子モデルか5素子モデルで代替される
- こちらが5素子モデルでは主流．インバータやDC-DCコンバータのシミュレーションで採用される
- (a) 3素子モデル
- (b) 4素子モデル
- (d) 5素子モデルその2
- (e) ラダー・モデル
- 低い　1kHz　　10kHz　　利用する周波数［Hz］　100kHz　　　10MHz　高い

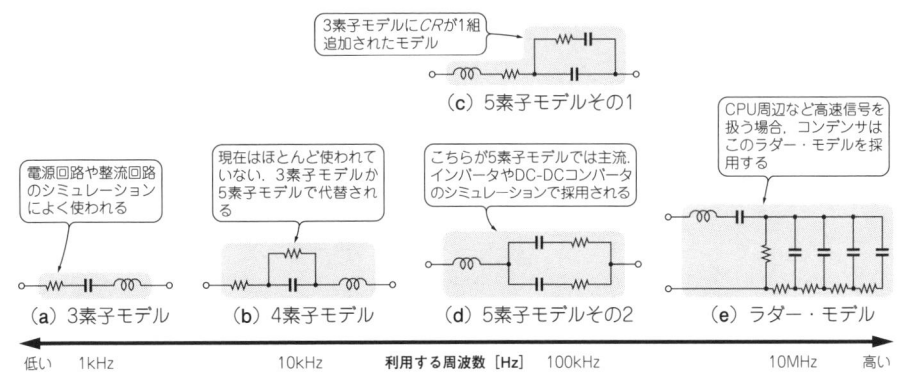

図9-5　コンデンサの等価回路モデルは高周波ほど素子数の多いモデルが必要

● 4素子以上は最適化ツールを使う

今回作成したSPICEモデルは3素子モデルです．4素子以上のSPICEモデルのパラメータを決定するには，専用の最適化ツールを使います．

Column(9-I)

大電流では配線パターンの等価回路が必要

配線パターンの影響を等価回路でLTspiceに反映させることがあります．整流回路などのように大電流が流れる配線パターンは，小電流が流れる配線パターンよりも太くなっています．配線パターンの抵抗成分，インダクタンス成分の影響をなるべく小さくする工夫です．しかし，大電流が流れる経路では，配線パターンを太くしても，その影響をゼロにはできません．

このような場合，実際の回路図面上では線で表現される配線パターンに，1～10nH/cmのインダクタンス成分を加えることで，回路解析シミュレーションの解析精度が向上します（図9-A）．ただし，今回の回路では，そこまで大きな電流は流れないので，配線インダクタンスをシミュレーションに含めていません．

図9-A
大電流が流れる配線パターンの寄生成分もモデリングする

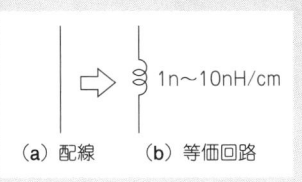

(a) 配線　　(b) 等価回路　　1n～10nH/cm

9-2 ── コンデンサのSPICEモデル

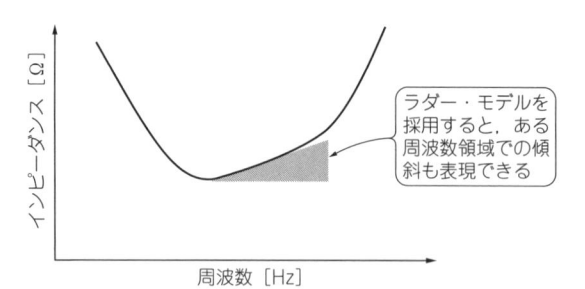

図9-6 素子数が多いラダー・モデルは5素子モデルよりも精度が良い

ラダー・モデルを採用すると，ある周波数領域での傾斜も表現できる

　SPICEモデルのパラメータをスイープさせながら，実測データと比べつつ，コンピュータで最適解を探します．変数が多ければ多いほど，最適化時間はかかりますが，コンピュータの性能も向上しているため，数分から数十分の処理で最適化できます．ただし，パラメータの初期値の設定を誤ると解が出ない場合があります．

9-3── 3素子モデルのパラメータを求める方法

● 方法1…メーカに聞く

　写真9-1は，実験に使った電解コンデンサです．耐圧が50V，容量が2200μFの製品RE2-50V222MMA（エルナー）を例として選びました．
　コンデンサのSPICEモデルはインピーダンス特性を取得することから始まります．しかし，コンデンサを提供しているほとんどのメーカは，外形寸法，容量値，tan δ（誘電

写真9-1 今回のモデリング・ターゲット！
容量2200μF，50V耐圧の電解コンデンサ

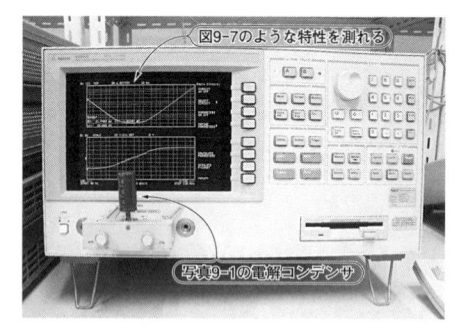

写真9-2 等価回路のパラメータを抽出できる測定器インピーダンス・アナライザ4294A

図9-7のような特性を測れる

写真9-1の電解コンデンサ

122　第9章── 部品：電解コンデンサ　応用：整流／電源回路

正接),リプル電流(mA$_{RMS}$)を数値で公開している程度です.インピーダンス特性を公開しているメーカはほとんどありません.

製造メーカに問い合わせて,型名に対するESR, ESLの値を聞くことができれば,簡単に3素子モデルを作成できます.3素子の等価回路に値を入れれば良いわけです.

● 方法2…tan δ から割り出す

tan δが公開されている場合,概算のESR値を算出できます.

$$ESR = \frac{\tan \delta}{\omega C} = \frac{\tan \delta}{2 \pi f C} \quad \cdots\cdots\cdots\cdots\cdots\cdots\cdots\cdots\cdots\cdots\cdots\cdots\cdots\cdots\cdots(1)$$

ただし,f:周波数[Hz]

例えば今回のコンデンサの場合,tan δ = 0.12, f = 120Hz, C = 2200μFを代入すると,ESRは72mΩになります.実際の計測値は,21.7496mΩだったので,桁は合っています.概算値としては使えます.

ESLは,メーカに問い合わせれば3素子モデルが得られます.インピーダンス特性を実測するかメーカからインピーダンス特性を入手してデバイス・モデルを作成すれば,確度は格段に向上します.

● 方法3…実測する

高精度インピーダンス・アナライザ4294A(アジレント・テクノロジー)は40Hz〜110MHzのインピーダンスが測定できます.測定器には,等価回路のパラメータ抽出機能があります.3素子モデルの数値を自動的に抽出してくれます.外観を**写真9-2**に示します.

実際に測定した電解コンデンサRE2-50V222MMAのインピーダンス特性を**図9-7**(a)に示します.等価回路のパラメータは以下のように抽出されたので,シミュレーションによる周波数特性と比較した結果を**図9-7**(b)に示します.

C = 1823.82μF
ESR = 21.7496mΩ
ESL = 26.992nH

実測とシミュレーションの結果がほぼ一致していることが分かります.

いろいろな回路をシミュレーションするには5素子モデル以上が実用的です.私は,コンデンサのインピーダンス特性を取得するためにインピーダンス・アナライザを活用して

(a) 測定結果

(b) 作成した3素子モデルと測定結果の比較

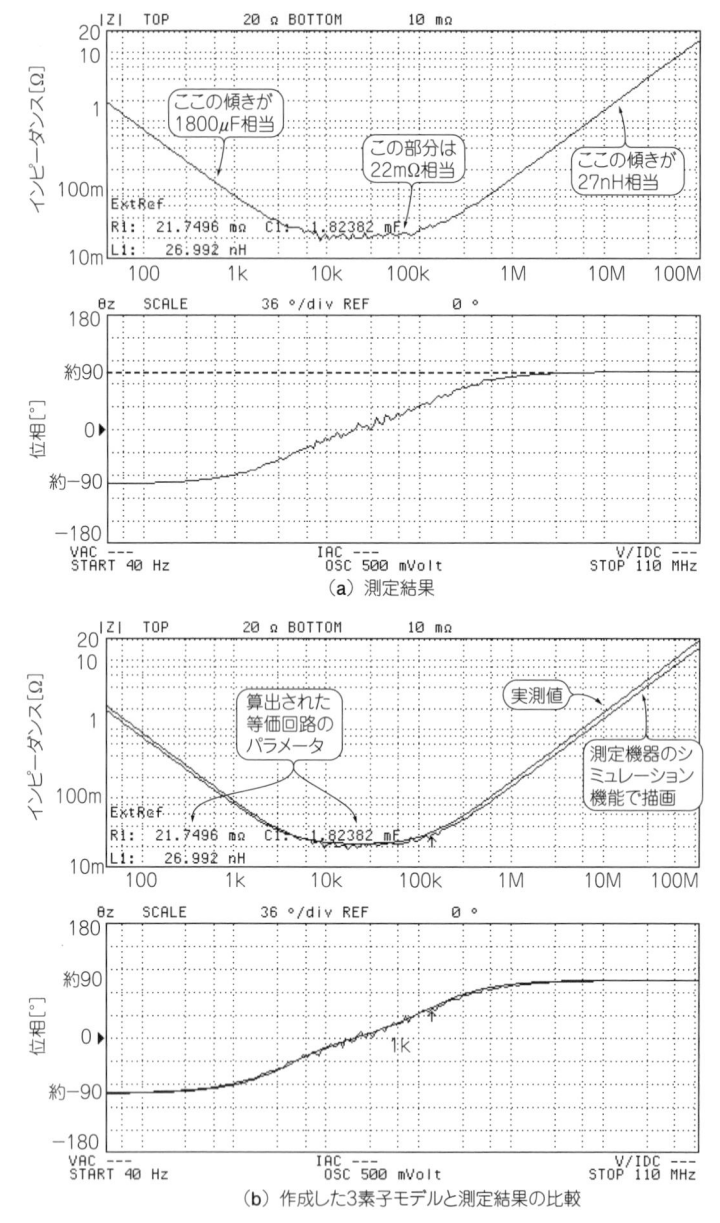

図9-7 インピーダンス・アナライザの測定結果から抽出した等価回路を使うと電子回路シミュレーションで実機のふるまいを再現できる

います．整流回路など3素子モデルで十分な回路もあります．

9-4 ── モデル作成&チューニングのための準備！インピーダンス特性をシミュレーションで求める

● 回路図を描く

　LTspiceを起動させて，図9-8の回路を描きます．V_1は入力信号でAC電源を使用します．ESR，C_1，ESLには数値を入力します．シミュレーションの種類はAC解析です．図9-9の設定画面で入力された情報は，.acステートメントで出力され，回路図画面に配置できます．

● シミュレーションを実行する

　設定終了後，[Run]でシミュレーションを行います．インピーダンス特性を描かせるために，TraceはV/Iで行います．この場合，V(n001)/I(esr)になります．インピーダンス特性(Y軸右側)と位相特性(Y軸左側)が図9-10のように表示されます．

9-5 ── チューニング！

● 等価回路の定数の見当をつけるのに使える「パラメトリック解析」

　パラメトリック解析は，あるパラメータについてその値を変化(スイープ)させ，影響度合いを確認できます．実験の場合，部品を取り換えながら波形を測定し，傾向を見なけれ

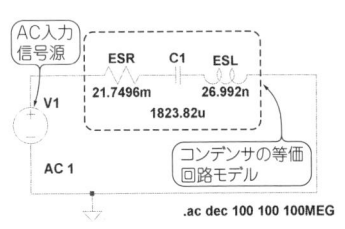

図9-8　コンデンサの3素子モデルの定数を決めるためのシミュレーション回路

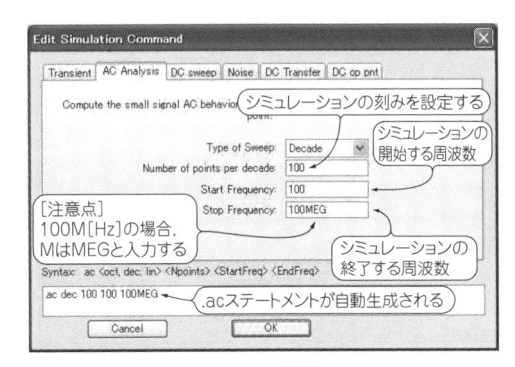

図9-9　シミュレーションの設定

9-5 ── チューニング！　125

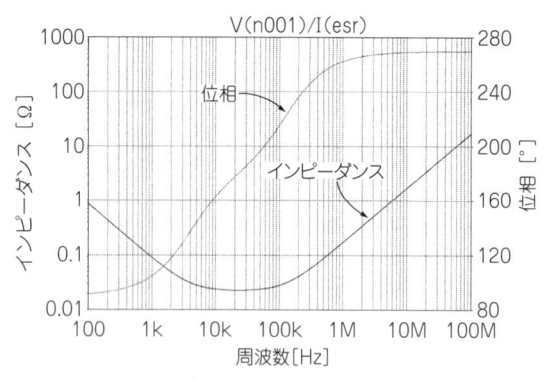

図9-10 インピーダンス特性のシミュレーション結果例

ばなりません．電子回路シミュレーションの場合，「パラメトリック解析」で任意の変数を指定すれば簡単に動作の傾向を確認できます．SPICEモデルの作成，パラメータや定数のチューニング，最適化にも役立ちます．パラメトリック解析は頻繁に使います．習得すると実務で役立ちます．

● 電解コンデンサのESRの影響を確認する

ESR（等価直列抵抗）を変数として，パラメトリック解析を実行してみます．まず，図9-11のように回路図のESRの値を{ESR}に変更します．次にメニュー・バーの[Edit]→[SPICE Directive]を選択します．そしてESRの抵抗値をパラメータ変数ESRと設定し，この変数を以下の.stepステートメントで定義し，回路図に張り付けます．

.step param ESR 10m 200m 10m

上記のステートメントの意味は「ESRの値を10mΩから200mΩまで10mΩ間隔で変化させてシミュレーションを行います」という意味です．シミュレーション結果を図9-12(a)

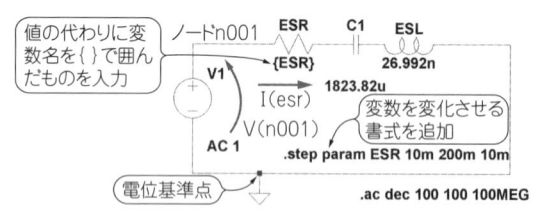

図9-11 ESRを変数としてパラメトリック解析を行うシミュレーション回路

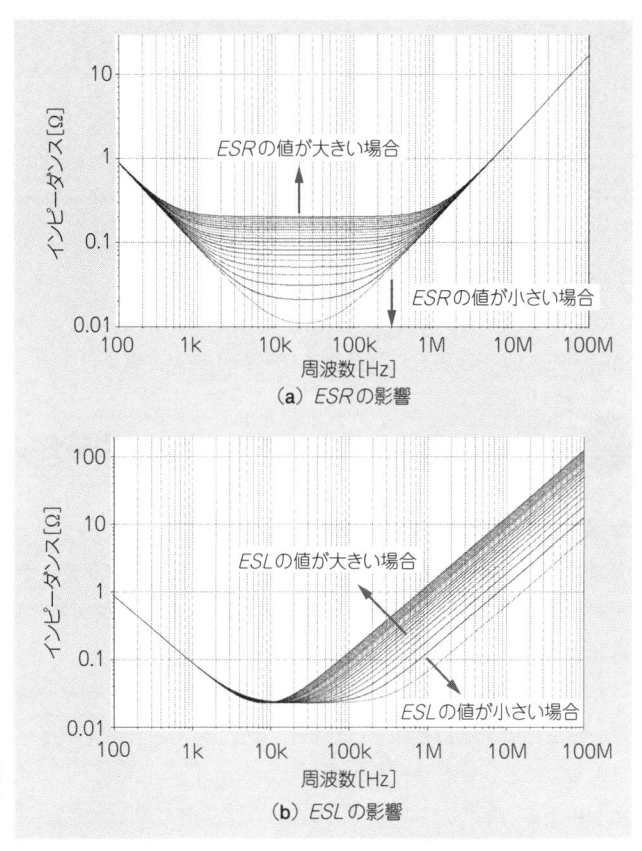

▶図9-12
ESRとESLを調整して実際の電解コンデンサのインピーダンス特性に似せる

(a) ESRの影響

(b) ESLの影響

に示します．ESRの値の大小によるインピーダンス特性の変化を確認できます．

パラメトリック解析の結果を任意に選択したい場合は，シミュレーション画面上で右クリックするとメニュー・リストが出てきます．その中に[Select Steps]があります．これをさらにクリックすると，ESRの変数を選択できます．

● ESRとESLの値を調整して実際のインピーダンス特性に似せる

同様に，ESL(等価直列インダクタンス)を変数として，パラメトリック解析を実行してみます．

まず回路図上のESLの値を{ESL}に変更します．次にメニューバーの[Edit]から[SPICE Directive]を選択します．そしてESRの抵抗値をパラメータ変数ESLと設定し，この変数

を.stepステートメントで以下のように定義します.

.step param ESL 10n 200n 10n

上記のステートメントの意味は「ESLの値を10nHから200nHまで10nH間隔でスイープしてシミュレーションを行います」という意味です.

シミュレーション結果を図9-12(b)に示します. *ESL* の大小によるインピーダンス特性の変化を確認できます.

コンデンサのインピーダンス特性があれば，これらのパラメトリック解析を駆使して，SPICEモデルを作成したり，最適化したりできます.

9-6── 補足：セラミックやフィルムの場合は？

● 電解とセラミック／フィルムの違い

コンデンサには，電解コンデンサ，セラミック・コンデンサ，フィルム・コンデンサなどいくつかの種類があります. それぞれインピーダンス特性には図9-13のような特徴があります.

今回モデルを作成した電解コンデンサは，共振周波数が明確ではないため，デバイス・モデルを作成するのが難しいコンデンサです. それに比べて，セラミック・コンデンサやフィルム・コンデンサは共振周波数が明確なため，デバイス・モデルが作成しやすいコンデンサです.

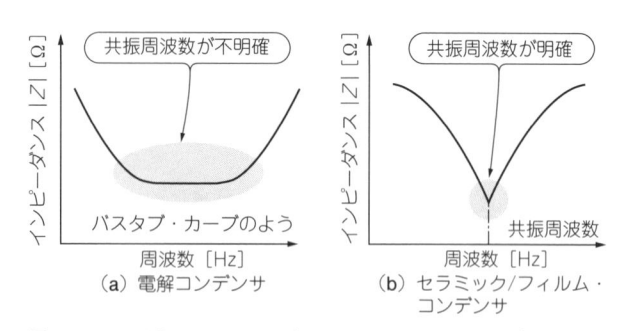

図9-13 セラミック・コンデンサやフィルム・コンデンサは共振周波数が明確なのでデバイス・モデルが作成しやすい

9-7 ── 作成したモデルを使ってシミュレーション

● 手順1：作成したモデルの回路図への取り込み

　等価回路モデルの場合，SPICEモデルの種類はサブサーキット・モデルになります．通常は，一つの回路図シンボルに対して，SPICEモデルを関連付けます．　しかし，今回の電解コンデンサのSPICEモデルは3素子の構成であり，その中のESRとESLが回路にどのように影響を与えるかを解析する用途が多いため，あえて回路図シンボルにはせず，3素子を直接回路図に描きました．

● 手順2：シミュレーション用の回路図を作成する

　LTspiceにて回路図を作成します．回路図は図9-14に示します．ここでは，トランスの2次側以降を考えます．トランスの1次側から2次側に伝送された結果の波形をV_{sin}で表現します．トランスの抵抗成分はR_sに反映させます．D_1からD_4は，前章で作成した汎用ダイオードのSPICEモデルです．これらは整流ダイオードとして働きます．平滑化のため，出力に電解コンデンサを2個入れました．今回作成した電解コンデンサのモデルを3素子で表しています．

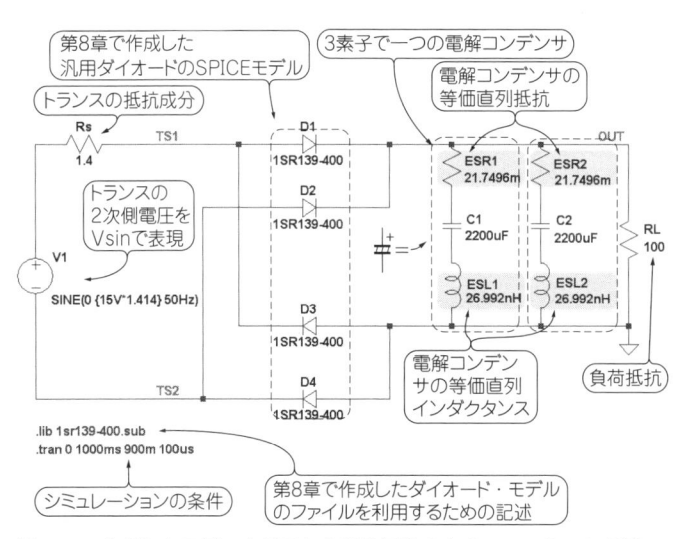

図9-14　作成したモデルを採用した整流回路のシミュレーション回路

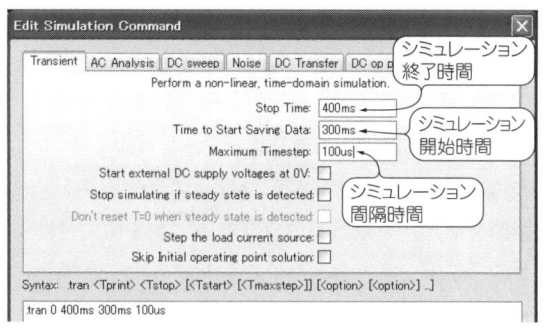

図9-15　整流回路のシミュレーション設定

● 手順3：解析

図9-15の通りに解析の設定を行います．今回は過渡解析[Transient]を選択します．解析時間は[300m]から[400m][秒]まで[100u]の刻みで解析します．もっと細かくシミュレーションをしたい場合は，[100u]の刻みを小さくします．小さくするとその分，シミュレーション時間が長くなります．シミュレーション後，[Add Trace]にて波形のノードを選択するか，プローブ機能にて波形を表示させます．以上の設定で解析を行った結果が図9-2(b)の波形です．

コンデンサを回路図上でコンデンサの容量値を入力するだけではなく，3素子にすることで，ESR，ESLの影響も考慮したシミュレーションができます．今回の整流回路の場合，動作周波数が低いのでそれほど，ESR，ESLの影響が明確ではありませんが，動作周波数が高い回路のシミュレーションでは，それらの影響が顕著に見られます．受動部品は，回路図上には見られない隠れた素子をいかに等価回路に反映させるかで回路全体のシミュレーションの解析精度の向上に大きく影響します．半導体部品だけではなく，受動部品についても等価回路を頭に描きながら，回路を実験すると，回路動作をより深く理解することができます．

Appendix
等価回路モデルを一つの部品として扱う方法

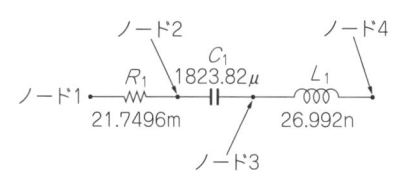

図9-B ノード番号の付け方

● SPICEモデル・ライブラリ（.sub）を作成する

　3素子モデルは素子数が少ないので，三つの素子を回路図上に配置しても大して問題はありません．しかし一般に，SPICEモデルが完成したら，自分のライブラリとして扱うため，ネットリストにする必要があります．まず**図9-B**のように等価回路にノード番号を付けます．後は，SPICE記述の文法に従って，**図9-C**のようにテキスト・エディタに記述します．

　ネットリストに入れたいコメントは，＊の後に記載すると，コメント文として認識されます．メーカ，型名，メモをコメント文としてネットリストに記述すると便利です．テキ

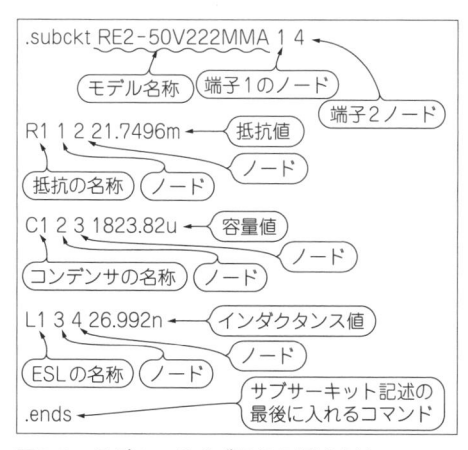

```
.subckt RE2-50V222MMA 1 4
R1 1 2 21.7496m
C1 2 3 1823.82u
L1 3 4 26.992n
.ends
```

図9-C モデル・ライブラリの記述方法

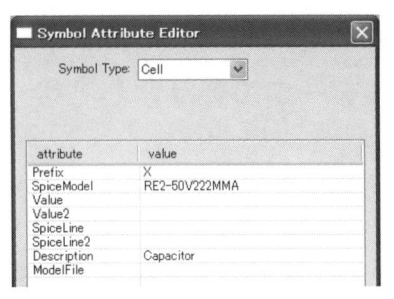

図9-D　回路図シンボルの作成メニュー

スト・エディタで，この記述(ネットリスト)を作り，RE-50V222MMA.subファイルとして保存します．LTspiceのlibフォルダ(Program Files/LTC/LTspiceIV/lib)に作成したRE-50V222MMA.subをコピーします．

● 回路図シンボル(.asy)を作成する

　Symフォルダ(Program Files/LTC/LTspiceIV/sym)のCap.asyをダブルクリックし，[File]→[save As]でRE-50V222MMA.asyとして保存します．[Edit]→[Attributes]→[Edit Attributes]にて図9-Dの設定画面を開きます．「Prefix」の「value」にXを入力します．このXはサブサーキットを現しています．「SpiceModel」に，ネットリストに書かれたモデル名称を入力します．その次に，[Edit]→[Attributes]→[Edit Attribute Window]を選択します．「SpiceModel」を選択して[OK]ボタンを押し，保存すれば回路図シンボルの完成です．

第10章
部品:ショットキー・バリア・ダイオード
応用:誘導負荷の駆動回路

本章では,ショットキー・バリア・ダイオード(SBD)の SPICEモデルの作成&チューニング方法について紹介します. 第8章の汎用ダイオードと比べると,バリア金属のエネルギ・ギャップ・パラメータEGを指定したり,V_Fが低いためN = 1 固定だったりといった点が違います.

ショットキー・バリア・ダイオードは逆電流が大きくて逆方向の電圧-電流特性がダラダラと変化するため,降伏点の値だけではうまく特性を表せません.等価回路を作成できればその特性を表せますが,そんなに簡単ではありません.代表的な降伏点の電圧値と電流値を使って,なるべく再現性のある電子回路シミュレーションを行ってみます.常温25℃と高温125℃の温度解析にもトライしてみます.

10-1──目標:ショットキー・バリア・ダイオード・モデルを作成して誘導負荷回路を再現

● 回路と再現する波形

今回は,図10-1の誘導負荷駆動回路の実機動作をシミュレーションで再現します.

誘導性負荷と並列に,MOSFETがOFFしたときに生じるエネルギの通路となるダイオードが接続されています.

パルス電源にて,パルス電圧を発生させ,ゲート抵抗(R_G)を介してMOSFETをスイッチングさせます.そのときのゲート-ソース間電圧(V_{GS}),ドレイン電流(I_D),ドレイン-ソース間電圧(V_{DS})の波形を観察します.

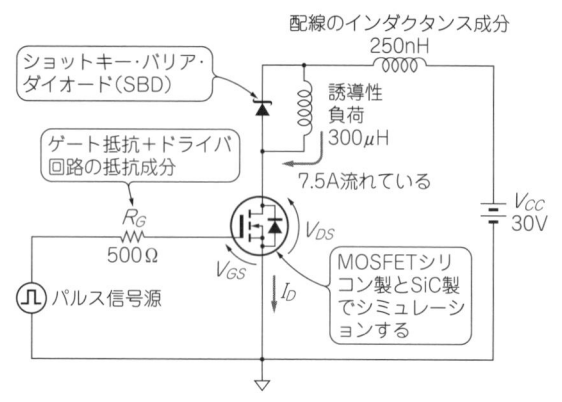

図10-1 モータなどの誘導負荷を駆動するスイッチング回路のふるまいをシミュレーションで再現する
今回はSBDのSPICEモデルを作る．MOSFETは第12章参照

(回路図中のラベル)
- ショットキー・バリア・ダイオード(SBD)
- 配線のインダクタンス成分 250nH
- 誘導性負荷 300μH
- 7.5A流れている
- V_{CC} 30V
- ゲート抵抗＋ドライバ回路の抵抗成分
- R_G 500Ω
- V_{DS}
- V_{GS}
- I_D
- MOSFETシリコン製とSiC製でシミュレーションする
- パルス信号源

● LTspiceに用意されるSPICEモデルは実機のふるまいを再現できない

オシロスコープで観察した実機の波形を図10-2(a)に示します．この波形をシミュレーションで再現することを目標にします．

今回使用するMOSFET(SCU210AX)とSBD(SCS110AG)のSPICEモデルは手に入りません．LTspiceでデフォルトとして用意されているモデルを使用した場合のシミュレーション結果を図10-2(c)に示します．誘導負荷回路をスイッチングできていません．似たような定格のデバイスのSPICEモデルでも再現性はないので，結局自分で作る必要があります．

● ショットキー・バリア・ダイオードのモデリング方法を紹介

今回はショットキー・バリア・ダイオードのSPICEモデルを作成し，精度よく過渡解析を行います．図10-2(b)に示すのは自作のSPICEモデル(SBDとMOSFET)を使ったシミュレーション結果です．さらにスイッチング動作だと求めるのが難しい損失も簡単に計算させてみます．

MOSFETのSPICEモデル作成は，第12章で解説します．

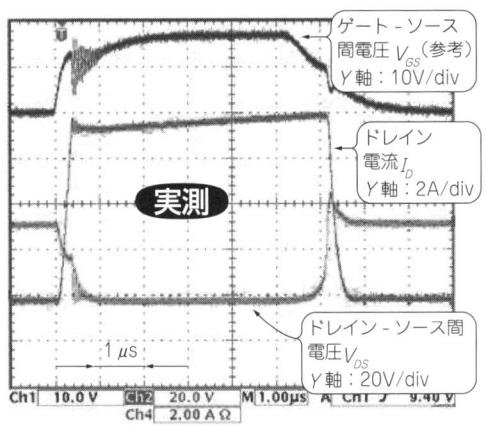

(a) 実機（この波形をシミュレーションで再現したい）

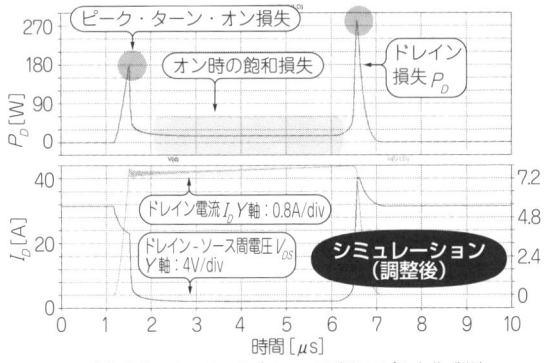

(b) シミュレーション（after：正確なモデルを作成後）

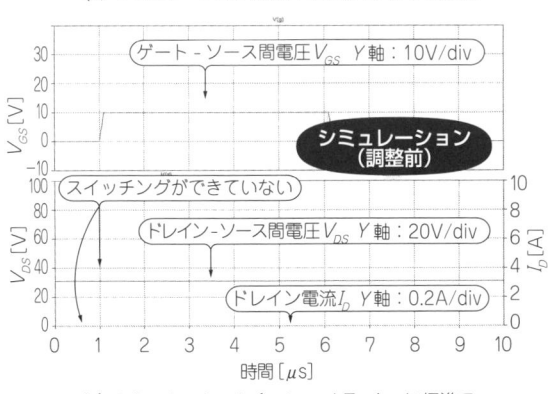

(c) シミュレーション（before：LTspice に標準で付いている SBD と MOSFET でとりあえず解析）

図10-2
今回LTspiceで再現する誘導負荷回路の電圧/電流波形
もともとLTspiceに用意されるモデルを使うとスイッチングできていない

10-1 ── 目標：ショットキー・バリア・ダイオード・モデルを作成して誘導負荷回路を再現

10-2 — モデル作成手順

● ショットキー・バリア・ダイオード(SBD)の特徴をダイオードのSPICEモデルに反映

ショットキー・バリア・ダイオードは，汎用ダイオードと比較すると，次のようなメリットとデメリットがあります．

> メリット1：順方向電圧V_Fが低い
> メリット2：逆回復時間が短い(バリア金属構造なので，理論上は逆回復時間がないが，実測すると数ns程度ある)
> デメリット1：逆方向において漏れ電流が大きい
> デメリット2：耐圧が低い
> デメリット3：場合によっては，静電気対策が必要

上記の特徴を踏まえて，ショットキー・バリア・ダイオードのSPICEモデルに反映させる必要があります．

● 基本はダイオード・モデルを流用

ショットキー・バリア・ダイオードのSPICEモデルの作成には，汎用ダイオードなどにも使うLTspiceのダイオード・モデルを活用します．

ダイオード・モデルから汎用ダイオード・モデルを作成し，チューニングする方法は連載第1回で紹介しましたが，ショットキー・バリア・ダイオードのモデル作成手順も同様です．ショットキー・バリア・ダイオードの特徴を反映させていきます．

SPICEモデルの種類は，パラメータ・モデルです．

● モデル・パラメータの作成手順

ダイオード・モデルは，各電気的特性によってモデル・パラメータが独立しているため，作成の手順が体系化できます．それぞれの電気的特性で必要なモデル・パラメータを決定していきます．ショットキー・バリア・ダイオードのSPICEモデル作成の手順は，次の六つです．

手順1：バリア金属の種類により，モデル・パラメータEGを決定する
手順2：順方向特性より，モデル・パラメータIS，N，RS，IKFを求める
手順3：容量特性より，モデル・パラメータCJO，VJ，Mを求める
手順4：逆回復特性より，モデル・パラメータTTを求める
手順5：デバイスの耐圧より，モデル・パラメータBV，IBVを求める
手順6：モデル・パラメータの微調整を行う

● PSpiceの無償評価版でパラメータを抽出

　ショットキー・バリア・ダイオードのモデル・パラメータを求めるときは抽出ツールを使います．抽出ツールは，各種電気的特性の値を入力すれば，各種モデル・パラメータを抽出してくれます．OrCAD PSpice（ケイデンス）のアクセサリ・ツールにあるPSpice Model Editor（以下Model Editor）を使います．PSpiceの無償評価版ではダイオード・モデルのみ作成できます．第8章の汎用ダイオードのモデル作成でも使っています．

10-3──手順1：エネルギ・ギャップ（EG）を決定する

● バリア金属に対応したモデル・パラメータEGを選ぶ

　SPICEの場合，シリコン（Si）がデフォルトなので，何も設定しないとエネルギ・ギャップEG = 1.11になります．通常のシリコン半導体の場合，あらためて設定する必要はありません．

　しかし，ショットキー・バリア・ダイオードの場合，バリア金属の材料のエネルギ・ギャップの値を採用します．表10-1に示すモデル・パラメータEGは，活性化エネルギ・ギャップのパラメータです．

　今回は，SiCショットキー・バリア・ダイオードのモデルを作成します．型名は，

表10-1
ショットキー・バリア・ダイオードのエネルギ・ギャップを表すモデル・パラメータEG

バリア金属	EG
クロム（Cr）	0.68
モリブデン（Mo）	0.69
4H - SiC	3.26
6H - SiC	2.93
3C - SiC	2.23
窒化ガリウム（GaN）	3.39

SCS110AG(ローム)です．EGはSiCデバイスで無難なところとして，EG＝3とします．

● EGが分からなかったらメーカに聞く

　ショットキー・バリア・ダイオードのデータシートにバリア金属の材料のエネルギ・ギャップの値が記載されていることはありません．表10-1のほかにも，バリア金属に，チタン，タングステンを使用している場合もあります．半導体メーカにバリア金属の材料を問い合わせて，EGの値を決定する方法もあります．

10-4—手順2：順方向特性（IS, N, RS, IKF）を求める

● V_Fが低いSBDはN＝1に固定

　ショットキー・バリア・ダイオードの順方向特性から抽出できるモデル・パラメータは，IS, N, RS, IKFの四つがあります．それぞれのモデル・パラメータの意味を表10-2に示します．

　ショットキー・バリア・ダイオードは汎用ダイオードと比較して，V_F値が低い特徴があります(図10-3)．これを再現するために，V_Fに関係するパラメータNをN＝1に固定させた状態で，IS, RS, IKFのモデル・パラメータの値を決定します．

● 順方向特性をツールに入力してIS, RS, IKFを求める

　ダイオードの順方向特性を図10-4に示すModel Editorに入力して，モデル・パラメー

表10-2　順方向特性のモデル・パラメータ

モデル・パラメータ	説　明	単位	デフォルト値
IS	飽和電流	A	1.00E-14
N	放射係数	なし	1
RS	寄生抵抗	Ω	0.001
IKF	高注入Knee電流	A	0

表10-3　今回使ったショットキー・バリア・ダイオードSCS110AGの順方向特性

順方向電圧V_F[V]	順方向電流I_F[A]
0.88	0.001
0.94	0.01
1.01	0.1
1.035	0.2
1.07	0.5
1.107	1
1.17	2
1.3	5
1.5	10
1.7	15

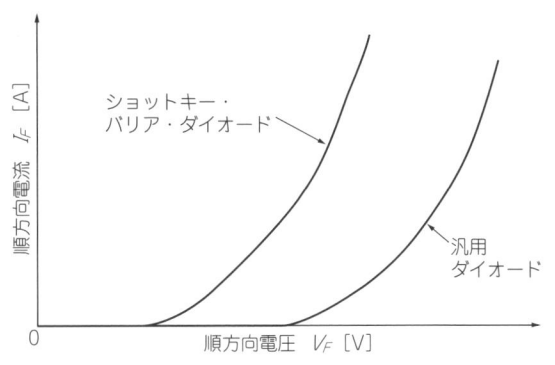

図10-3 ショットキー・バリア・ダイオード(SBD)は汎用ダイオードより順方向電圧 V_F が低い

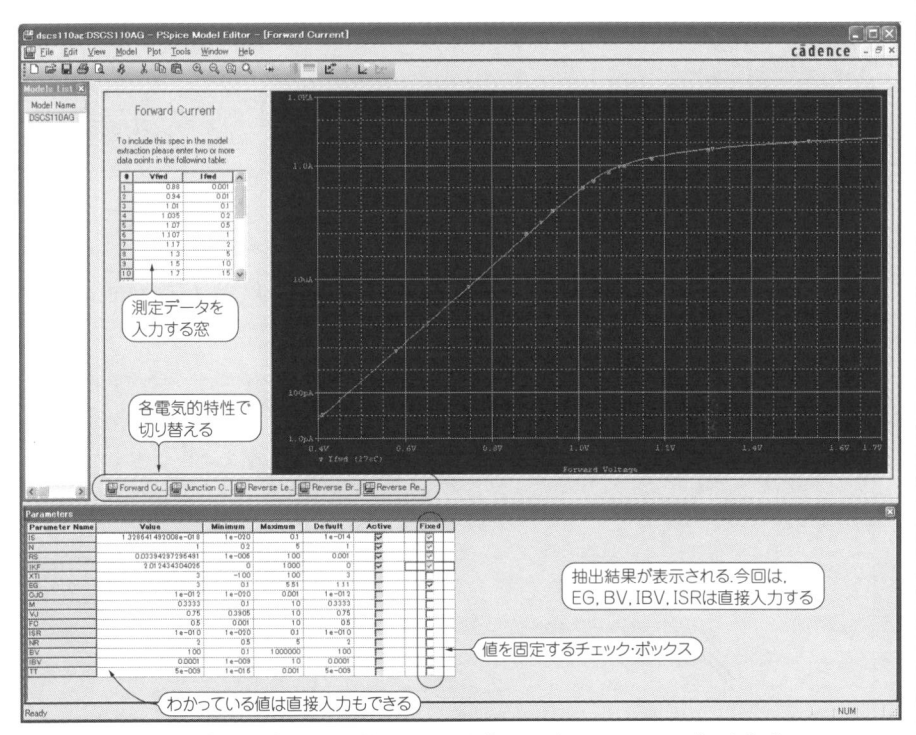

図10-4　PSpice無償版のパラメータ抽出ツールを使ってダイオード・モデルを作成

10-4 —— 手順2：順方向特性(IS, N, RS, IKF)を求める

タを抽出します．順方向特性から各プロット点の座標を読んで，表形式で入力します．表10-3は，SCS110AGの順方向特性のデータです．

順方向のデータは，データシートからプロット点を取得するか，順方向特性が得られない場合には，汎用測定器のカーブ・トレーサで取得します．また，ショットキー・バリア・ダイオードの場合，モデル・パラメータNは1を直接入力し，[Fixed]のチェック・ボックスにチェックを入れて値を固定してから，ツールで抽出します．

プロット点が多いほど，解析精度が向上します．SCS110AGについてModel Editorから得られた抽出結果は，

IS = 1.328641E − 18
N = 1
RS = 0.03394
IKF = 2.01243

となりました．数値を決定したら，すべて[Fixed]ボックスにチェックを入れて値を固定します．

● 順方向の特性はISだけでだいたい調整できる

モデル・パラメータISを変化させると，順方向特性が平行移動します[図10-5(a)]．IS値を大きくすると左側に，小さくすると右側に平行移動します．

大信号領域で，順方向特性をチューニングしたい場合は，モデル・パラメータRSを変化させます[図10-5(b)]．

モデル・パラメータIKFはISでチューニングできない場合に数値を動かしますが，ほと

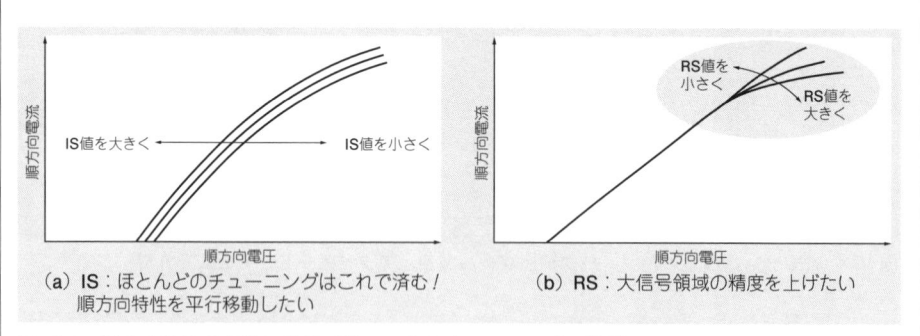

(a) IS：ほとんどのチューニングはこれで済む！順方向特性を平行移動したい

(b) RS：大信号領域の精度を上げたい

図10-5 順方向特性の調整に使うパラメータとチューニングの勘どころ！

んどの場合，IS値のチューニングで最適化できます．

10-5——手順3：容量特性（CJO, M, VJ）

● 作成するパラメータはCJO, M, VJの三つ

容量特性から抽出できるモデル・パラメータは，CJO, M, VJの三つがあります．それぞれのモデル・パラメータの意味は，表10-4に示します．これらのパラメータには図10-6に示す関係があります．

CJOの値は，逆電圧値がゼロのときの容量値の値です．容量特性のカーブがモデル・パラメータMとVJで決定されます．

● データシートや測定から得たデータをツールに入力

Model Editorを Junction Capacitanceに切り替え，容量特性を入力します．容量特性は，データシートに記載されている場合はそのグラフから，記載されていない場合は，LCR

表10-4 容量特性のモデル・パラメータ

モデル・パラメータ	説 明	単位	デフォルト値
CJO	ゼロ・バイアス接合容量	F	1.00E-12
VJ	接合ポテンシャル	V	0.75
M	接合傾斜係数	なし	0.3333

表10-5 今回使ったショットキー・バリア・ダイオードSCS110AGの容量特性

V_R [V]	C [pF]
0.1	530.012
0.2	507.843
0.5	458.372
1	400.824
2	331.687
5	234.876
10	176.213
20	129.285
50	84.692
100	62.109

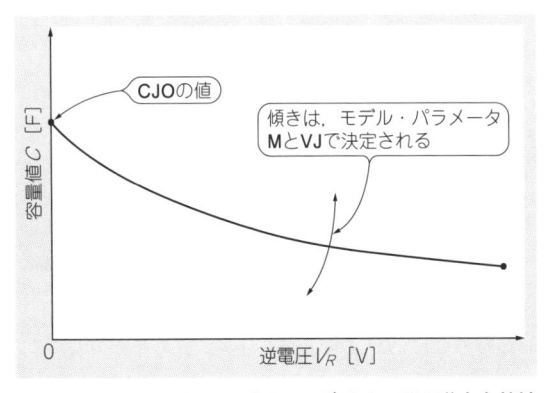

図10-6 ショットキー・バリア・ダイオードの逆方向特性は割と簡単に決まる

測定機器と逆バイアスを印加する外部電源装置を使って測定します．逆バイアスは，100V程度まで印加できると解析精度が向上します．この逆バイアスの上限値は，測定上，絶対最大定格の耐圧を超えてはいけません．

取得したショットキー・バリア・ダイオードSCS110AGの容量特性のデータを表10-5に示します．このデータをModel Editorに入力し，抽出ボタンを押し，三つのモデル・パラメータを決定します．容量のデータを入力するときは単位に注意します．今回はp（ピコ）Fですので，数値の後にpも入力します．抽出結果は以下の通りになりました．

CJO = 5.53609E − 10
M = 0.484319
VJ = 1.04081

● ショットキー・バリア・ダイオードはほとんどチューニングの必要がない

モデル・パラメータCJOは逆電圧値がゼロのときの値なので，すぐに決められます．

容量特性の傾きは，モデル・パラメータM，VJの2変数によって決定できます．相関関係があり，どちらかの数値を動かすと，もう一方の数値も動かさなければなりません．しかし，ショットキー・バリア・ダイオードの場合，Model Editorの容量特性のモデル・パラメータ抽出の精度が高いので，ほとんど，チューニングする必要はありません．

10-6──逆回復時間（TT）を求める

● SBDの逆回復時間t_{rr}を測るにはIFIR法を使う

SPICEの世界での逆回復時間t_{rr}は，IFIR法で測定します．IFIR法は，逆回復時間を測るときの順電流（I_F）と逆電流（I_R）をそれぞれある一定の値になるように調整してからt_{rr}を測る方法です[注]．

ショットキー・バリア・ダイオードは多数キャリア・デバイスのため，理論的には逆回復時間（t_{rr}）はありません．半導体メーカによっては，データシートに逆回復時間の記載のないものもあります．しかし，実際に測定すると，数nsから数十nsが観察されます．

また，汎用ダイオードのように逆回復特性の波形が立ち上がり（t_{rj}），立ち下がり（t_{rb}）に

注：例えばI_Rが大きくなるようにして測るとt_{rr}が短くなるので，t_{rr}を比較する場合は同じ条件でなければならない

分割することが難しい場合もあります.しかし過渡応答を正確に再現するためには,ショットキー・バリア・ダイオードの逆回復特性の波形を正確に測定する必要があります.

実際には,t_{rr}の汎用測定器が市販されていないため,測定回路基板を自作する必要があります.測定したショットキー・バリア・ダイオードSCS110AGの逆回復特性の波形を図10-7に示します.

Model EditorをReverse Recoveryに切り替え,逆回復時間t_{rr}とIFIR法の測定条件I_F,I_Rを入力します.入力した値は次の通りです.

t_{rr} = 23.5ns:測定した逆回復時間を入力
I_F = 0.2A:IFIR法の測定条件のI_F値を入力
I_R = 0.2A:IFIR法の測定条件のI_R値を入力
R_L = 50 Ω:IFIR法の測定条件の負荷抵抗値を入力

抽出結果は TT = 3.3903E − 8 になりました.

● モデル・パラメータのチューニングのポイント

モデル・パラメータTTのチューニングは,逆回復時間t_{rr}を大きくしたければTTを大きくし,小さくしたければTTを小さくします.

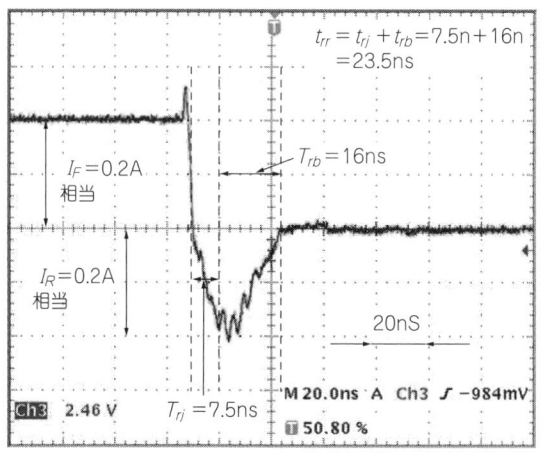

図10-7 SPICEのパラメータ・モデルの逆回復時間はIFIR法で求める

● パワー・デバイスの逆回復時間を再現するには等価回路モデルを作成しなければならない

　逆回復時間のモデル・パラメータTTはIFIR法で観測した逆回復時間t_{rr}から計算します．小信号の場合は問題ありませんが，パワー・デバイスの場合，電流減少率法によって逆回復時間を求めることが多いです．その場合，モデル・パラメータTTでは再現性がないため，等価回路を作る必要があります．

10-7──手順5：デバイスの耐圧（BV，IBV）を求める

● 作成するパラメータはBV，IBVの二つ

　モデル・パラメータBV，IBVで降伏点を表します．通常はデータシートに記載されている値を入力します．

　　BV：絶対最大定格に記載されている「せん頭逆電圧」
　　IBV：電気的特性に記載されている「逆電流」

です．逆電流の測定条件には必ず，せん頭逆電圧の値が記載されています．ところがショットキー・バリア・ダイオードSCS110AGの情報が入手できなかったため，カーブ・トレーサで測定し，本SBDの耐圧が600Vであることと逆特性のグラフを参考にして降伏点を615Vと推定しました．その結果，

```
BV = 615
IBV：2u
```

になりました．
　ショットキー・バリア・ダイオードは汎用ダイオードと比較して，漏れ電流が大きく，逆特性の形状には特徴があります（図10-8）．今回は，それらしい降伏点を推定し，無理やりモデル・パラメータBV，IBVに落とし込んでそれらしい波形を再現しました．しかし，これも等価回路を開発することで図10-9のような再現性がでてきます（Appendix B）．

10-8──手順6：モデル・パラメータを微調整する

● モデル・パラメータISR = 0

　最後に残されたモデル・パラメータはISRです．ISRは私の経験によりISR = 0にする

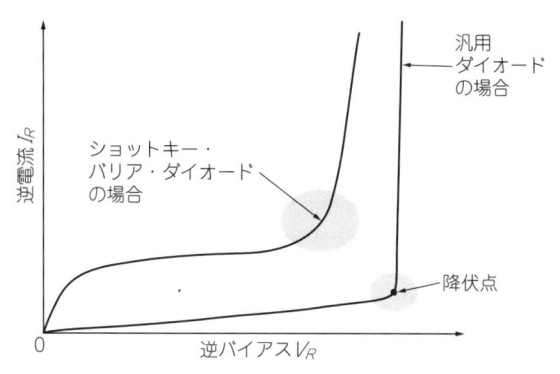

図10-8 ショットキー・バリア・ダイオードは汎用ダイオードよりも逆特性がダラダラしている

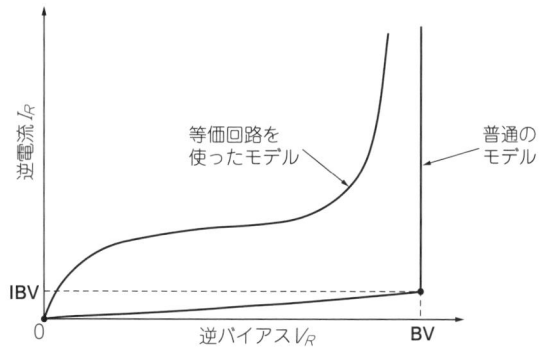

図10-9 ショットキー・バリア・ダイオードの逆特性は降伏点だけで定義するパラメータ・モデルでは再現できない

リスト10-1 作成したSBDのパラメータ・モデル

```
*Part Number:SCS110AG
*Manufacturer:ROHM
*Ta=25degree
.MODEL SCS110AG D
EG=3
IS=1.328641E-18
N=1
RS=0.03394
IKF=2.01243
CJO=5.53609E-10
M=0.484319
VJ=1.04081
TT=3.3903E-8
BV=615
IBV=2u
ISR=0
```

10-8 —— 手順6:モデル・パラメータを微調整する

とよいでしょう．

*

最終的なネットリストを**リスト10-1**に示します．

ネットリストの*の後の記述は，LTspiceでは無視されます．*の後に型名，メーカなどをコメント文として残しておくと便利です．

作成したSPICEモデルの評価方法を第8章Appendixで紹介しているので，参考にしてください．

10-9――作成したモデルを使ってシミュレーションしてみる

今回は四つのケースのシミュレーションを行います．それぞれのシミュレーションについて過渡解析を行い，損失を計算させます．周囲温度$T_A = 25$℃の場合のSiCで構成した誘導負荷回路を事例にします．

● 手順1：モデルの回路図シンボルを作成してパラメータ・モデルと関連づける

SiCショットキー・バリア・ダイオードのSPICEモデルの準備ができました．後は，回路図シンボルの準備をします．デフォルトのダイオードを採用し，ダイオードの型名を実際に使用する型名SCS110AGに変更します．また，[Edit]→[SPICE Directive]を選択し，「.lib scs110ag_25.lib」と記述することで，**リスト10-1**のモデルを定義します．

また，同一型名の周囲温度25℃と125℃の区別をするため，ここでは，SPICEモデルのファイル名称をSCS110AG_25s.libに変更します．

● 手順2：シミュレーション用回路図を作成する

作成したSPICEモデルのLIBファイルを使って，LTspiceで回路図を描きます．残り，必要なSPICEモデルは，MOSFET SCU210AX（ローム）です．MOSFETのSPICEモデルの作成方法は別途紹介しますが，今回はSPICEモデル配信サービスのスパイス・パーク（http://www.spicepark.info/）からダウンロードします．ダウンロードすると，SPICEモデルは.libファイル，回路図シンボルは.asyファイルとして取得できます．

SPICEモデルのファイルは，LTspiceIV¥lib¥subフォルダにコピーします．また，回路図シンボルのファイルは，LTspiceIV¥lib¥symフォルダにコピーします．今回の誘導負荷回路（**図10-1**）用に作成したシミュレーション回路を**図10-10**に示します．

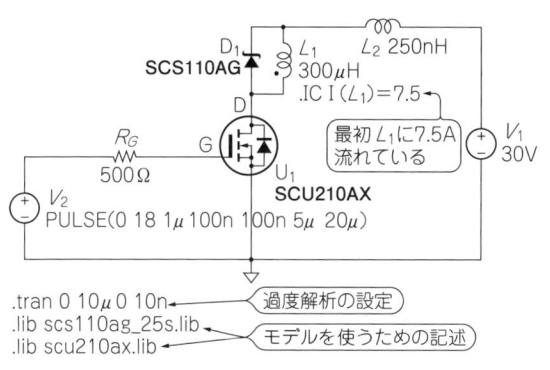

図10-10 図10-1のシミュレーション回路

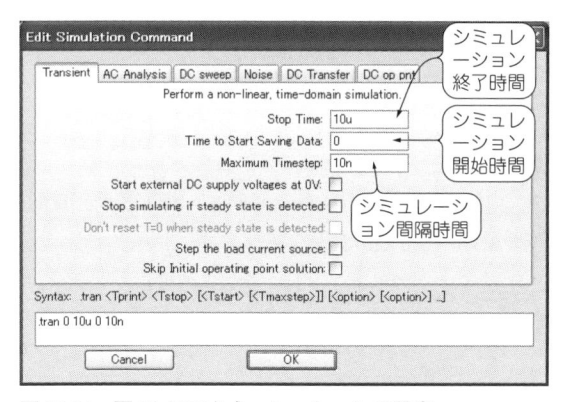

図10-11 図10-10のシミュレーションの設定

● 手順3：解析

図10-11の通りに解析の設定を行います．今回は過渡解析[Transient]を選択します．解析時間は，「0」から「10u」[秒]まで「10n」の刻みで解析します．シミュレーション実行後，[Add Trace]で波形のノードを選択します．

下段の波形表示ウィンドウでは，ドレイン電流の波形Ix(U1：D)とドレイン-ソース間電圧の波形V(d)を指定します．上段ウィンドウでは，V(d)＊Ix(U1：D)の計算結果を出力させることで，損失を計算しています[**図10-2(b)**]．

10-9——作成したモデルを使ってシミュレーションしてみる

Appendix A

部品の温度解析…SiC MOSFET の高温解析の例

● 比較対象のシリコン・デバイスのモデルはウェブから入手

　第10章で作成したSiCデバイスとシリコン・デバイスで回路の損失を比較してみます．さらに，高温でも比較してみます．それぞれの構成部品は次の通りです．

▶組み合わせ1：SiCデバイス（今回SBDのモデルを作成）
MOSFET：**SCU210AX**（ローム）
SBD：**SCS110AG**（ローム）
▶組み合わせ2：シリコン・デバイスの構成
MOSFET：**TK10A60D**（東芝セミコンダクター）
ファスト・リカバリ・ダイオード（FRD）：**DF10L60**（新電元工業）

　今回使うシリコンのMOSFETとFRDのモデルは，SPICEモデル配信サイトのスパイス・パーク（http://www.spicepark.info）からダウンロードしました．
　また，ファスト・リカバリ・ダイオードは，第8章の汎用ダイオード・モデルを参考にしてモデルを作成することもできます．

● SiCはオン抵抗が小さく飽和損失が少ない

　シリコン・デバイスの構成でも先ほどと同様にシミュレーションを行います．回路を図10-A，シミュレーション結果を図10-Bに示します．表10-A(a)のシミュレーション結果から分かることは，ON状態での飽和損失については，SiC MOSFETの低いオン抵抗が貢献しているということです．

● 温度による損失の変化もシミュレーションで分かる

　それぞれのSPICEモデルに周囲温度125℃用のモデルを採用し，同じようにシミュレーションをしました．周囲温度125℃におけるSiCのシミュレーション結果を図10-C(a)に，シリコン・デバイスの構成でのシミュレーション結果を図10-C(b)に示します．
　表10-A(b)の周囲温度125℃のシミュレーションから分かるのは，SiC SBDの逆回復時間の変化がほとんどないために，ターンオンのスイッチング損失が，シリコンよりも低減

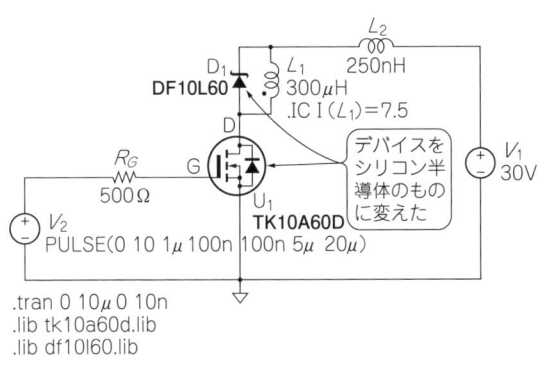

```
         L₂
         250nH
D₁   L₁
DF10L60  300µH
         .IC I(L₁)=7.5
     D
R_G  G        デバイスを      V₁
              シリコン半      30V
500Ω          導体のもの
     U₁       に変えた
     TK10A60D
V₂
PULSE(0 10 1µ 100n 100n 5µ 20µ)

.tran 0 10µ 0 10n
.lib tk10a60d.lib
.lib df10l60.lib
```

図 10-A 高温(125℃)でのMOSFETの損失を調べる

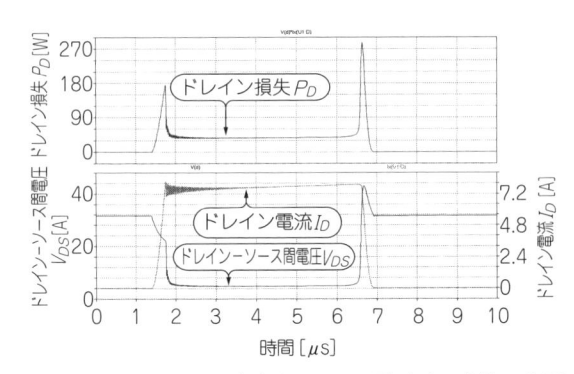

図 10-B シリコン・デバイスはSiCデバイスを使った図 10-2(b)より飽和損失が大きい

表 10-A 誘導負荷回路のシミュレーションによる損失解析

デバイスの構成	ピーク・ターンオン損失損失 [W]	オン時の損失損失 [W]	ピーク・ターンオフ損失損失 [W]
組み合わせ1(SiC)	175.23	36.9	285.57
組み合わせ2(シリコン)	177.6	15.17	282.75
損失削減の効果	− 1.40 %	58.90 %	1 %

(a) 常温25℃

デバイスの構成	ピーク・ターンオン損失損失 [W]	オン時の損失損失 [W]	ピーク・ターンオフ損失損失 [W]
組み合わせ1(SiC)	208.25	86.58	273.88
組み合わせ2(シリコン)	169.77	19.14	273.68
損失削減の効果	18.50 %	77.90 %	0.1 %

(b) 高温125℃

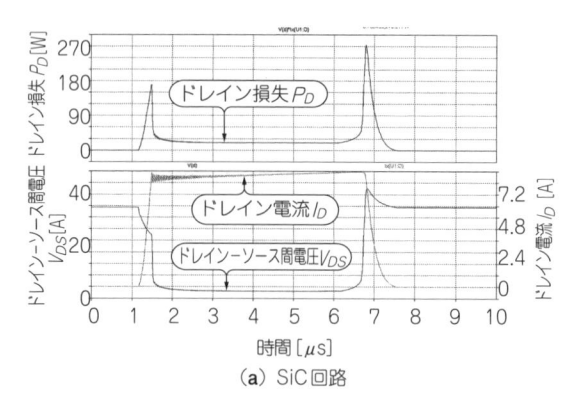

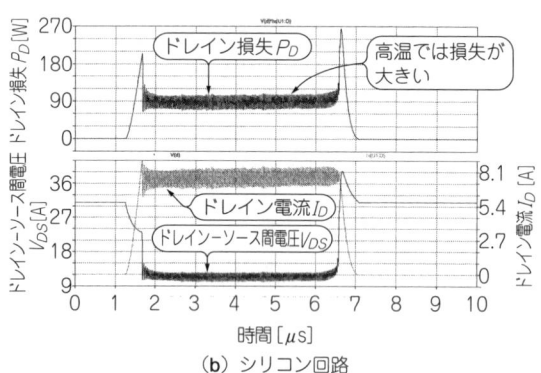

図10-C　周囲温度125℃ではSiCデバイスの低損失がより際立つ

していることです．

　また，SiC MOSFETは高温でもオン抵抗が低いため，高温でオン抵抗が高くなりやすいシリコンMOSFETと比べると，ON状態での飽和損失の低減効果が常温時より大きくなります．

Appendix B
きめ細かく忠実に特性を表現できる等価回路モデル

● パラメータ・モデルはSBDの逆特性を表せない

　ショットキー・バリア・ダイオード(SBD)の大きな特徴の一つが逆方向特性です．通常のダイオードと比較して逆電流が大きいです．しかし，ダイオードのパラメータ・モデルは，図10-Dのように降伏点の座標の1点(BV，IBV)で逆特性を表現します．これではショットキー・バリア・ダイオードの特徴を正しく再現することができません．

　ネットリストの最初の行が，.MODELの場合，ダイオードのパラメータ・モデルです．外部からそのようなSBDのSPICEモデルを入手した場合，逆特性に再現性はないと考えてよいでしょう．半導体メーカにSPICEモデルを要求する場合，逆方向特性を考慮した等価回路モデルをリクエストするとよいかもしれません．

● 難しい：逆回復特性を関数に置き換えて，等価回路モデルを生成する

　SPICEにはアナログ・ビヘイビア・モデル(ABM)ライブラリがあり，それらの素子を活用すると任意の等価回路を作成できます．パラメータ・モデルの弱点を等価回路モデルで補足したり，新しいデバイスはパラメータ・モデルがないため，自分でゼロからSPICEモデルを作成したりする場合に等価回路を開発します．

　等価回路を作るためにはデバイスの知識と豊富な回路技術が必要であり，難易度が高いモデル作成方法です．

　図10-Eは，ショットキー・バリア・ダイオード用に開発された等価回路モデルの例で

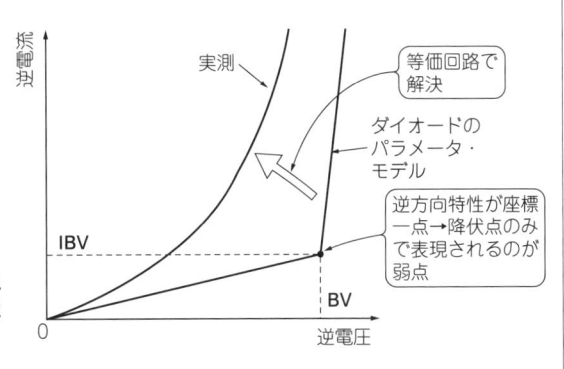

図10-D
SBDのダラダラとした逆特性を再現するためには等価回路モデルを作成しなければ無理

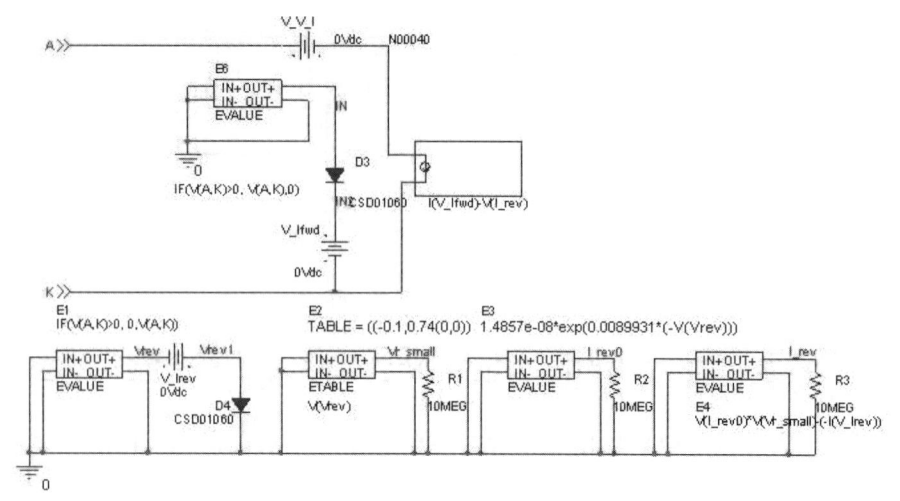

図10-E　アナログ・ビヘイビア・モデルを使ったショットキー・バリア・ダイオードの等価回路モデル
ビー・テクノロジー開発

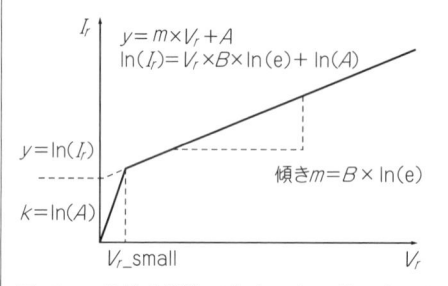

図10-F　特性を関数で表すアナログ・ビヘイビア・モデルを使うと実際の特性をきめ細かく表現できる

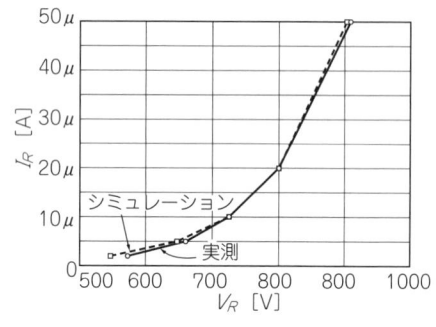

図10-G　アナログ・ビヘイビア・モデルを使った等価回路はより忠実なシミュレーションが可能

　す．大きな特徴は，逆方向特性を関数（図10-F）に置き換え，アナログ・ビヘイビア・モデルで構築していることです．

　SiCショットキー・バリア・ダイオードCSD01060Aの等価回路モデル（**リスト10-A**）で逆方向特性についてシミュレーションした結果が図10-Gです．かなり実側に近い波形が再現できています．

　等価回路づくりの技術を向上させるためには，ABMライブラリを理解しなければなり

リスト10-A 図10-Eの等価回路モデルをリスト化したもの

```
* $
* PART NUMBER:CSD01060A
* MANUFACTURER: Cree, Inc.
* VRM=600,Io=1A
* All Rights Reserved Copyright (C) Bee Technologies Inc.
.SUBCKT CSD01060A PIN1 PIN2 CASE
X_U1  PIN2 CASE CSD01060_pro
R_Rs PIN1 CASE 10u
.ENDS
*$
.SUBCKT CSD01060_pro A K
V_V_I       A N00040 0Vdc
V_V_Ifwd    IN2 K 0Vdc
E_E1    VREV 0 VALUE { IF(V(A,K)>0, 0,V(A,K)) }
E_E3    I_REV0 0 VALUE { 1.4857e-08*exp(0.0089931*(-V(Vrev))) }
E_E4    I_REV 0 VALUE { V(I_rev0)*V(Vr_small)-(-I(V_V_Irev)) }
E_E6    IN K VALUE { IF(V(A,K)>0, V(A,K),0) }
V_V_Irev     VREV1 VREV 0Vdc
G_ABMI1      N00040 K VALUE { I(V_V_Ifwd)-V(I_rev)   }
E_E2       VR_SMALL 0 TABLE { V(Vrev) }
+ ( (-0.1,1) (0,0) )
D_D3      IN IN2 DCSD01060
R_R1      0 VR_SMALL 10MEG
D_D4      VREV1 0 DCSD01060
R_R2      0 I_REV0 10MEG
R_R3      0 I_REV 10MEG
.MODEL DCSD01060 D
+ IS=10.000E-21 N=.84507 RS=.37671 IKF=12.100
+ CJO=111.88E-12 M=.39264 VJ=.54581
+ BV=1000 IBV=20.000E-6
+ ISR=0 NR=1 EG=3.0 TT=0
.ENDS
*$
```

ません．それには，多くの等価回路モデルに触れ，実体験するしかありません．後の章では，さまざまな等価回路モデルの作成方法を紹介していきます．

第11章
部品：コイル
応用：スイッチング電源回路

本章では，コンデンサと並んで主要な受動部品であるコイルのSPICEモデルを作成する方法について解説します．コイルも，コンデンサ同様デフォルトのモデルでは，現実の素子の特性をうまく表せないので，等価回路モデルを作ります．題材は，コイルの用途として大きな割合を占めるスイッチング電源回路です．

11-1——目標：コイルのSPICEモデルを作成して，スイッチング電源回路の出力ノイズを再現

● 回路と再現する波形

今回は，コイルの等価回路モデルを作成することで，フォワード・コンバータ（FCC：Forward Coupling Converter）回路という絶縁型スイッチング回路（図11-1）の出力側の実機動作（図11-2）をシミュレーションで再現します．

FCC回路の出力仕様は以下の通りです．

出力電圧：5V
出力電流：0.5A

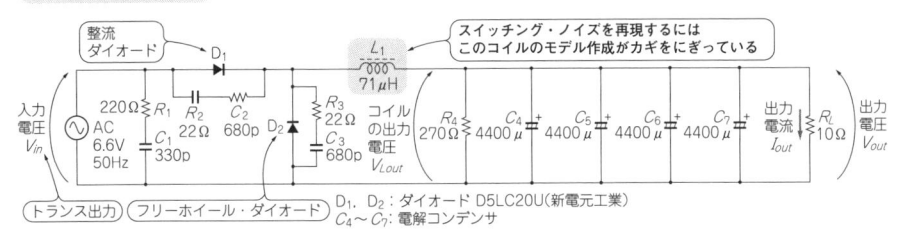

図11-1 今回再現するスイッチング電源回路（FCC回路）とモデルを作成するコイル

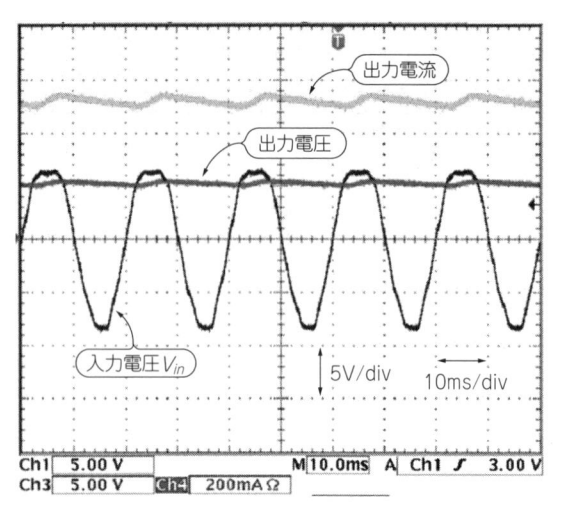

図11-2 図11-1の回路の入出力特性(実波形)

このFCC回路の出力にはノイズが発生します(図11-3)．このノイズの原因はコイルに起因しており，その現象がLTspiceで再現できます．

● LTspiceに最初から用意されているコイル・モデルを使うと微小な出力ノイズを再現できない

入力特性と出力特性(出力電圧と出力電流)の実機波形を図11-2に示します．出力ノイズだけの実機波形を図11-3(a)に，コイルのモデル作成後のシミュレーション結果を図11-3(b)に，コイルのモデル作成前のシミュレーション結果を図11-3(c)に示します．

インダクタンス値だけでコイルの特性を表した，LTspiceに最初から用意されているモデルを使うと，スイッチング回路の出力ノイズを再現できていないことが分かります．

このように微小なノイズを電子回路シミュレーションで再現することは簡単ではありません．しかし，精度のよい部品モデルを作成すれば，このような微小ノイズをシミュレーションで再現できます．

● コイルのSPICEモデルを作成する

図11-3の(b)と(c)のシミュレーションで使った部品は，次のような違いがあります．

(a) 実波形

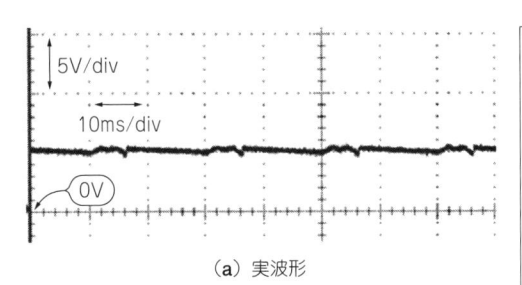

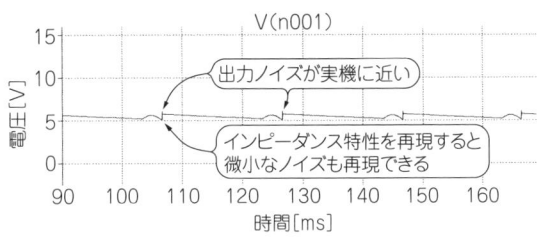

(b) コイル・モデルを自作して(a)を再現

(c) LTspiceに最初から用意されているコイル・モデルでは(a)の実波形を再現できない

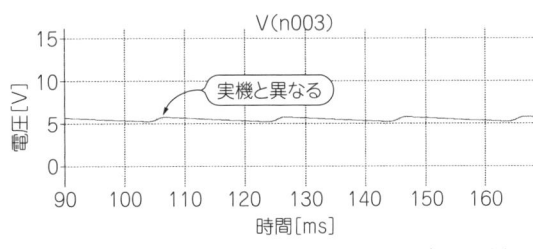

図11-3
電子回路シミュレーションでは再現が難しい微小な出力ノイズを再現するにはモデルを自作しなきゃならない

[調整後(b)のシミュレーション]
　　ダイオード：D5LC20Uのパラメータ・モデル
　　電解コンデンサ：3素子モデル
　　コイル：等価回路モデル(本章で作成)
[調整前(c)のシミュレーション]
　　ダイオード：D5LC20Uのパラメータ・モデル
　　電解コンデンサ：3素子モデル
　　コイル：インダクタンス値のみ

リスト11-1　ダイオードD5LC20U のSPICEモデルのネットリスト

```
.MODEL D5LC20U D
+ IS=3.1856E-9
+ N=1.3728
+ RS=16.062E-3
+ IKF=.12611
+ ISR=0
+ CJO=171.21E-12
+ M=.43908
+ VJ=.64127
+ BV=200
+ IBV=10.000E-6
+ TT=12.356E-9
.ENDS
```

　整流ダイオードとフリーホイール・ダイオードには，新電元工業のD5LC20Uを採用しました．D5LC20UのSPICEモデルはパラメータ・モデルです．ネットリストは，SPICEモデル配信サイトのスパイス・パーク(http://www.spicepark.info/)からダウンロードしました(**リスト11-1**)．ダイオードのモデルを作成するのであれば，第8章が参考になります．

　また，電解コンデンサのモデルを作成するには，第9章を参照してください．

　最終的には，**図11-3**(a)の実機波形を再現した**図11-3**(b)のシミュレーション結果を得ることを目指します．

● 回路の動作

　絶縁型スイッチング回路であるFCC回路の基本回路を**図11-4**に示します．スイッチング素子Tr_1がON/OFFすることによって，D_1，D_2のダイオードがスイッチングします．Tr_1がONの場合，D_1がONして負荷に電流を流します[**図11-4**(a)]．また，Tr_1がOFFした場合，コイルにたまったエネルギで，D_2を介して負荷に電流を供給します[**図11-4**(b)]．

　これらがFCC回路の基本動作になります．今回は，トランスの2次側を正弦波で表現しています．

● ベテランの力を借りる！　回路図には描かれない見えない素子を等価回路化

　電子回路シミュレーションは，電子部品をいかに等価回路化するのかがポイントです．

(a) ON時

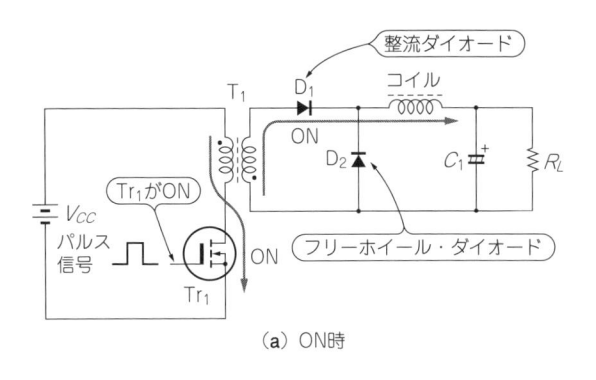

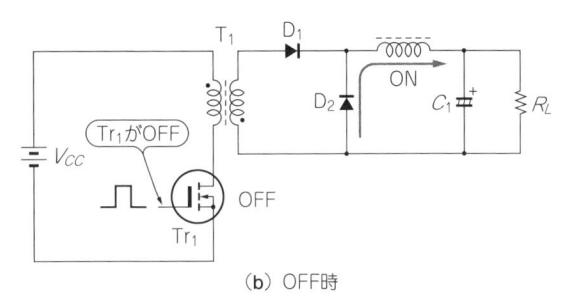

(b) OFF時

図11-4 フォワード・コンバータ(FCC)回路の基本動作

受動部品の場合，基本的な等価回路モデルはありますが，さらに，動作周波数や用途に応じて回路図には見えない素子を顕在化させ，回路に加えます．そうすることで，回路解析の精度は向上し，実機のふるまいに近づいていきます．

このデバイスは容量成分が無視できないな？とか，インダクタンス成分が回路に影響するな？という経験則は，ベテラン回路設計者の頭の中にあります．等価回路化は，ベテランの回路設計者と一緒に取り組むと，回路のいろいろな現象が見えてきます．

11-2—コイルのモデルのいろいろ

● 等価回路モデルにはDCモデルとACモデルがある

コイルの等価回路SPICEモデルを大きく分けると2種類あります．ACモデルとDCモデル(コラム1参照)です．今回のような過渡解析の場合は，主にACモデルを採用します．ここでいうACモデルとは，インピーダンス特性に再現性のある周波数特性モデルです．

この周波数特性モデルの基本的な考え方は，チョーク・コイル，トランス，モータのインダクタンス成分にも応用できます．

なお，コア材を含めたモデル作成方法については，トランスのモデルを作成する際に解説します．

● 基本はLCRの3素子モデル

一般的なコイルのモデルは3素子モデルです（後述）．

コイルの等価回路の基本的な考え方は，図11-5に示す通り，コイルのインダクタンスと導線の抵抗成分と線間容量で表現できます．これらを等価回路にすると図11-6のような3素子モデルになります．また，LCRの並列接続の3素子モデルも有名です．

図11-7にコイルのインピーダンスの周波数特性を示します．コイルのインピーダンスは，$|Z| = 2\pi f_L$です．よって，周波数が高くなるとインピーダンスは大きくなります．し

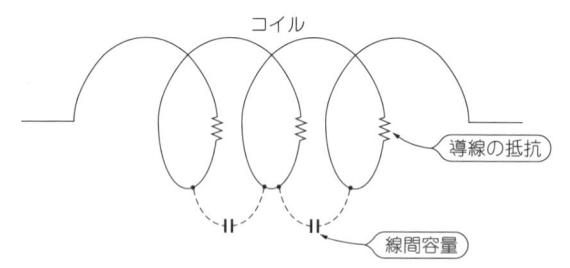

図11-5 回路図には表れないが，コイルには線間容量と直列抵抗成分がある

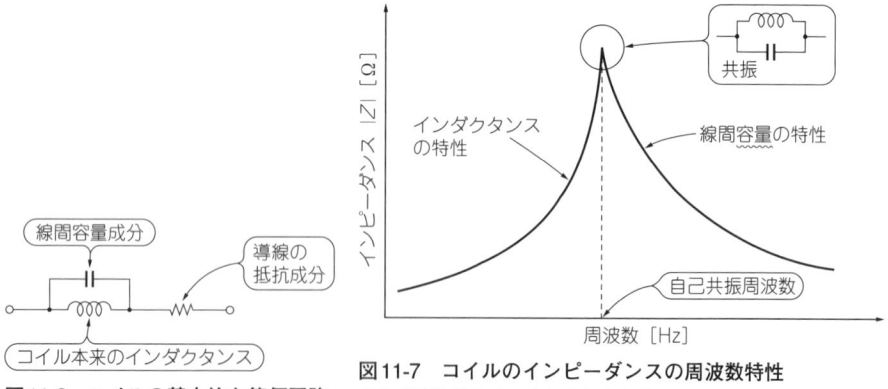

図11-6 コイルの基本的な等価回路

図11-7 コイルのインピーダンスの周波数特性
ある周波数以上でコイルでなくなる

Column(11-I)

コイルの直流重畳特性をモデリングする方法

コイルのSPICEモデルにはACモデルとDCモデルがあります．ACモデルは，今回採用した周波数特性モデル（インピーダンス・モデル）です．そして，DCモデルは，直流重畳特性モデルのことをいいます．

コイルに直流電流を加えると，インダクタンス値が初期のインダクタンス値と比較して低下します．これを直流重畳特性といいます．直流重畳特性モデルはパラメータ・モデルとしては存在しないので，等価回路モデルを作成することになります．

等価回路を作成する考え方は，加えられる直流電流によってインダクタンス値が変わる等価回路を作ります（図11-A）．直流電流は，コイル自体のパラメータではなく，使用条件ですから，直流電流を検出し，出力としてその直流電流に対するインダクタンス値が反映されればよいわけです．その結果，図11-Bの通り，再現させることができます．対象デバイスは，村田製作所のLQM21PNR54MG0のコイルです．

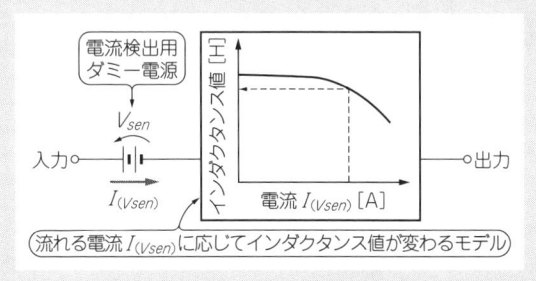

図11-A　直流重畳特性を表せる等価回路モデルの考え方

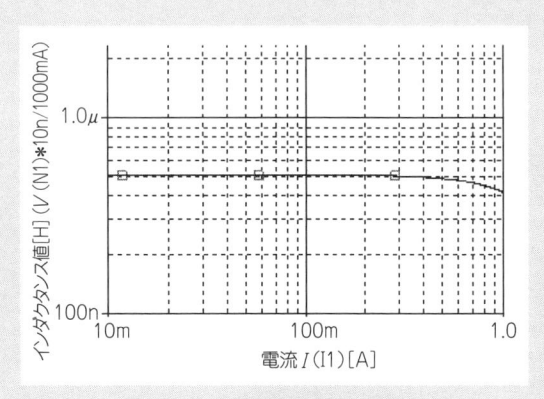

図11-B　DCモデルで直流重畳特性が再現できる

かし，ある周波数(共振周波数)において，本来のインダクタンスと線間容量の容量値が共振現象を起こします．

共振周波数を超え，周波数がさらに高くなった状態では，線間容量値が支配的になり，インピーダンスが下がっていきます．

▶動作周波数が高くなるほど等価回路の素子数を増やす

　コンデンサの等価回路モデルにもいくつかの種類がありました(第9章参照)．コイルにもさまざまな種類の等価回路モデルがあり，動作周波数帯域によって選択します．しかしコイルはコンデンサより物理的な形状も多種多様であり，ケース・バイ・ケースで等価回路を選定します．

　コイルの等価回路モデルを図11-8に示します．大きく分類すると，2素子モデル，3素子モデル，4素子モデル，5素子モデル，ラダー・モデルになります(コラム11-Ⅱ)．動作周波数が高くなるにつれて，等価回路を構成する素子数が増えていきます．

● パラメータを抽出する測定器

　2素子モデルは，LCRメータで測定したデータを等価回路に組み込めば作成できます．
　3素子以上の等価回路モデルの場合，インピーダンス・アナライザが必要になります．

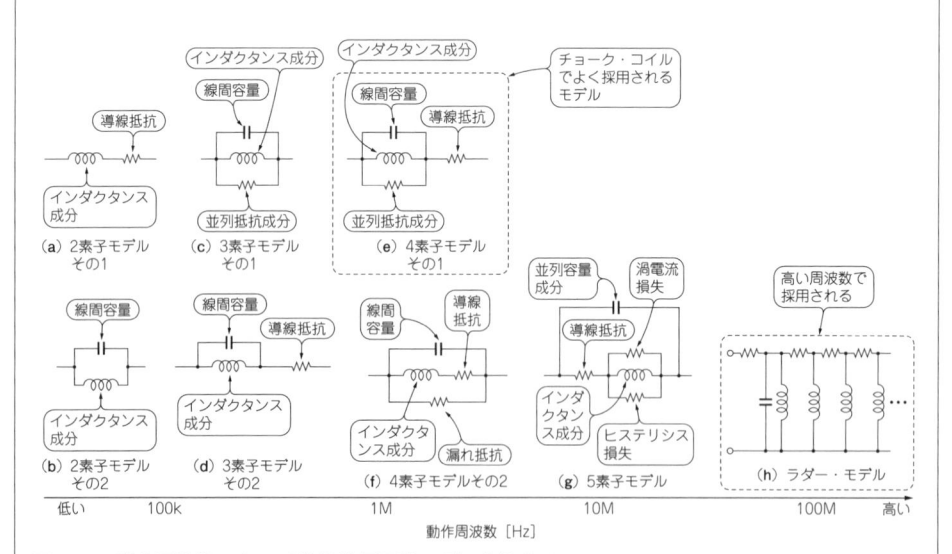

図11-8　動作周波数によって使う等価回路モデルを換える

例えばAgilent 4294Aには3素子モデルの抽出機能があるのでパラメータの抽出が楽チンです．これを初期値として，LCRの値をチューニングすれば，SPICEモデルの確度を高めることができます．

5素子モデルやラダー・モデルのSPICEモデルを作成するには，さらに，パラメータ最適化ツールが必要になります．

● **スイッチング電源回路は動作周波数が低いので2素子モデルを使う**

今回の事例では，絶縁型スイッチング電源回路（FCC回路）における出力ノイズの再現を目的としています．また，動作周波数も非常に低いため，2素子モデルで十分です．

● ***LCR*メータで並列の線間容量を測るだけ**

特に今回は，線間容量成分の影響を大きく考慮しているため，コイル本来のインダクタンス成分と線間容量成分を考慮した2素子の並列接続の等価回路モデルを選択し，LCR

Column (11-Ⅱ)

チョーク・コイルのSPICEモデル

DC-DCコンバータ回路やインバータ回路にしばしば利用されるチョーク・コイルは，インピーダンス特性を再現する3素子コイル・モデルに直列抵抗成分を追加すると再現できます．

基本的な等価回路を図11-Cに示します．左側はインピーダンス・アナライザなどから得た3素子モデルを採用し，右側はマルチメータで直列抵抗成分を測定し，その値を採用します．

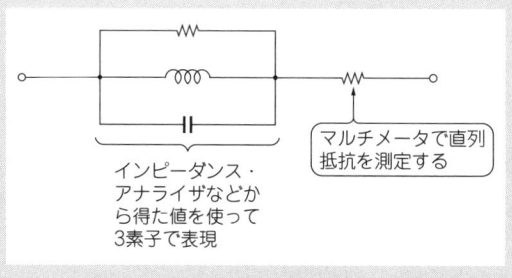

図11-C　チョーク・コイルは4素子モデルで表す

図11-9 周波数が低いスイッチング電源回路用のコイルは，線間容量を追加した2素子モデルで十分精度よくシミュレーションできる

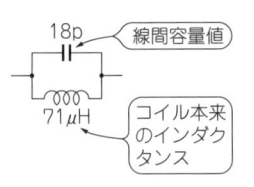

線間容量値 18p
コイル本来のインダクタンス 71μH

メータで測定しました．

LCRメータは，Agilent 4284Aを使用しました．その結果を図11-9のSPICEモデルの回路図に反映させました．並列に線間容量を入力しただけです．しかし，この線間容量を考慮することで，図11-3(b)の出力ノイズを再現できました．

11-3 ─ 2素子モデルを使った標準的なスイッチング電源のシミュレーション

● 2素子モデルは，わざわざ作成したモデルを回路図に取り込まなくてもOK

等価回路のSPICEモデルの場合，種類はサブサーキット・モデルになります．通常は，一つの回路図シンボルに対して，一つのSPICEモデルを関連付けます．

しかし，今回のコイルは2素子の等価回路モデルです．その中の線間容量が回路にどのように影響を与えるかを解析する用途が多いため，あえて，回路図シンボルにはせず，2素子を直接回路図に描きました．

● 手順1：シミュレーション用の回路図を作成する

LTspiceを起動して回路図を描きます(図11-10)．

ここでは，トランスの2次側以降を考えます．トランスの1次側から2次側に伝送された結果の波形をV_{SIN}で表現します．一般的には，1次側は，トランジスタあるいは，パワーMOSFETで制御されたパルス信号が生成されますが，今回は，正弦波で表現しています．

D_1が整流ダイオードで，D_2がフリーホイール・ダイオードになります．使うダイオードは同じものです．L_1のコイルに蓄積されたエネルギでD_2をONさせます．出力電解コンデンサを経由して，平滑化します．

R_5は負荷抵抗です．負荷抵抗を変更することで，出力電流を変えられます．

電解コンデンサは，3素子モデルで表現されています．LCRの直列接続であり，LはESL(直列インダクタンス成分)，RはESR(直列抵抗成分)です．

ダイオードは，D5LC20U(新電元工業)です．SPICEモデルは，SPICEモデル配信サー

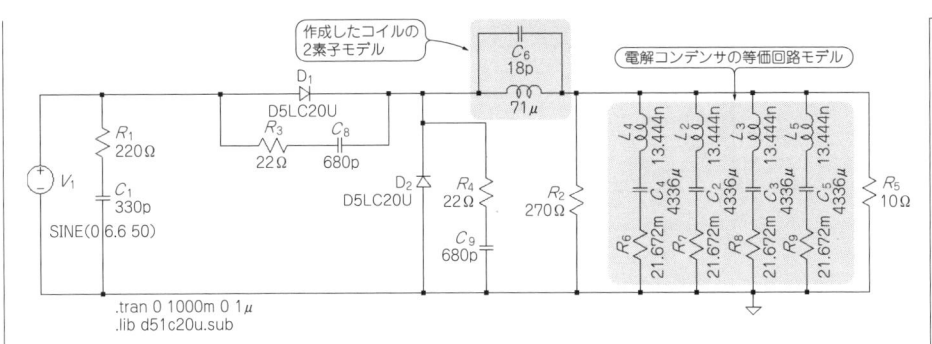

図11-10 作成した回路でシミュレーション①…フォワード・コンバータ回路の2次側を例にする

ビスのスパイス・パーク（http://www.spicepark.info/）から無償でダウンロードできます．ダウンロードすると，SPICEモデルは.libファイルとして，回路図シンボルは.asyファイルとして取得できます．

　SPICEモデルのファイルは，LTspiceIV¥lib¥subフォルダにコピーします．回路図シンボルのファイルは，LTspiceIV¥lib¥symフォルダにコピーします．

● **手順2：解析する**
　図11-11の通りに解析の設定を行います．今回は過渡解析［Transient］を選択します．解析時間は，「0」から「1000m」［秒］まで「1u」の刻みで解析します．もっと細かくシミュレーションをしたい場合には［1u］の刻みを小さくします．小さくするとその分，シミュレーション時間が長くなります．

　シミュレーション後，［Add Trace］にて波形のノードを選択するか，プローブ機能にて波形表示させます．以上の設定で解析を行った結果が**図11-3（b）**の波形です．

● **応用：ダイオードの逆回復時間の精度が必要な場合は等価回路モデルを作らなければならない**
　また，フォワード・コンバータ回路におけるノイズのもう一つの原因がダイオードの逆回復時間の波形形状にあるといわれています．ダイオードのパラメータ・モデルの場合，逆回復時間パラメータはTTです．TTは，t_{rr}のt_{ri}しか再現性がありません．t_{rb}を表現するためには，ダイオードのパラメータ・モデルを基本とし，t_{rb}が再現される等価回路を付加する必要があります．その等価回路モデルを使用することで，逆回復特性の波形形状

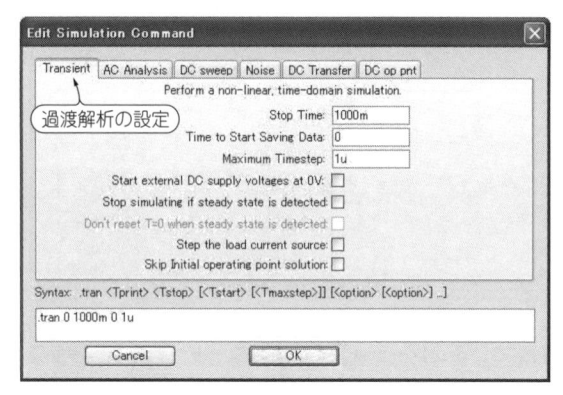

図11-11 作成したモデルでシミュレーション②…[Transient]過渡解析を設定する

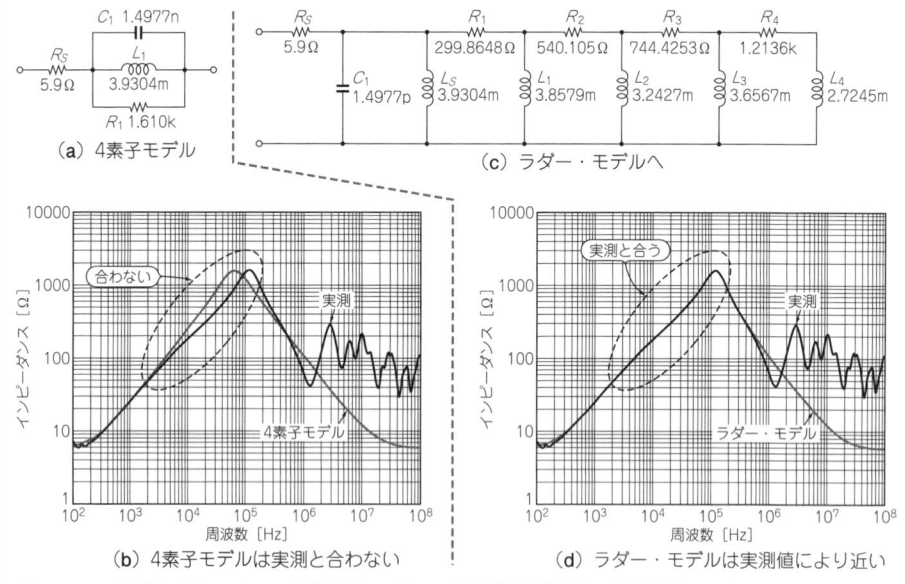

(a) 4素子モデル

R_S 5.9Ω, C_1 1.4977n, L_1 3.9304m, R_1 1.610k

(c) ラダー・モデルへ

R_S 5.9Ω, C_1 1.4977p, R_1 299.8648Ω, R_2 540.105Ω, R_3 744.4253Ω, R_4 1.2136k, L_S 3.9304m, L_1 3.8579m, L_2 3.2427m, L_3 3.6567m, L_4 2.7245m

(b) 4素子モデルは実測と合わない

(d) ラダー・モデルは実測値により近い

図11-12 高周波ではコイルの等価回路モデルの素子数を増やして再現性を上げる

による影響度合いを解析できます．

　ダイオードの等価回路モデルについては，別の機会に解説します．

● 補足：4素子からラダーに変更すれば共振周波数近辺のふるまいの精度を向上させられる

　素子数を増やすことで精度が向上する例として共振周波数から少し超えた周波数帯域で再現性がなかったため，4素子モデルからラダー・モデルに変更して再現性を高めたようすを図11-12に示します．

11-4——基本中の基本「3素子モデル」の作り方

● LCRメータなどなくても，インピーダンス特性が分かればコイル・モデルの自作は可能

　スイッチング電源回路では，2素子のコイル・モデルを使いましたが，コイル・モデルの基本は3素子です．そこで，3素子モデルの作り方を詳しく解説します．

　3素子モデルの各素子の定数はLCRメータなどで測れます．LCRメータがなくても，コイルのインピーダンス特性が分かっていれば，パラメトリック解析を駆使して，SPICEモデルを作成したり，最適化したりできます．その方法を以下に紹介します．

　周波数特性について一番理解しやすいLCR並列接続の3素子モデル(図11-13)を例に，コイル・モデルのチューニング方法を紹介します．今回対象とするコイルは，Newport Components社の22R105です．

　3素子モデルのため，まずインピーダンス特性をAgilent 4294Aにて測定しました．抽出結果は次の通りです．

L1 = 948.599u
R1 = 236.122k
C1 = 5.61256p

● ふるまいを確認するためのシミュレーション回路図を描く

　LTspiceでインピーダンスのシミュレーションを行い，ふるまいを確認します．

　LTspiceを起動させて，図11-14の回路図を描きます．V_1は入力信号源でAC電源を使用します．3素子のL1，C1，R1には，図11-13の値を入力します．R_2は電流検出用の抵抗です．このR_2に微小な抵抗値を入力し，電流を検出します．

　シミュレーションの種類はAC解析です．図11-15の設定画面で入力された情報は.acステートメントで出力され，回路図上に配置できます．

```
         C1
    ┌───┤├───┐
    │   L1   │
    ├──mmm──┤    C1=5.61256p[F]
    │        │    L1=948.599μ[H]
    │   R1   │    R1=236.122k[Ω]
    └──WWW──┘
```

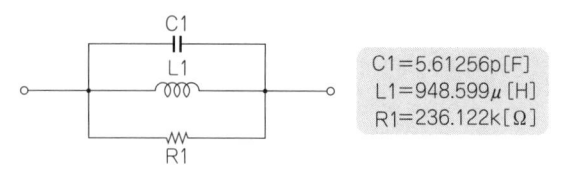

図11-13 チューニングするコイル22R105（Newport Components社）の3素子モデル

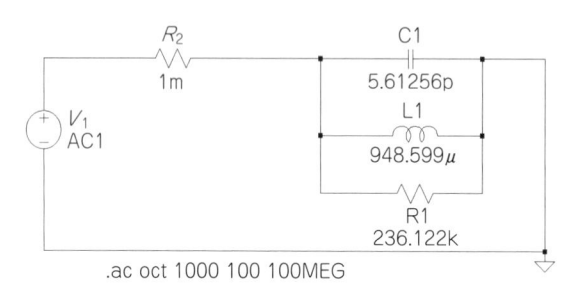

```
            R₂
         ┌─WWW─┐         ┌──┤├──┐
         │  1m  │         │  C1  │
   (~)V₁ │      │         │5.61256p│
    AC1  │      ├─────────┤  L1  │
         │      │         │948.599μ│
         │      │         │  R1  │
         │      │         │236.122k│
         └──────┘         └───┬──┘
                              ⏚
```

.ac oct 1000 100 100MEG

図11-14 チューニング用シミュレーション回路

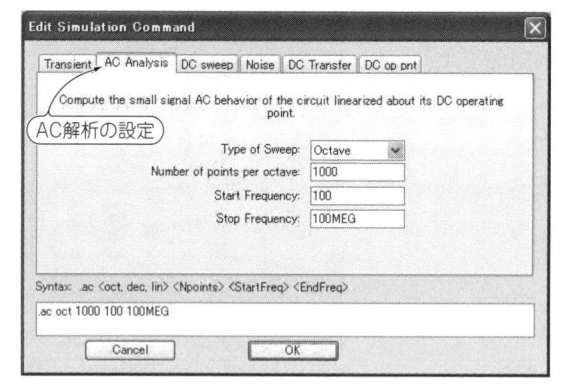

図11-15 ［AC Analysis］解析の設定

● シミュレーションを実行する

設定終了後，［Run］でシミュレーションを行います．インピーダンス特性を描かせるために，TraceはV/Iで行います．この場合，V(n001)/I(R2)になります．インピーダンス特性が**図11-16**のように表示されます．

位相の表示を消したい場合は，Y軸の右側にカーソルを持っていくと定規のアイコンが出ます．この状態で左クリックを行うと，Right Vertical Axisの窓が出ます．そこで［Do

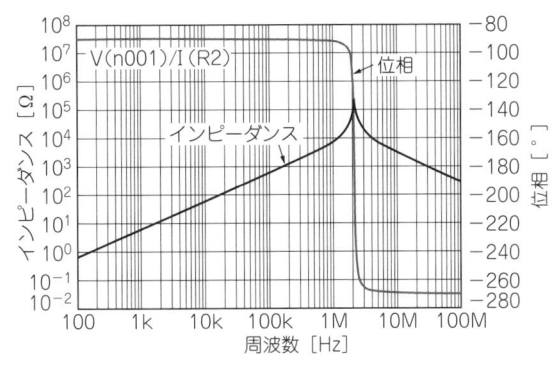

図11-16　3素子モデルのインピーダンス特性
この特性を基本に，RやCの値を変化させてチューニングの方向性を探る

not plot phase]をクリックすると位相表示が消え，インピーダンス特性図のみが表示されます．

● 等価回路の定数チューニングにはパラメトリック解析を活用する

　パラメトリック解析は，あるパラメータについてその値を変化させ，影響度合いを検証できる便利な解析です．イメージは，電子部品のとっかえひっかえを自動的に行い，波形解析までしてくれる解析です．

　SPICEモデルの作成だけではなく，回路設計でも定数の最適化などに頻繁に使用しますので，習得すると実務で役立ちます．

● 線間容量成分が大きいほど共振周波数が低くなる

　C_1がコイルの線間容量成分に相当します．これを変数として，パラメトリック解析を実行してみます．まず，図11-17のようにC_1値を {C1} に変更します．次にメニュー・バーの[Edit]→[SPICE Directive]を選択します．そして，C_1の線間容量値をパラメータ変数C1と設定し，この変数を以下の.stepステートメントで定義し，回路図上に配置します．

　.step param C1 10p 200p 10p

　上記のステートメントの意味は「C1の値を10p[F]から200p[F]まで10p[F]間隔で変化させてシミュレーションを行います」という意味です．シミュレーション結果を図11-18に示します．線間容量の値の大小によるインピーダンス特性の変化を確認できます．線間

```
         R₂
         1m         C₁
   V₁              {C1}
   AC1              L₁
                 948.599μ
                   R₁
                 236.122k
```
.ac oct 1000 100 100MEG
.step param C1 10p 200p 10p

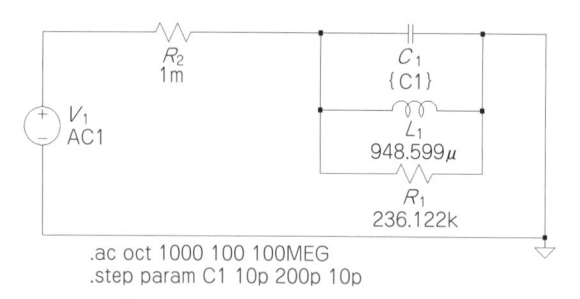

図11-17 線間容量成分をチューニングするためのシミュレーション回路

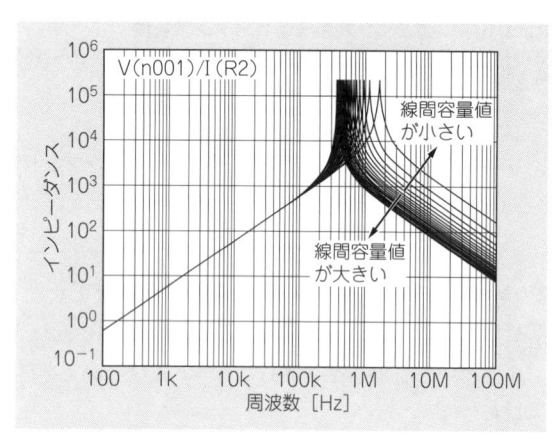

図11-18 線間容量成分がコイルのインピーダンス特性に与える影響

容量が大きいほど共振周波数が低くなります．

● **並列抵抗成分が小さいほど共振のピークが下がる**

　R_1 がコイルの並列抵抗成分に相当します．これを変数として，パラメトリック解析を実行してみます．

　まず，**図11-19** のように R_1 値を {R1} に変更します．次にメニュー・バーの [Edit]→[SPICE Directive] を選択します．そして，R1の並列抵抗値をパラメータ変数 R_1 と設定し，この変数を以下の .step ステートメントで定義し，回路図上に配置します．

　.step param R1 200k 2000k 100k

　上記のステートメントの意味は「R1の値を200k[Ω]から2000k[Ω]まで100k[Ω]間隔で

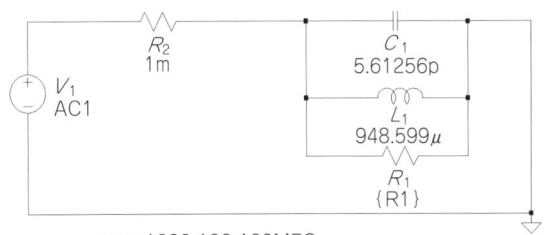

図11-19　並列抵抗成分をチューニングするためのシミュレーション回路

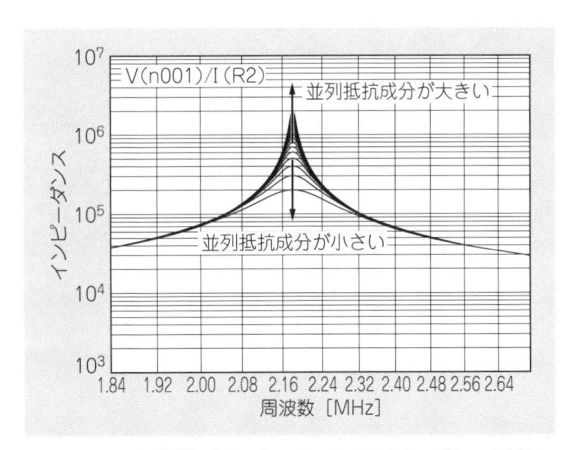

図11-20　並列抵抗成分がコイルのインピーダンス特性に与える影響

変化させてシミュレーションを行います」という意味です．シミュレーション結果を図11-20に示します．並列抵抗成分の値の大小によるインピーダンス特性の変化を確認できます．並列抵抗成分が小さいほど，共振のピークが低くなります．

このように線間容量成分と並列抵抗成分を組み合わせて，コイルのインピーダンス特性に近づけられれば，3素子モデルを作成することができます．

第12章

部品：パワーMOSFET
応用：DC-DCコンバータ回路

本章では，パワー MOSFET の SPICE モデルを作成＆チューニングし，同期整流型の降圧 DC-DC コンバータの実機動作をシミュレーションで再現します．本回路では MOSFET コントロール IC も必要になります．次章で難しいといわれている IC の SPICE モデルの作成方法を解説します．

12-1 — パワー MOSFET の SPICE モデルを作成して，DC-DC コンバータ回路の動作を再現

● 回路

降圧回路の仕様は次の通りです．

入力電圧：5V
出力電圧：1.8V

回路図を**図12-1**に示します．また，実験のようすと回路を**写真12-1**に示します．図12-1のスイッチング・レギュレータのキー・デバイスは，コントロール IC と出力に使用する低耐圧パワー MOSFET です．

パワー MOSFET を外付けして使う大電流 DC-DC コントロール IC TPS5618（テキサス・インスツルメンツ）を使用します．この IC は二つのパワー MOSFET の ON/OFF を制御します．

外付け低耐圧パワー MOSFET は，ハイサイドとローサイドがあり，コントロール IC

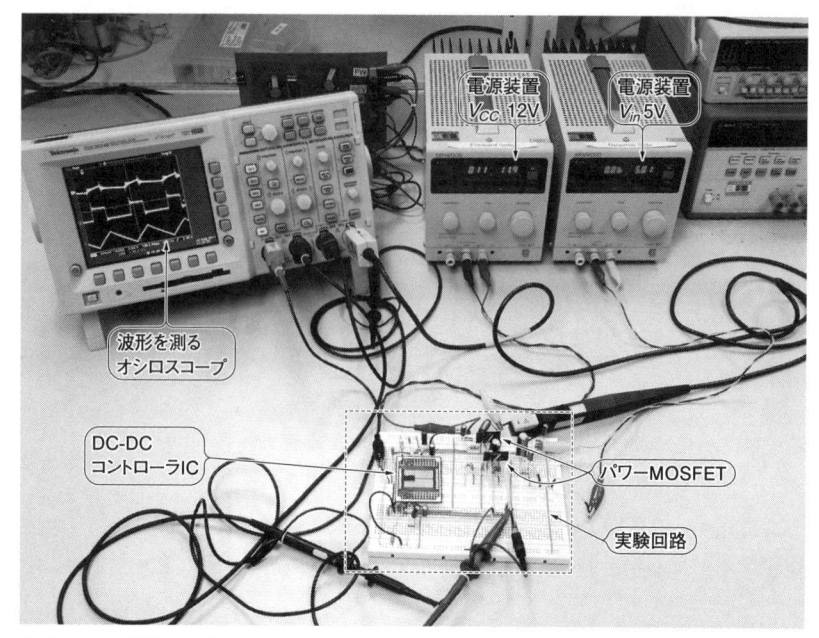

写真12-1 実験のようす

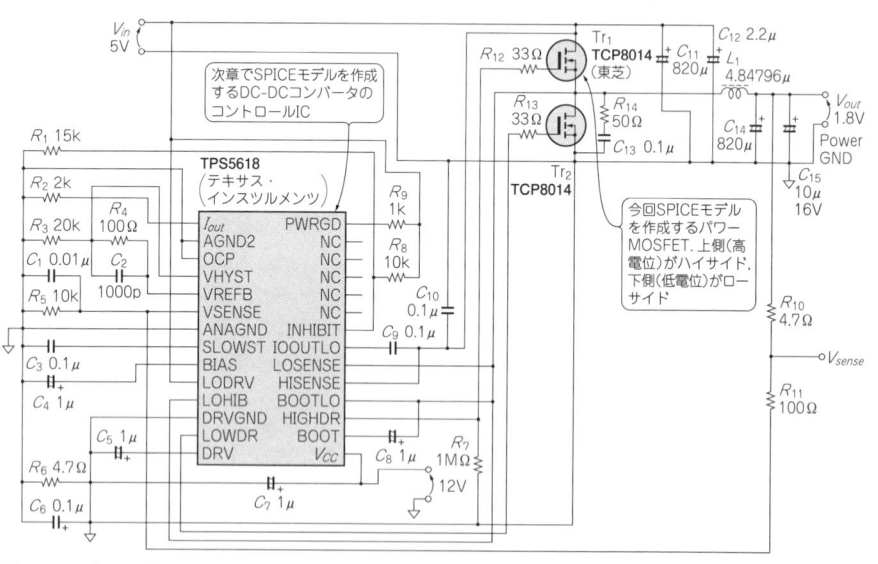

図12-1 今回シミュレーションで再現する大電流・同期整流型DC-DCコンバータ回路

第12章──部品：パワーMOSFET　応用：DC-DCコンバータ回路

(a) 低耐圧パワーMOSFET
TPC8014（東芝）

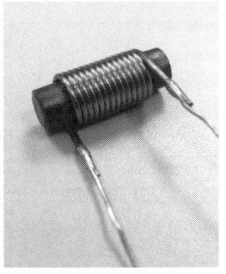

(b) チョーク・コイル
4.84μH，L7447140
(Würth Elektronik)

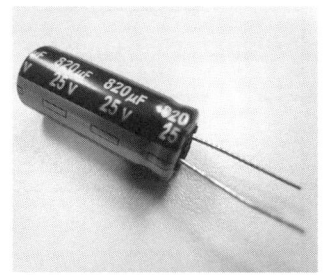

(c) 電解コンデンサ820μF，
EEUFM1E821L
（パナソニック）

写真12-2　実験で使った部品

で制御されスイッチングします．チョーク・コイルを介し，電解コンデンサでリプル信号を平滑化し，出力します．

● 部品とモデル

　実験に使った部品と，再現SPICEシミュレーションで使うSPICEモデルを紹介します．
▶今回のモデル作成対象：パワーMOSFET
　TPC8014[東芝セミコンダクター＆ストレージ社，**写真12-2(a)**]を採用しました．今回はこのデバイスのSPICEモデルを作成します．
▶チョーク・コイルと電解コンデンサ
　下記の型名を採用しました．
- チョーク・コイル：4.84μH，L7447140，Würth Elektronik[**写真12-2(b)**]
- 電解コンデンサ：820μF，EEUFM1E821L，パナソニック[**写真12-2(c)**]

　これらのSPICEモデルは，SPICEモデル配信サイトのスパイス・パーク(http://www.spicepark.info/)からダウンロードしました．付属CDにも収録しています．それぞれ，周波数特性，インピーダンス特性に再現性のある等価回路モデルで，3素子モデルになります．
▶コントローラIC
　コントローラICのTPS5618については，すべての機能をモデル化することも可能ですが，今回の動作に必要な部分，つまり制御信号が正確に再現できる等価回路モデルだけを作成しました．作成方法は次章で解説します．

(a) 実測

(b) モデル調整後の
シミュレーション

(c) モデル調整前の
シミュレーション

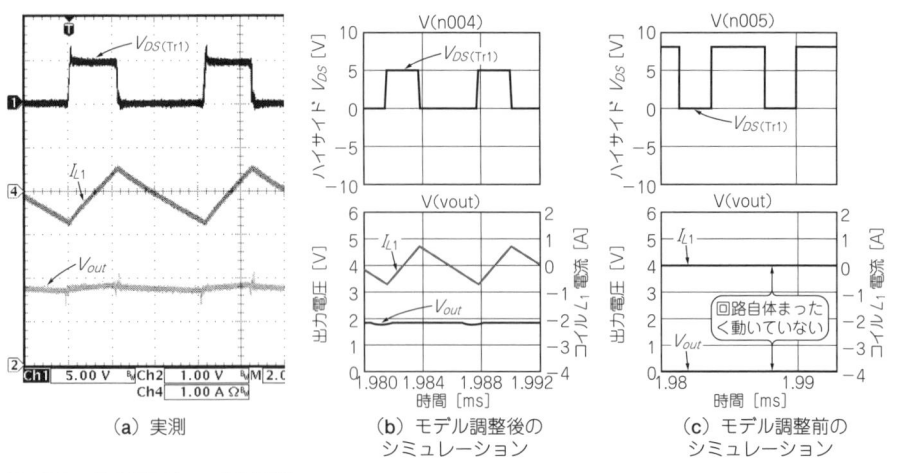

図12-2 出力電圧とコイル電流

● パワーMOSFETをモデル化しないと動作波形は全く再現できない

　回路の実機波形，モデル調整後のシミュレーション波形，LTspiceに最初から用意されている調整していないモデルを使ったシミュレーション波形を比較してみます．

　モデルを調整したシミュレーションはスイッチング回路の各場所の波形をそれなりに忠実に再現できていることが分かります．逆にLTspcieにもともと用意されているモデルを使うと，実機の動作を全然再現できていません．

- 出力電圧とコイル電流（図12-2）
- ハイサイドのパワーMOSFET（図12-3）
- ローサイドのパワーMOSFET（図12-4）

▶シミュレーション条件

［調整後のシミュレーション］

　パワーMOSFET：正確にモデリングしたSPICEモデル（MOSFET本体はパラメータ・モデル，ボディ・ダイオードは逆回復特性を考慮した等価回路モデル）

　電解コンデンサ：3素子モデル

　コイル：3素子＋直列抵抗成分モデル

［調整前のシミュレーション］

　パワーMOSFET：LTspiceのデフォルトNMOS

　電解コンデンサ：容量値のみ

(a) 実測　　　　　　　（b）モデル調整後の　　　　　（c）モデル調整前の
　　　　　　　　　　　　　　シミュレーション　　　　　　シミュレーション

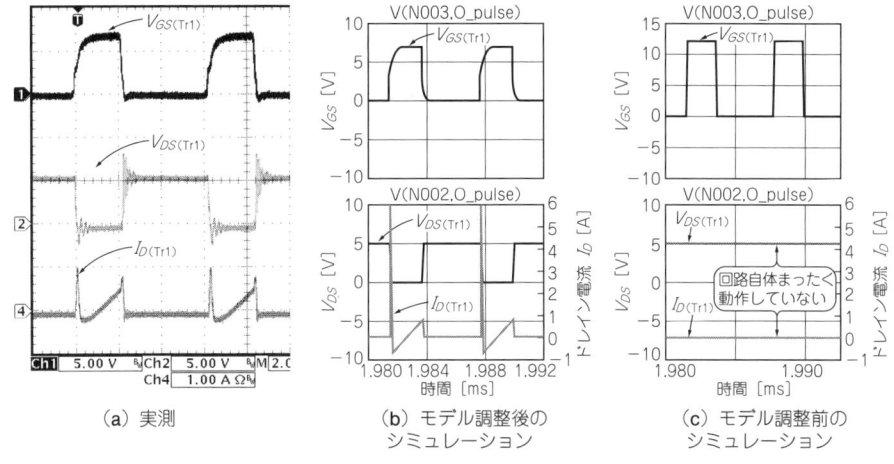

図12-3　ハイサイドに使われているパワーMOSFETの電圧と電流

(a) 実測　　　　　　　（b）モデル調整後の　　　　　（c）モデル調整前の
　　　　　　　　　　　　　　シミュレーション　　　　　　シミュレーション

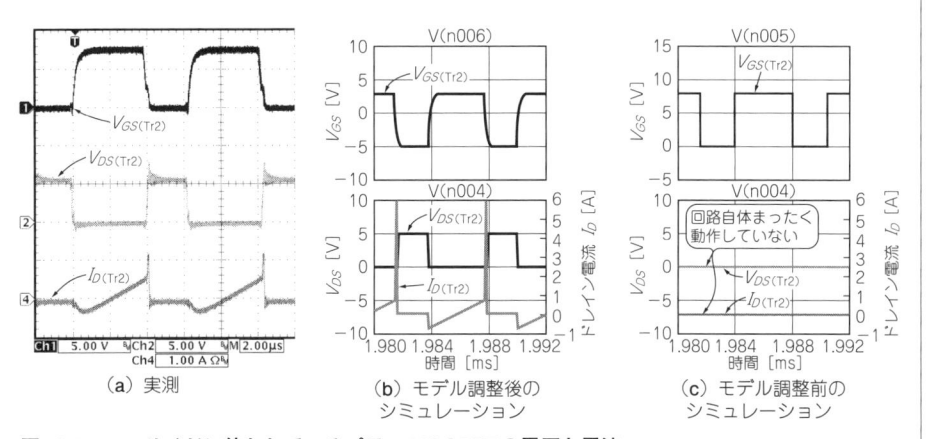

図12-4　ローサイドに使われているパワーMOSFETの電圧と電流

コイル：インダクタンス値のみ

12-2──パワーMOSFETのSPICEモデル

● 回路設計用と半導体設計用でモデルが異なる

　MOSFETのSPICEモデルには大きく分けると二つの世界があります．
　一つは，今回のように型名（TPC8014）がついていてパッケージに組み込まれているモ

表12-1 MOSFETのSPICEモデルには回路設計用と半導体設計用がある

モデル	回路設計用	半導体設計用
MOSFETのタイプ	基板上に使われる	ウェハ上に使われる
型名	（例）TPC8014 2SK*xxxx*	（例）社内でつけられる名前
情報	データシート （公開されている）	社内情報（公開されない，されたとしてもNDAが必要）
シミュレーションの用途	過渡解析	I-V解析 C-V解析
重要視される再現性	ゲート・チャージ特性 スイッチング特性	ウェハ上の面積
SPICEモデル	MOSFET LEVEL = 3 + 等価回路	BSIM3，BSIM4

デルです．今回のように型名がついている場合，MOSFET LEVEL = 3というモデル，あるいはこのモデルをベースに等価回路を付加したモデルを採用します．

もう一つは，LSIデザインで使用するモデルです．BSIMと呼ばれるモデルを使います．LSI（ウェハ内）で使用するMOSFETモデルは，半導体メーカが内部で使用するため，一般に公開されていません．

用途の違いを**表12-1**にまとめました．

前者の場合は，電気的特性からデバイス・モデルを作成します．過渡解析がメインのため，ゲート・チャージ特性とスイッチング特性が求められる重要な特性です．

ウェハ内で使用する場合は，主に製造プロセス情報からモデルを作成します．面積（AREA）で系列化ができているかが重要になります．

モデル自体と使われ方が異なることを認識してください．型名のついたMOSFETに対して，BSIMモデルが使われることはありませんし，ウェハ内で使用するMOSFETに対して，MOSFET LEVEL = 3モデルが使われることはありません．

本書では回路設計用のSPICEモデルを作成します．

● パワーMOSFETは複数のモデルを組み合わせる

パワーMOSFETは，等価回路がいくつかの素子で表されるため，単なるパラメータ・モデルではなく，**図12-5**のようにそれらを組み合わせたサブサーキット・モデルが多いです．本体のMOSFETとボディ・ダイオード，ESD保護素子で構成されている場合が多

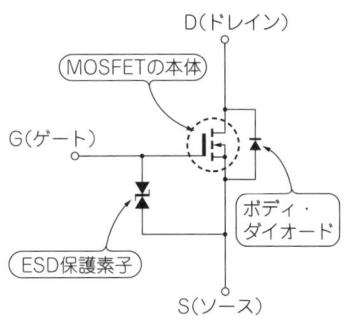

図12-5 MOSFETのサブサーキット・モデル

いです．パワーMOSFETには，回路図シンボルにボディ・ダイオードの記載がなくても，実際のデバイスには存在すると考えた方が自然です．ESD保護素子はツェナー・ダイオードの等価回路モデルで表現できます．

● MOSFETのパラメータ・モデルLEVEL＝3の特徴

　私の知る限り，MOSFETのパラメータ・モデルは，複雑さなどに応じてLEVEL＝1～64に分かれています．DC-DCコンバータなどに使うパワーMOSFETの場合，まずはLEVEL＝3で十分です．

　MOSFET LEVEL＝3モデルは，半経験則短チャネル・モデルといわれています．半分は物性(製造プロセス情報)から，半分は経験則から作られているモデルです．

　以下のような特性曲線が大きく曲がるあたりを表しやすいようにできています．
(1) V-I特性のスレッショルド電圧近辺
(2) V-I特性のリニア領域と飽和領域の境目

＊

　シミュレーションは急激な変化が苦手なため，変化する付近の特性を正確に表現できれば，実機をかなり忠実に再現できます．

12-3──パワーMOSFETのSPICEモデル作成手順

● SPICEモデル作成の全体像

　MOSFETの場合，最初に製造プロセス情報を三つ準備しなければなりません．後は，

モデル作成の基本である，*I-V*特性⇒*C-V*特性⇒スイッチング特性の順番でモデル・パラメータを決定していきます．

SPICEモデルの手順は次の通りです．

▶ MOSFET本体
手順1：製造プロセス情報を決定する
手順2：順伝達コンダクタンス特性より，モデル・パラメータ**KP**を求める
手順3：伝達特性より，モデル・パラメータ**VTO**を求める
手順4：ドレイン-ソース間オン抵抗より，モデル・パラメータ**RD**を求める
手順5：ドレイン遮断電流より，モデル・パラメータ**RDS**を求める
手順6：ゲート・チャージ特性より，モデル・パラメータ**CGSO**，**CGDO**を求める
手順7：容量特性より，モデル・パラメータ**MJ**，**PB**を求める
手順8：スイッチング特性より，モデル・パラメータ**RG**を求める

▶ 並列ボディ・ダイオード
手順9：ボディ・ダイオードの*I-V*特性より，モデル・パラメータ**IS**，**N**，**RS**，**IKF**を求める
手順10：ボディ・ダイオードの逆回復特性より，モデル・パラメータ**TT**を求める
手順11：ボディ・ダイオードの他のモデル・パラメータを求める

▶ ESD保護素子（MOSFETに内蔵している場合）
手順12：ESD保護素子の等価回路

▶ MOSFET全体のモデルの作成
手順13：パッケージの影響を付加する
手順14：サブサーキットにする

12-4 ～ MOSFET本体のモデル ～
手順1：製造プロセス情報（L，W，TOX）を求める

● 製造プロセスに関するパラメータL，W，TOXを決定する

作成するモデルには，三つの製造プロセスに関する物性値を直接入力する必要があります．ここではL，W，TOXの三つのモデル・パラメータを決定します．それぞれのモデル・

表12-2 MOSFETの製造プロセスに関するモデル・パラメータ

モデル・パラメータ	説明	単位	デフォルト値
L	チャネル長	m	2.00E − 06
W	チャネル幅	m	0.5
TOX	ゲート酸化膜厚	m	2.00E − 06

パラメータの意味を**表12-2**に示します．

● 製造パラメータの決定方法

　製造プロセスの数値には対象デバイスの値そのものを入力します．しかし，データシートにはスペック，電気的特性は掲載されていても製造プロセスのパラメータは掲載されていません．それは，回路設計する際に不要な情報だからです．しかし，SPICEモデルを作成するために最初に必要になる数値です．

▶まずは半導体メーカに聞く

　半導体メーカに問い合わせて教えてもらうのが一番正確です．その手段が使えない場合，推測することが可能です．L，W，TOXは耐圧と大きな関係があります．地道に入手したSPICEモデルのパラメータ値と耐圧の関係をグラフにすれば推測値が分かります．

▶耐圧などの関係図から読み取る

　「デバイス・モデリング教材：パワーMOSFETモデル編（ビー・テクノロジー）」にて，さまざまな耐圧のMOSFETのL，W，TOXの分布の関係図を提供しています．今回は，耐圧(30V，11A)から下記の値を採用します．読者の方が試してみるためには，半導体メーカに聞くのが一番手っ取り早いかもしれません．

$L = 720.00E - 9$

$W = 0.45$

$TOX = 40.000E - 9$

12-5 ── 手順2：順方向伝達コンダクタンス特性(KP)を求める

　順方向伝達コンダクタンス特性から抽出できるモデル・パラメータは，相互コンダクタンス・パラメータKPです．デフォルト値は次のようになります．

$$g_{fs} = \frac{I_{D2} - I_{D1}}{V_{GS2} - V_{GS1}}$$

表 12-3 順方向伝達コンダクタンス特性

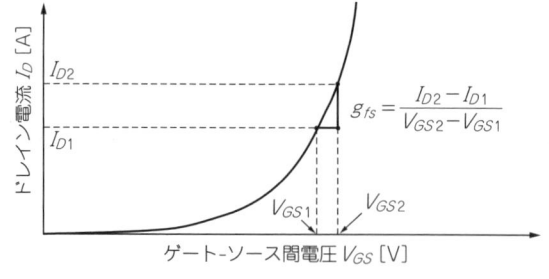

I_D [A]	g_{fs} [S]
0.5	6.1
1	8.75
2	12.4
5	19.8
10	28
20	38.9

図 12-6 順方向伝達コンダクタンス特性($V_{GS} - I_D$ 特性)

KP = 2.00E − 5   A/V^2

今回モデルを作成するMOSFETに合わせて,チューニングしていきます.

● 順方向伝達コンダクタンス特性図を自作しなければならない

　順方向伝達アドミタンス特性はデータシートに掲載されていることは多いのですが,SPICEモデル作成に必要な順方向伝達コンダクタンス特性が掲載されていることはまれです.今回使うMOSFET TPC8014もデータシートに掲載されていません.

　まずは,順方向伝達コンダクタンス特性図を作成します.伝達特性(V_{GS}-I_D特性)があれば計算できます.順方向伝達コンダクタンスg_{fs}は,

$g_{fs} = \Delta I_D / \Delta V_{GS} = (I_{D2} - I_{D1}) / (V_{GS2} - V_{GS1})$

です.この数式を使い,**図 12-6**のような小信号から大信号領域までの順方向伝達コンダクタンス特性図を作成します.また,伝達特性から求めた順方向伝達コンダクタンスの特性を**表 12-3**に示します.I_DおよびV_{GS}の変化量は10%で計算してください.

● モデル・パラメータKPの決定方法

　モデル・パラメータKPは,順伝達コンダクタンス特性の評価シミュレーション回路を行いながら,パラメータはチューニングしながら最適解を見つけます.評価回路図を**図 12-7**に示します.まずは,デフォルト値でシミュレーションを実施し,傾向をつかみます.KPの影響度合いをパラメトリック解析にて調査します.調査結果を**図 12-8**に示します.影響度合いからKPの最適解を見つけ,カーソルで読み取ったシミュレーション値と**表 12-3**を比較し,シミュレーションの確度を確認します.最適解は,次のようになりました.

KP = 66E − 6

図12-7 モデル・パラメータKPのチューニングに使うシミュレーション回路

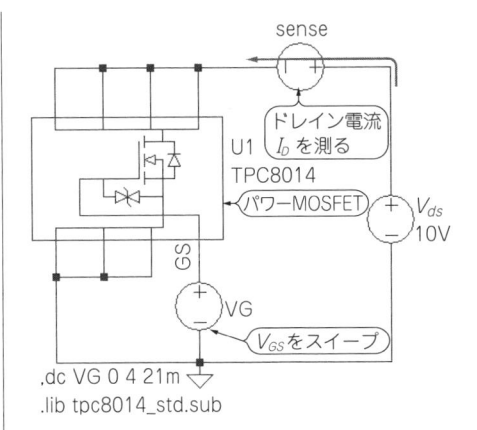

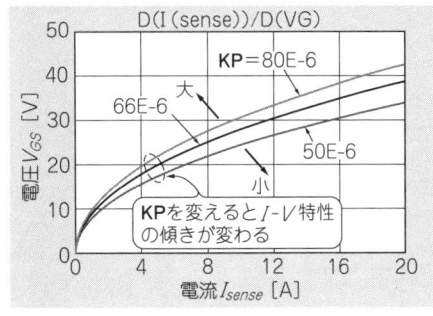

図12-8 KPチューニングの勘どころ！小さくするほど，低いV_{GS}でたくさんのI_Dが流れる（傾きが変わる）

表12-4 今回のMOSFET TPC8014の伝達特性

I_D [A]	V_{GS} [V]
0.5	2.4
1	2.5
2	2.6
5	2.8
10	3
20	3.3

12-6──手順3：伝達特性（VTO）を求める

伝達特性（V_{GS}-I_D特性）から抽出できるモデル・パラメータは，ゼロ・バイアスしきい値電圧VTOです．デフォルト値を次に示します．

VTO = 3.0V

ここから，今回のMOSFETに合わせてチューニングしていきます．

● 伝達特性の表を作成

まず，TPC8014のデータシートに記載されている伝達特性図から表を作成します（表12-4）．これは，評価回路のシミュレーション値と比較するための表です．

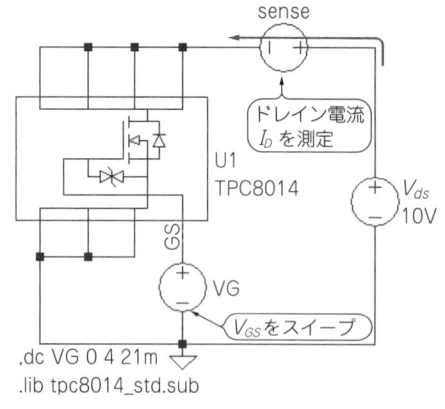

図12-9 伝達特性を表すモデル・パラメータVTOをチューニングするためのシミュレーション回路
図12-7と同じだが解析のスケールが違う

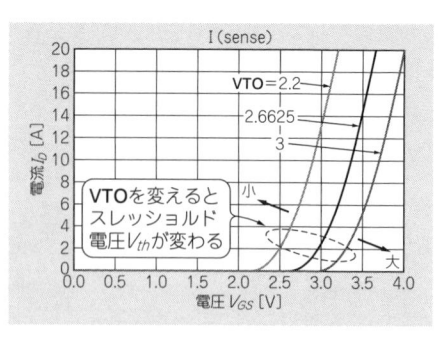

図12-10 VTOチューニングの勘どころ！スレッショルド電圧V_{th}が変えられるので，どのタイミングでMOSFETがONするかを決められる

● モデル・パラメータVTOの決定方法

モデル・パラメータVTOは，伝達特性の評価シミュレーション回路を行いながら，パラメータはチューニングしながら最適解を見つけます．評価回路を図12-9に示します．まずは，デフォルト値でシミュレーションを実施し，傾向をつかみます．VTOの影響度合いをパラメトリック解析にて調査します．調査結果を図12-10に示します．カーソルで読み取ったシミュレーション値と表12-4を比較し，シミュレーション結果と見比べて，VTOの最適解を見つけます．最適解は，次のようになりました．

VTO = 2.3063

12-7——手順4：ドレイン-ソース間オン抵抗（RD）を求める

ドレイン-ソース間オン抵抗から抽出できるモデル・パラメータはドレイン抵抗RDです．デフォルト値は次の通りです．

RD = 0.01 Ω

ここから今回のMOSFETに合わせて値をチューニングしていきます．

● 定格表の情報と出力特性から算出する

まず，データシートのドレイン-ソース間オン抵抗の項目を参照します．そこから下記

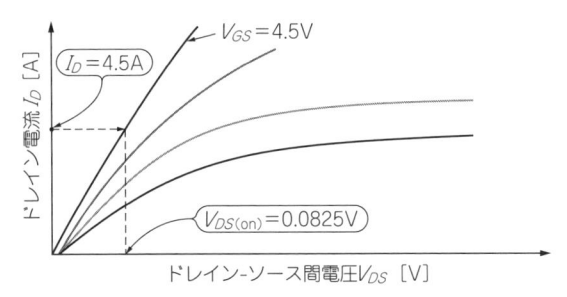

図12-11 $V_{GS} = 4.5\,\text{V}$のときのV_{DS}とI_Dの値を読み取る

の三つの情報を読み取ります.

　ドレイン-ソース間オン抵抗値：15mΩ

　測定条件：$V_{GS} = 4.5\text{V}$

　測定条件：$I_D = 5.5\text{A}$

　モデル・パラメータRDは，RD = $V_{DS(\text{on})}/I_D$で計算できます．出力特性図から$V_{DS(\text{on})}$値とI_D値を読み取る方法を図12-11に示します．読み取った値$V_{DS(\text{on})} = 0.0825\text{V}$と$I_D = 4.5\text{A}$を上記の数式に代入します．

　RD = 0.0825V/4.5A = 6.8436E − 3

これがモデル・パラメータRDの値になります．

　RD = 6.8436E − 3

● チューニングしたい場合

　$R_{DS(\text{on})}$の評価回路図を図12-12に示します．モデル・パラメータRDに関する影響度合いをパラメトリック解析で分析した結果を図12-13に示します．微調整をする場合，参考にしてください．

12-8── 手順5：ドレイン-ソース間シャント抵抗(RDS)を求める

　ドレイン遮断電流から抽出できるモデル・パラメータは，ドレイン-ソース間シャント抵抗RDSです．デフォルト値を次に示します．

　RDS = 1000000 Ω

ここから，今回のMOSFETに合わせてチューニングしていきます．

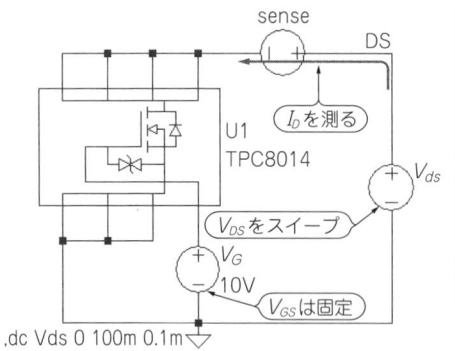

図12-12 モデル・パラメータRDをチューニングするためのシミュレーション回路

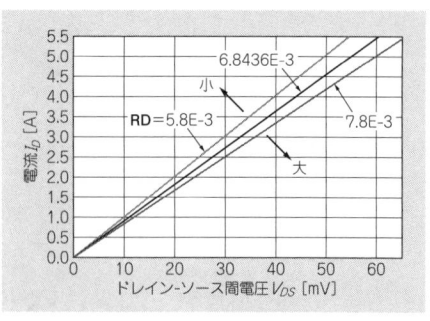

図12-13 RDチューニングの勘どころ！値が小さいほど，小さいV_{DS}でドレイン電流I_Dが流れる

● 定格表の情報から算出する

　まず，データシートのドレイン遮断電流の項目を参照します．そこから下記の二つの情報を読み取ります．

ドレイン遮断電流値：I_{dss} = 10μA

測定条件：V_{DS} = 30V

　モデル・パラメータRDSは，RDS = V_{DS}/I_{dss}で計算できます．

　RDS = 30V/10uA = 3 × 10^6 = 3E6

　これがモデル・パラメータRDSの値になります．

　RDS = 3E6

12-9 — 手順6：ゲート・チャージ特性（CGSO, CGDO）を求める

● 作成するモデル・パラメータは，CGSO，CGDOの二つ

　ゲート・チャージ特性から抽出できるモデル・パラメータは，CGDOとCGDOです．

表12-5 ゲート・チャージ特性関連のモデル・パラメータ

モデル・パラメータ	説　明	単位	デフォルト値
CGSO	チャネル幅1m当たりのゼロ・バイアス・ゲート-ソース間容量	F/m	4E−11
CGDO	チャネル幅1m当たりのゼロ・バイアス・ゲート-ドレイン間容量	F/m	1E−11

モデル・パラメータのデフォルト値を**表12-5**に示します．チューニングをしながら，モデル・パラメータの最適解を求めます．

● **データシートの情報から目標値を設定する**

まず，データシートに記載しているゲート・チャージ特性の特性図から，**図12-14**を参考にして，Q_{GS}およびQ_{GD}の値を読み取ります．V_{DS}の測定条件がいくつかある場合(三つの測定条件が多い)は自分が回路で採用するV_{DS}の条件，あるいは真ん中の測定条件を採用してください．読み取った結果はQ_{GS} = 5nC，Q_{GD} = 9nCでした．この二つの値になるようにモデル・パラメータの最適解を求めます．

● **評価回路シミュレーションを行う**

まずは，モデル・パラメータのデフォルト値にて，ゲート・チャージ特性の評価回路を作成します．回路図は**図12-15**に示します．まず，Q_{GS} = 5nCになるように**図12-16(a)**のモデル・パラメータCGSOの影響度合いを見ながら最適解を見つけます．次に，Q_{GD} = 9nCになるように**図12-16(b)**のモデル・パラメータCGDOの影響度合いを見ながら最適解を見つけます．

```
CGSO = 2.0126E - 9
CGDO = 827.11E - 12
```

で最適解が見つかり，上記のモデル・パラメータ値を採用します．

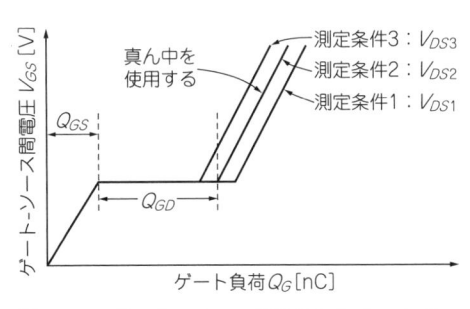

図12-14 ゲート・チャージ特性からQ_{GS}とQ_{GD}を求める

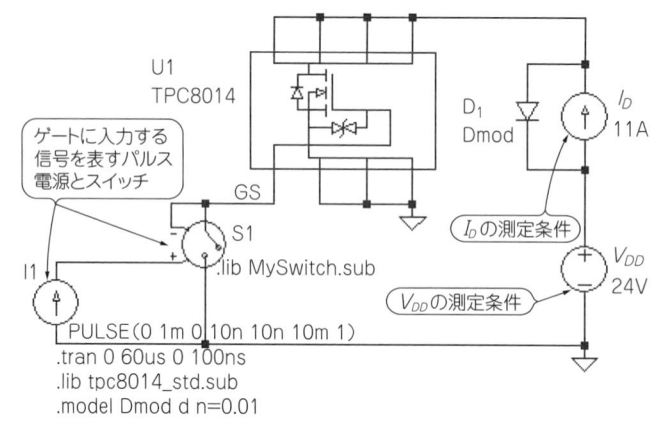

図12-15 CGSOとCGDOをチューニングするためのシミュレーション回路

(a) モデル・パラメータCGSOの影響度合い
(b) モデル・パラメータCGDOの影響度合い

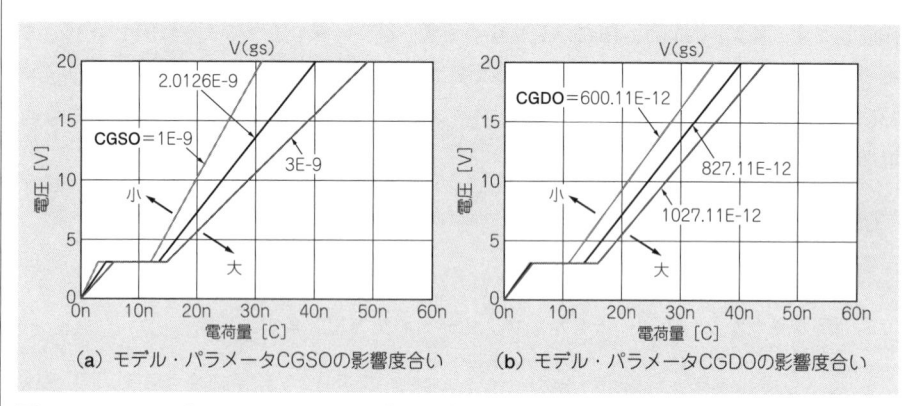

図12-16 CGSOとCGDOチューニングの勘どころ！値が小さいほど短い時間で電圧がチャージされる

12-10—手順7：端子間容量特性（MJ, PB）を求める

　容量特性から抽出できるモデル・パラメータは，MJとPBです．モデル・パラメータの意味を**表12-6**に示します．PSpice Model Editorのダイオードの Junction Capacitance の抽出ツール（無償）を活用し，パラメータ・モデルを抽出します（第8章や第10章などで紹介）．本来は，ダイオードの接合容量を抽出するツールですが，代用できます．容量に関するパラメータを抽出する場合，他のデバイスでも活用できます．

表12-6 容量特性関連のモデル・パラメータ

モデル・パラメータ	説 明	単位	デフォルト値
MJ	バルク接合傾斜係数	なし	0.5
PB	バルク接合ポテンシャル	V	0.8

● まずSPICEの世界の容量特性C_{bd}を求める

MOSFETの容量特性には，C_{iss}特性，C_{oss}特性，C_{rss}特性の三つあります（図12-17）．これらについて簡単に解説します．それぞれは次の式で表現できます．それぞれの端子間容量は図12-18に示します．

$C_{iss} = C_{GS} + C_{GD}$

$C_{oss} = C_{GD} + C_{DS}$

$C_{rss} = C_{GD}$

これらの容量特性をSPICEの世界の容量特性に変換します．計算方法は，$C_{bd} = C_{oss} - C_{rss}$です．

表12-7を作成します．

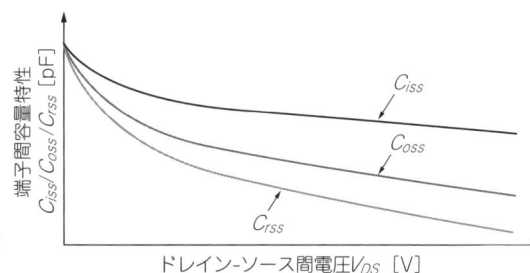

図12-17
MOSFETの三つの容量特性
$C_{iss}/C_{oss}/C_{rss}$

図12-18　MOSFETの端子間容量

表12-7　C_{oss}とC_{rss}からSPICEで使う容量特性C_{bd}を求める

V_{DS} [V]	C_{bd} [pF] $= C_{oss} - C_{rss}$
0.1	300
0.2	255
0.5	190
1	140
2	97
5	55
10	35
20	21.5

● C_{bd}特性にてPSpice Model Editor Diode Junction Capacitanceを活用して抽出する

PSpice Model EditorのDiodeを選択し，Junction Capacitanceのタブを開きます．V_{rev}にV_{DS}の値を入力し，C_jに表12-7で算出したC_{bd}値を入力します．図12-19の通りです．ここで抽出されるのは，ダイオードのモデル・パラメータCJO，M，VJが抽出されます．ここで，下記の通り，モデル・パラメータを置き換えます．下記のそれぞれの値を採用します．

> MJ(MOSFET) = M(ダイオード) = 0.70573
> PB(MOSFET) = VJ(ダイオード) = 0.3905

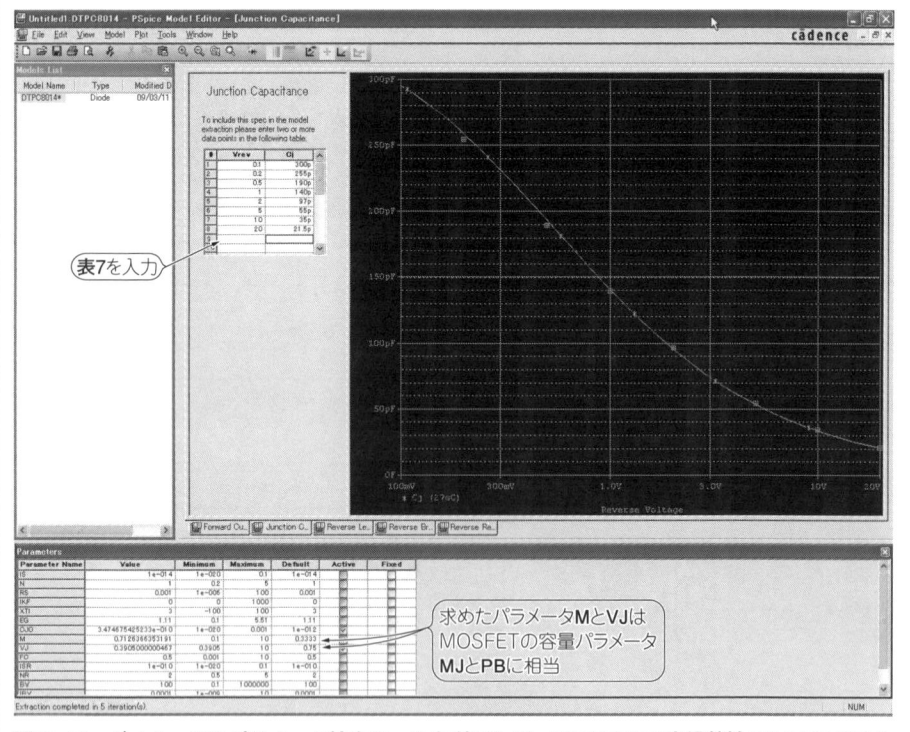

図12-19 ダイオードのパラメータ抽出ツールを利用して，MOSFETの容量特性MJ＆PBが求められる

12-11——手順8:ゲート・オーミック抵抗(RG)を求める

● 手順1〜7で作成したモデルのスイッチング回路シミュレーションからスイッチング特性RGを求める

スイッチング特性から抽出できるモデル・パラメータは,ゲート・オーミック抵抗RGです.デフォルト値は次の通りです.

RG = 5 Ω

手順7まで作成したSPICEモデルをスイッチング回路に組み込みモデル・パラメータRGを変化させ,$t_{d(on)}$あるいはt_{on}の合わせこみを行います.チューニングをしながら,モデル・パラメータの最適解を求めます.

TPC8014のデータシートを参照すると,$t_{d(on)}$の情報がないため,t_{on}で最適解を求めます.t_{on} = 19nsが目標値になります.

● 評価回路シミュレーションを行う

まず,モデル・パラメータのデフォルト値(RG = 5)にて,スイッチング特性の評価回路を作成します.シミュレーション回路を図12-20に示します.t_{on} = 19nsになるように図12-21のモデル・パラメータRGの影響度合いを見ながら最適解を見つけます.ここでは,RG = 12.45 になりました.ここまでがMOSFETのモデル・パラメータの抽出です.

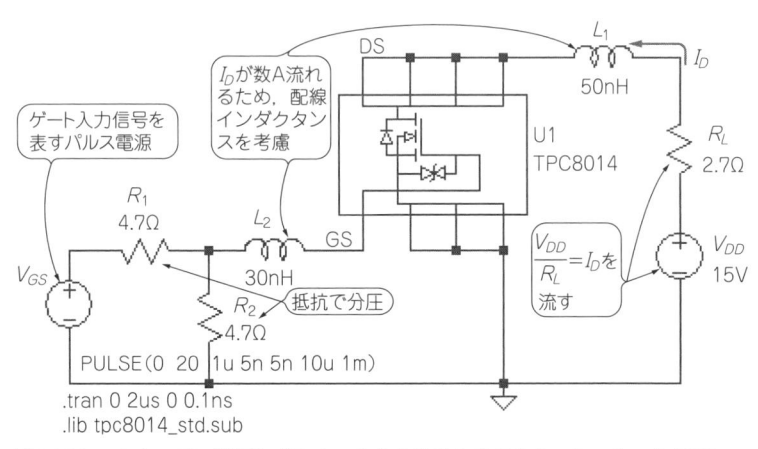

図12-20 スイッチング特性パラメータを求めるためのシミュレーション回路

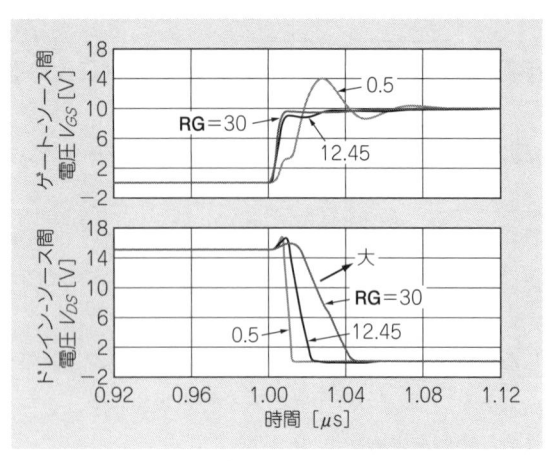

図12-21 スイッチング特性 t_{on} = 19 ns になるようにチューニングする

リスト12-1 MOSFET本体のパラメータ・モデルのネットリスト

```
.MODEL MTPC8014 NMOS
+ LEVEL=3 L=720.00E-9 W=.45 KP=66.000E-6 RS=1.0000E-3
+ RD=6.8436E-3 VTO=2.3063 RDS=3.0000E6 TOX=40.000E-9
+ CGSO=2.0126E-9 CGDO=827.11E-12 RG=12.45
+ CBD=342.86E-12 MJ=.70573 PB=.3905
+ RB=1 N=5 IS=1E-15 GAMMA=0 KAPPA=0 ETA=0.5m
```

ネットリストを**リスト12-1**に記載します．

次は，ボディ・ダイオードです．

12-12 ——〜ボディ・ダイオードのモデル〜
手順9：ボディ・ダイオードのI-V特性(IS, N, RS, IKF)を求める

● 汎用ダイオードと同じ手法でモデルを作成できる

ボディ・ダイオードの I-V 特性から抽出できるモデル・パラメータは，IS，N，RS，IKFです．第8章の汎用ダイオードの順方向特性とSPICEモデル作成方法は同じです．

● PSpice Model Editorを活用する

PSpice Model EditorのDiodeのForward Currentを活用します．ボディ・ダイオード

表12-8 ボディ・ダイオードのI-V特性

I_{DR} [A]	$-V_{DS}$ [V]	I_{DR} [A]	$-V_{DS}$ [V]
0.1	0.62	5	0.79
0.2	0.64	10	0.85
0.5	0.67	20	0.95
1	0.7	40	1.12
2	0.73		

のI-V特性は,実際には,I_{DR}(ドレイン逆電流)と$-V_{DS}$(ドレイン-ソース間逆電圧)の関係になります.パラメータ抽出ツールに入力するI-V特性を表12-8に示します.

V_{fwd}に$|-V_{DS}|$の値を入力し,I_{fwd}にI_{DR}の値を入力します.そして,抽出ボタンを押すことで四つのモデル・パラメータの最適解が得られます.今回得られた最適解は次の通りです.

IS = 824.87E − 12
N = 1.277
RS = 6.242E − 3
IKF = 7.3139

12-13——手順10:ボディ・ダイオードの逆回復特性(TT)を求める

ボディ・ダイオードの逆回復特性から抽出できるモデル・パラメータは,TTです.TPC8014の場合,逆回復特性の情報がありませんので実測します.また,パワーMOSFETの場合,逆回復特性の測定方法が一般的には電流減少率法です.電流減少率法の場合,ダイオードのパラメータ・モデルは採用できません.電流減少率が表現できる等価回路モデルが必要です.今回はパラメータ・モデルを採用するため,必ず,IFIR法にて逆回復時間trrを測定してください.

● IFIR法で逆回復特性を測定する

IFIR法の場合,測定条件がモデリングに考慮されます.ここでは,一般的な条件である$I_F = I_R = 0.2A$,負荷抵抗50 Ωで測定しました.

TPC8014のボディ・ダイオードの逆回復特性を図12-22に示します.また,t_{rj}とt_{rb}の関係は図12-23に示します.

t_{rj} = 16ns

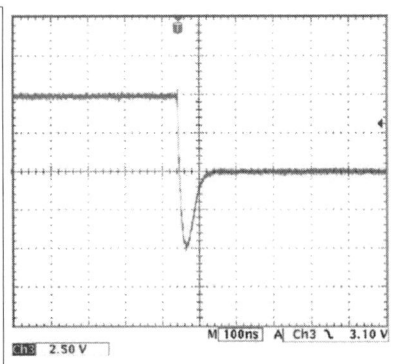

図12-22　IFIR法で実測したMOSFETの
ボディ・ダイオードの逆回復時間

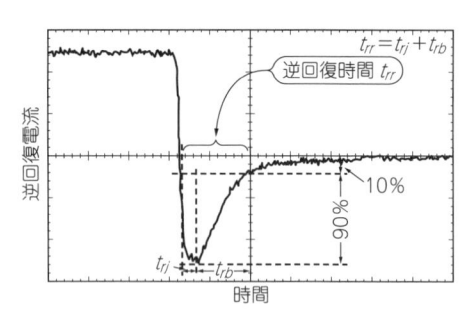

図12-23　逆回復時間 $t_{rr} = t_{rj} + t_{rb}$ の定義（IFIR法）

t_{rb} = 44ns

ダイオードのパラメータ・モデルの場合，t_{rj} にのみ意味があります．

● PSpice Model Editorを活用する

PSpice Model EditorのDiodeのReverse Recoveryを活用します．入力する値は下記の通りです．測定条件の I_{fwd} と I_{rev} の数値を同一にすると確度が高まります．

t_{rr} = 16n（ここでは t_{rj} 値を入力します）

I_{fwd} = 0.2（測定条件）

I_{rev} = 0.2（測定条件）

R_l = 50（測定条件）

そして，［抽出］ボタンを押すことでモデル・パラメータの最適解が得られます．得られた最適解は TT = 24.062E − 9 になります．

12-14——手順11：ボディ・ダイオードのその他の
　　　　　モデル・パラメータ（BV, IBV）を求める

● データシートの仕様値を調べる

耐圧に関するモデル・パラメータBVとIBVはスペック値を入力します．BVは，絶対最大定格のゲート-ソース間電圧を入力します．

BV = V_{dss} = 30

リスト12-2　MOSFETのボディ・ダイオードのネットリスト

```
.MODEL DTPC8014 D
+ IS=824.87E-12 N=1.2770 RS=6.2420E-3 IKF=7.3139
+ CJO=3.0000E-12 BV=60 IBV=10.00E-6 TT=24.062E
```

IBVは電気的特性のゲート漏れ電流I_{gss}の値を入力します．

IBV = I_{gss} = 10 μ

ここまででボディ・ダイオードのパラメータ・モデルが完成です．ネットリストを**リスト12-2**に示します．MOSFETとボディ・ダイオードの構成であれば，MOSFETとボディ・ダイオードのそれぞれのネットリストを連結させて完成です．

12-15――～ESD保護素子のモデル～ 手順12：保護ダイオードのSPICEモデルの追加

このデバイスに入っているESD保護素子を追加する必要があります．

ESD保護素子の有無は，データシートの回路図シンボルで判断できます．ESD保護素子の等価回路は基本的には，ツェナー・ダイオードの等価回路モデルを採用します．この特性は，データシートに記載されていることはありませんので，半導体メーカに問い合わせるか，カーブ・トレーサなどの測定器で測る必要があります．測定結果の例を**図12-24**に示します．ツェナー・ダイオードのSPICEモデル作成については，別の回で解説する予定です．

ネットリストは**リスト12-3**です．

リスト12-3　MOSFETのESD保護素子のネットリスト

```
.subckt DZTPC8014 1 2
D2 1 3 DZ2
D1 2 3 DZ1
.model DZ1 D
+ IS=0.01p N=0.1 ISR=0
+ CJO=3E-12 BV=22.423 IBV=0.001 RS=0
.model DZ2 D
+ IS=0.01p N=0.1 ISR=0
+ CJO=3E-12 BV=22.423 IBV=0.001 RS=411.11
.ENDS
```

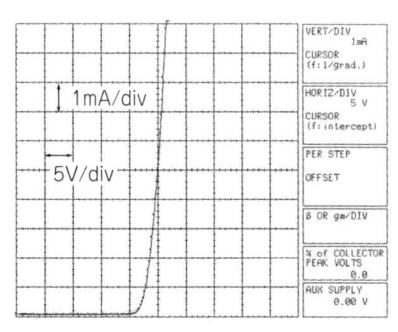

図12-24　カーブ・トレーサと呼ばれる測定器で測ったESD保護素子のI-V特性の例

12-16 ── 〜 MOSFET 全体のモデルの作成 〜
手順 13：パッケージの影響を表現する

　手順12まで完了した段階で，パッケージの影響を考えます．TPC8014の場合，チップからピンまでの配線を考慮し，非常に小さいですが，抵抗成分を付加します．ここでは，端子間の抵抗成分を0.01mΩを反映させます．

リスト12-4　本体＆ボディ・ダイオード＆ESD保護素子＆パッケージを組み合わせて完成

```
*$
*PART NUMBER: TPC8014                                        ┐
*MANUFACTURER: TOSHIBA                                       │ コメント
*VDSS=30V, ID=11A                                            │ 文
*All Rights Reserved Copyright (c) Bee Technologies Inc. 2011┘
.SUBCKT TPC8014 1 2 3 4 5 6 7 8  ←────────── 端子番号
M_M1   6 4 3 3      MTPC8014
X_U1   4 3          DZTPC8014
D_D1   3 6          DTPC8014
R_R1   1 3    0.01m  ┐
R_R2   2 3    0.01m  │
R_R5   5 6    0.01m  │ 端子間の
R_R7   7 6    0.01m  │ 抵抗成分
R_R8   8 6    0.01m  ┘
.MODEL MTPC8014 NMOS                                         ┐
+ LEVEL=3 L=720.00E-9 W=.45 KP=66.000E-6 RS=1.0000E-3        │
+ RD=6.8436E-3 VTO=2.3063 RDS=3.0000E6 TOX=40.000E-9         │ 本体のMOSFET
+ CGSO=2.0126E-9 CGDO=827.11E-12 RG=12.45                    │ のパラメータ・
+ CBD=342.86E-12 MJ=.70573 PB=.3905                          │ モデル
+ RB=1 N=5 IS=1E-15 GAMMA=0 KAPPA=0 ETA=0.5m                 ┘
.MODEL DTPC8014 D                                            ┐ ボディ・ダイオードの
+ IS=824.87E-12 N=1.2770 RS=6.2420E-3 IKF=7.3139             │ パラメータ・モデル
+ CJO=3.0000E-12 BV=60 IBV=10.00E-6 TT=24.062E-9             ┘
.ENDS
*$
.subckt DZTPC8014 1 2                                        ┐
D2 1 3 DZ2                                                   │
D1 2 3 DZ1                                                   │
.model DZ1 D                                                 │
+ IS=0.01p N=0.1 ISR=0                                       │ ESD保護素子の
+ CJO=3E-12 BV=22.423 IBV=0.001 RS=0                         │ 等価モデル
.model DZ2 D                                                 │
+ IS=0.01p N=0.1 ISR=0                                       │
+ CJO=3E-12 BV=22.423 IBV=0.001 RS=411.11                    │
.ENDS                                                        ┘
*$
```

12-17——手順14：本体，ボディ・ダイオード，ESD保護素子，端子間の抵抗成分を合体する

　MOSFET（**リスト12-1**），ボディ・ダイオード（**リスト12-2**），ESD保護素子（**リスト12-3**）と端子間の抵抗成分を連結させると，**リスト12-4**になります．これでパワーMOSFETのSPICEモデルが完成です．

　パワー・エレクトロニクスの世界は大電流，大電圧を取り扱うため，実験するのが大変です．しかし，精度の高いSPICEモデルで過渡解析を行えば，簡単にスイッチング損失が計算できます．

　そのためには，半導体部品の場合，%Error（シミュレーション実測の誤差）5%以内を目標にモデルを作成してください．

Column (12-I)

パワーMOSFETパッケージの影響をモデルに組み込む

　パワーMOSFETの場合，チップの電気的特性の他にパッケージの影響もSPICEモデルに反映した方が，過渡解析において，スイッチング波形の再現性が向上する場合があります．これは，パワー・トランジスタにもIGBTにも当てはまります．
▶代表的なパッケージの配線のインダクタンス成分について
　次の代表的な三つのパッケージ(TO-204, TO-218, TO-220)についてのリード・インダクタンス成分の値についての経験値を**図12-A**に示します．MOSFETのシンボルがチップのSPICEモデル部分に相当します．ボディ・ダイオードがある場合は，MOSFETのシンボルに含みます．
　半導体パッケージ・メーカに問い合わせると，もっと詳細な寄生素子構成が得られる場合があります．ただし，このような寄生インダクタンスを回路図上に展開すると，回路方式によっては，過渡解析において収束性が悪くなる場合があります．

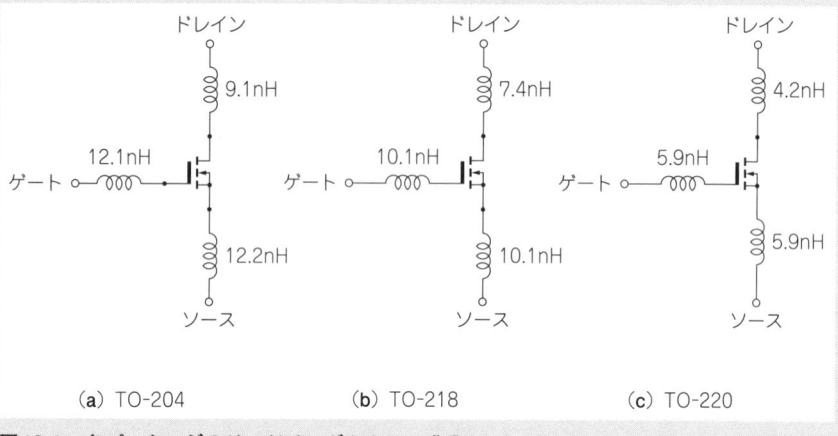

(a) TO-204：ドレイン 9.1nH，ゲート 12.1nH，ソース 12.2nH
(b) TO-218：ドレイン 7.4nH，ゲート 10.1nH，ソース 10.1nH
(c) TO-220：ドレイン 4.2nH，ゲート 5.9nH，ソース 5.9nH

図12-A　各パッケージのリードインダクタンス成分について

定番回路シミュレータ LTspice 部品モデル作成術

第13章
部品：電源制御IC
応用：DC-DC
コンバータ回路

● 難しいといわれるICの部品モデル作成にトライ！

　本章では，ICのSPICEモデルの作成の仕方を解説します．ICの中にある回路をそのままモデル化するのは現実的ではないので，IC内部を機能ブロックに切り分け，それぞれのブロックをシミュレーション可能な素子に置き換えることで，最終的にIC全体のモデル化を実現します．

　電源制御ICを題材に，必要最低限の機能を自作する方法を，実際にモデルを作りながら解説します．

13-1──電源制御 IC の SPICE モデルを作成して，DC-DC コンバータ回路の動作を再現

● 回路と再現する波形

　回路は，前章と同じ，図13-1の同期整流型DC-DCコンバータです．電源制御IC TPS5618（テキサス・インスツルメンツ）がハイサイドとローサイド，二つのパワーMOSFETのON/OFFを制御します．チョーク・コイル，電解コンデンサと合わせて降圧回路を構成し，安定化された電圧を出力します．

　この制御ICのSPICEモデルを作成し，ICがMOSFETへ出力する電圧，すなわち，MOSFETゲート-ソース間電圧を再現します（図13-2）．

● 電源制御IC以外の部品モデル
▶パワー MOSFET
　今回ハイサイドとローサイドで使用したパワー MOSFETは，TPC8014（東芝セミコン

ダクター&ストレージ社)です．パワーMOSFETのSPICEモデル作成およびチューニング方法は，第12章で紹介しています．

▶チョーク・コイル&電解コンデンサ

受動部品は，周波数特性，インピーダンス特性に再現性のある等価回路モデルを使いま

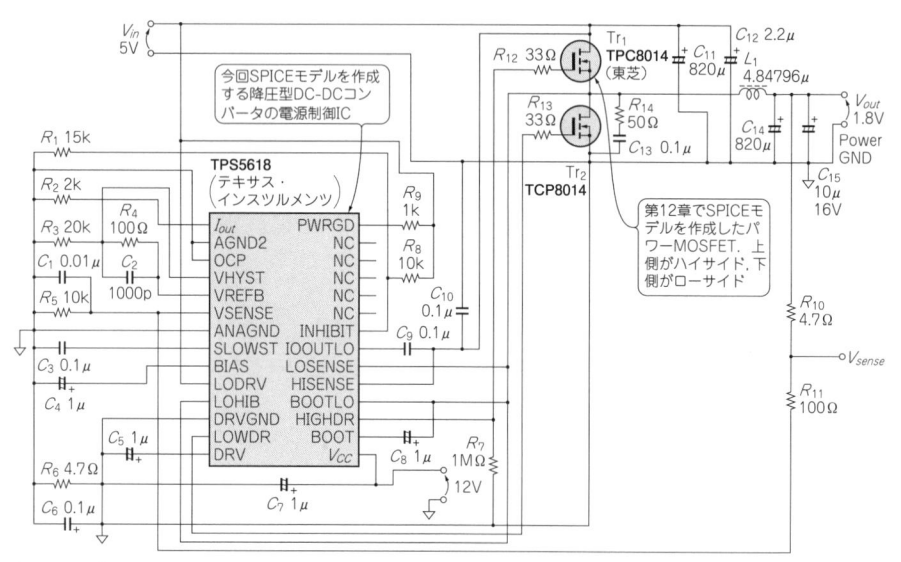

図13-1 今回シミュレーションで再現する同期整流型DC-DCコンバータ回路（第12章 図12-1再掲）

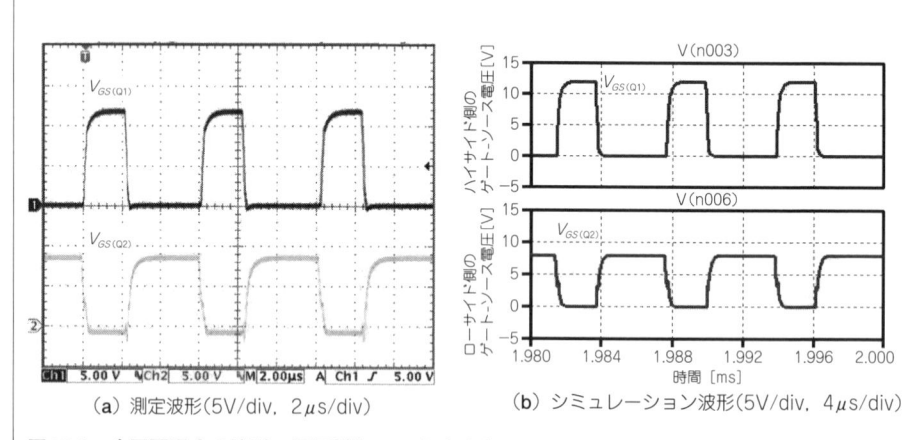

(a) 測定波形(5V/div, 2μs/div)

(b) シミュレーション波形(5V/div, 4μs/div)

図13-2 今回再現する波形…電源制御ICから出力されるMOSFETの駆動信号 ──
ハイサイド/ローサイドのパワーMOSFETゲート-ソース間電圧V_{GS}

す．これらのSPICEモデルは，SPICEモデル配信サイトのスパイス・パーク（http://www.spicepark.info/）からダウンロードできます．それぞれの型名は次の通りです．

> チョーク・コイル：4.84 μH，L7447140，Würth Elektronik
> 電解コンデンサ：820 μF，EEUFM1E821L，パナソニック

ほかの部品を使いたい場合は，第9章（電解コンデンサ）や第11章（コイル）が参考になります．

13-2――IC のモデリングのコモンセンス

● IC の SPICE モデルの入手は普通困難…作るしかない

電子回路シミュレーションをする場合，回路図にある電子部品のSPICEモデルを入手することから始めます．電子回路は，高機能IC，ディスクリート半導体部品（パワーMOSFET，トランジスタ，ダイオード等），光半導体，受動部品（トランス，コンデンサ，コイル等）などで構成されています．その中でも一番，入手しにくいのがICのモデルです．

LTspiceでは，提供元リニア・テクノロジーのICのSPICEモデルは充実しています．しかし他社のICのSPICEモデルを活用したい場合，入手性が途端に困難になります．大きな理由は，ICのSPICEモデルはパラメータ・モデルではないため，等価回路モデルを作成しなければならないからです．高度な等価回路技術が必要であり，数年の実務経験を必要とします．よって，一般的にICのSPICEモデルを入手することは困難と考えた方がよいでしょう．

そこで本書では，ICの必要最低限の機能を自作する方法を紹介します．

● IC のモデルの種類

ICのモデルは大きく次の三つに分類できます．

▶ディジタルIC

ディジタル素子ライブラリをもつシミュレータ（PSpiceなど）では，それを活用します．等価回路はほとんど使用せず，文法の通りにディジタル素子のネットリストを記述していきます．イメージは，プログラミングをしている感じです．LTspiceではPSpiceのディジタル素子ライブラリは直接取り込めないため，工夫が必要です．

▶アナログIC

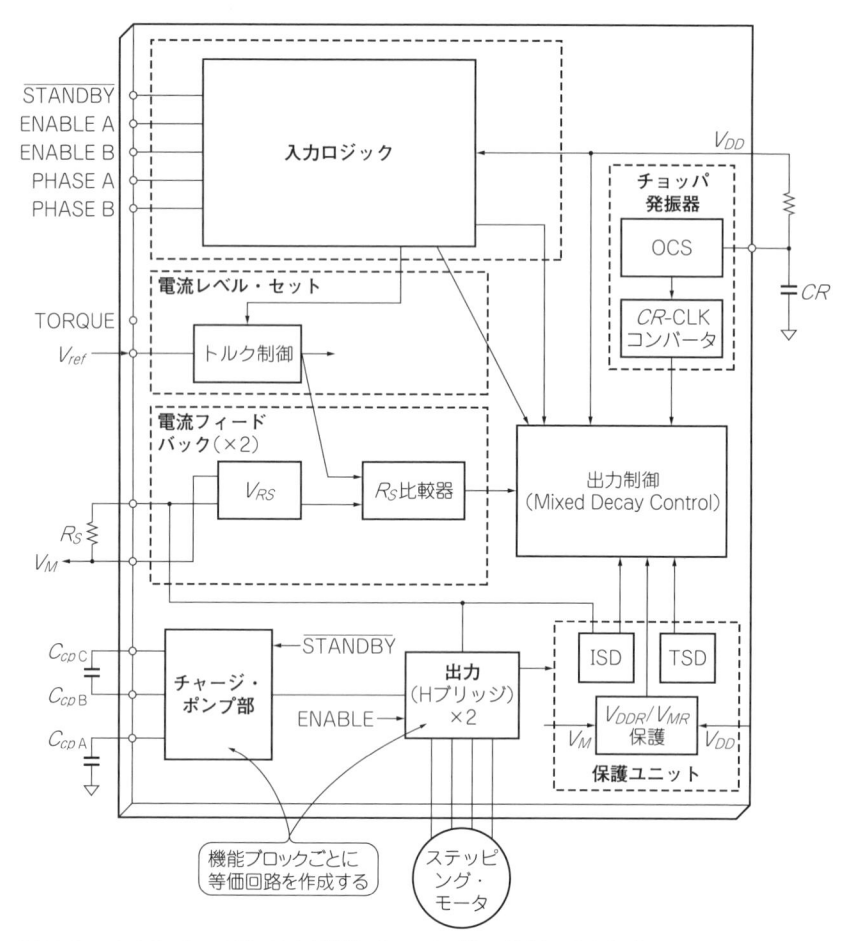

図13-3 ICのSPICEモデルは内部機能ブロックごとに等価回路を作成する
今回作成するコントロールICではないが，モータ・ドライバICの事例．ほとんどの等価回路が機能ブロックに対応している

　アナログ・ビヘイビア・モデル・ライブラリにある素子を活用して，等価回路を描いていきます．等価回路を作成する上で基本的なライブラリになります．アイデアがあれば，どんなデバイスもアナログ・ビヘイビア・モデル・ライブラリで表現できます．

▶ディジタル・アナログ混在IC

　ディジタル回路とアナログ回路が混在しているので，両方の手法を使ってモデルを作成します．難易度は高く，再現性を得るには多くの評価検証が必要になります．

しかし現実的には，必要になるICのSPICEモデルのほとんどは，ディジタル・アナログ混在ICです．

● 必要な機能だけのモデルを作成する

　ICのSPICEモデルを考える場合，そのICのすべての機能を再現するのか，あるいは一部の機能の再現でよいのかを考える必要があります．例えば，ICのすべての機能を再現させた完全なSPICEモデルを作成する場合，モータ・ドライバICの場合で1～2カ月必要になります．

　図13-3は，ステッピング・モータ・ドライブIC TB62206FG（東芝セミコンダクター＆ストレージ社）の等価回路モデルの例です．この図の通り，ICのSPICEモデルは，ブロック図から機能を読み取り，一つ一つを等価回路で表現していきます．等価回路が完成したら評価検証を行い，再現性と確度を向上させていきます．

13-3 ― 必要な機能と調べたい性能を決める

　電源制御ICの場合，ハイサイドとローサイドのパワーMOSFETのゲートに入力される信号を再現したいので，全体のICの機能ではなく，出力信号に必要なブロックのみを適応させて，等価回路モデルを作成します．

　今回モデリングする同期整流型の電源制御IC　TPS5618には，多種多様な機能が搭載されています．ICのデバイス・モデリングは，自分が表現したい機能を必要なだけ，等価回路で表現していきます．基本的にはICのスペックとブロック図を参考にします．

　DC-DCコンバータの場合は通常，過渡解析に必要なタイミング・チャートを表現し，PWM機能を再現します．そして，ソフト・スタート機能，エラー・アンプ機能などを必要に応じて等価回路でモデリングします．

● 機能

　今回，必要な機能は，ハイサイドとローサイドのパワーMOSFETのゲートに入力される信号を正確に生成できることとします．等価回路は，アナログ・ビヘイビア・モデル・ライブラリにある素子を活用します．ユーザがいろいろと定義できるように以下のモデル・パラメータを作成しました．

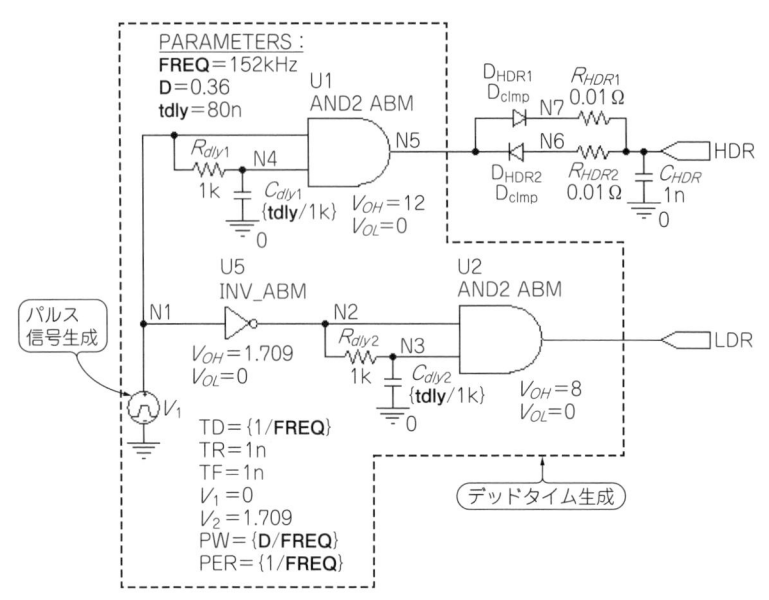

図13-4 今回のターゲット！電源制御IC TPS5618の等価回路モデル
必要な機能を抽出してモデルを作成するのがポイント

D：デューティ比を設定するパラメータ
FREQ：動作周波数を設定するパラメータ[Hz]
TDLY：信号の遅延時間を設定するパラメータ[s]

● 調べたい特性

　この三つのパラメータ値を自由に変更することができます．今回の場合は，過渡解析が目的なので，過渡解析モデルを作成します．

　例えば位相余裕度をシミュレーションしたい場合には，過渡解析モデルではなく，位相余裕度解析用モデル（アベレージ・モデル）を準備する必要があります．

　作成したターゲットIC　TPS5618の等価回路モデルは，**図13-4**になります．V_1でパルス信号を生成します．作成したモデル・パラメータD，FREQをV_{PULSE}に反映することで，出力が変わります．

　デッドタイムについては，点線で囲まれた等価回路で作成しました．ディジタル素子と

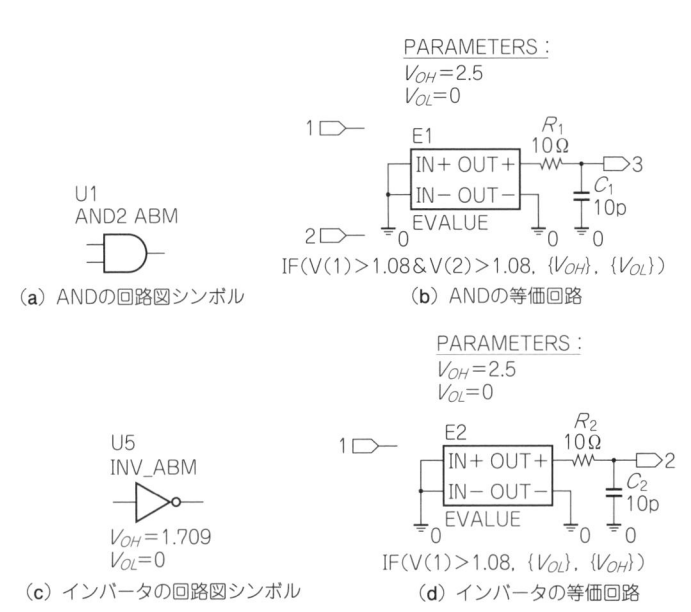

図13-5 ロジック素子もアナログ・ビヘイビア・モデル(ABM)で再現する
PSpiceで活用できたディジタル素子ライブラリはLTspiceでは使えないので，等価回路を作成しなければならない

(a) ANDの回路図シンボル
(b) ANDの等価回路
IF(V(1)>1.08&V(2)>1.08, {V_{OH}}, {V_{OL}})

PARAMETERS：
V_{OH}=2.5
V_{OL}=0

U1 AND2_ABM

(c) インバータの回路図シンボル
(d) インバータの等価回路
IF(V(1)>1.08, {V_{OL}}, {V_{OH}})

PARAMETERS：
V_{OH}=2.5
V_{OL}=0

U5 INV_ABM
V_{OH}=1.709
V_{OL}=0

CRによって表現しています．遅延時間に関するモデル・パラメータ**TDLY**からCの容量値が決まります．

● ディジタル素子もアナログ等価回路で表す

ディジタル素子のANDとインバータの部分は，LTspiceでも取り込めるよう，**図13-5**のようにアナログ・ビヘイビア・モデルに等価回路変換しています．ICの最終的なSPICEモデルのネットリストは**リスト13-1**に示します．

ICのデバイス・モデル作成は，ブロック図ベースで等価回路を考えていきます．多くの等価回路に接することで，アイデアが生まれてきます．

13-4 ── チョーク・コイルと電解コンデンサの SPICE モデル

● チョーク・コイルは周波数-インピーダンス特性を適切に表せる3素子モデルを使う

今回，チョーク・コイルは，3素子モデルに直列抵抗成分を付加したSPICEモデルを採

リスト13-1 電源制御IC TPS5618の等価回路モデルのネットリスト

```
*$
.SUBCKT Syn-Buck_Ctrl HIDR LODR
+ PARAMS: freq=152khz tdly=80n D=0.36
X_U5        N1 N2 INV_ABM PARAMS: VOH=1.709 VOL=0
R_Rdly2     N2 N3 1k
C_Cdly2     N3 0 {tdly/1k}
X_U2        N2 N3 LODR AND2_ABM PARAMS: VOH=8 VOL=0
R_Rdly1     N1 N4 1k
C_Cdly1     N4 0 {tdly/1k}
X_U1        N1 N4 N5 AND2_ABM PARAMS: VOH=12 VOL=0
D_DHDR1     N5 N7 Dclmp
R_RHDR1     N7 HIDR 10
D_DHDR2     N6 N5 Dclmp
R_RHDR2     HIDR N6 0.01
C_CHDR      HIDR 0 1n
V_V1        N1 0
+PULSE 0 1.709 {1/FREQ} 1n 1n {D/FREQ} {1/FREQ}
.ENDS
*$
.model Dclmp d (IS=3e-18 N=0.001)
*$
.SUBCKT AND2_ABM 1 2 3
+ PARAMS: VOH=2.5 VOL=0
R_R1    4 3 10
C_C1    3 0 10p
E_E1    4 0 VALUE { IF(V(1)>1.08 & V(2)>1.08, {VOH}, {VOL}) }
.ENDS
*$
.SUBCKT INV_ABM 1 2
+ PARAMS: VOH=2.5 VOL=0
R_R1    3 2 10
C_C1    2 0 10p
E_E1    3 0 VALUE { IF(V(1)>1.08, {VOL}, {VOH}) }
.ENDS
*$
```

用しました．定数だけでなく回路図には表されていない寄生成分を反映させることで，シミュレーションの確度が向上します．

　このモデルを使うとインピーダンス特性を解析できます．等価回路を**図13-6**に示します．また，L7447140のインピーダンス特性の測定結果を**図13-7**に示します．この測定結果を再現できるSPICEモデルのネットリストは**リスト13-2**に示します．

　コイルのSPICEモデルを自作するには，第11章を参照してください．

● 周波数-インピーダンス特性を適切に表せる！電解コンデンサも3素子モデルを使う

　今回の電解コンデンサは平滑用途です．出力リプルもシミュレーションで確度を向上させたいため，インピーダンス特性を再現できる3素子モデルを採用します．3素子モデル，

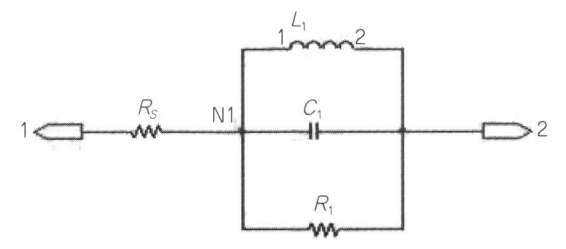

図13-6 チョーク・コイルの3素子等価回路モデル

リスト13-2 チョーク・コイルの3素子等価回路モデル

```
*$
*PART NUMBER: L7447140
*MANUFACTURER: Wurth Elektronik
*All Rights Reserved Copyright
*(c) Bee Technologies Inc. 2011
.SUBCKT L7447140 1 2
R_RS    1    N1         10.366m
L_L1    N1   2          4.84796uH
C_C1    N1   2          0.357pF
R_R1    N1   2          15.3375k
.ENDS
*$
```

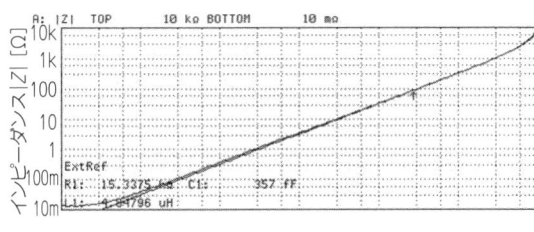

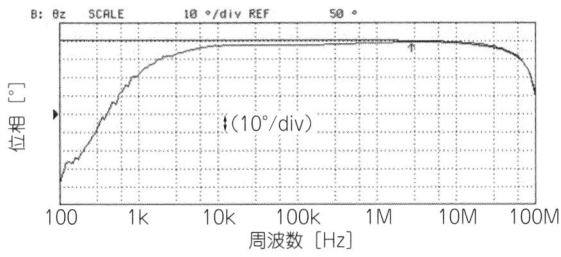

図13-7 チョーク・コイルの実測インピーダンス特性
インピーダンス・アナライザ4294A(アジレント・テクノロジー)で測定

5素子モデル，ラダー・モデルと種類はありますが，今回は動作周波数を考えて，3素子モデルで十分と判断しました．EEUFM1E821Lの3素子の等価回路図を**図13-8**に示します．インピーダンス・アナライザ Agilent 4294Aで測定したインピーダンス特性の測定結果を**図13-9**に示します．SPICEモデルのネットリストは**リスト13-3**に示します．

コンデンサのSPICEモデルを自作するには第9章を参照してください．

リスト13-3　電解コンデンサの3素子等価回路モデル

```
*$
*PART NUMBER: EEUFM1E821L
*MANUFACTURER: Panasonic
*CAP=820uF, Vmax=25V
*All Rights Reserved Copyright
*(C) Bee Technologies Inc. 2011
.SUBCKT EEUFM1E821L 1 2
L_L1      1 N1  8.16935nH
C_C1      N1 N2 812.73uF
R_R1      N2 2  15.695m
.ENDS
*$
```

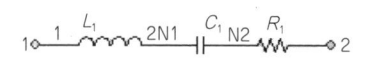

図13-8　電解コンデンサの3素子等価回路モデル

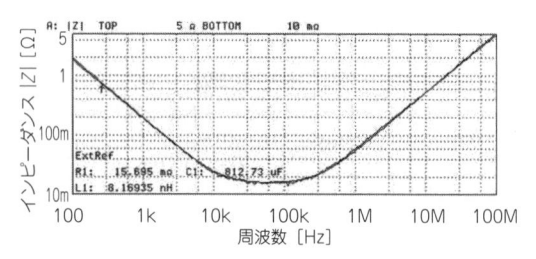

図13-9　電解コンデンサの実測インピーダンス特性
インピーダンス・アナライザ4294A（アジレント・テクノロジー）で測定

13-5―シミュレーション波形を調べてみる

これで電子回路シミュレーションに必要なSPICEモデルがそろいました．

● 準備：作成した等価回路モデルの回路図シンボルを作成する

今回のICや受動部品のSPICEモデルは等価回路モデルで，モデルの種類はサブサーキット・モデルになります．ICの回路図シンボルは任意に作成します．

受動部品も同様に回路図シンボルを作成しますが，例えば，電解コンデンサの*ESR*や*ESL*の影響をシミュレーション上で何度も変更し，影響度合いを検証したいような場合，回路図シンボルを作成せず，素子のまま回路図入力することをお勧めします．

● 手順1：シミュレーション用の回路図を作成する

LTspiceを起動して回路図を描きます（図13-10）．電源制御IC U_1 を配置し，ハイサイド側/ローサイド側のパワーMOSFETをそれぞれ接続します．また，出力部分には，チョーク・コイルおよび電解コンデンサを配置します．

ハイサイド側パワーMOSFET，ローサイド側パワーMOSFETの電流検出用ダミー電圧源を挿入します．ここにDC電源が存在するわけではなく，電流計があると考えてくだ

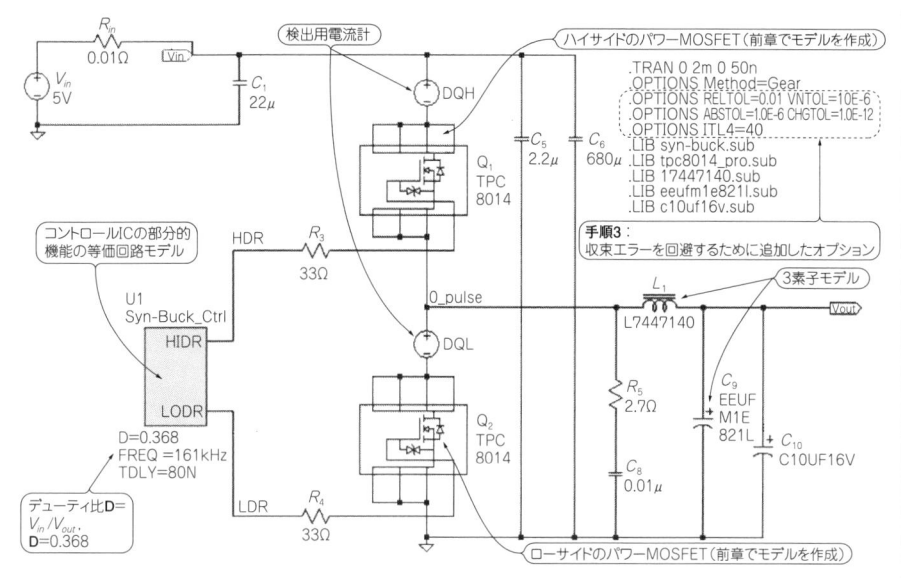

図13-10 図13-2の回路のモデリング結果（シミュレーション回路）

さい．これはよく使う手法です．

それぞれの部品に対して2種類のファイルが必要です．回路図を描くための回路図シンボル・ファイル（.asy）とSPICEモデルのネットリストのライブラリ・ファイルです．今回作成したSPICEモデルは，すべてサブサーキット・ファイルですので，.subファイルになります．SPICEモデルは，LTspiceIV¥lib¥subフォルダに格納し，回路図シンボルはLTspice¥lib¥symフォルダに格納します．

● 手順2：解析する

図13-11の通りに解析の設定を行います．今回は過渡解析［Transient］を選択します．解析時間は，「0」から「2m」［s］まで「50n」の刻みで解析します．もっと細かくシミュレーションをしたい場合には［50n］の刻みをさらに小さくします．小さくするとその分，シミュレーション時間が長くなります．

シミュレーション後，［Add Trace］にて波形のノードを選択するか，プローブ機能で波形を表示させます．

● 手順3:波形のエラーが急激なときにおこる収束エラー対策

　等価回路モデルであるサブサーキット・モデルを採用しているため，LTspiceは目に見える図13-10の回路図よりも実際は多くの素子について計算しています．

　LTspiceだけではなく，SPICE系シミュレータ，すべての宿命ですが，過渡解析において特に波形の変化が急激な場合，収束エラーが発生します．収束エラーになると過渡解析のシミュレーションの途中でシミュレーションが止まってしまい，最後まで解析できません．今回の場合もデフォルトの状態では，収束エラーが発生するため，下記の.OPTIONSの設定を行いました．.OPTIONSの設定は，[Edit]-[SPICE Directive]にて直接入力します．

```
.OPTIONS RELTOL=0.01 VNTOL= 10E-6
.OPTIONS ABSTOL=1.0E-6 CHGTOL=1.0E-12
.OPTIONS ITL4=40
```

　上記の設定で，収束エラーを回避できます．通常は，これらの.OPTIONSの設定で回避できますが，場合によっては，シミュレーション回路にスナバ回路を挿入するなどの工夫をしなければならない場合があります．

● 主要な波形の確認

　このようにして再現した電源制御ICの出力波形(ハイサイド側とローサイド側パワーMOSFETに入力される信号の波形:ゲート-ソース間電圧波形)が図13-2です．シミュレーションで実機波形が再現できています．

　図13-12にハイサイド側パワーMOSFETのドレイン-ソース間電圧，チョーク・コイル電流，出力電圧波形を示します．実験で電流波形を確認するのは大変ですが，シミュレーションの場合，簡単に電流波形が見られます．

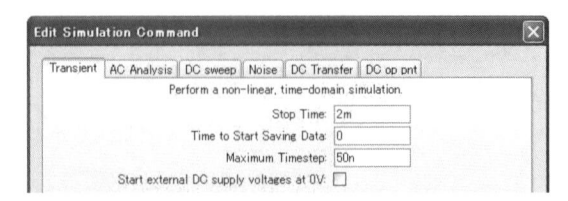

図13-11　過渡解析を行うためのシミュレーションの設定

図13-13にはハイサイド側パワーMOSFETのゲート-ソース間電圧，ドレイン-ソース間電圧，ドレイン電流波形を示します．

図13-14にローサイド側パワーMOSFETのゲート-ソース間電圧，ドレイン-ソース間電圧，ドレイン電流波形を示します．

平滑目的の出力段電解コンデンサに加わる電圧波形を再現するために，3素子モデルを採用しました．図13-15に示すように出力電圧の微妙なリプル波形も再現できています．

後は，自分の見たい場所の回路接続点(ノード)にて電圧や電流波形を見てください．ま

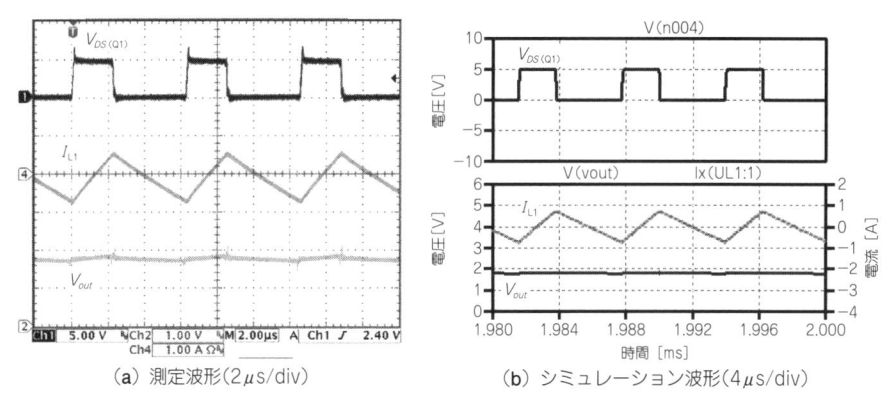

(a) 測定波形(2μs/div)　　(b) シミュレーション波形(4μs/div)

図13-12　出力電圧波形
出力電圧V_{out}，ハイサイド側パワーMOSFETドレイン-ソース間電圧$V_{DS(Q1)}$，チョーク・コイル電流$I_{(L1)}$

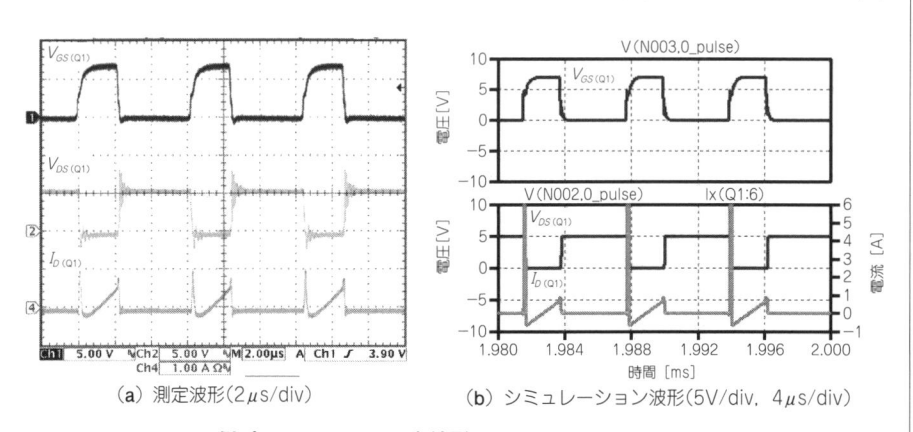

(a) 測定波形(2μs/div)　　(b) シミュレーション波形(5V/div, 4μs/div)

図13-13　ハイサイド側パワーMOSFETの各波形
ゲート-ソース間電圧$V_{GS(Q1)}$，ドレイン-ソース間電圧$V_{DS(Q1)}$，ドレイン電流$I_{D(Q1)}$

13-5──シミュレーション波形を調べてみる

(a) 測定波形（2μs/div）

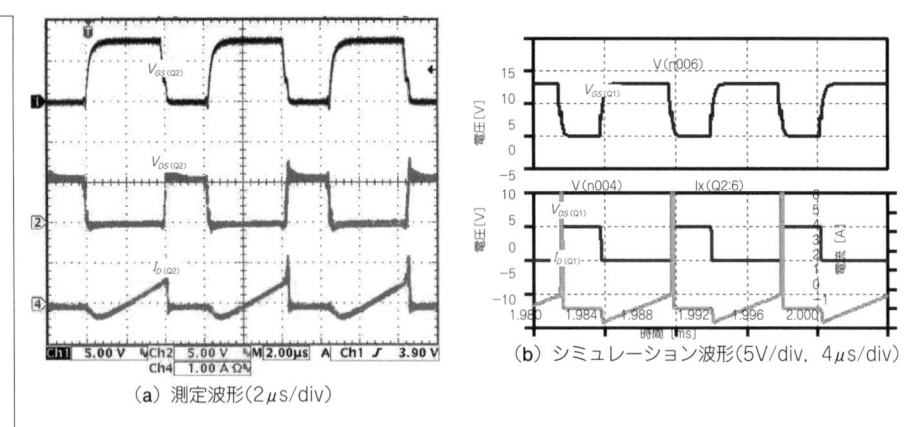

(b) シミュレーション波形（5V/div，4μs/div）

図13-14　ローサイド側パワーMOSFETの各波形
ゲート-ソース間電圧$V_{GS(Q2)}$，ドレイン-ソース間電圧$V_{DS(Q2)}$，ドレイン電流$I_{D(Q2)}$

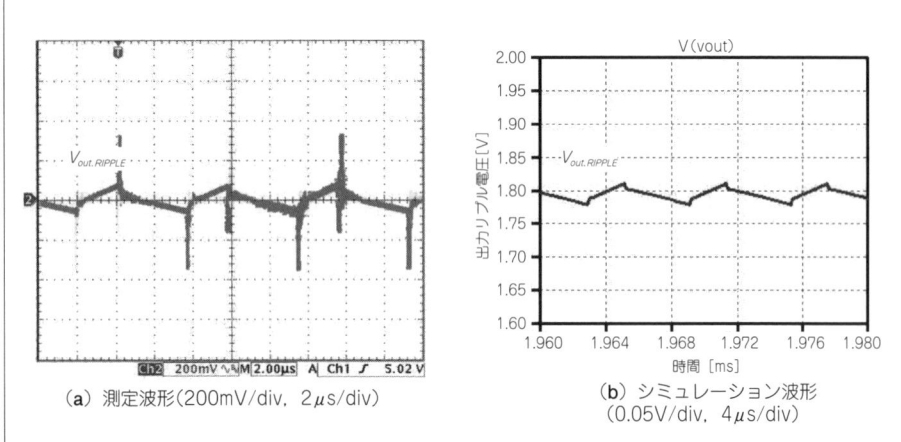

(a) 測定波形（200mV/div，2μs/div）

(b) シミュレーション波形（0.05V/div，4μs/div）

図13-15　微小な出力リプル波形もそれなりに再現できている

た，「電圧波形」×「電流波形」で損失も計算できます．
　このテンプレートはCD-ROMに収録してあります．コントロールICの信号に変化を与えたり，定数を変えたりして，体験してみてください．

定番回路シミュレータ LTspice 部品モデル作成術

第14章
部品：バイポーラ・トランジスタ 2SC1815
応用：LEDドライブ

本章は，バイポーラ・トランジスタのSPICEモデルの作成＆チューニング方法について紹介します．幅広く使われてきた2SC1815（廃品種ですが小売では購入可能）などを例にします．

14-1──バイポーラ・トランジスタの SPICE モデルを作成して，LED ドライブ回路動作を再現

● 回路と再現する波形

今回は，NPNのトランジスタ，PNPのトランジスタを活用し，LEDドライブ回路の実機動作をシミュレーションで再現します．

回路図を図14-1に，波形を図14-2に示します．5VのDC電源にてコレクタ-エミッタ

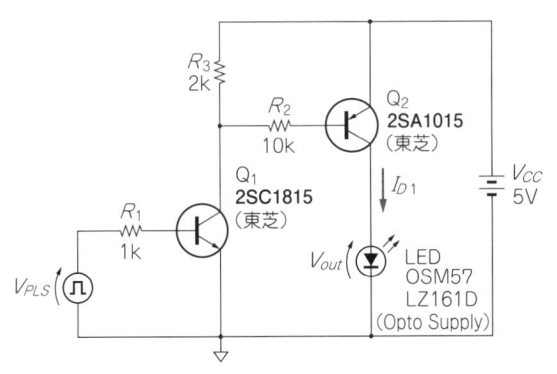

図14-1　LEDドライブ回路

写真14-1　モデル化する2SC1815の外観

14-1──バイポーラ・トランジスタのSPICEモデルを作成して，LEDドライブ回路動作を再現　213

(a) 実測

(b) モデリング調整後のシミュレーション結果

(c) モデリング調整前のシミュレーション結果

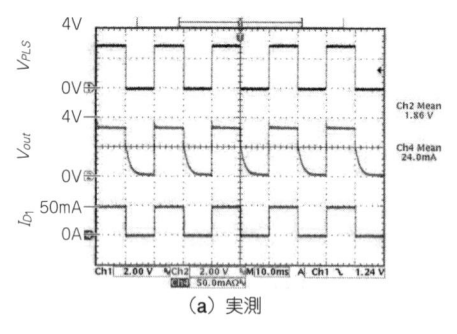

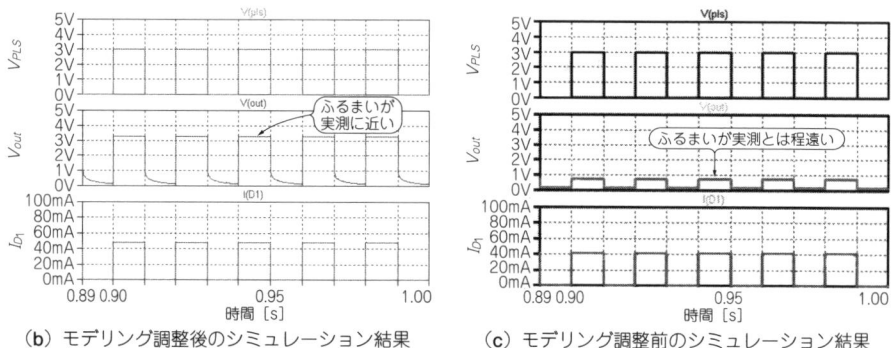

図14-2 図14-1の回路の実験波形とシミュレーション波形

間に電圧を加えて，NPNのトランジスタのベース端子にパルス信号を入力します．NPNのトランジスタとPNPのトランジスタでLEDをドライブします．トランジスタは，東芝セミコンダクター&ストレージ社の2SC1815（**写真14-1**）および2SA1015を採用しました．2SC1815の定格を**表14-1**に，2SA1015の定格を**表14-2**に示します．

実験のようすを**写真14-2**に示します．LEDは，OptoSupplyのOSM57LZ161D（**写真14-3**）を採用しました．白色発光ダイオードです．

これらのSPICEモデルは，SPICEモデル配信サイトのスパイス・パーク（http://www.spicepark.info）からダウンロードしました．次章でLEDのSPICEモデルを作成し，LEDドライブ回路全体のシミュレーションを実施します．

● トランジスタをモデル化しないと動作波形は全く再現できない

白色LEDの電圧及び電流についての実機波形を**図14-2(a)**，調整後のシミュレーション結果を**図14-2(b)**，調整前のシミュレーション結果を**図14-2(c)**に示します．今回の比較は，

表14-1 ターゲット・デバイス①…2SC1815の仕様

(a) 最大定格

項　目	数値	単位
Collector Base Voltage (V_{CBO})	60	V
Collector‐Emitter Voltage (V_{CEO})	50	V
Emitter‐Base Voltage (V_{EBO})	5	V
Collector Current (I_C)	150	mA
Base Current (I_B)	50	mA
Collector Power Dissipation (P_C)	400	mW

(b) 直流特性

項　目	測定条件	min	typ	max	単位
コレクタしゃ断電流 (I_{CBO})	$V_{CB} = 60$ V, $I_E = 0$	–	–	0.1	μA
エミッタしゃ断電流 (I_{EBO})	$V_{EB} = 5$ V, $I_C = 0$	–	–	0.1	μA
直流電流増幅率 (h_{FE})	$V_{CE} = 6$ V, $I_C = 2$ mA	70	–	700	
	$V_{CE} = 6$ V, $I_C = 150$ mA	25	100	–	

表14-2 ターゲット・デバイス②…2SA1015の仕様

(a) 最大定格

項　目	数値	単位
Collector Base Voltage (V_{CBO})	-50	V
Collector‐Emitter Voltage (V_{CEO})	-50	V
Emitter‐Base Voltage (V_{EBO})	-5	V
Collector Current (I_C)	-150	mA
Base Current (I_B)	-50	mA
Collector Power Dissipation (P_C)	400	mW

(b) 直流特性

項　目	測定条件	min	typ	max	単位
コレクタしゃ断電流 (I_{CBO})	$V_{CB} = -50$ V, $I_E = 0$	–	–	-0.1	μA
エミッタしゃ断電流 (I_{EBO})	$V_{EB} = -5$ V, $I_C = 0$	–	–	-0.1	μA
直流電流増幅率 (h_{FE})	$V_{CE} = -6$ V, $I_C = -2$ mA	70	–	400	
	$V_{CE} = -6$ V, $I_C = -150$ mA	25	80	–	

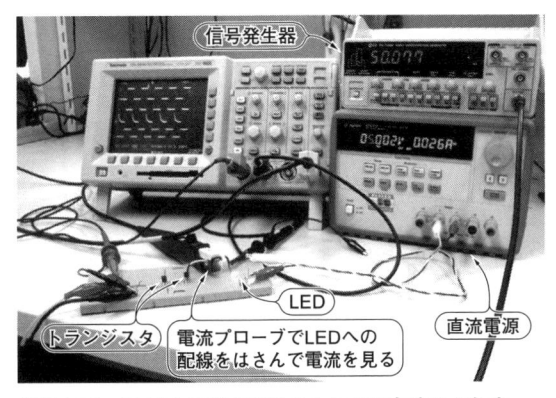

写真14-2 図14-2の波形を調べたときの実験のようす

写真14-3 実験に使ったLEDの外観

下記のような違いがあります．

[調整後のシミュレーション]

　　トランジスタ(NPNとPNP)とLEDはともに，正確にふるまいを再現できるように作成

したSPICEモデルを使っています．

[調整前のシミュレーション]

　トランジスタは，LTspiceにあるデフォルトのNPN及びPNPのモデルを使用し，白色LEDは，ダイオードのデフォルト・モデルを使用しました．

　最終的には，調整後のシミュレーションを目指します．

14-2 ― バイポーラ・トランジスタの SPICE モデルを作成する

● トランジスタの SPICE モデルの考え方

　半導体部品におけるSPICEモデルの基本素子三つは，ダイオード，トランジスタ，MOSFETです．この三つの基本素子でいろいろな種類のデバイスの等価回路を作成できます．

　トランジスタの基本的な等価回路の考え方は，図14-3の通りです．ダイオード2個で考えることができます．一つ目のダイオードは，ベース-コレクタ間に相当し，二つ目のダイオードは，ベース-エミッタ間に相当します．これらの構成を描いていると，ダイオードのモデル・パラメータとの相関関係が分かります．第8章のダイオードのSPICEモデルの作成方法を参照してください．

● バイポーラ・トランジスタの代表的な SPICE モデル (パラメータ・モデル) の種類

　トランジスタのパラメータ・モデルはいくつかの種類があります．代表的なモデルは2

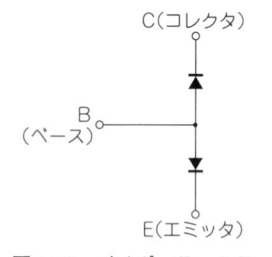

図14-3　バイポーラ・トランジスタの等価回路の基本

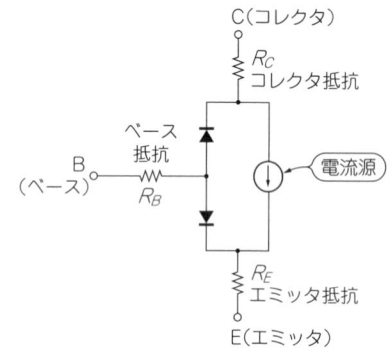

図14-4　バイポーラ・トランジスタのエバース・モール (Evers-Moll) モデル

図14-5
バイポーラ・トランジスタのガンメル・プーン(Gummel-Poon)モデル

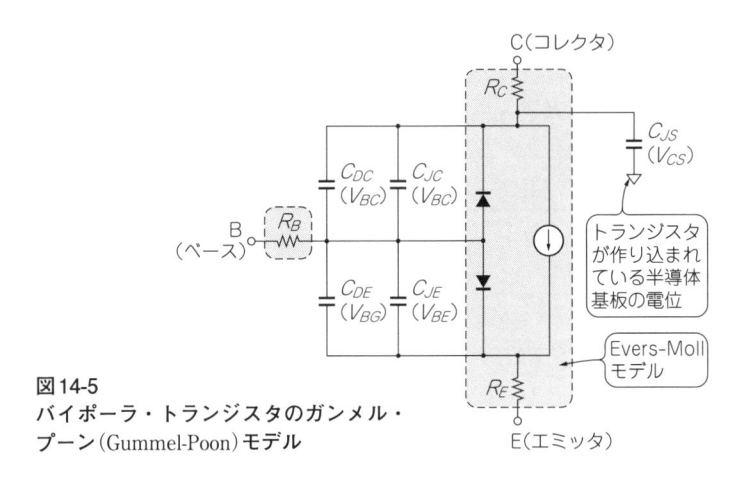

種類あります．古いモデルであり，簡易的なモデルとして，Evers-Moll（エバース・モール）モデル（**図14-4**）があります．トランジスタ単体ではなく，例えば，トランジスタ出力のフォトカプラの等価回路モデルの出力トランジスタ側などに活用されることが多いモデルです．

このモデルが改良され，特に容量特性の再現性に改善が見られる発展したモデルが，現在一番実績があり，標準となっているGummel-Poon（ガンメル・プーン）モデル（**図14-5**）です．このモデルはI-V特性，C-V特性，スイッチング特性に再現性があり，一番活用されているモデルです．日本語で電荷蓄積効果制御モデルともいわれています．今回のモデル作成は，Gummel-Poonモデルが対象です．

このモデルをベースにダーリントン・トランジスタ，パワー・トランジスタ，ディジタル・トランジスタ，BRTの等価回路モデルも作成できます．

14-3——バイポーラ・トランジスタのSPICEモデル作成手順

● トランジスタのSPICEモデルの全体像

トランジスタのデバイス作成も，基本どおり，I-V特性，C-V特性，スイッチング特性の順番でモデル・パラメータを決定していきます．I-V特性は，順方向側と逆方向側があります．

現在流通しているバイポーラ・トランジスタのモデルは，逆方向特性に関するモデル・パラメータがデフォルト値になっている場合があります．その場合，逆方向側には再現性

がありませんので，注意が必要です．SPICEモデル作成の手順は次の通りです．

> 手順1：逆方向アーリー電圧より，モデル・パラメータ VAR を求める
> 手順2：逆方向ベータ特性より，モデル・パラメータ BR, IKE, ISC, NC を求める
> 手順3：ベース-エミッタ間飽和電圧より，モデル・パラメータ IS, RB を求める
> 手順4：順方向アーリー電圧より，モデル・パラメータ VAF を求める
> 手順5：順方向ベータ特性より，モデル・パラメータ BF, IKF, ISE, NE, NK を求める
> 手順6：コレクタ-エミッタ間飽和電圧より，モデル・パラメータ RC を求める
> 手順7：ベース-コレクタ間容量特性より，モデル・パラメータ CJC, VJC, MJC を求める
> 手順8：ベース-エミッタ間容量特性より，モデル・パラメータ CJE, VJE, MJE を求める
> 手順9：スイッチング特性(下降時間)より，モデル・パラメータ TF を求める
> 手順10：スイッチング特性(蓄積時間)より，モデル・パラメータ TR を求める

14-4——手順1：逆方向アーリー電圧より，モデル・パラメータ(VAR)を求める

$I\text{-}V$ 特性は，逆方向特性と順方向特性があります．SPICEモデルは，逆方向特性，順方向特性の順番で作成します．

● 作成するモデル・パラメータはVAR

逆方向アーリー特性から抽出できるモデル・パラメータは，VARです．逆方向アーリー電圧で，単位は[V]，デフォルト値は100です．

● 特性図の準備

逆方向特性は，$V_{CE}\text{-}I_C$ 特性の逆方向側から決定します．この特性は，デバイスのデータシートに記載されている場合とされていない場合があります．逆方向側の領域を図14-6に示します．記載されていない場合は，カーブ・トレーサなどで測定します．カーブ・トレーサで測定する場合，サンプルの端子の向きを間違えないように気をつけます．冶具がTektronix A1002(**写真14-4**)の場合，コレクタ端子とエミッタ端子を置換して測定します．

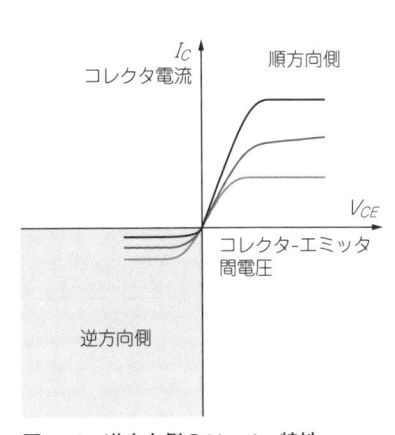

図14-6 逆方向側のV_{CE}-I_{CE}特性

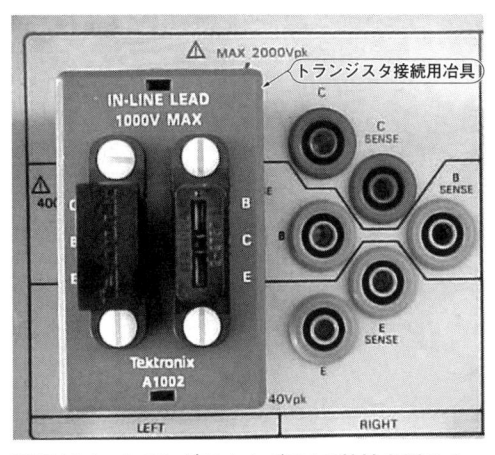

写真14-4 トランジスタなどの*I-V*特性を測るカーブ・トレーサ…向きは間違えちゃいけない

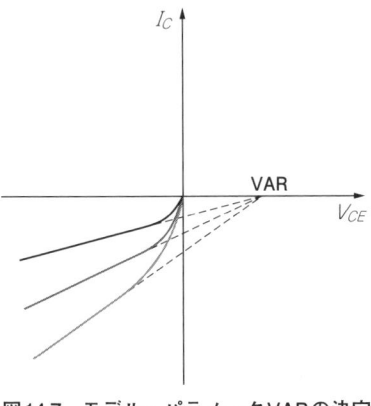

図14-7 モデル・パラメータVARの決定方法

● VARの決定方法

図14-7のように順方向側の領域で$I_C = 0$の時のV_{CE}との交点を求め，逆アーリー電圧VARを決定します．**VAR = 48.775** になりました．

表14-3 逆方向ベータ特性から抽出できるモデル・パラメータ

モデル・パラメータ	説明	単位	デフォルト値
BR	逆方向ベータの理想の最大値	なし	1
IKR	逆方向ベータのロールオフ開始点	A	0
ISC	ベース-コレクタ間漏れ飽和電流	A	0
NC	ベース-コレクタ間漏れ放射係数	なし	2

表14-4 逆方向ベータ特性の測定結果

I_E [A]	h_{FE}
0.001	5.1
0.002	6.2
0.005	7.6
0.01	7.9
0.02	7.3
0.05	5.2
0.1	2.8

14-5 — 手順2：逆方向ベータ特性より，モデル・パラメータ（BR，IKE，ISC，NC）を求める

● 作成するモデル・パラメータはBR，IKE，ISC，NCの四つ

逆方向ベータ特性から抽出できるモデル・パラメータは，BR，IKE，ISC，NCです．モデル・パラメータの意味を**表14-3**に示します．

● 逆方向ベータ特性図（I_E-h_{FE}特性図）を作成する

逆方向ベータ特性図（I_E-h_{FE}特性図）を最初に作成します．この特性図はデータシートには掲載されていることがほとんどないので，カーブ・トレーサで測定します．2SC1815もデータシートには掲載されていません．

V_{EC}（エミッタ-コレクタ間電圧）を固定にし，I_E（エミッタ電流）とI_B（ベース電流）を測

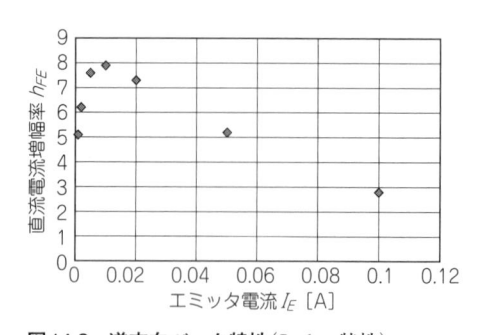

図14-8 逆方向ベータ特性（I_E-h_{FE}特性）

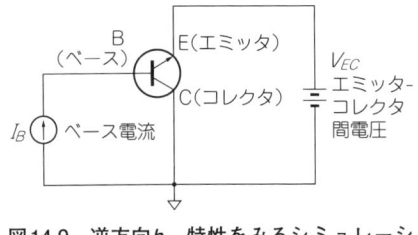

図14-9 逆方向h_{FE}特性をみるシミュレーション回路

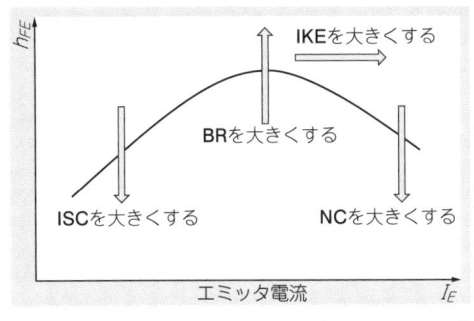

図14-10 I_E-h_{FE}特性とモデル・パラメータの関係

定します。この二つの電流値から，h_{FE}を算出します。$h_{FE} = I_E/I_B$です。測定結果を**表14-4**に示します。

● モデル・パラメータ BR, IKR, ISC, NC の決定方法

表14-4のグラフを図14-8(I_E-h_{FE}特性図)に示します。まず，シミュレータ上に逆方向ベータ特性図を描かせる回路(図14-9)を作成します。I_E-h_{FE}特性(図14-8)を参照しながら，モデル・パラメータ(BR, IKR, ISC, NC)は図14-10のように影響するので，パラメトリック解析で値を動かしながら，各モデル・パラメータの最適解を探します。モデル・パラメータの最適化の順番は，(1) BR, (2) IKE, (3) ISC, (4) NC の順番で最適値を探すと決定しやすいでしょう。今回の測定グラフから求めたそれぞれの最適値は次の通りです。

```
BR = 81.489
IKR = 33.179E − 3
ISC = 5.0948E − 12
NC = 1.4581
```

14-6——手順３：ベース - エミッタ間飽和電圧より，モデル・パラメータ（IS，RB）を求める

手順1，2では逆方向特性のパラメータを求めました。手順3から順方向特性のパラメータを求めます。

表14-5 ベース-エミッタ間飽和電圧特性から抽出できるモデル・パラメータ

モデル・パラメータ	説明	単位	デフォルト値
IS	飽和電流	A	1E-14
RB	ベース抵抗	Ω	0

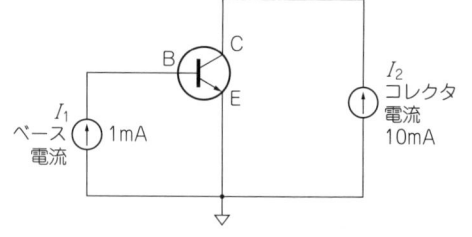

図14-11 ベース-エミッタ間飽和電圧を見るシミュレーション回路

● 作成するモデル・パラメータはIS，RBの二つ

　ベース-エミッタ間飽和電圧から抽出できるモデル・パラメータは，IS，RBです．モデル・パラメータの意味を**表14-5**に示します．

● ベース-エミッタ間飽和電圧の回路シミュレーション用の回路図を作成する

　モデル・パラメータの決定方法は，LTspiceでパラメトリック解析を繰り返し，最適解を探すのが手軽です．まず，ベース-エミッタ間飽和電圧のシミュレーション用の回路図を作成します．回路図を**図14-11**に示します．

　データシートの定格表を参照します．測定条件が$I_C/I_B = 10$，$I_C = 10\text{mA}$より，$I_B = 1\text{mA}$になります．よって，LTspiceの回路図作成時にもこれらの測定条件を反映させます．ベース-エミッタ間飽和電圧は，max(最大値)が1Vです．min(最小値)，typ(標準値，

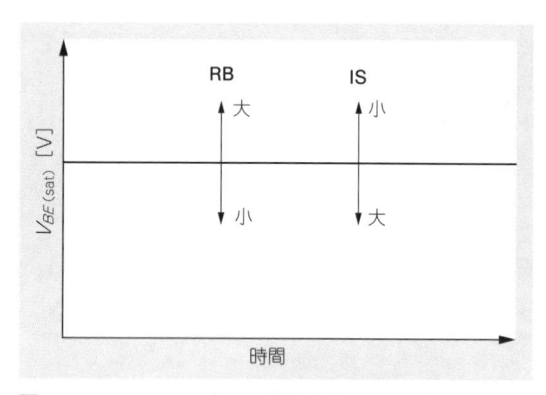

図14-12 ベース-エミッタ間飽和電圧とモデル・パラメータの関係

平均値)は記載されていません．カーブ・トレーサで測定しました．その結果，$V_{BE(\text{sat})}$ = 0.75Vです．従って，この値を目標値とします．

● モデル・パラメータRB，ISの決定方法

図14-11でRB，ISのパラメータ値を変化させながら，最適値を探します．手順は，RB，ISの順序で最適解を探してください．シミュレーションで目標値$V_{BE(\text{sat})}$ = 0.75Vになるようにします．パラメータの影響度合いを図14-12に示します．各モデル・パラメータの最適値は次の通りです．

RB = 10.716
IS = 18.764E − 15

14-7 ── 手順4：順方向アーリー電圧より，モデル・パラメータ(VAF)を求める

このモデル・パラメータは，手順1で求めたアーリー電圧の順方向側になります．

● 作成するモデル・パラメータはVAF

順方向アーリー特性から抽出できるモデル・パラメータは，VAFです．順方向アーリー電圧，単位は[V]，デフォルト値は100です．

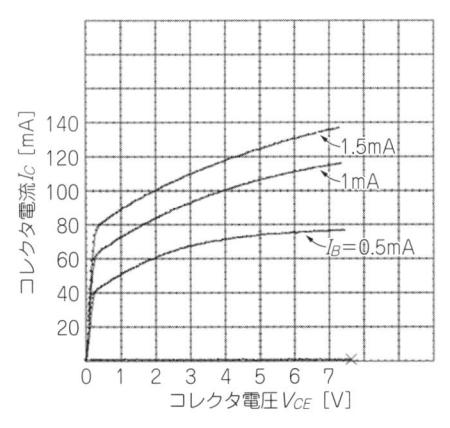

図14-13 カーブ・トレーサで取得したV_{CE}-I_C特性

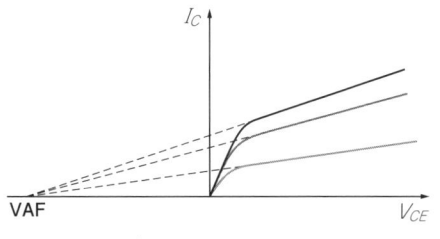

図14-14 モデル・パラメータVFの決定法

● 特性図の準備

順方向特性は，V_{CE}-I_C特性の逆方向側から決定します．データシートに記載してある場合には，そのデータを採用します．半導体メーカによっては，出力特性と記載されている場合があります．記載されていない場合にはカーブ・トレーサなどで測定します．測定データを図14-13に示します．

● VAFの決定方法

図14-14のように順方向側の領域にて$I_C = 0$の時のV_{CE}との交点にて逆アーリー電圧VAFを決定します．VAF = 8.03 になります．

14-8——手順5：順方向ベータ特性より，モデル・パラメータ（BF，IKF，ISE，NE，NK）を求める

順方向ベータ特性から抽出できるモデル・パラメータは，BF，IKF，ISE，NE，NKです．モデル・パラメータの意味を表14-6に示します．

● 順方向ベータ特性図を作成する

順方向ベータ特性図を最初に作成します．I_C-h_{FE}特性図です．この特性図は，多くの場合，データシートに掲載されています．掲載されていない場合，カーブ・トレーサなどにて測定します．V_{CE}（コレクタ-エミッタ間電圧）を固定にし，I_C（コレクタ電流）とI_B（ベース電流）を測定します．この二つの電流値から，h_{FE}を算出します．$h_{FE} = I_C/I_B$です．測定結果を表14-7に示します．

表14-6　順方向ベータ特性から抽出できるモデル・パラメータ

モデル・パラメータ	説明	単位	デフォルト値
BF	順方向ベータの理想の最大値	なし	100
IKF	順方向ベータのロールオフ開始点	A	0
ISE	ベース-エミッタ間漏れ飽和電流	A	0
NE	ベース-エミッタ間漏れ放射係数	なし	1.5
NK	大電流によるロールオフ係数	なし	0.5

表14-7　順方向ベータ特性の測定結果

I_C [A]	h_{FE}
0.001	184.67
0.002	183.48
0.005	179.85
0.01	177.3
0.02	173.01
0.05	159.86
0.1	126.42

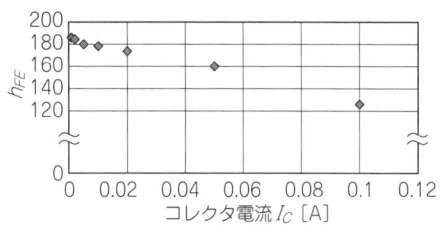

図14-15　I_C-h_{FE}特性（順方向ベータ特性）

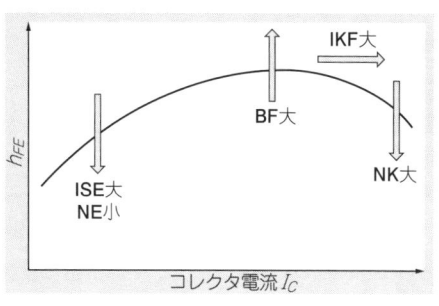

図14-17　I_C-h_{FE}特性とモデル・パラメータ

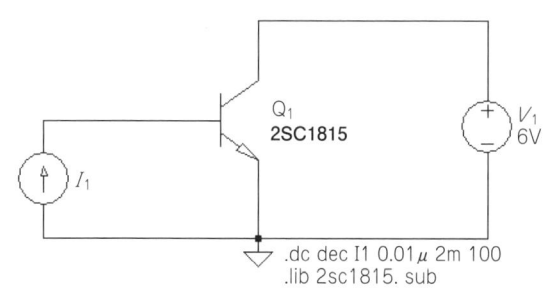

```
.dc dec I1 0.01μ 2m 100
.lib 2sc1815.sub
```

図14-16　順方向h_{FE}特性をみるシミュレーション回路

● モデル・パラメータBF，IKF，ISE，NE，NKの決定方法

表14-7のグラフを図14-15（I_C-h_{FE}特性図）に示します．シミュレータ上に順方向ベータ特性図を描かせる回路図（図14-16）を作成します．I_C-h_{FE}特性図を参照しながら，モデル・パラメータ（BF，IKF，ISE，NE，NK）の影響（図14-17）を参考にして，パラメトリック解析で各モデル・パラメータの最適解を探します．モデル・パラメータの最適化の順番は，(1) BF，(2) IKF，(3) ISE，(4) NE，(5) NKの順番で最適値を探すと決定しやすいでしょう．それぞれの最適値は下記の通りです．

BF = 111.55
IKF = 0.99815
ISE = 18.7655E − 15
NE = 2
NK = 1.885

14-9——手順6：コレクタ - エミッタ間飽和電圧より，モデル・パラメータ（RC）を求める

● 作成するモデル・パラメータはRC

コレクタ・エミッタ間飽和電圧から抽出できるモデル・パラメータは，RCです．コレクタ抵抗で，単位はΩ，デフォルト値は0です．

● コレクタ-エミッタ間飽和電圧の回路シミュレーション用の回路図を作成する

モデル・パラメータの決定方法は，LTspiceでモデル・パラメータをパラメトリック解析を繰り返し，最適解を探します．そのため，まずコレクタ-エミッタ間飽和電圧の回路シミュレーション用の回路図を作成します．回路図はベース-エミッタ間飽和電圧と同じですので図14-11の回路図を採用します．次に，データシートの定格表を参照します．測定条件が$I_C/I_B = 10$，$I_C = 10\text{mA}$より，$I_B = 1\text{mA}$になります．よって，LTspiceの回路図作成時にもこれらの測定条件を反映させます．コレクタ-エミッタ間飽和電圧は，$V_{CE(\text{sat})} = 0.1\text{V}$です．従って，この値を目標値とします．

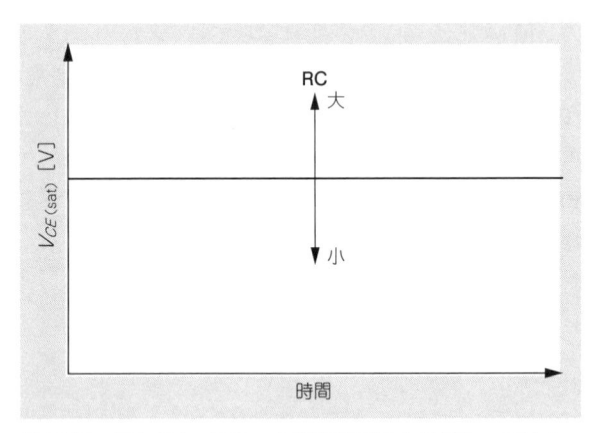

図14-18 コレクタ-エミッタ間飽和電圧とモデル・パラメータの関係

● モデル・パラメータRCの決定方法

図14-11にて，RCのパラメータ値を変化させながら，最適値を探します．シミュレーションにて，目標値$V_{CE(\text{sat})}=0.1$Vになるようにします．パラメータの影響度合いを図14-18に示します．モデル・パラメータの最適値は次の通りです．

RC = 5.56

14-10 ── 手順7：ベース-コレクタ間容量特性より，モデル・パラメータ（CJC，VJC，MJC）を求める

● 作成するモデル・パラメータはCJC，VJC，MJCの三つ

ここからは容量特性です．ベース-コレクタ間容量特性から抽出できるモデル・パラメータは，CJC，VJC，MJCです．モデル・パラメータの意味を表14-8に示します．

● モデル・パラメータは，CJC，VJC，MJCの考え方

図14-3の通り，バイポーラ・トランジスタは，二つのダイオードを組み合わせたものと考えることができます．この容量特性は，ベース-コレクタ間容量特性です．ダイオー

表14-8 ベース-コレクタ間容量から抽出できるモデル・パラメータ

モデル・パラメータ	説 明	単位	デフォルト値
CJC	ベース-コレクタ・ゼロバイアス容量	F	2.00E − 12
VJC	ベース-コレクタ・接合ビルトイン電圧	V	0.75
MJC	ベース-コレクタ・エクスポネンシャル係数	なし	0.33

表14-9 ベース-コレクタ間容量特性の測定結果

V_{CB} [V]	C_{obo} [pF]
0.1	4.96
0.2	4.75
0.5	4.25
1	3.71
2	3.14
5	2.49
10	2.05
20	1.72
50	1.37

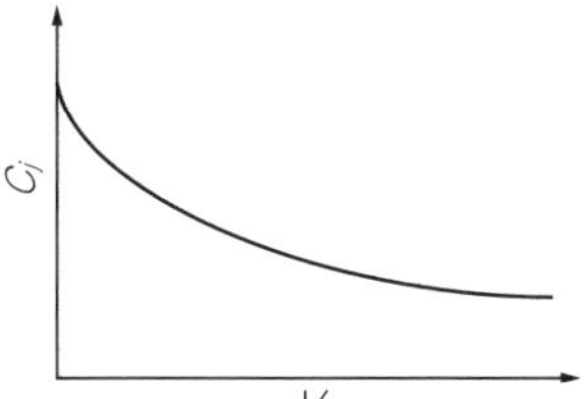

(a) ダイオードの場合
(b) トランジスタの場合 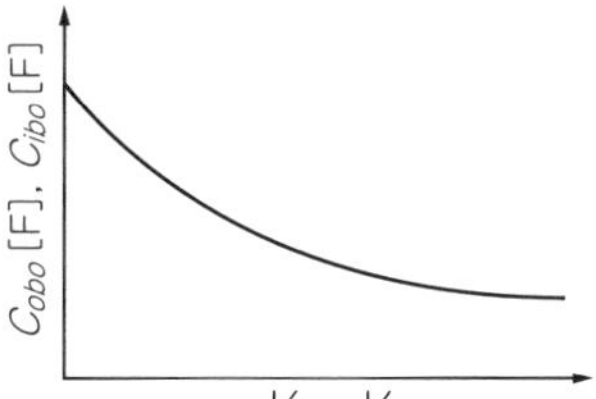

図14-19 ダイオードとバイポーラ・トランジスタの容量特性は似ている

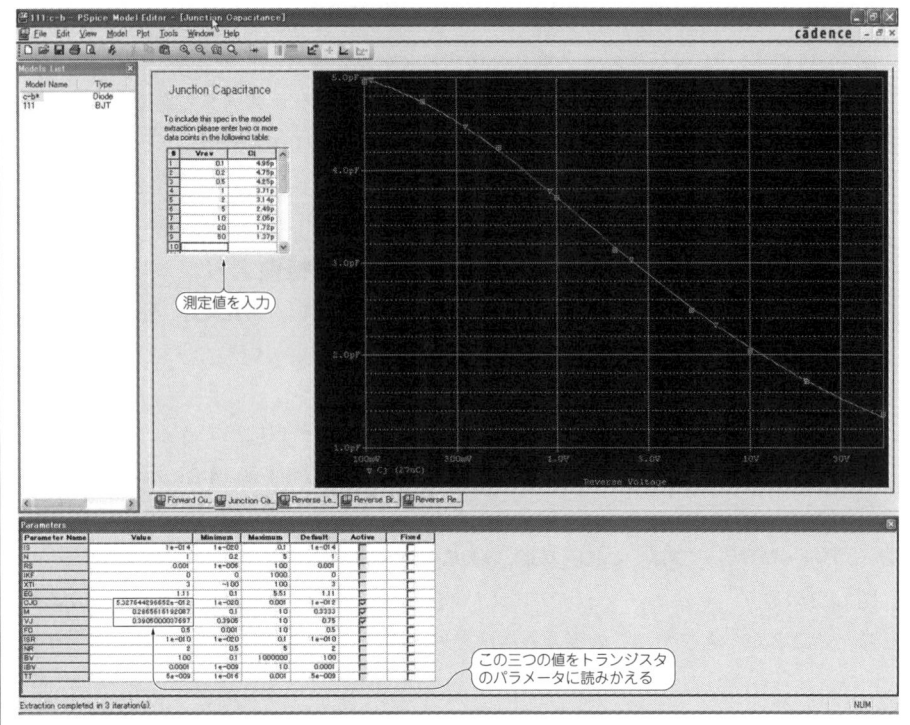

図14-20 PSpice Model Editorによるモデル・パラメータの抽出

ドの容量特性は，三つのモデル・パラメータCJO，VJ，Mで表現できます．モデル・パラメータの記載が似ていると思います．**図14-19**に概念図を示します．ダイオードの容量特性の考え方は第8章を参照してください．

● 必要な容量測定を行う

必要な測定データを取得します．データシートに記載されている場合はそのデータを採用します．測定データがない場合，容量特性を測定します．アジレント・テクノロジー4284Aで測定した結果を**表14-9**に示します．

● PSpice Model Editorを活用

第8章でダイオードの容量特性のパラメータ・モデルの抽出方法を解説したときと同様に，PSpice Model Editorのダイオードの Junction Capacitanceの抽出ツールを活用しま

す．ダイオードの抽出ツールのみ無償で活用できます．V_{rev}にV_{CB}のデータを，C_jにC_{obo}のデータを入力します．そして，抽出ボタンをおすと，三つのモデル・パラメータを抽出（図14-20）してくれます．

 CJOをCJC
 MをMJC
 VJをVJC

に置き換えます．さらに，解析精度を向上させる場合，パラメトリック解析で確度を向上させてください．各パラメータ・モデルの最適値は次の通りです．

> CJC = 5.2695E − 12
> VJC = 0.40437
> MJC = 0.28198

14-11——手順8：ベース-エミッタ間容量特性より，モデル・パラメータ（CJE，VJE，MJE）を求める

● 作成するモデル・パラメータは，CJE，VJE，MJEの三つ

ベース-エミッタ間容量特性から抽出できるモデル・パラメータは，CJE，VJE，MJEです．モデル・パラメータの意味を**表14-10**に示します．

● モデル・パラメータは，CJE，VJE，MJEの考え方

図14-3の通り，トランジスタは，二つのダイオードで考えられます．この容量特性は，ベース-エミッタ間容量特性です．そこには等価回路で考えると，ダイオードに置き換えられます．

表14-10 ベース-エミッタ間容量から抽出できるモデル・パラメータ

モデル・パラメータ	説　明	単位	デフォルト値
CJE	ベース-エミッタ・ゼロバイアス容量	F	2.00E − 12
VJE	ベース-エミッタ・接合ビルトイン電圧	V	0.75
MJE	ベース-エミッタ・エクスポネンシャル係数	なし	0.33

表14-11 ベース-エミッタ間容量特性の測定結果

V_{EB} [V]	C_{ibo} [pF]
0.1	13.45
0.2	12.98
0.5	11.84
1	10.36
2	8.86
5	7.11
10	5.45

リスト14-1 作成できた2SC1815のSPICEモデル

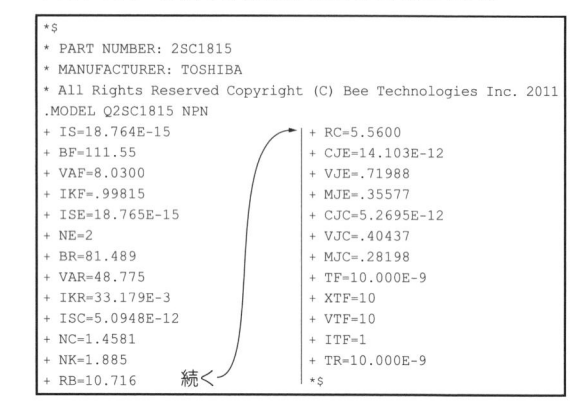

```
*$
* PART NUMBER: 2SC1815
* MANUFACTURER: TOSHIBA
* All Rights Reserved Copyright (C) Bee Technologies Inc. 2011
.MODEL Q2SC1815 NPN
+ IS=18.764E-15        + RC=5.5600
+ BF=111.55            + CJE=14.103E-12
+ VAF=8.0300           + VJE=.71988
+ IKF=.99815           + MJE=.35577
+ ISE=18.765E-15       + CJC=5.2695E-12
+ NE=2                 + VJC=.40437
+ BR=81.489            + MJC=.28198
+ VAR=48.775           + TF=10.000E-9
+ IKR=33.179E-3        + XTF=10
+ ISC=5.0948E-12       + VTF=10
+ NC=1.4581            + ITF=1
+ NK=1.885             + TR=10.000E-9
+ RB=10.716     続く    *$
```

● 必要な容量測定を行う

必要な測定データを取得します．データシートに記載されている場合はそのデータを採用します．測定データがない場合，容量特性を測定します．Agilent 4284Aで測定した結果を**表14-11**に示します．

● 再びPSpice Model Editorを活用

PSpice Model EditorのダイオードのJunction Capacitanceの抽出ツールを活用します．V_{rev}にV_{EB}のデータを，C_jにC_{ibo}のデータを入力します．そして，抽出ボタンをおすと，三つのモデル・パラメータを抽出してくれます．

　　CJOをCJE
　　MをMJE
　　VJをVJE

に置き換えます．さらに，解析精度を向上させる場合，パラメトリック解析で確度を向上させてください．各パラメータ・モデルの最適値は次の通りです．

CJE = 14.103E − 12
VJE = 0.71988
MJE = 0.35577

*

2SC1815の場合，ここまでの手順で，デバイス作成は終了です．このトランジスタは増幅用のデバイスのため，スイッチング特性のパラメータ・モデルは使用しません．作成できた2SC1815のSPICEモデルのネットリストを**リスト14-1**に示します．

トランジスタによっては，スイッチング用途のトランジスタもあります．その場合は，手順9と手順10に進みます．

14-12——手順9：スイッチング特性（下降時間）より，モデル・パラメータ（TF）を求める

● 作成するモデル・パラメータはTF

スイッチング特性の下降時間から抽出できるモデル・パラメータは，TFです．キャリア・ベース領域順方向走行時間，単位はsec（秒），デフォルト値は1.00E-08です．

● スイッチング特性の回路図を作成する

スイッチング特性の回路図を作成します．**図14-21**に示します．データシート記載のスイッチング特性には測定条件があるので，**図14-21**の定数に反映させます．V_{CE}にはV_{CE}の値を入力します．R_Lには負荷抵抗値を入力します．L_1には50nHを入力します．L_2には，トランジスタの最大絶対定格である耐圧が3A以下の場合には，30nH，3A以上の場合，50nHを入力します．ダイオードDTRは下記のモデル・パラメータ値を設定します．

N = 0.1，IS = 0.1p，EG = 0，XTI = 0

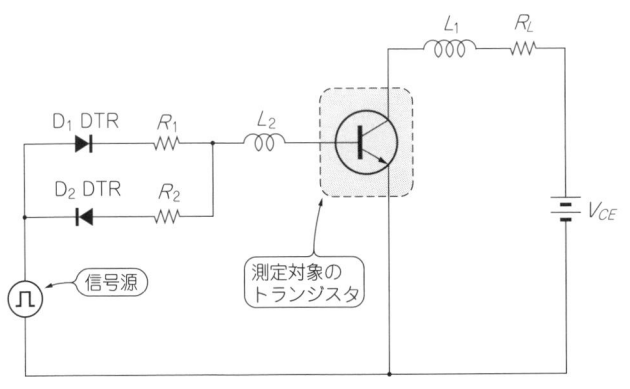

図14-21 スイッチング特性の測定回路

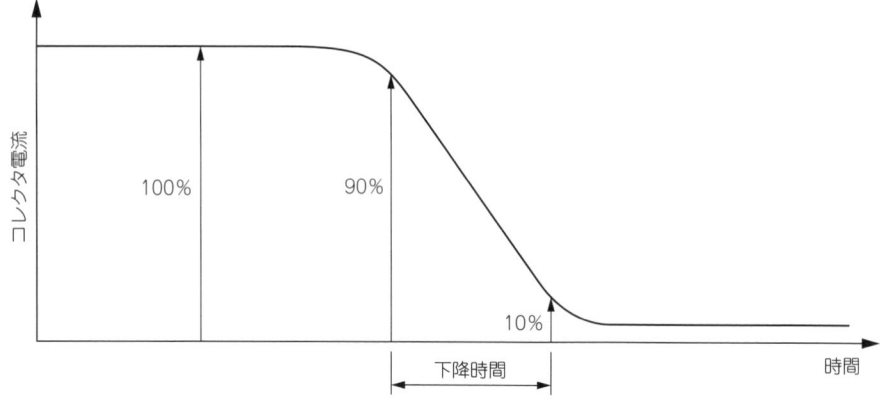

図14-22　下降時間の定義

　また，測定条件にI_{B1},I_{B2}が記載されています．I_{B1}は，R_1で設定し，I_{B2}は，R_2で設定します．

● 下降時間の定義とパラメータ・モデルTFの決定方法

　下降時間の定義を図14-22に示します．10％点-90％点が下降時間になります．パラメータ・モデルTFの値を変化させ，目的の下降時間に合わせます．

14-13──手順10：スイッチング特性（蓄積時間）より，モデル・パラメータ（TR）を求める

● 作成するモデル・パラメータは，TR

　スイッチング特性の下降時間から抽出できるモデル・パラメータは，TRです．キャリア・ベース逆方向走行時間，単位はsec（秒），デフォルト値は1.00E-08です．

● 蓄積時間の定義とパラメータ・モデルTRの決定方法

　スイッチング特性のシミュレーション用の回路図は，図14-21を使用します．今度は，下降時間だけではなく，スイッチング時間全体が表示できるようにします．蓄積時間の定義を図14-23に示します．（コレクタ電流の90％点）から（ベース電流の90％点）までの間が，蓄積時間になります．パラメータ・モデルTRの値を変化させ，目的の蓄積時間に合

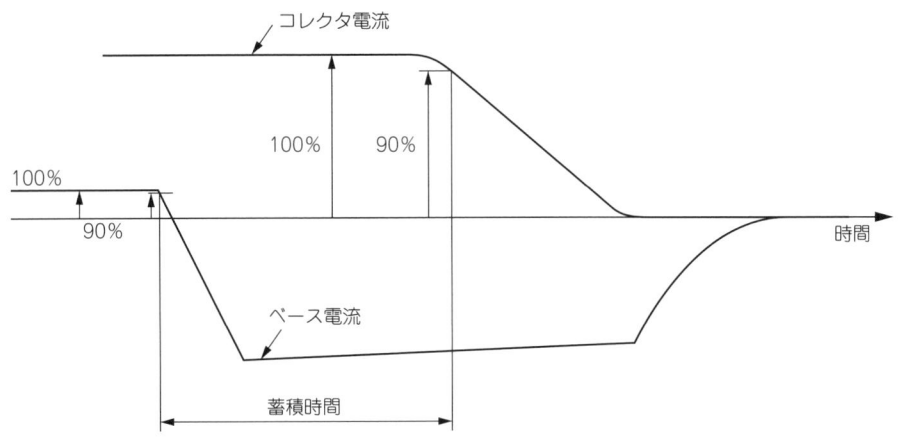

図14-23 蓄積時間の定義

わせます.

*

　半導体部品の場合，%Error(シミュレーション実測の誤差)を5%以内目標にモデリングをして活用してください.

第15章

部品：白色発光ダイオード
応用：LEDドライブ回路

本章では白色LEDのSPICEモデルの作成例を紹介し，バイポーラ・トランジスタのSPICEモデルと組み合わせて，LEDドライブ回路のふるまいを再現します．

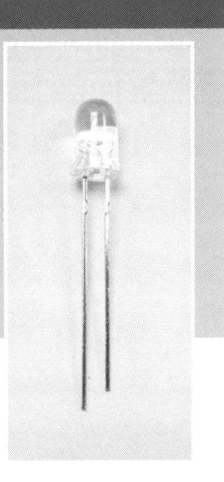

15-1──白色発光ダイオードのSPICEモデルを作成して，LEDドライブ回路の波形を再現

● 回路と再現する波形

回路を図15-1に，再現する波形を図15-2に示します．

第14章では，LEDドライブ回路のバイポーラ・トランジスタ2SC1815(NPN)と

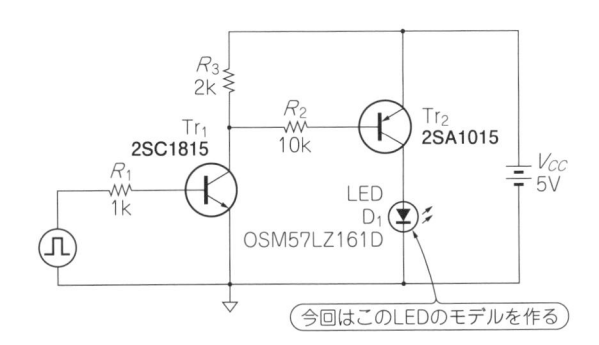

図15-1 白色LEDドライブ回路
シミュレーションのために用意した回路

(a) 実機
(2V/div, 2V/div, 50mA/div, 10ms/div)

(b) 電子回路シミュレーション

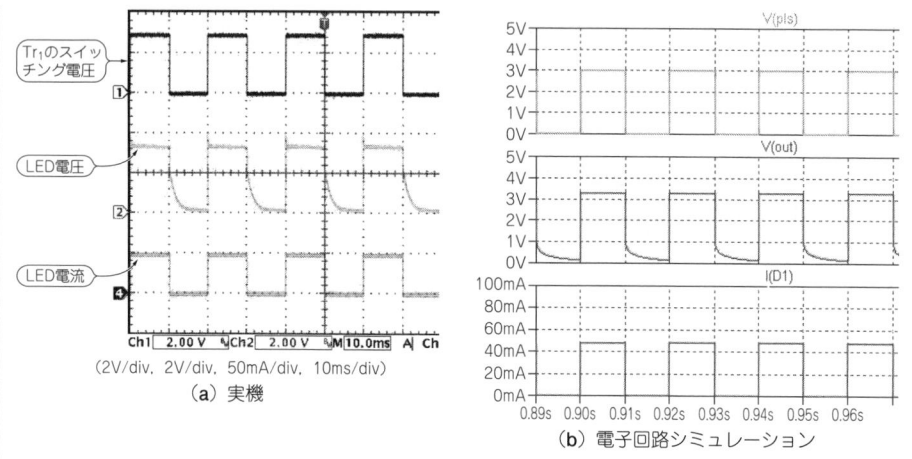

図15-2 図15-1の回路の電圧と電流をシミュレーションで再現！

2SA1015(PNP)のSPICEモデルを作成しました．

本章では白色LEDのSPICEモデルを作成し，LEDドライブ回路の実機のふるまいを電子回路シミュレーションで再現します．

15-2——白色LEDの特徴と駆動方法

● ダイオードとは違うLEDの電気的特性

LED(発光ダイオード；Light Emitting Diode)は電流を流すと，PN接合で少数キャリア(電子と正孔)の再結合が起こり，光を放出します．特徴は三つあります．

(1) 寿命が長い
(2) 消費電力が小さい
(3) 発熱が小さい

LEDは化合物半導体で，代表的な組成には，InGaAlPやInGaNがあります．

ダイオードにはない，発光ダイオード(LED)の電気的な特徴は以下の通りです．

(1) 順方向特性 V_F

順方向電圧は，発光色によって変わります．特に，白色，青色のLEDは V_F が高い特徴があります．

(2) 逆方向特性

　LEDの逆耐圧は，一般的に3～6Vです．この特徴は，一般的なダイオードと大きく異なります．逆耐圧を大きくしようとすると光量が低下する傾向があります．

(3) 温度特性

　低温，高温において，V_F-I_F特性などが変化します．採用する機器(回路)の温度範囲を十分に考慮する必要があります．

● 白色LEDは専用ICでドライブする

　LEDにはいろいろな発光色があります．今回作成する白色LEDには，次の五つの特徴があります．

　(1) V_Fが高い傾向にある
　(2) V_Fは温度変化(低温領域，高温領域)によっても変化する
　(3) V_Fにバラツキがある
　(4) 輝度を要求される状況においては，消費電流が増加する傾向にある
　(5) 電源電圧(バッテリも含む)の変動によって，輝度が変化する

　これらの影響を考慮して，白色LEDを制御するためには，専用のドライバICが必要不可欠になります．今回の回路では代わりに，トランジスタのSPICEモデルを使っています．

● 白色LEDを駆動するための要件

(1) 駆動電圧

　白色LEDは最低3.6V以上の駆動電圧を必要とします．駆動電圧が小さいと，十分な輝度が得られません．白色LEDを複数個活用し，点灯させる場合には，直列接続するのが一般的です．その場合，その個数が多いほど，高い駆動電圧が必要です．

(2) 動電流制御

　白色LEDを点灯させるには，一般に15m～20mA程度の電流が必要になります．特に携帯電話などのバッテリ駆動時間が重要な機器においては，この駆動電流の制御が重要です．

(3) 温度依存性

　周囲温度が50℃を超える場合，デバイスの許容順方向電流が低下します．周囲温度が高い状況下で，大電流を流し続けると，デバイスが劣化します．

15-3——LED の SPICE モデルの作り方

● LTspice に備えられている汎用ダイオード・モデルを改造する

　LED の SPICE モデルは，一般ダイオードの SPICE モデルと作成手順が似ています．
　SPICE モデルの種類はパラメータ・モデルです．
(1) I-V 特性
(2) C-V 特性
(3) スイッチング特性
の順番にモデル・パラメータを抽出していきます．

　LED の SPICE モデル作成には，汎用ダイオードなどにも使う LTspice のダイオード・モデルを活用します．ダイオード・モデルを使って汎用ダイオードの SPICE モデルを作成し，チューニングする方法は第 8 章で紹介しましたが，LED の SPICE モデル作成手順も同様です．これに LED の特徴を反映させていきます．

● モデル・パラメータの作成手順

　LED の SPICE モデルは，各電気的特性によって，モデル・パラメータが独立しているため，作成の手順を体系化できます．それぞれの電気的特性で必要なモデル・パラメータを決定していきます．LED の SPICE モデル作成の手順は，次の四つです．

> 手順 1：順方向より，モデル・パラメータ IS，N，RS，IKF を求める
> 手順 2：容量特性より，モデル・パラメータ CJO，VJ，M を求める
> 手順 3：逆回復特性より，モデル・パラメータ TT を求める
> 手順 4：デバイスの耐圧より，モデル・パラメータ BV，IBV を求める

● PSpice の無償評価版でパラメータを抽出

　LED のモデル・パラメータを求めるときは抽出ツールを使います．抽出ツールは，各種電気的特性の値を入力すれば，各種モデル・パラメータを抽出してくれます．第 4 章 Appendix (p.59) でも紹介した OrCAD PSpice (ケイデンス) のアクセサリにある PSpice Model Editor を使います．
　今回は，下記の白色 LED の SPICE モデルを作成します．

メーカ：OptoSupply
型名：OSM57LZ161D

15-4──手順1：順方向特性（IS, N, RS, IKF）を求める
～汎用ダイオードと比べて測定ポイントを多くする～

● 順方向特性を実測してデータ入力に必要なデータを取得する

　LEDは，発光色によって順方向特性が異なります．特に白色LEDでは，V_Fが高い特徴があります．まず，必要な順方向のI-V特性のデータを取得します．一般にはデータシートに記載されていますが，記載されていない場合，カーブ・トレーサなどで測定します．

● 四つのパラメータ・モデルについて

　LEDの順方向特性から抽出できるモデル・パラメータは，IS, N, RS, IKFです．それぞれのモデル・パラメータの意味を**表15-1**に示します．特に白色LEDの特性は，V_Fが高く，汎用ダイオードと比較するとフィッティングが難しくなります．

● 順方向特性をツールに入力して四つのパラメータ・モデルを求める

　白色LEDの順方向特性（**表15-2**）を**図15-3**に示すModel Editorに入力して，モデル・パラメータを抽出します．順方向特性は，カーブ・トレーサ370B（テクトロニクス社）で測定データを取得しました．測定データからも読み取れるように，電流が20mAのとき，V_F = 3.03Vであり，V_Fが汎用ダイオードと比較して高いことが分かります．

　プロット点は多いほど，SPICEモデルの解析精度が向上します．OSM57LZ161DについてModel Editorから得られた抽出結果は，

表15-1　白色LEDの順方向特性のモデル・パラメータとその意味

モデル・パラメータ	説　明	単位	デフォルト値
IS	飽和電流	A	1.00E − 14
N	放射係数	なし	1
RS	寄生抵抗	Ω	0.001
IKF	高注入Knee(ニー)電流	A	0

表15-2　白色LEDの順方向特性のI-V特性測定データ

順方向電圧V_F [V]	順方向電流I_F [A]
2.84	0.005
2.915	0.0096
3.03	0.02
3.24	0.0505
3.525	0.1

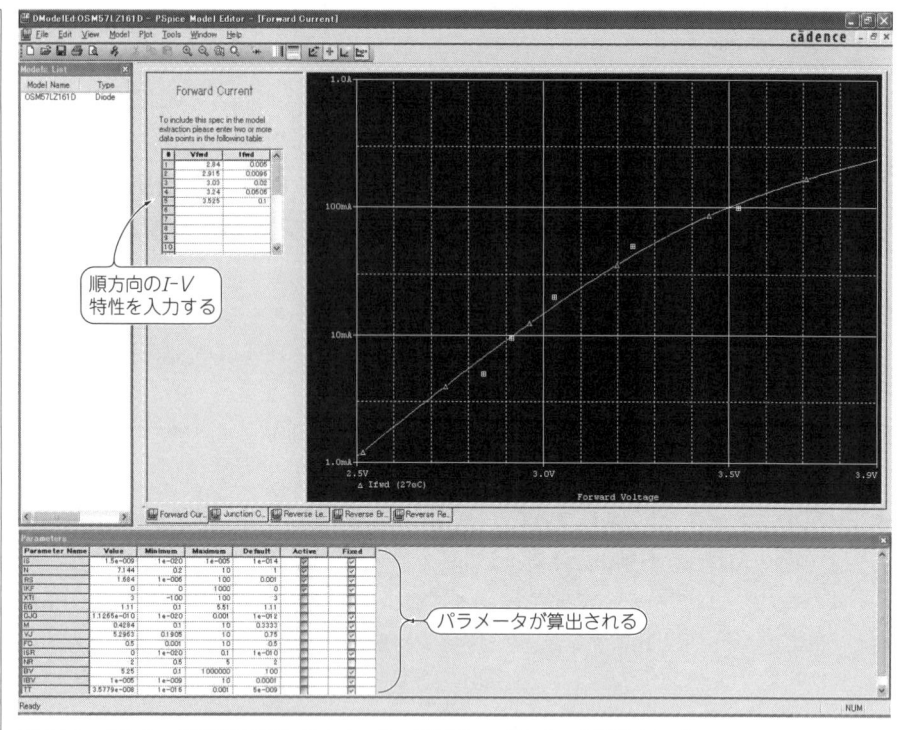

図15-3 PSpice無償評価版のダイオード・モデル・パラメータ抽出ツール

IS = 1.5E − 9
N = 7.144
RS = 1.684
IKF = 0（デフォルト値を採用）

となりました．エミッション係数Nの数値が大きいのが特徴です．数値を決定したら上記の四つのモデル・パラメータについて[Fixed]ボタンにチェックを入れて値を固定します．

表15-3　白色LEDの容量特性のモデル・パラメータ

モデル・パラメータ	説　明	単位	デフォルト値
CJO	ゼロ・バイアス接合容量	F	1.00E − 12
VJ	接合ポテンシャル	V	0.75
M	接合傾斜係数	なし	0.3333

表15-4　白色LEDの容量特性の測定データ

逆方向電圧 V_R [V]	容量値 C [F]
0.1	1.1162E − 10
0.2	1.1106E − 10
0.5	1.0814E − 10
1	1.0496E − 10
2	0.98E − 11
5	0.84764E − 11

15-5──手順2：容量特性（CJO, VJ, M）を求める　～逆電圧は絶対に大きくし過ぎない！ 5Vまで～

● 容量特性からデータ入力に必要なデータを取得する

　LEDの容量特性はデータシートに記載されていない場合がほとんどです．よって逆電圧を加えて，容量計で測定します．このときの注意点は，白色LEDの耐圧です．汎用ダイオードと比較して，耐圧が小さいため，加える逆電圧が大きくなり過ぎるとすぐに壊れます．今回の場合，逆バイアスは5Vまでとします．

● 三つのパラメータ・モデルについて

　LEDの容量特性から抽出できるモデル・パラメータは，CJO, VJ, Mです．それぞれのモデル・パラメータの意味を表15-3に示します．CJOは，逆電圧が0Vのときの容量値です．また，容量特性の勾配は，VJとMで決定します．

● 容量特性をツールに入力して三つのパラメータ・モデルを求める

　Model Editorを利用し，Junction Capacitanceの窓に移動し，容量特性を入力します．測定機器にて測定したデータは表15-4の通りです．この測定データをModel Editorに入力し，抽出ボタンを押し，三つのモデル・パラメータを抽出します．抽出結果は以下の通りです．

CJO = 1.1265E − 10
VJ = 5.2963
M = 0.4284

　Model Editorの容量特性の抽出ツールは確度が高いので，この結果からのチューニングはほとんど必要ありません．

15-6——手順3：逆回復特性より（TT）を求める
〜小さい IR で逆回復時間を計らなければならない〜

● 逆回復時間の測り方

　LEDの逆回復特性はデータシートに記載されていない場合がほとんどです．よって逆回復時間を測定する必要があります．逆回復時間を取得する測定方法は2種類あります．電流減少率法とIFIR法です．

　電流減少率法は，パワー/電源回路で使用されるダイオードやパワーMOSFETのボディ・ダイオード，IGBTのFWDの測定方法です．今回の場合のように小信号の場合，IFIR法が一般的です．

　また，Model EditorもIFIR法で得られた逆回復時間からしかモデル・パラメータを抽出できません．

　今回は必要ありませんが，電流減少率法での逆回復特性に再現性を持たせるためには，特別な等価回路を作成する必要があります．

● パラメータ・モデルTTをツールから抽出する

　Model Editorを利用し，Reverse Recoveryの窓に移動し，逆回復時間とそれを取得したIFIR法の測定条件を入力します．

　t_{rr} = 2.68E − 8s：測定した逆回復時間を入力
　I_F = 0.02A：IFIR法の測定条件のI_F値を入力
　I_R = 0.02A：IFIR法の測定条件のI_F値を入力
　R_L = 50 Ω：IFIR法の測定条件の付加抵抗値を入力

　ここでI_FやI_Rは測定条件の値です．$I_F = I_R$にしなければ正当な逆回復時間が抽出できないため，I_Rの値が決まれば，I_Fの値が自動的に決まります．I_FとI_R値を変えることで，

逆回復時間が短くなったり，長くなったりします．

　汎用ダイオードの場合，$I_F = I_R = 0.2A$ が一般的です．

　しかし，白色LEDの場合，I_R 側で電流値が確保できないため，小さい値に設定する必要があります．この型名の場合，$I_R = 0.02A$ としました．抽出結果は，TT = 3.5779E－8 になりました．

● モデル・パラメータTTのチューニングのポイント

　モデル・パラメータTTのチューニングは，逆回復時間t_{rr}を大きくしたければTTを大きくし，小さくしたければTTを小さくします．

15-7──手順4：デバイスの耐圧より（BV，IBV）を求める

● 作成するモデル・パラメータは，BV，IBVの二つ

　モデル・パラメータBV，IBVで降伏点を表現します．BVおよびIBVに相当する値は，データシートの定格表から取得できます．これらのモデル・パラメータはツールを使用せず，直接入力します．データシートから次のように決定します．

　BV：DC Reverse Currentの測定条件の電圧値[V]

　IBV：DC Reverse Currentの値[A]

　　よって，下記の通りになります．

リスト15-1　白色LED OSM57LZ161DのSPICEモデル

```
*$
* PART NUMBER: OSM57LZ161D
* MANUFACTURER: OptoSupply
* VR=5V, IF=50mA, IFP=100mA
* All Rights Reserved Copyright (C) Bee Technologies Inc. 2012

.model OSM57LZ161D D
+ IS=1.50E-9
+ N=7.144
+ RS=1.684
+ IKF=0
+ CJO=112.65E-12
+ M=.4284
+ VJ=5.2963
+ ISR=0
+ BV=5.25
+ IBV=10.00E-6
+ TT=3.00E-9

*$
```

```
BV = 5 (データシートの値)
IBV = 10E - 6
```

BVの値は，カーブ・トレーサで取得した値を採用しました．BV = 5.25V です．最終的なネットリストをリスト15-1に示します．

15-8──完成したLEDモデルをドライブ回路に組み込んでシミュレーション

これで回路解析シミュレーションに必要なSPICEモデルがそろいました．

● 手順1：シミュレーション用の回路図を作成する

LTspiceを起動して回路図を描きます（図15-4）．Q_1のベースに入力されるパルス信号源は，パルス電源で表現します．後は，Q_1，Q_2のトランジスタを配置し，今回作成した白色LEDもD_1として配置します．

それぞれの部品に対して2種類のファイルが必要です．回路図を描くための回路図シンボル・ファイル（.asy）とSPICEモデルのネットリストのライブラリ・ファイルです．今回作成したSPICEモデルはすべてサブサーキット・ファイルですので，.subファイルがライブラリ・ファイルになります．

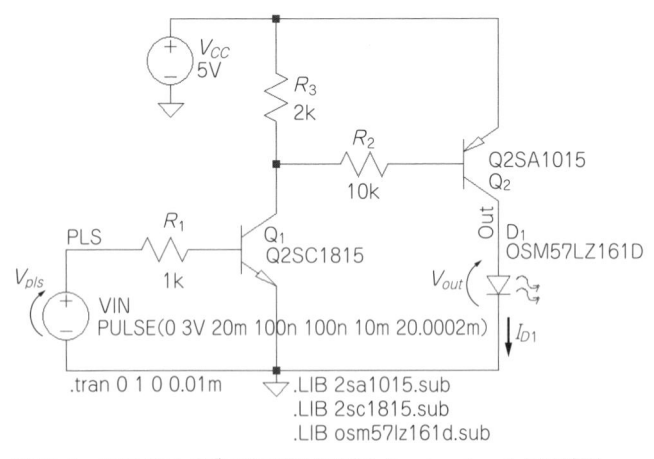

図15-4 LEDドライブ回路の電子回路シミュレーション用回路図

第15章──部品：白色発光ダイオード　応用：LEDドライブ回路

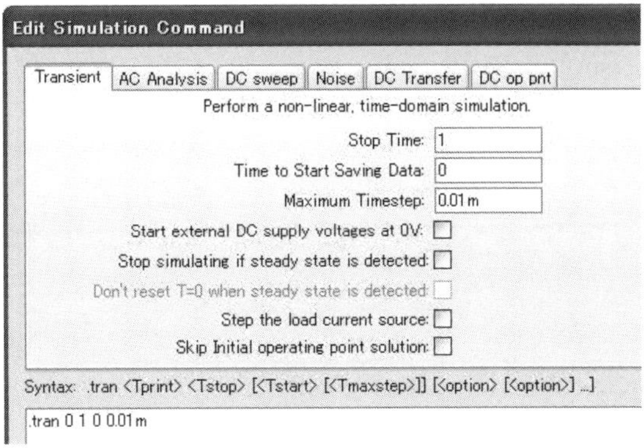

図15-5 シミュレーションの設定

SPICEモデルは，LTspiceIV\lib\subフォルダに格納し，回路図シンボルはLTspice\lib\symフォルダに格納します．

● 手順2：解析する

図15-5の通りに解析の設定を行います．今回は過渡解析[Transient]を選択します．解析時間は，「0」から「1」[秒]まで「0.01m」の刻みで解析します．もっと細かくシミュレーションをしたい場合には[0.01m]の刻みをさらに小さくします．小さくするとその分，シミュレーション時間が長くなります．

[Add Trace]で波形のノードを選択するか，プローブ機能で波形を表示させます．

● 波形の確認

図15-2がQ_1のベースに入力されるパルス波形，白色LEDの電圧波形と電流波形です．(a)が実機波形，(b)がLTspiceでのシミュレーション波形になります．Q_1，Q_2のトランジスタの電圧と電流がどのように変化するのか確認できるようになります．自分の見たい場所のノード(回路接続点)にて電圧波形や電流波形を見てください．また，「電圧」×「電流」で損失も計算できます．このシミュレーション回路をテンプレートにして，パルス信号に変化を与えたり，定数を変えたりすることができます．

定番回路シミュレータ LTspice 部品モデル作成術

第16章
部品：エミフィルと プロードライザ
応用：FPGA用電源回路

最近のFPGA（フィールド・プログラマブル・ゲート・アレイ）は，低電圧大電流を出力できる電源が必要です．その電源回路に採用される2種類のフィルタ（入力側と出力側）のSPICEモデル作成方法を紹介します．

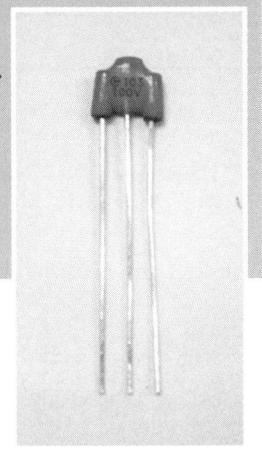

16-1――FPGA用電源回路の出力特性を再現する

● 対象回路：12A出力のFPGA用電源

今回モデルを作成するのは，FPGA用の超低ノイズ電源モジュールLTM4601LNシリーズ（東京エレクトロンデバイス）の内部回路です．LTM4601LNは，リニアテクノロジーのDC-DCコンバータLTM4601を搭載しています．詳細は（http://www.teldevice.co.jp/product/ltc/focus.html）を参照してください．

● フィルタのモデルをつくる

モジュールの回路図を図16-1に，外観を写真16-1に示します．写真16-2のように実装します． ここで検討するFPGA電源回路の仕様は，次の通りです．

```
入力電圧：12V
出力電圧：1.05V
出力電流：12A
```

LTM4601のモデルは，リニアテクノロジーが提供しているものを利用します．

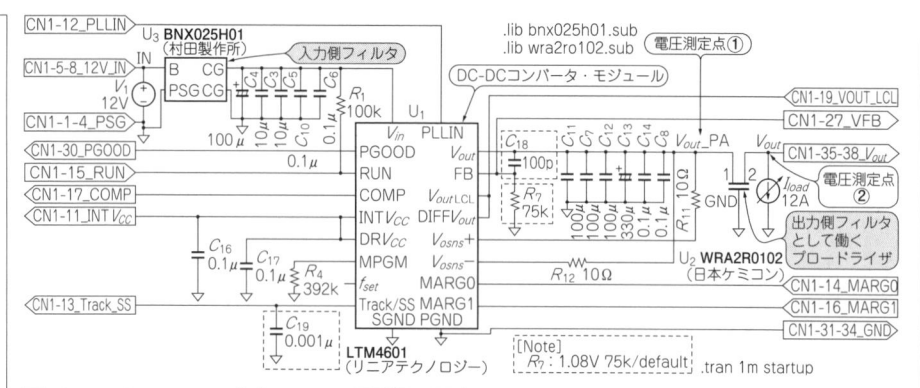

図16-1 12 A，1.05 V出力のFPGA用電源の回路

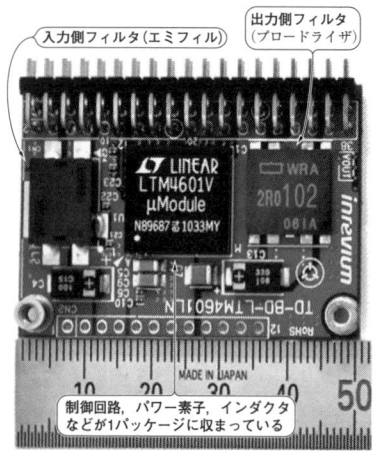

写真16-1 1.2 V，12 Aを出力するFPGA用の電源モジュール

写真16-2 低電圧・大電流出力が可能なFPGA用の電源モジュール

LTM4601の前後のフィルタのモデルを作成します．

● 出力数Aで1.0V±50mV！ 厳しい仕様を満たせるかシミュレーションする

　スイッチング電源回路の入力と出力にはノイズ除去用のフィルタがつけられています．1.0V前後の低い電源電圧で動作するFPGA用電源も同様です．**写真16-1**に示すLTM4601LNにも，入力と出力にフィルタが実装されています．

　今回シミュレーションで再現するのは，電源回路の出力特性（出力電流-出力電圧）で

表16-1 今回作成したSPICEモデルの精度

電流負荷	出力側フィルタ前		出力側フィルタ後		電圧降下	
	実測	LTspiceの シミュレーション 結果	実測	LTspiceの シミュレーション 結果	実測	LTspiceの シミュレーション 結果
5 A	1.08138 V	1.08355 V	1.07364 V	1.07528 V	0.0074 V	0.00822 V
10 A	1.08074 V	1.08249 V	1.06525 V	1.0668 V	0.01549 V	0.01569 V
12 A	1.08032 V	1.0814 V	1.06179 V	1.06357 V	0.01853 V	0.01783 V

（50mVより十分小さくFPGAの電源電圧仕様を満たしている）

す．FPGAは数Aの大電流が流れます．LTM4601LNのようなFPGA用の電源回路の出力電圧は，配線やフィルタに含まれるわずかな抵抗成分で大きく低下します．一方でFPGAの電源電圧仕様は1.0V±50mVととても厳しいため，フィルタの設計がとても重要です．

実測電圧と，シミュレーション・モデルとの比較を**表16-1**に示します．

電流負荷は電子負荷装置で設定し，出力波形は高精度マルチメータ(34420A，アジレント・テクノロジー)にて4端子法で測定しました．

実験とシミュレーション解析において，東京エレクトロンデバイスの協力を得ました．

● 1.2V±50mVの精度が要る

コア電圧が1.2VのFPGAの許容電圧範囲は±50mVです．この許容範囲は，非常に小さな値です．

例えば，10Aの電流変化が発生した場合，電源ライン（FPGA電源とFPGAの配線間）に5mΩの抵抗成分があるだけで，許容範囲である50mVの電圧変動が発生します．この抵抗成分は，配線の抵抗成分であったり，電源ラインにあるデカップリング・コンデンサの内部直列抵抗成分（ESR）だったりします．

つまり，ESRが5mΩあるだけで，10Aの電流変化に対応できません．これらを考慮して，入出力のフィルタを選ぶ必要があります．

16-2 ─ 入力側フィルタのSPICEモデルを作成する

● エミフィルを採用

今回のFPGA電源は入力側にエミフィル(村田製作所)を付けて，低ノイズを実現しています．SMD対応のブロック・タイプで，型名はBNX025H01です．電源ライン専用の

フィルタであり，高調波ノイズを綺麗に取り除くことができます．

● データシートの等価回路図を利用する

フィルタそのもののパラメータ・モデルは存在しないため，対象となるデバイスの等価回路を考えます．

ゼロから考えるのは大変なので，まずは，メーカが提供しているデータシートを参照します．データシートには外形寸法図，定格値，挿入損失周波数特性などが記載されています．このうち，**図16-2**の等価回路図（以下，基本等価回路）を参考にします．

モデル化は，この基本等価回路を基に行います．5素子（L_1，L_2，L_3，C_1，C_2）で構成されています．

● インピーダンスを実測する

等価回路を思い描きながら，周波数特性（インピーダンス特性）の測定を行います．そして，この5素子の最適な数値を決定するには，何の測定が必要なのかを考えます．

ここで言う周波数特性とは，X軸が周波数，Y軸がインピーダンス$|Z|$の関係図のことを指します．

図16-2の等価回路図を基に考えると，下記の三つの端子間の周波数特性が必要になります．

　　（1）入力側電源（B）-グラウンド（PSG）間の周波数特性（測定結果：**図16-3**）
　　（2）出力側電源（CB）-グラウンド（CG）間の周波数特性（測定結果：**図16-4**）
　　（3）入力側電源（B）-出力側電源（CB）間の周波数特性（測定結果：**図16-5**）

それぞれの周波数特性はインピーダンス・アナライザ（4294A，アジレント・テクノロジー）で測定します．

これらの周波数特性の測定結果から，基本等価回路に足りない要素を加えつつ，定数を決めていきます．

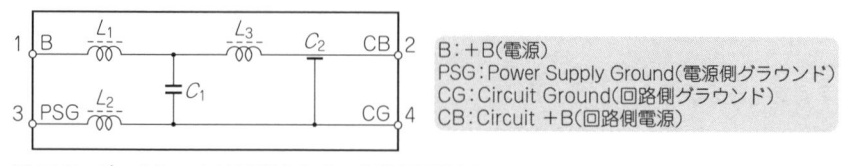

図16-2　データシートに掲載されていた等価回路図

B：+B（電源）
PSG：Power Supply Ground（電源側グラウンド）
CG：Circuit Ground（回路側グラウンド）
CB：Circuit +B（回路側電源）

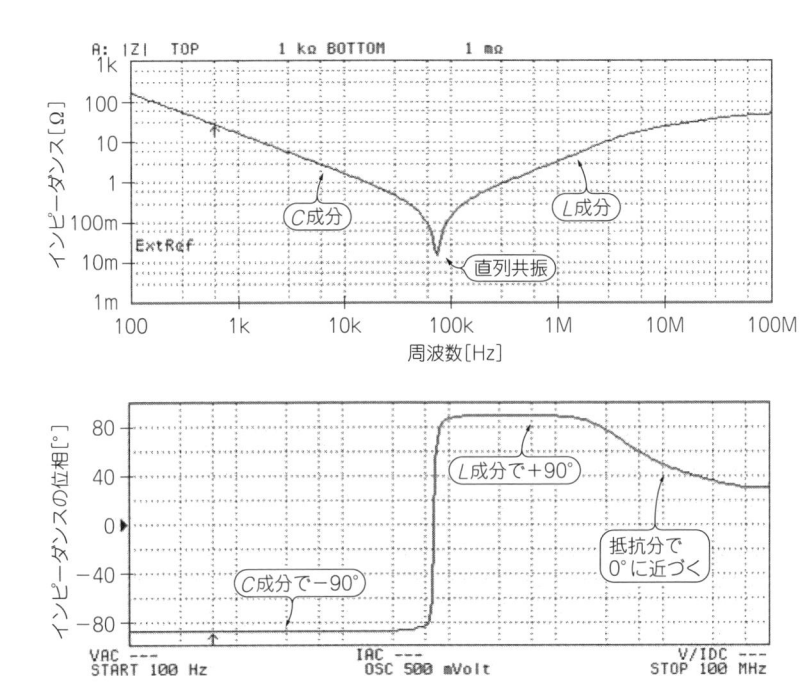

図16-3 4端子電源フィルタの入力側電源(B)-グラウンド(PSG)間の周波数特性の測定結果

● 入力側電源(B)-グラウンド(PSG)間の周波数特性から等価回路を作る

図16-3の特性はコンデンサの周波数特性であることがわかります．共振周波数もはっきりと確認できます．

電解コンデンサではなく，セラミック・コンデンサのような特性ふるまいです．よって，C_1の値の影響が大きいことがわかります．コンデンサの等価回路を作った時の例から，直列抵抗成分的な素子(R_{C1})を付加する必要がありそうです．

そのほかに必要なのが，直列インダクタンス成分です．**図16-2**では，L_1とL_2に相当します．L_1とL_2は類似した値として考えます．このコイルL_1, L_2は，さらに等価回路で考えます．コイルにも3素子モデル，4素子モデル，5素子モデルなどが存在します．ここでは，4素子モデルを採用します．

B-PSG間の等価回路は，これらの要素を加えた**図16-6**のような回路になります．

まずは，L_1とL_2が同じ素子だとして，次の関係式を想定します．

$$C_{L1} = C_{L2}$$

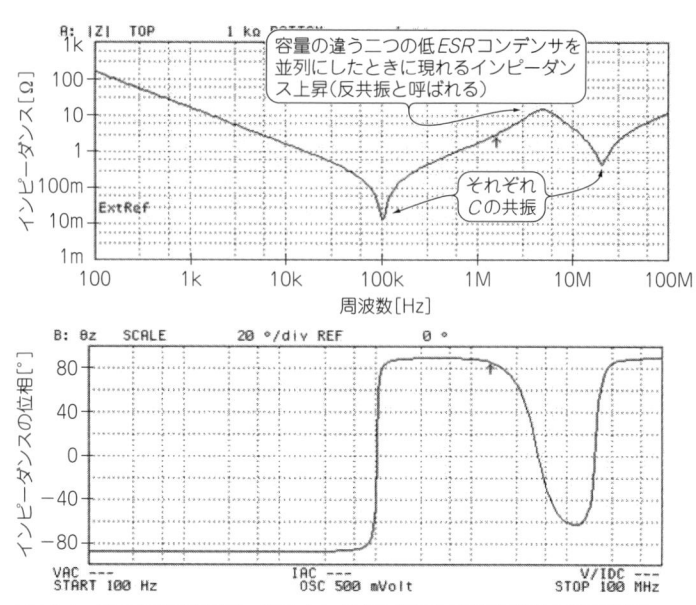

容量の違う二つの低ESRコンデンサを並列にしたときに現れるインピーダンス上昇(反共振と呼ばれる)

それぞれCの共振

図16-4 出力側電源(CB)-グラウンド(CG)間の周波数特性の測定結果

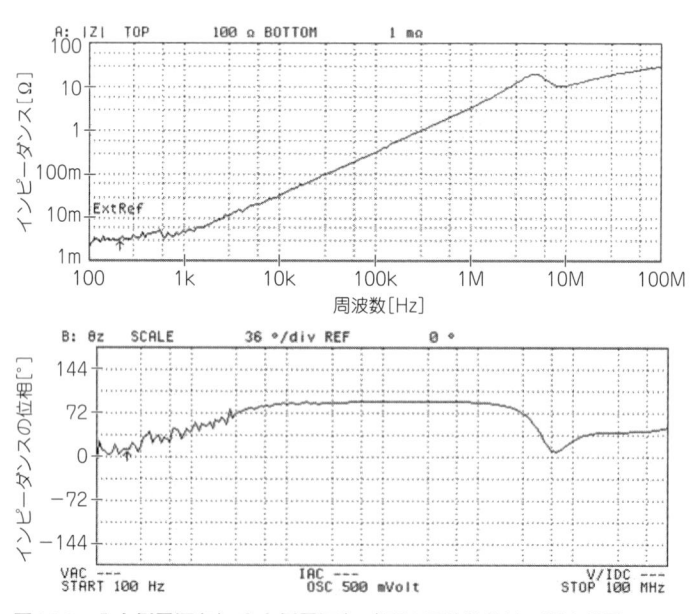

図16-5 入力側電源(B)-出力側電源(CB)間の周波数特性の測定結果

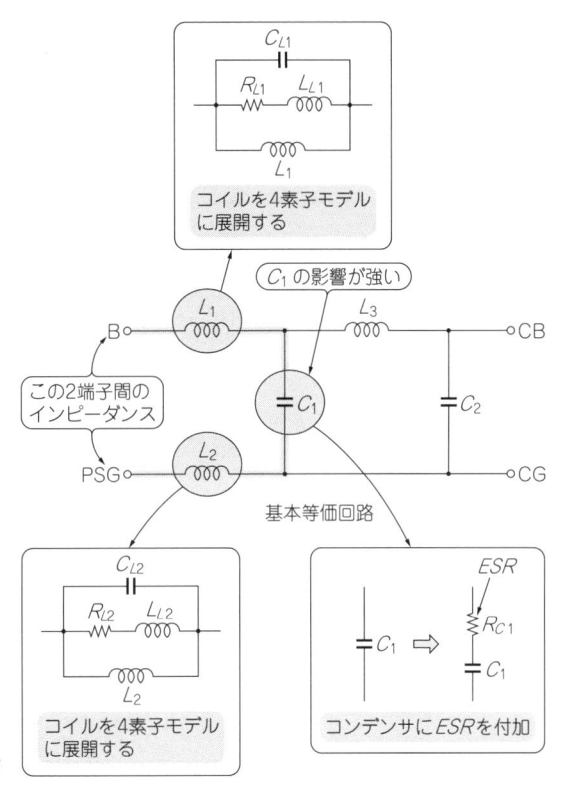

図16-6
B-PSG間の等価回路の考え方

$R_{L1} = R_{L2}$

$L_{L1} = L_{L2}$

$L_1 = L_2$

　この状態で，B-PSG間の周波数特性シミュレーションを実施します．そして，周波数特性の値を見ながら，各素子の最適解を探していきます．

　各素子の影響をパラメトリック解析で確認して最適解を探します．現段階で，10素子で等価回路が構成されていて，手作業で最適解を探すのは困難です．

　ここでは，モデルの定数最適化ツール PSpice AAOで最適値を計算し，その最適解を採用しました．周波数特性シミュレーションの方法は，第9章(電解コンデンサ)や第11章(コイル)を参照ください．

(a) 基本回路図

この2端子間のインピーダンス

(b) 周波数特性

反共振現象がみられるため，基本は，コンデンサの並列接続と考える

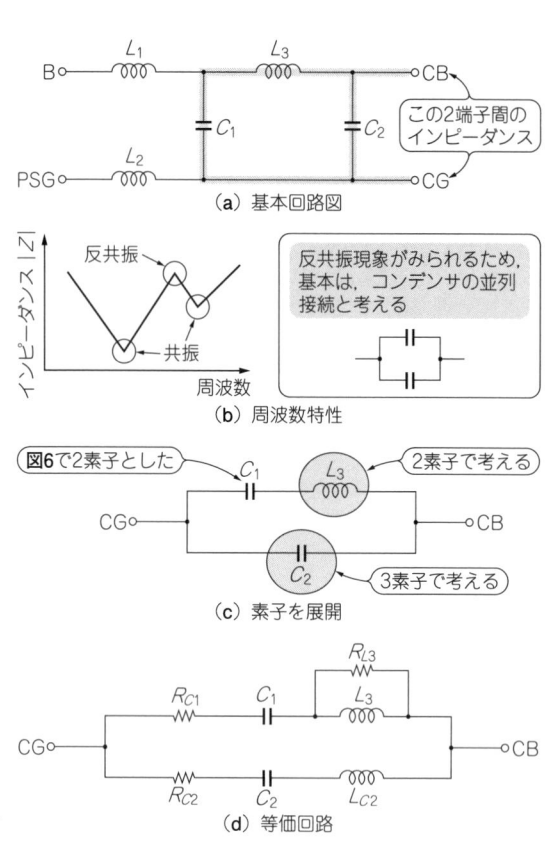

図6で2素子とした

2素子で考える

3素子で考える

(c) 素子を展開

(d) 等価回路

図16-7 CB-CG間の等価回路の考え方

R_{L3} 16Ω
R_{C1} 7.611m　C_1 9.2μ　L_3 260n
R_{C2} 0.45Ω　C_2 3.1492n　L_{C2} 20n

V_{sence} 0

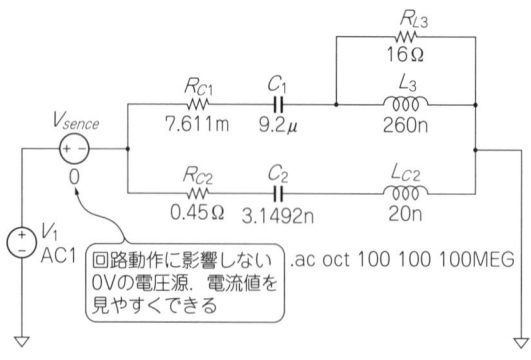

V_1 AC1

回路動作に影響しない0Vの電圧源．電流値を見やすくできる

.ac oct 100 100 100MEG

図16-8　CB-CG間の等価回路をシミュレーション

● CB-CG間の周波数特性から等価回路を作る

図16-4の周波数特性から読み取れる特徴は，大小容量のコンデンサの並列接続における反共振現象です．

基本等価回路図(図16-2)を参照すると，C_1とC_2が並列接続されています．この反共振現象が大きなヒントです．つまり，C_1とC_2の容量値は大きく異なると言うことです．

C_1についてはB-PSG間の等価回路決定時にESR成分を付加しています．CB-CG間の周波数特性をマッチングさせるには，C_2とL_3の等価回路をどのように表現するのかがポイントです．

ここでは，C_2には3素子モデルを採用し，L_3には2素子モデルを採用し，CB-CG間の等価回路図を図16-7のように決定しました．それぞれの最適解の定数は，先ほどと同様に最適化ツールPSpice AAOを利用して求め，その値を使いました．その結果が図16-8です．

● 反共振現象を再現する

反共振現象もLTspiceで解析できます．CB-CG間の周波数特性を例にしてみます．

LTspiceを起動して回路図を入力します．V_1はAC電源です．V_{sence}は値が0の電圧源です．電流値をみるときは，このV_{sence}に流れる電流値を表示させればよいので，操作が簡単になります．LTspiceでよく利用するテクニックです．

図16-9のようにシミュレーションの設定を行います．AC解析を行うため，AC Analysisのタブをクリックします．

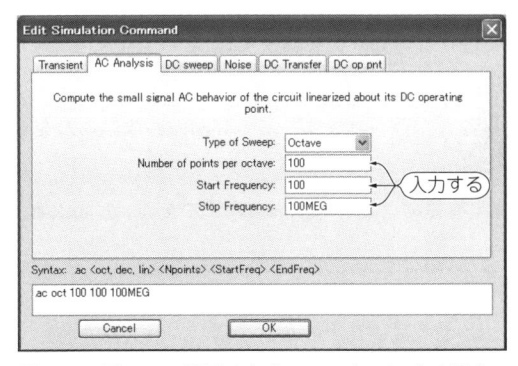

図16-9 図16-8の回路をシミュレーションする設定

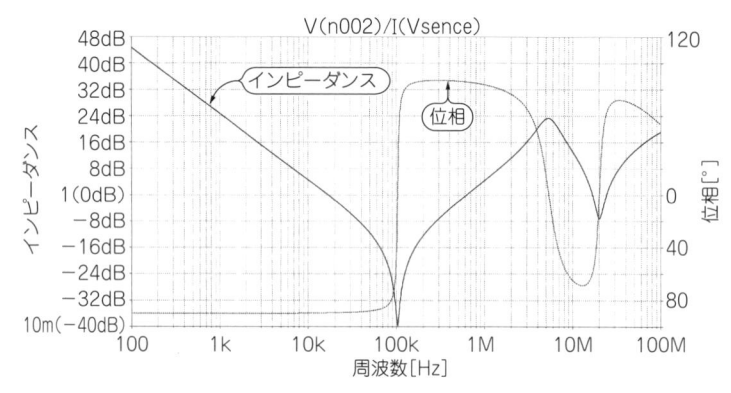

図16-10　反共振のシミュレーション結果

```
Number of points per octave：100
Start Frequency：100
Stop Frequency：100MEG
```

と設定します．この設定で，100Hzから100MHzまで解析できます．100メガの場合，MEGと入力してください．Mを入力すると，ミリと解釈されてしまいます．

その後[Run]ボタンを押し，シミュレーションを行います．シミュレーション結果を図16-10に示します．反共振現象でインピーダンスが上がっているようすがシミュレーションできています．

● B-CB間の周波数特性から等価回路を調整する

図16-5の周波数特性はコイルのインピーダンス特性です．よって，インダクタンス成分が強く影響していることがわかります．基本等価回路(図16-2)を見てもL_1およびL_2で構成されています．

このL_1およびL_2は，前述のとおり，L_1は4素子モデル，L_2は2素子モデルに展開しました．

この状態で周波数特性のシミュレーションを行い，R_{CB}とR_Bの抵抗成分を入力し，調整しました．また，ここでも最適化ツールを活用し，最適解を算出しました．B-CB間の等価回路図を図16-11に示します．

● さらに微調整を行い，精度を向上させ，等価回路モデルを完成させる

3端子の等価回路および最適化が終了しました．ここで，さらに等価回路全体で考えます．

B-CB間の等価回路作成の際に，R_Bの抵抗成分を追加しました．バランスを取るために，さらにR_{PSG_CG}の抵抗成分を付加します．またB-PSG間の等価回路作成の際に，$L_1 = L_2$としましたが，若干の微調整を行いました．

これで全体の等価回路図(**図16-12**)が完成しました．また，最適化されたSPICEモデルのネットリストを**リスト16-1**に示します．また，等価回路が完成したら，専用の回路図シンボル(**図16-13**)を作成します．

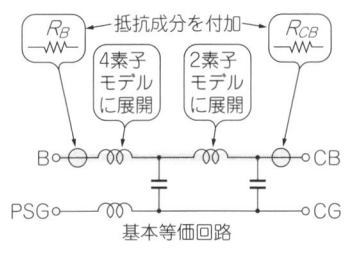

図16-11 B-CB間の等価回路の考え方

図16-13 BNX025H01の回路図シンボル

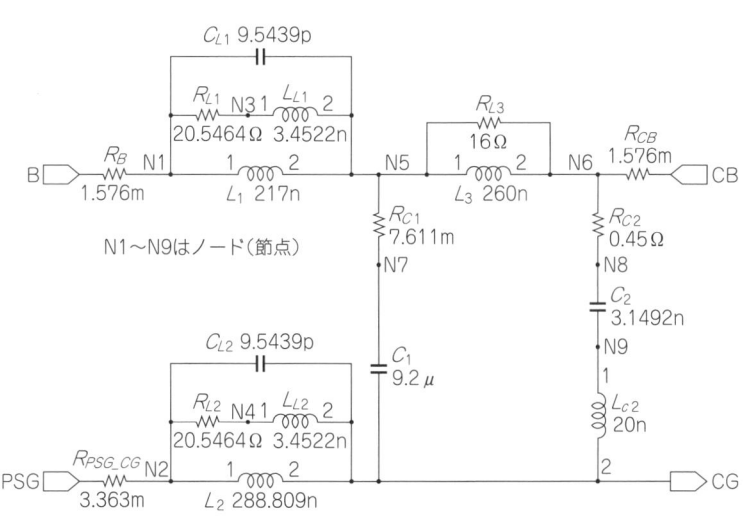

図16-12 入力側フィルタ「エミフィル」BNX025H01の完成した等価回路

リスト16-1 BNX025H01のSPICEモデルのネットリスト

```
$
*COMPONENTS: FILTER
*PART NUMBER: BNX025H01
*MANUFACTURER: Murata
*All Rights Reserved Copyright (c) Bee Technologies Inc. 2012
.SUBCKT BNX025H01 B CB PSG CG
R_RCB       CB N6       1.576m
C_CL2       N2 CG       9.5439pF
L_LL2       N4 CG       3.4522nH
L_LC2       N9 CG       20nH
L_L2        N2 CG       288.809nH
R_RL3       N5 N6       16
C_CL1       N1 N5       9.5439pF
L_L3        N5 N6       260nH
R_RC1       N5 N7       7.611m
R_RPSG_CG   PSG N2      3.363m
L_L1        N1 N5       217nH
R_RL1       N1 N3       20.5464
C_C1        N7 CG       9.2uF
L_LL1       N3 N5       3.4522nH
R_RB        B N1        1.576m
R_RC2       N6 N8       0.45
R_RL2       N2 N4       20.5464
C_C2        N8 N9       3.1492nF
.ENDS
*$
```

できれば，測定データとシミュレーションのエラーは5％以内を目指してください．

16-3──出力側フィルタのSPICEモデルを作成する

● プロードライザを採用

　出力側のフィルタの選択は特に重要です．ノイズを低減させながら，出力電流の影響が最小限になるような抵抗成分，インダクタンス成分でなければなりません．

　このモジュールでは，出力側に日本ケミコンのプロードライザを採用しています．型名はWRA2R0102です．電源ライン専用のフィルタであり，高調波ノイズを綺麗に取り除くことができます．

　導電性高分子デバイスで作られたデカップリング用コンデンサであり，電圧安定化とノイズ抑制に効果があります．広帯域で超低ESRおよび超低インピーダンスを実現しており，データシートではESRを$1m\Omega$としています．大電流出力には最適です．

　実装例は二つの場合があります（図16-14）．フィルタリング（シャント・スルー接続）とデカップリング（シリーズ／貫通接続）です．今回のFPGA電源モジュール回路では，フィ

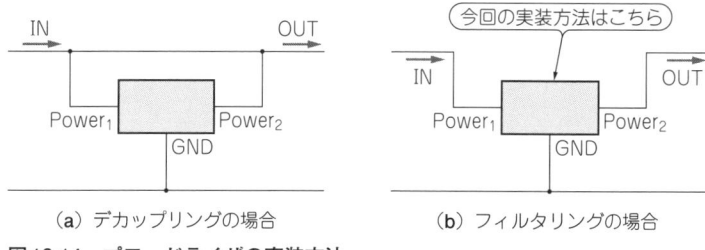

(a) デカップリングの場合 （今回の実装方法はこちら）
(b) フィルタリングの場合

図16-14　プロードライザの実装方法

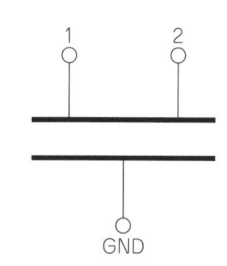

図16-15　プロードライザ WRA2R0102の回路図シンボル

ルタリングを採用しています．

● プロードライザのSPICEモデル作成の考え方

　周波数特性から等価回路を作成し，モデリングしていきます．このデバイスは3端子のデバイスです．回路図シンボルを**図16-15**のように定義します．メーカから提供されるデータシートには特に等価回路図は記載されていません．よって，まず周波数特性（インピーダンス特性）を測定し，その特性から等価回路も推測していきます．

● 周波数特性を測定する

　下記の三つの端子間の周波数特性を測ります．
(1) PIN1-GND間の周波数特性（測定結果：**図16-16**）
(2) PIN2-GND間の周波数特性（測定結果：**図16-17**）
(3) PIN1-PIN2間の周波数特性（測定結果：**図16-18**）

　それぞれの周波数特性はインピーダンス・アナライザ（4294A，アジレント・テクノロジー）で測定します．

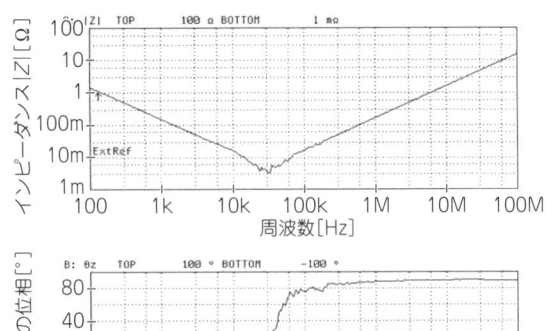

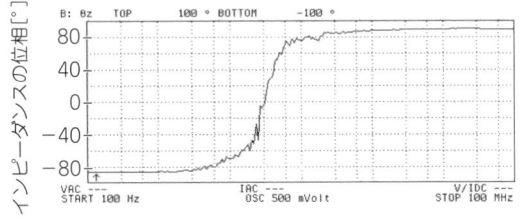

図16-16　PIN1-GND間の周波数特性の測定結果

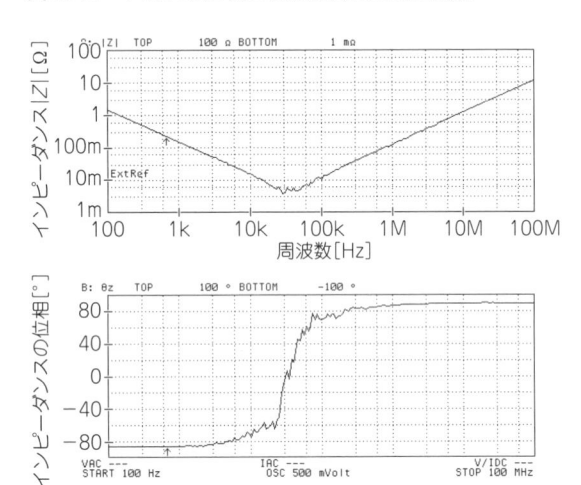

図16-17　PIN2-GND間の周波数特性の測定結果

● 各端子間の周波数特性から等価回路を考える

　PIN1-GND間とPIN2-GND間の周波数特性はコンデンサの周波数特性であり，共振周波数がはっきりと出ない電解コンデンサのような特徴があります．また，二つの特性は同一と考えて問題はありません．そこで，コンデンサの3素子モデルを基本にした等価回路になります．

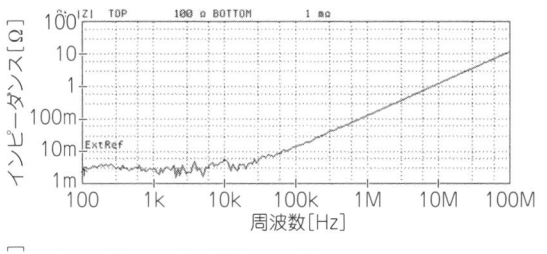

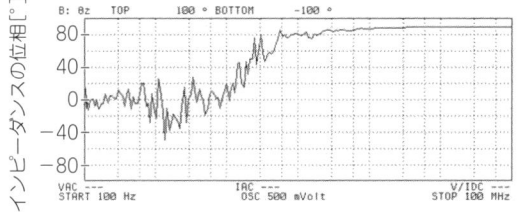

図16-18　PIN1-PIN2間の周波数特性の測定結果

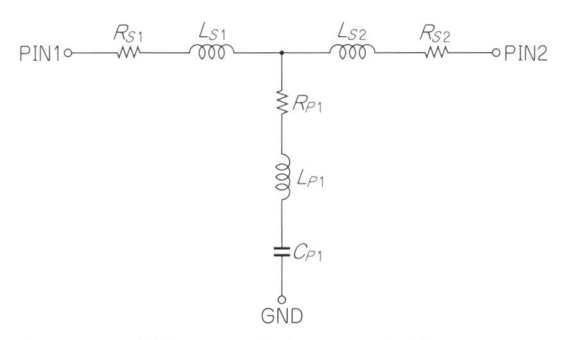

図16-19　出力側フィルタ「ブロードライザ」WRA2R0102の等価回路

　今回は，PIN1-PIN2の特性も同時に反映させて表現しなければなりません．PIN1-PIN2の周波数特性をコイル的な周波数特性と考えるのならば，PIN1-PIN2間にコンデンサは挿入できません．そのような制約を入れることで，等価回路を**図16-19**のように推測できます．

　次に，周波数特性を描かせる評価回路に，**図16-19**の等価回路を組み込んで検証していきます．最初は，

$R_{S1} = R_{S2}$

$L_{S1} = L_{S2}$

で最適解を探していましたが，PIN1-PIN2間の周波数特性の最適解を探す過程で，$R_{S1} = R_{S2}$は成立しましたが，$L_{S1} = L_{S2}$は成立しませんでした．最適解は，最適化ツールを活用しました．

● LTspiceのコイルのモデルの注意点：直列抵抗成分がデフォルト1mΩに設定されている

LTspiceのコイルのモデルについては注意が必要です．通常の場合，問題にはなりませんが，今回のような低電圧大電流電源回路には影響します．なぜなら，デフォルトで1mΩの直列抵抗成分が含まれているからです．

LTspiceを開き，コイルを配置します．コイルの絵柄の上でマウスを左クリックすると，図16-20のようなプロパティを開くことができます．

デフォルトの設定で，直列抵抗成分が1mΩあることがわかります．今回の回路解析シ

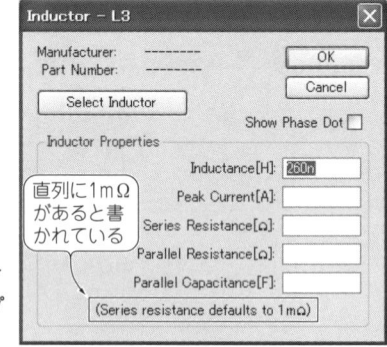

図16-20 LTspiceのコイル・モデルのプロパティ

直列に1mΩがあると書かれている

リスト16-2　WRA2R0102のSPICEモデルのネットリスト

```
*$
*COMPONENTS: FILTER
*PART NUMBER: WRA2R0102
*MANUFACTURER: Nihon Chemi-con
*All Rights Reserved Copyright (c) Bee Technologies Inc. 2012
.SUBCKT WRA2R0102 1 2 GND
R_RS1        1 N1        0.813m
R_RS2        2 N3        0.813m
L_LS1        N1 N2       11.9022nH Rser=0
L_LS2        N2 N3       6.40885nH Rser=0
R_RP1        N2 N4       2.674m
C_CP1        N5 GND      1.03088mF
L_LP1        N4 N5       12.2642nH Rser=0
.ENDS
*$
```

ミュレーションの場合，1mΩでも解析に影響するので，このデフォルト設定は無視できません．この設定を知らないで，今回のような大電流回路のシミュレーションを行うと，微小な電圧変動の解析結果が合わなくなります．

デフォルト設定を働かせなくするためには，ネットリストにて，

　　L_LS1　　N1　　N2　　11.9022nH　　Rser＝0

のように，Rser＝0の記述が必要になります．

● 微調整を行いSPICEモデルを完成させる

　今回の場合，出力特性であり，許容電圧範囲も非常に小さく，SPICEモデルの精度が大きく回路解析シミュレーション全体に影響します．誤差は5％以内（半導体のSPICEモデルの解析精度と同レベル）を目指す必要があります．

　完成したSPICEモデルのネットリストを**リスト16-2**に示します．これで電源の入力側フィルタと出力側フィルタのSPICEモデルの準備ができました．

16-4── 作成したフィルタのモデルを使ってシミュレーション

これで電子回路シミュレーションに必要なSPICEモデルは揃いました．

● 手順1：シミュレーション用の回路図を作成する

　LTspiceを起動して回路図を描きます．今回作成したフィルタの二つのSPICEモデルについては，それぞれについて2種類のファイルが必要です．

　回路図を描くための回路図シンボル・ファイル（.asy）とSPICEモデルのネットリストのライブラリ・ファイルです．今回作成したSPICEモデルは，全てサブサーキット・ファイルなので.subファイルになります．

　SPICEモデルは，LTspiceIV\lib\subフォルダに格納し，回路図シンボルは，LTspiceIV\lib\symフォルダに格納します．

● 手順2：解析する

　図16-21の通りに解析の設定を行います．今回は過渡解析[Transient]を選択します．

　解析時間は，Stop Timeに1mと入力します．そして，Start external DC supply voltages at 0Vにチェックを入れます．そして[Run]ボタンを押してシミュレーションし

図16-21 過渡解析を行うためのシミュレーション設定画面

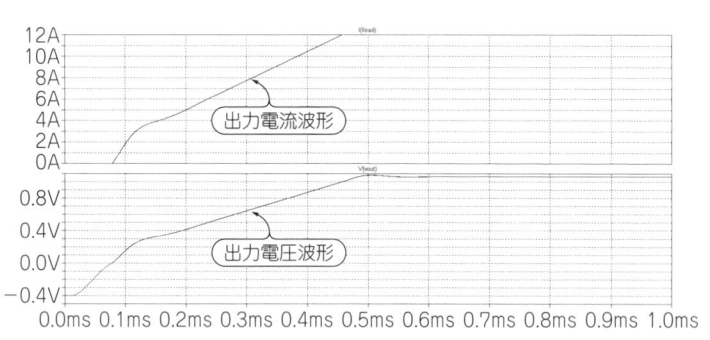

図16-22 シミュレーション結果…出力の電流と電圧

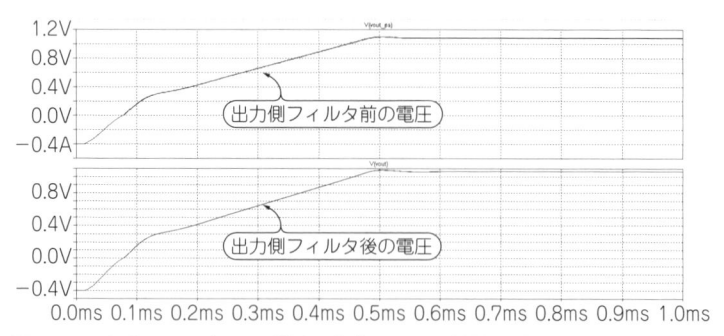

図16-23 シミュレーション結果…出力フィルタ前後の電圧

ます.

　シミュレーション終了後，[Add Trace]にて波形のノードを選択するか，プローブ機能で波形を表示させます.

● **手順3：主要な波形の確認を行う**
　出力特性のシミュレーション結果を**図16-22**に示します．上段が出力電流波形で下段が出力電圧波形になります．今回は，出力側フィルタの前後でのノイズ低減と電圧変動がどの程度，発生するかを電流負荷を変化させながら，検証していきます．
　電流負荷はILOADの値を入力することで反映できます．**図16-23**は，上段が出力側フィルタ前の電圧波形，下段が出力側フィルタ後の電圧波形です．これは起動時から安定するまでの解析結果です．
　それぞれの電圧値をカーソルを使用して，数値を記録していきます．電流負荷を変化させた場合のシミュレーション結果が**表16-1**です．これらの結果により，このFPGA電源モジュールは，フィルタの採用により，超低ノイズを実現し，許容電圧範囲も小さく，安定していることがわかります．
　後は自分の見たい場所の回路接続点(ノード)にて，電圧波形，電流波形を見てください．FPGAの電源回路は，低電圧大電流であり，電圧許容範囲も小さく，過渡応答性も問われる非常に難しい回路設計です．大電流のため，回路実験も難しく，多くの注意が必要です．
　今回の事例の通り，LTspiceを活用することで，FPGA用電源回路の設計期間短縮と品質向上に役立ちます．

Column(16-1)

LTspiceにはリニアテクノロジーの電源ICモデルが用意されている

● LTspiceの大きなメリット

　LTspiceは素子数無制限のSPICE回路解析シミュレータです．それに加えて，さらに大きなメリットとして，貴重なあらゆる種類のICのSPICEモデルが最初から提供されています．LTspiceの提供元がリニアテクノロジーのため，リニアテクノロジーのICならほとんどライブラリにあります．

　LTspiceを起動し，[Edit]-[Component]で型名を入力すると，図16-Aの画面になります．

　[OK]ボタンを押すと，IC単体を回路図に配置できます．隣の[Open this macromodel's test fixture]ボタンを選択すると，すぐにシミュレーションできる状態になっているアプリケーション回路が開きます．

　今回は[OK]ボタンを押してICを配置し，図1の回路図を描きます．回路解析シミュレーションで一番，労力を有するのが，自分の描く回路図を構成する電子部品のSPICEモデルを揃えることです．

　ICのSPICEモデルの情報流通はほとんどなく，ICのSPICEモデル作成には高度な等価回路技術と多くの実務経験が必要になります．

● ディスクリート部品のSPICEモデルの入手方法

　LTspiceを提供しているリニアテクノロジーはICメーカなので，ディスクリート部品のSPICEモデルの整備はユーザが担うことになる場合が多いでしょう．

　いくつかのディスクリート部品は登録されていますが，日本メーカの部品はほとんどありません．しかし，日本の半導体メーカも，現在では，計画的に自社製品のSPICEモデルを整備しており，以前と比較して，入手しやすくなりました．まずは，半導体メーカにSPICEモデルを要求してみてください．

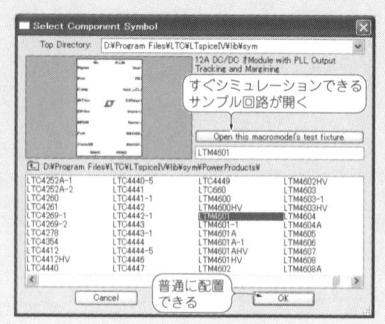

図16-A
部品選定画面からICを選ぶ

第17章
部品：IGBT
応用：モータ駆動回路

本章では，モータ・ドライブ回路に使われるIGBTのSPICEモデルの作成方法を紹介します．

17-1―IGBTのSPICEモデルを作成してモータ駆動回路の動作を再現

● 回路と再現する波形

本章でシミュレーションでふるまいを再現する回路は，DCモータ駆動回路です．DCモータをゲート制御回路やフォトカプラを経由して，IGBTでドライブします．

ゲート制御回路部分は，ドライバI_C自体のSPICEモデルを作成してそれを使うことも

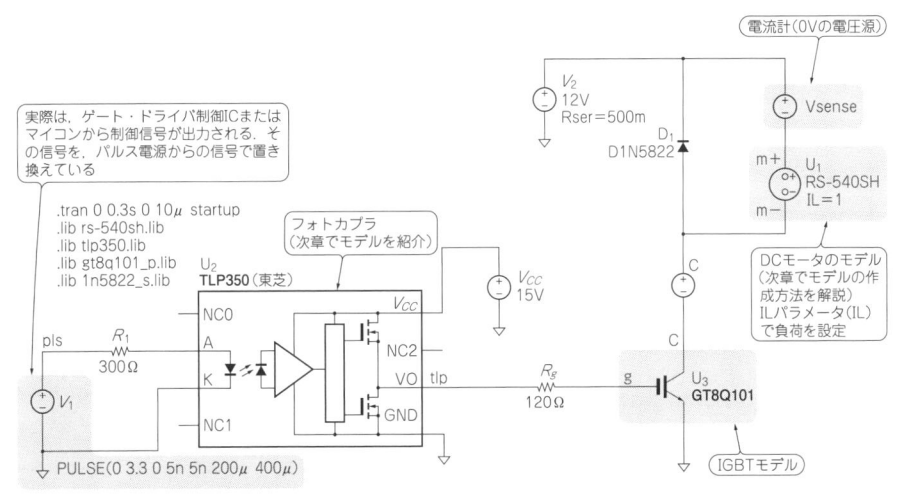

図17-1 IGBTによるモータ駆動回路

図17-2 無負荷時のスイッチング波形(実測)

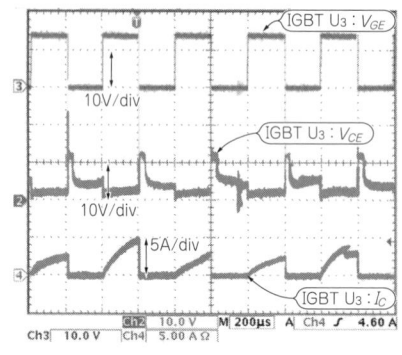

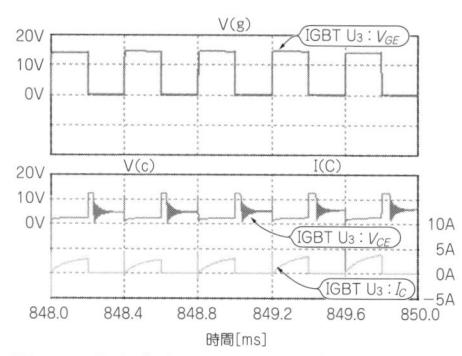

図17-3 無負荷時のスイッチング波形(シミュレーション)

考えられます．今回は観察したい波形が出力側なので，パルス電圧源に置換することで簡単に済ませます．

本章では，まずIGBTのSPICEモデルを作成します．次章は，DCモータのSPICEモデルを作成し，フォトカプラのSPICEモデルについても解説します．

回路を図17-1に示します．U_1 RS-540SHはDCモータの回路図シンボルです．ILというパラメータで，DCモータの回転出力に加わる負荷を入力できます．無負荷の場合と負荷がある場合の2通りの回路解析シミュレーションを行います．

LTspiceには，標準ライブラリにIGBTモデルがありません．IGBTのSPICEモデルを自作して，図17-1にそのSPICEモデルを組み込みます．

再現して確認する波形は三つのIGBTスイッチング波形です．具体的にはV_{GE}(ゲート-エミッタ間電圧)波形，V_{CE}(コレクタ-エミッタ間電圧)波形およびI_C(コレクタ電流)波形です．

(1) DCモータが無負荷：負荷パラメータIL = 1

実測波形を図17-2，再現したLTspiceでのシミュレーション波形を図17-3に示します．

(2) DCモータに負荷がある：負荷パラメータIL = 2.3

実測波形を図17-4，再現したLTspiceでのシミュレーション波形を図17-5に示します．

回路図の主な構成部品は下記の通りです．

- U_2 フォトカプラ：TLP350(東芝 セミコンダクター＆ストレージ社)
- U_3 IGBT：GT8Q101(東芝 セミコンダクター＆ストレージ社)
- U_1 DCモータ：RS-540SH(マブチモーター)

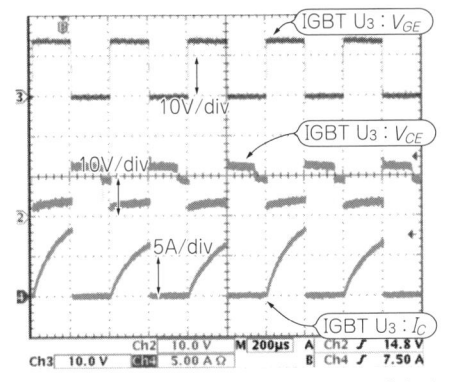

図17-4　負荷があるときのスイッチング波形
(実測)

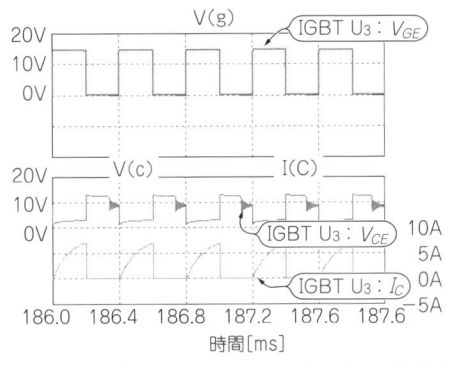

図17-5　負荷があるときのスイッチング波形
(シミュレーション)

● モータ駆動回路はシミュレーションの有効分野にして得意分野

　DCモータ駆動回路の実験は，モータに負荷をいろいろ与え，各デバイスの電圧波形，電流波形を確認します．電流波形を実験で測定するのは簡単ではないので，シミュレーションを有効活用した方が現実的です．

　今回の例だと取り扱う電流は比較的小さいのですが，産業用の場合，大電流になることもあります．その場合はますます電子回路シミュレーションが重要です．

● モータ駆動回路のシミュレーションにはフォトカプラ/ドライバ/モータの高精度モデルが必要

　モータには，DCモータ，ステッピング・モータなどがあり，駆動回路がそれぞれ違います．

　DCモータの場合，回路の基本構成は，制御回路，フォトカプラ，ディスクリートのパワー半導体，モータになります．

　ステッピング・モータの場合，フォトカプラがない構成もあります．

　ここでのパワー半導体とは，IGBT，パワーMOSFET，パワー・バイポーラ・トランジスタ，ダーリントン・トランジスタのことをいいます．モータ駆動回路ではパワー・バイポーラ・トランジスタかダーリントン接続のトランジスタをよく使いますが，今回はIGBTを採用しています．

　モータ駆動回路をシミュレーションする場合，キー・デバイスは，フォトカプラ，ドライバ素子(IGBTやトランジスタなど)，モータになります．これらのSPICEモデルの精度

が良くないと実機のふるまいをシミュレーションで再現することはできません．

17-2——モデル作成前に…IGBTの特徴

● パワー回路の損失を減らせるスイッチング素子

今回の主役IGBTは，Insulated Gate Bipolar Transisterの略語です．パワー・エレクトロニクス分野において，高速動作と低オン抵抗という相反する特性を両立させたスイッチング・デバイスです．産業用途ではインバータ，スイッチング電源，電気自動車用駆動回路，太陽光発電装置など，家庭用途でもエアコン，冷蔵庫，IHなど幅広く採用されています．

今後は，エアコンの省エネ化，電気自動車およびハイブリッド自動車の普及で，ますます需要が増えそうです．次世代IGBTの開発も進んでいて，新しいチップの構造やIPM(インテリジェント・パワー・モジュール)による装置全体の最適化，低損失化，高効率化が推進されています．

● IGBTの特徴

IGBTの長所は，パワーMOSFETと比較して高耐圧であり，低オン電圧化が容易である点です．高電圧，高電流の回路動作のスイッチング素子として活用できます．

短所は，パワーMOSFETと比較してターン・オフ時間が長い点です．これはIGBTの大きな特徴です．ターン・オフが遅いために，素子に流れ続けてしまう電流「テール電流」が大きくなります．スイッチングのターン・オフ損失が大きくなります．

今回の回路シミュレーションではMOSFET + BJT型の等価回路モデルを使います．ターン・オフを正確に再現できるため，正確な損失計算ができます．

17-3——IGBTのSPICEモデル

IGBTのSPICEモデルには3種類あります．ヘフナ・モデル，飽和特性補正関数付きヘフナ・モデル，そして，MOSFET + BJT型等価回路モデルです．今回作成するモデルは，一番進化したモデルといえるMOSFET + BJT型等価回路モデルです．

■ モデル①…ヘフナ・モデル

● 初期のIGBTモデルで作成は楽だが問題がある

IGBTの初期のモデルは，Hefner(ヘフナ)モデルであり，OrCAD PSpiceで標準モデルとして採用されたため，幅広く使用されていました．しかし下記の短所をユーザが改善するために，等価回路を加える必要がありました．ヘフナ・モデルの等価回路図は，**図17-6**の通りです．5個のDC電流コンポーネントと6個の容量性電荷コンポーネントで構成されています．ヘフナ・モデルのモデル・パラメータを**表17-1**に示します．ヘフナ・モデルの長所と短所は，次のとおりです．

▶長所
(1) 解析時間が短い
(2) モデル・パラメータ抽出は実測との合わせこみで行うため，デバイス・モデル作成が比較的容易
(3) 各温度ごとにデバイス・モデル作成を行うことで温度変化にも対応可能

▶短所
(1) 伝達特性が合わない
(2) 飽和特性が致命的に合わない．実用には，飽和特性を正しく再現させるための補正関数が必要

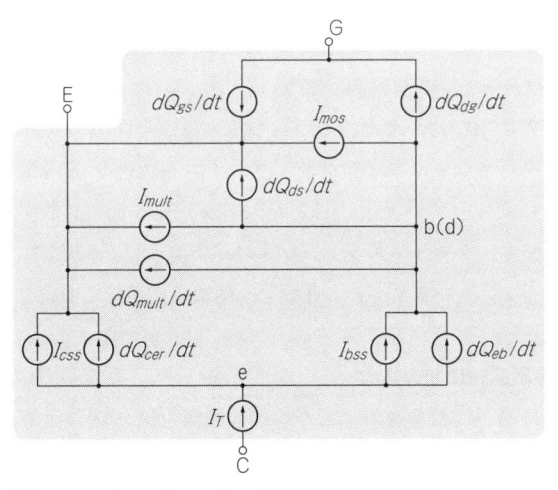

図17-6 IGBTのヘフナ・モデルの等価回路図

表17-1 IGBTのヘフナ・モデルのパラメータ

パラメータ	説明	単位	デフォルト値	パラメータ	説明	単位	デフォルト値
AGD	ゲートとドレインの重なり面積	m^2	5.00E-06	KP	MOSトランスコンダクタンス	A/V^2	0.38
AREA	デバイス面積	m^2	1.00E-05	MUN	電子移動度	$cm^2/(V \cdot S)$	1.50E+03
BVF	電子アバランシュ均一係数	N/A	1	MUP	正孔移動度	$cm^2/(V \cdot S)$	4.50E+02
BVN	電子アバランシュ増倍の指数部	N/A	4	NB	ベース・ドーピング	$1/cm^3$	2.00E+14
CGS	単位面積当たりのゲート-ソース間容量	F/cm^2	1.24E-08	TAU	アンビポーラ再結合寿命	s	7.10E-06
COXD	単位面積当たりのゲート-ドレイン間酸化膜容量	F/cm^2	3.50E-08	THETA	遷移電解係数	1/V	0.02
				VT	しきい値	V	4.7
JSNE	エミッタ飽和電流密度	A/cm^2	6.50E-13	VTD	ゲート-ドレイン重なり空乏しきい値	V	1.00E-03
KF	3極管領域係数	N/A	1	WB	金属ベース幅	m	9.00E-05

(3) IGBTはテール電流があるのでスイッチング損失を考慮しなければならないのに，スイッチング特性の調整が困難

■ モデル②…ヘフナ・モデル＋飽和特性補正回路

● ヘフナ・モデルの致命的な欠点を補正

ヘフナ・モデルでは，実際の素子と飽和特性が致命的に一致しません．補正する関数を等価回路にしてヘフナ・モデルに付加します．

ヘフナ・モデルの飽和特性がどのくらい合わないのかを図17-7に示します．事例は，IRG4PF50W（インターナショナル・レクティファイアー）です．実線はヘフナ・モデルのシミュレーション結果(OrCAD PSpice Model Editor Simulation)です．それに対して，丸印が測定データです．シミュレーション結果は，実測値に比較して，実際よりも2倍程度，飽和電圧が高くなっています．この違いを，関数を活用して改善します．

● 任意の関数を等価回路に組み込む

ヘフナ・モデルに補正関数を組み込んだ等価回路図を図17-8に示します．飽和特性の実測波形に合わせるため，ヘフナ・モデルのV_{CE}（コレクタ-エミッタ間電圧）にE_3のEVALUEを加算します．

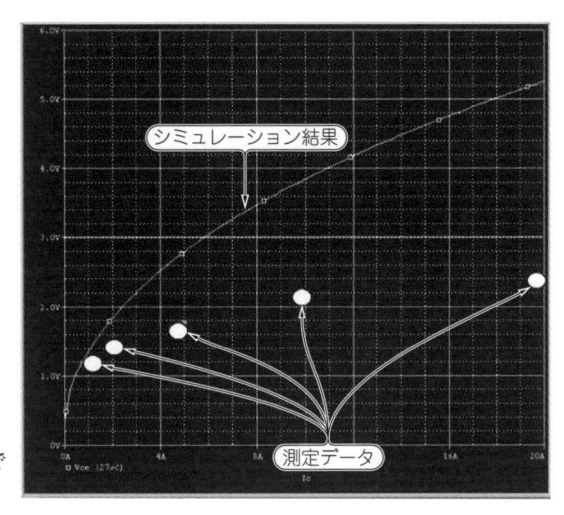

図17-7
ヘフナ・モデルは飽和特性を再現できないことが致命的

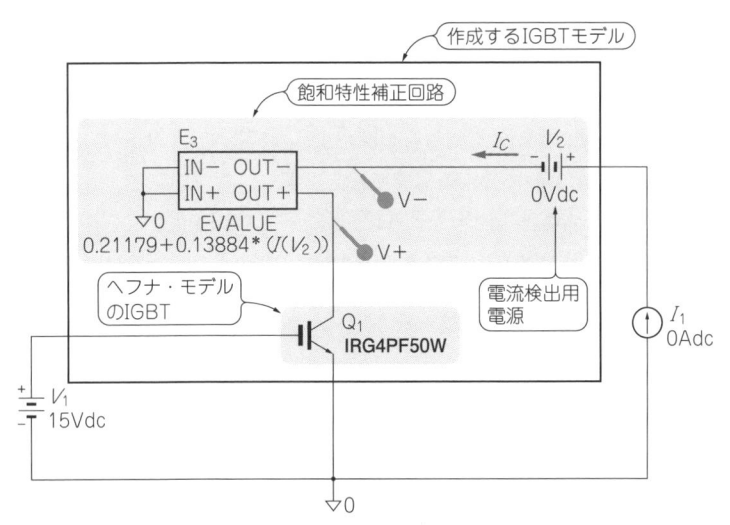

図17-8　ヘフナ・モデルに飽和特性の補正回路を追加すると実機の再現性が増す

　V_2の電圧源の役割は，コレクタ電流を検出するための電流検出用電源です．ここで検出されたコレクタ電流は，E_3のEVALUEの関数の$I(V_2)$に反映させます．ここでの関数は，V_{CE} = 0.21179 + 0.13884 × I_Cになります．

　関数を直接ネットリスト化することはできないので，何らかの回路に置き換えます．これは，実測の波形とシミュレーションの波形の差の関数になります．このデバイスの場合，

17-3 —— IGBTのSPICEモデル　273

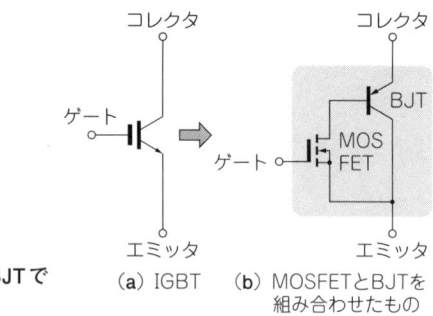

図17-9
IGBTはMOSFETとBJTで構成されている
(a) IGBT (b) MOSFETとBJTを組み合わせたもの

単純な関数ですが，複雑になる場合があります．その場合には，関数作成ソフトウェアを活用すると便利です．ここでは，カレイダグラフ（ヒューリンクス社）を活用しました．MATLABなどでも関数抽出はできます．

■ モデル③…MOSFET＋BJT型

● IGBTの構造から導き出されたモデル

このモデルはIGBTの構造から考えられた等価回路モデルであり，自然です．**図17-9**の通り，IGBTはMOSFETとBJTを組み合わせたような構造です．よって，IGBTのSPICEモデルもMOSFETとBJTのモデルの構成で考えます．

ゲート・チャージ特性を再現できるように，MOSFETのSPICEモデルを中心に等価回路で構成します．トランジスタのSPICEモデルは，Gummel-Poonモデルを採用します．等価回路図を**図17-10**に示します．

長所と短所は次の通りです．

▶長所
(1) 温度モデルを考慮可能．RC成分が抽出できる．ただし，実測データからの合わせこみが必要
(2) SPICEによるデバイス方程式がMOSFETとBJTなので，電気特性において影響するパラメータが想定できるし，補正は必要な特性はABMモデルの組み込みにより対応が容易

▶短所
BJTとMOSFETの双方の特性による因果関係から，パラメータの合わせこみには技術を必要とする．パラメトリック解析を駆使して影響度合いを確認し，パラメータ

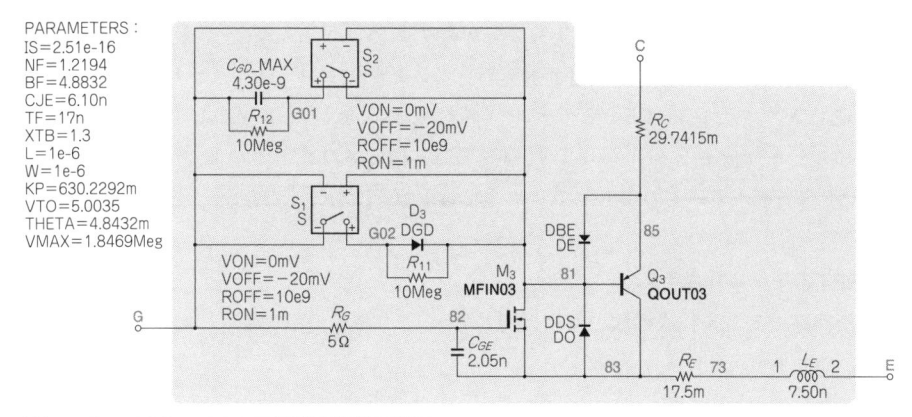

図17-10 MOSFET＋BJT型等価回路モデル

を手動で最適化することも不可能ではないが，効率を考えると，PSpice AAOなどの最適化ツールを活用するのが好ましい

17-4 — IGBTのSPICEモデルを作る手順

● IGBTのSPICEモデルの作成方針

今回作成するIGBTのSPICEモデルは，パラメータ・モデルではなく等価回路モデルです．等価回路モデルは先に示した図17-10の通りです．

まずは，この回路図をLTspiceで描きます．そしてネットリストを出力します．等価回路図が複雑なので，一つのシンボルにまとめてしまいます．この等価回路の素子の定数およびMOSFET，トランジスタのモデル・パラメータを決定していきます．MOSFETは第12章，BJTは第14章を参考にしてください．

IGBTのモデルで再現する電気的特性は下記の5項目になります．

(1) 伝達特性
(2) 飽和特性
(3) ゲート・チャージ特性
(4) スイッチング特性：上昇時間
(5) スイッチング特性：下降時間

特に，過渡解析で損失計算をする場合，IGBTの大きな特徴であるテール電流に影響す

る下降時間は，正確にモデリングする必要があります．

　通常のIGBT素子の場合，IGBT本体に加えて，FWD(フリー・ホイール・ダイオード)も内蔵します．今回はIGBTをモデル作成対象としました．FWDがある場合はそのSPICEモデル作成も必要になります．FWDはLTspiceのダイオード・モデルが使えます．第8章のダイオードのSPICEモデル作成編を参考にしてください．

● IGBTのモデル作成手順

　等価回路モデルも作成手順の基本は同じです．I-V特性，C-V特性，スイッチング特性の順になります．

準備1：SPICEモデル作成を効率よく行うための準備
準備2：合わせこみに使わないパラメータを入力
　準備が終了したら，手順に入ります．手順は，六つあります．
手順1：伝達特性に関わるパラメータの決定
手順2：飽和特性に関わるパラメータの決定
手順3：ゲート・チャージ特性に関わるパラメータの決定
手順4：スイッチング特性(上昇時間)に関わるパラメータの決定
手順5：スイッチング特性(下降時間)に関わるパラメータの決定
手順6：その他に必要なパラメータ値の入力

　パラメータを抽出できる手軽なツールはないので，評価回路を描き，各種パラメータの影響度合いを解析しながら，最適解を探していきます．

17-5——準備1：SPICE モデル作成を効率よく行うための準備

● シミュレーション・エラーを起こしにくい等価回路

　図17-10は，基本となる等価回路図です．等価回路内部にS_1およびS_2があります．これらの素子は，ある条件下で働くスイッチです．ところが，スイッチがON/OFFするような急激な動作をする場合，等価回路内部が原因で収束エラーを発生する可能性が高くなります．収束エラーとは，電子回路シミュレータが最後まで計算をしてくれない現象です．

　S_1およびS_2のスイッチをスイッチング素子に置き換えると，急な動作を軽減し，収束エラーの原因を減らせます．改善した等価回路図を図17-11に示します．

● SPICEモデル作成の準備

　等価回路モデルの場合，各種電気的特性の評価回路図を描き，実測とシミュレーション結果を比較しながら，パラメータの数値を決定していきます．

　まず，図17-11の等価回路図を描き，ネットリストとシンボル図を作成します．LTspiceは，回路図を描けば自動的にネットリストを生成してくれます．そのネットリストをサブサーキットの形にするため，前後に1行ずつ追記します．

```
.SUBCKT GT8Q101 G C E
    図17-11の等価回路図のネットリスト
.ENDS
```

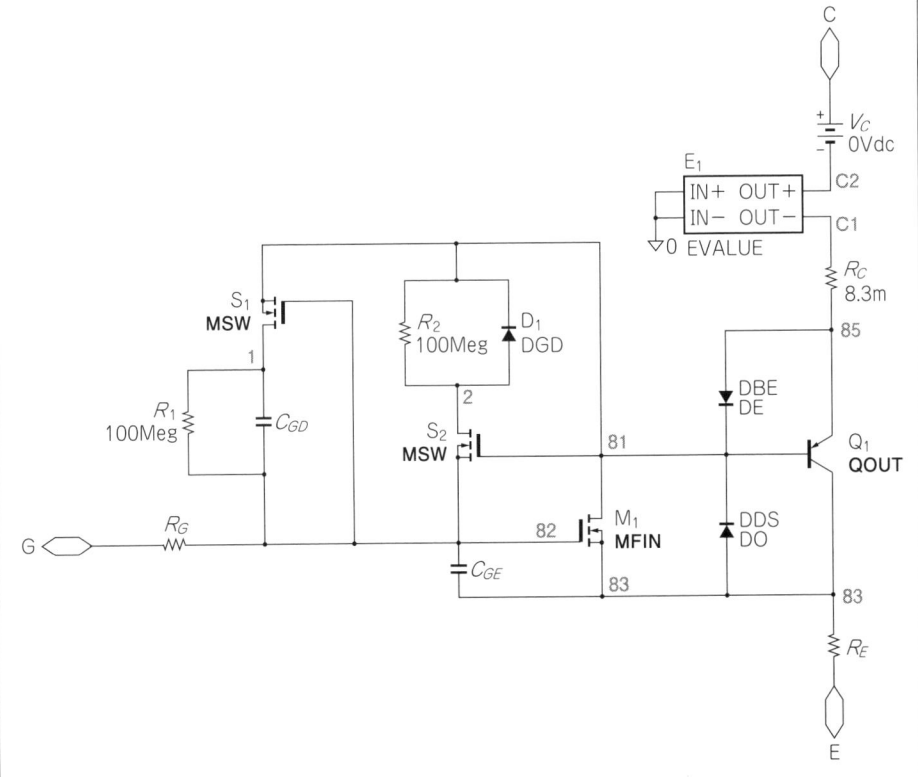

図17-11　エラーを起こりにくくしたIGBTの等価回路図

こうして作ったネットリストに回路図シンボルを関連付けます．これでSPICEモデル作成の準備ができました．

17-6──準備2：合わせこみに使わないパラメータを設定

● MOSFETのモデル・パラメータの設定

MOSFETの下記のモデル・パラメータについては，次の通りの値を設定しておきます．
L，W，TOXは製造プロセスのパラメータです．ウェハ内部のモデリングには重要なのですが，ディスクリート部品をモデリングする場合，常識を外れない値を入力しておけば問題ありません．

```
LEVEL = 3
L = 1u
W = 1u
TOX = 0.1u
RS = 0
RD = 0
```

● トランジスタのモデル・パラメータの設定

トランジスタのモデル・パラメータでは，`RB = 0` に設定しておきます．

17-7──手順1：伝達特性に関わるパラメータを決定する

● 伝達特性（V_{GE}-I_C特性）に関わるモデル・パラメータ

IGBTの伝達特性は飽和領域において式(1)で表せます．

$$g_{fe} = \frac{1}{(1-\alpha_{PNP})} \cdot \frac{\mu_{ns}C_{OX}Z}{L_{CH}}(V_{GE}-V_{TH}) \cdots (1)$$

μ_{ns} ：Surface mobility of electrons
Z ：Channel width（チャネル幅）
L_{CH} ：Channel length（チャネル長）

V_{TH} ： Threshold voltage（閾値電圧）
V_{GE} ： Applied gate voltage（ゲート-エミッタ間電圧）
C_{OX} ： Gate-oxide capacitance Per unit area
α_{PNP}： Current gain of the pnp transistor

　この数式より，MOSFETおよびトランジスタで関わるモデル・パラメータは次のようになります．

　［MOSFETのモデル・パラメータ］

　THETA，VTO，KP

　［トランジスタのモデル・パラメータ］

　NF，BF

　MOSFETのモデル・パラメータのETAは，ゲート・チャージ特性において影響を与えるので外します．特に重要なモデル・パラメータは，KPおよびTHETAです．KPは1より大きな値にする必要があります．

● 伝達特性を表現する評価回路図を作成する

　図17-12の通り，伝達特性シミュレーションの評価回路図を描きます．V_{CE}に5Vを加わえ，V_1でV_{GE}の電圧をスイープします．0～20Vまで，0.01Vの間隔でDC解析を行います．$I(V_{CE})$をトレースすると図17-13に示すシミュレーション結果になります．表示が反対なので，$-I(V_{CE})$でコレクタ電流を表示します．表示については，臨機応変に対応しましょう．

● 影響度合いを考慮しつつ最適化を行う

　図17-14に伝達特性におけるモデル・パラメータKPおよびTHETAの影響度合いを示します．最初に小信号領域，次に大信号領域の順番で最適化を行います．パラメトリック解析でモデル・パラメータの数値を変化させ，実測値（表17-2）になるように最適化を繰り返します．

　VTOは，KPの最適化を行う際に一緒に考慮します．

　トランジスタのモデル・パラメータは最終段階で最適化を実施してください．最適化した値は次の通りです．

　［MOSFETのモデル・パラメータ］

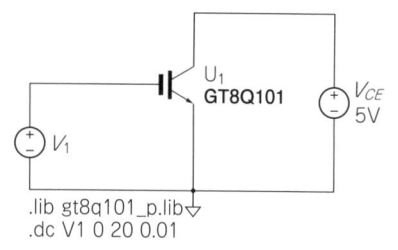

```
.lib gt8q101_p.lib
.dc V1 0 20 0.01
```

図17-12 作成モデルの伝達特性を評価する回路

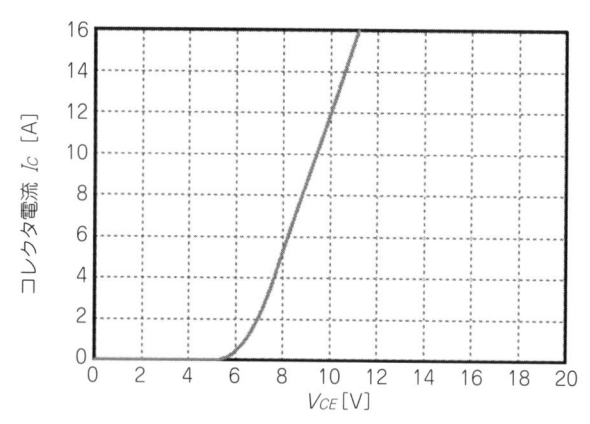

図17-13 伝達特性のシミュレーション

THETA = −58m
VTO = 5.15
KP = 0.88

[トランジスタのモデル・パラメータ]

NF = 1.2
BF = 0.25

(a) KP

小信号領域を最適化する場合は，モデル・パラメータKPを動かす

(b) THETA

大信号領域を最適化する場合は，モデル・パラメータTHETAを動かす

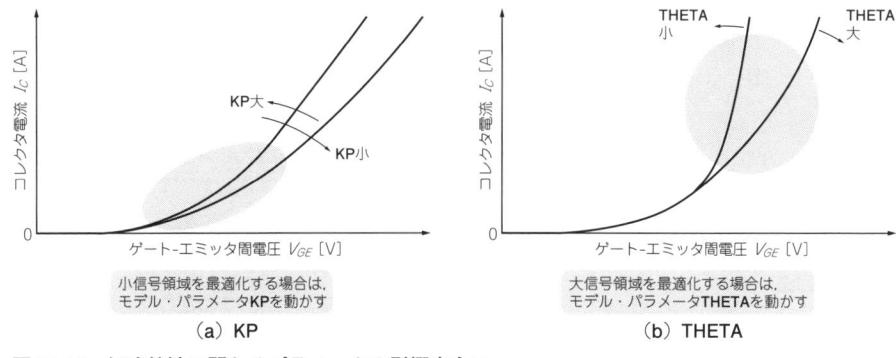

図17-14 伝達特性に関わるパラメータの影響度合い

表17-2 モデル化するIGBTの伝達特性の実測値

コレクタ電流I_C [A]	ゲート-エミッタ間電圧V_{GE} [V]
1	6.3
2	6.9
5	8.1
8	9
16	11

17-8——手順2：飽和特性に関わるパラメータを決定する

● 飽和特性に関わるパラメータについて

図17-11のE_1のEVALUEでの関数でIGBTの飽和特性を定義します．V_Cはコレクタ電流の検出用電源です．この電流値を関数に反映させて決定します．考え方は，ヘフナ・モデルの飽和特性補正関数と似ています．

● 飽和特性を表現する評価回路図を作成する

図17-15のように飽和特性シミュレーションの評価回路図を描きます．V_{GE}に15V印加し，I_Cでコレクタ電流をスイープします．0から16Aまで，0.01Aの間隔でDC解析を行います．IGBTのコレクタ端子にCというノードを設定することで，$V(C)$をトレースすると，図17-16の通りのシミュレーション結果になります．

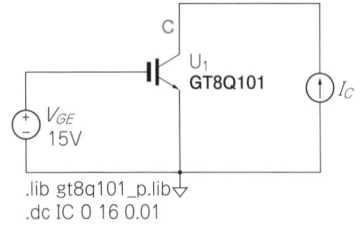

図17-15 作成モデルの飽和特性を評価する回路

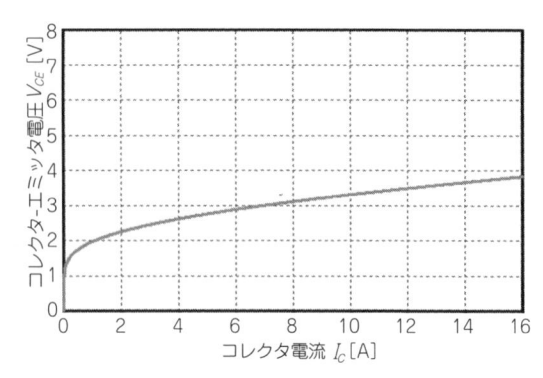

図17-16 図17-15のIGBTの飽和特性（シミュレーション）

- **飽和特性関数を作成する**

  E_E1 C2 C1 VALUE {V(LM) * 1 * PWR(I(V_VC), 2)}

  上記の関数の1および2の数値を決定します．二つの数値を変化させ，飽和特性シミュレーションを行い，数値を決定します．最適化の結果は次の通りになりました．

  E_E1 C2 C1 VALUE {V(LM) * 1.1595 * PWR(I(V_VC), 0.2503)}

最終的には，シミュレーション結果と実測の結果（表17-3）を比較して，再現性を確認します．

17-9——手順3：ゲート・チャージ特性に関わるパラメータの決定

- **ゲート・チャージ特性に関わるパラメータ**

  C_{GE}の値C_CGE，C_{GD}の値C_CGDと，DGDのダイオードのモデル・パラメータCJO，M，VJの五つです．それぞれがどの素子に相当するかは図17-11を参照してください．

表17-3 モデル化するIGBTの飽和特性の実測値

コレクタ電流 I_C [A]	コレクタ-エミッタ間電圧 V_{CE} [V]
1	2
2	2.25
5	2.63
10	3.25
16	4

● **ゲート・チャージ特性を測る回路図を作成**

図17-17の通り，ゲート・チャージ特性を決めるための回路図を描きます．V_{CE}に400Vを加え，I_Cは5.333Aに設定しました．この状態でゲートにパルス電流を流します．波形表示は，IGBTのゲート端子にGというノードを定義して，ゲート電圧$V(G)$をトレースします．

結果を図17-18に示します．X軸は[μs]になっていますが，[C]に読み替えます．

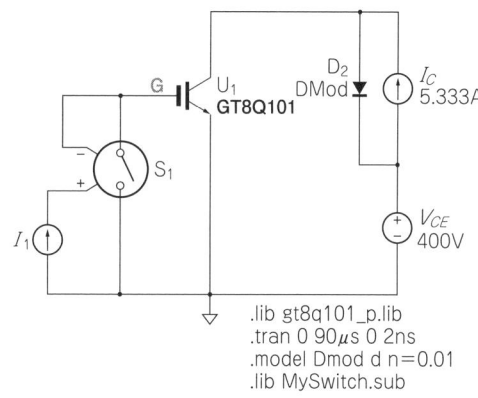

図17-17
作成モデルのゲート・チャージ特性を評価する回路

.lib gt8q101_p.lib
.tran 0 90μs 0 2ns
.model Dmod d n=0.01
.lib MySwitch.sub

PULSE(0 1m 0 5n 5n 600μ 1000μ)

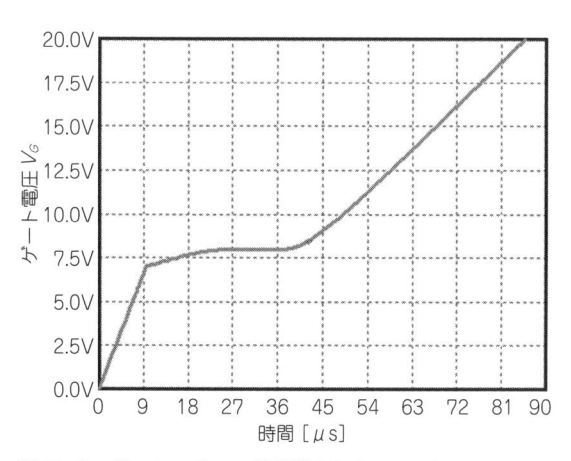

図17-18 ゲート・チャージ特性のシミュレーション

● 影響度合いを考慮して最適化を行う

　最初にC_CGE，C_CGDを決定します．図17-19に影響度合いを示します．パラメトリック解析で最適化します．次に，DGDのダイオードのモデル・パラメータCJOを決定します．CJOはスイッチング特性にも影響するので，必要なら設定しなおします．CJOの値は図17-19のCGEと同様のふるまいです．

　M，VJについてはデフォルト値を基準にして少しずつ調整してください．最終的な最適化の結果を下記に示します．

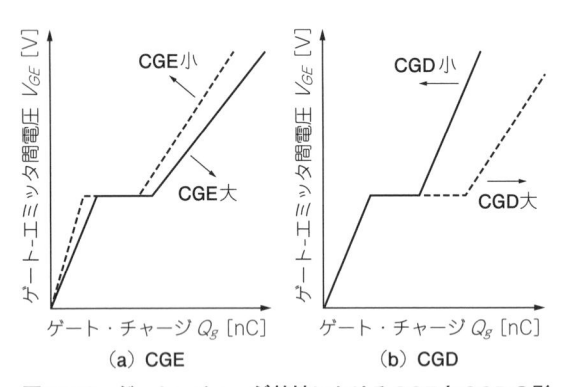

図17-19　ゲート・チャージ特性におけるCGEとCGDの影響度合い

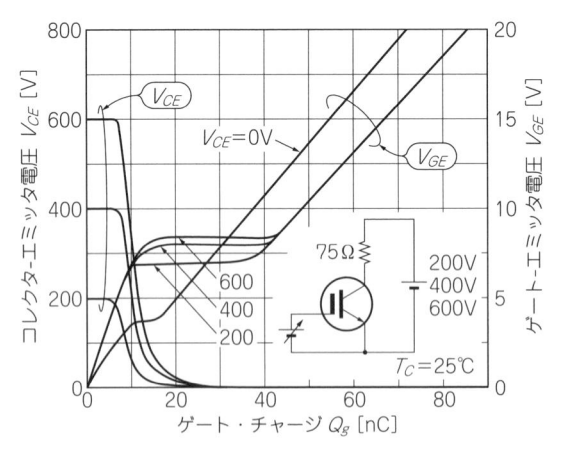

(a) CGE
(b) CGD

図17-20　GT8Q101のデータシートに示されているゲート・チャージ特性

```
C_CGE 82 83 1.4n
C_CGD 1 82 2.105n
.MODEL DGD D(CJO = 1350.95E − 12 M = .64266 VJ = .3905)
```

データシート記載のゲート・チャージ特性図(図17-20)とシミュレーション結果を比較して，最終確認を行ってください．

17-10——手順4：スイッチング特性（上昇時間）に関わるパラメータの決定

● スイッチング特性の上昇時間に関わるパラメータ

R_Gの値R_RGおよびDGDのダイオードのモデル・パラメータCJOです．それぞれがどの素子に相当するかは，図17-11を参照してください．

● スイッチング電流の上昇時間を見る回路図を作成

スイッチング電流の上昇時間シミュレーションの評価回路図を図17-21の通り描きます．V_{CC}に600V印加します．負荷抵抗は75Ωです．L_2にインダクタンスがあり，I_Cにはおよそ8A流れます．ゲート抵抗R_Gは150Ωです．ここで，ゲートにパルス信号を入力します．上昇時間は$I(L2)$をトレースすることで観察できます．シミュレーション結果は，図17-22に示します．

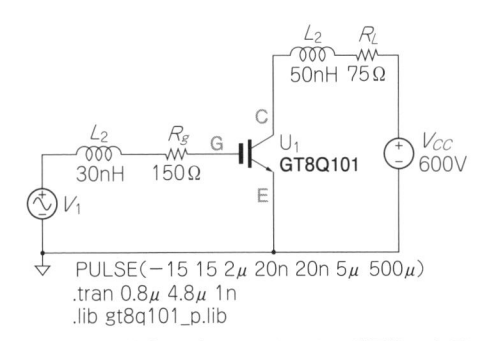

図17-21 作成モデルのスイッチング電流の上昇時間を評価する回路

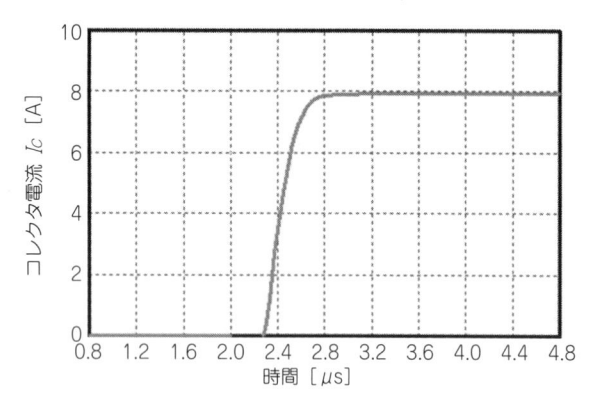

図17-22 上昇時間のシミュレーション結果

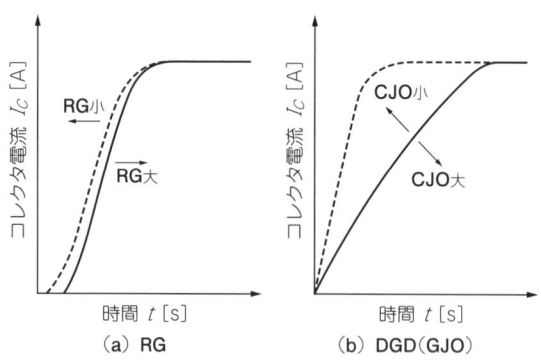

図17-23 上昇時間におけるパラメータR_GおよびCJOの影響度合い

(a) RG
(b) DGD（GJO）

● 影響度合いを考慮し最適化を行う

上昇時間t_rは300nsです．この値になるように二つのパラメータを決定します．

図17-23にR_GおよびDGDのダイオードのモデル・パラメータCJOの上昇時間における影響度合いを示します．

まずMOSFETのモデル・パラメータR_Gを決定し，CJOを決定します．CJOはキー・パラメータになります．最適解は次のようになりました．

```
R_RG = 15
DGD D (CJO = 1350.95E − 12)
```

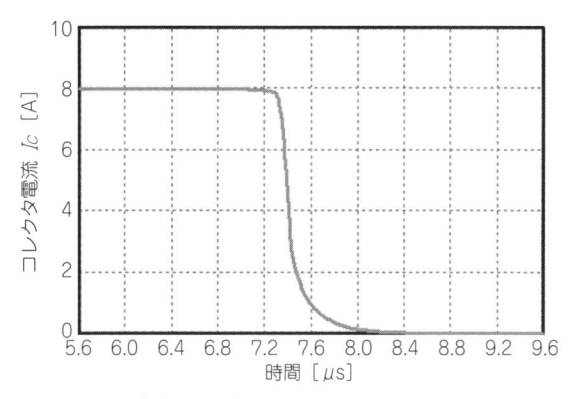

図17-24 下降時間のシミュレーション結果

17-11——手順5：スイッチング特性（下降時間）に関わるパラメータの決定

● スイッチング特性の下降時間に関わるパラメータ

下降時間はトランジスタ Q_1 のモデル・パラメータTFで調整します．どの素子に相当するかは，図17-11を参照してください．

● スイッチング特性の下降時間を見る回路図

参照する回路図は上昇時間のときと同じです．下降時間TFについても $I(L_2)$ をトレースすることで，観察できます．ただし，下降時間の範囲を選択してください．シミュレーション結果は図17-24に示します．

● 影響度合いを考慮して最適化を行う

データシートにある下降時間 t_f は，300nsです．この値になるように一つのパラメータを決定します．

下降時間を長くしたい場合には，TFを大きくし，下降時間を短くしたい場合には，TFを小さくします．これを繰り返してフィッティングします．最適解は次のようになりました．

```
TF = 65n
```

17-12——手順6：その他に必要なパラメータ値の入力

● 経験則より，パラメータ値を入力する

図17-11のトランジスタのモデル・パラメータVAFの値は，50〜100で設定してください．今回のデバイスの場合，**VAF = 100** を入力してください．

これでIGBTのSPICEモデルが完成しました．準備から手順までに触れないパラメータは，IGBTに関して共通の数値と認識してください．GT8Q101のSPICEモデルのネットリストを**リスト17-1**に示します．

リスト17-1　作成したIGBTのSPICEモデル

```
*$
* PART NUMBER: GT8Q101
* MANUFACTURER: TOSHIBA
* VCES=1200V, IC=8A
* All Right Reserved Copyright (C) Bee Technology Inc. 2011
.SUBCKT GT8Q101 G C E
E_E1 C2 C1 VALUE {V(LM)*1.1595*PWR(I(V_VC),0.2503)}
E_ELM LM 0 TABLE {I(V_VC)} (0.00099,1u) (0.001,1)
R_RLM LM 0 10MEG
R_RE 83 E 100u
M_M1 81 82 83 83 MFIN
D_DDS 83 81 DO
C_CGE 82 83 1.4n
R_RG G 82 15
D_D1 2 81 DGD
V_VC C C2 0Vdc
R_R1 1 82 100MEG
M_S2 2 81 82 82 MNSW
R_R2 81 2 10MEG
R_RC C1 85 100u
M_S1 1 82 81 81 MNSW
D_DBE 85 81 DE
Q_Q1 83 81 85 QOUT
C_CGD 1 82 2.105n
.MODEL DGD D (CJO=1350.95E-12 M=.64266 VJ=.3905)
.MODEL MFIN NMOS (LEVEL=3 L=1U W=1U LEVEL=3
+ VTO=5.15 KP=0.88 THETA=-58m)
.MODEL DO D  (IS=3.79p)
.MODEL DE D  (IS=3.79p N=2)
.MODEL QOUT PNP (IS=3.79p NF=1.20 BF=0.25
+ XTB=1.3 CJE=0.1n VAF=50 TF=65n)
.MODEL MNSW NMOS Vto=-0.0 KP=5 N=1Meg Rds=1e12
.ENDS
*$
```

17-13——完成したIGBTモデルをモータ駆動回路に組み込んでシミュレーション

● 手順1：シミュレーション用の回路図を作成する

LTspiceを起動して，図17-1の回路図を描きます．それぞれの部品に対して，2種類のファイルが必要です．回路図記号ファイル(.asy)とSPICEモデルのネットリストのライブラリ・ファイルです．

LTSpiceの場合，ライブラリ・ファイルは拡張子がSUBファイルが多いです．拡張子がLIBファイルでも定義を行えば，問題なく取り込めます．.subファイルおよび.libファイルがライブラリ・ファイルになります．

シンボル・データは，他のSPICE系シミュレータのデータを取り込めないので，LTspiceで回路図シンボルを作らなければなりません．

SPICEモデルは，LTspiceIV/lib/subフォルダに格納し，回路図シンボルは，LTspiceIV/lib/symフォルダに格納します．

● 手順2：解析する

図17-25の通りに解析条件を設定します．今回は過渡解析を行います．解析時間は，「0」

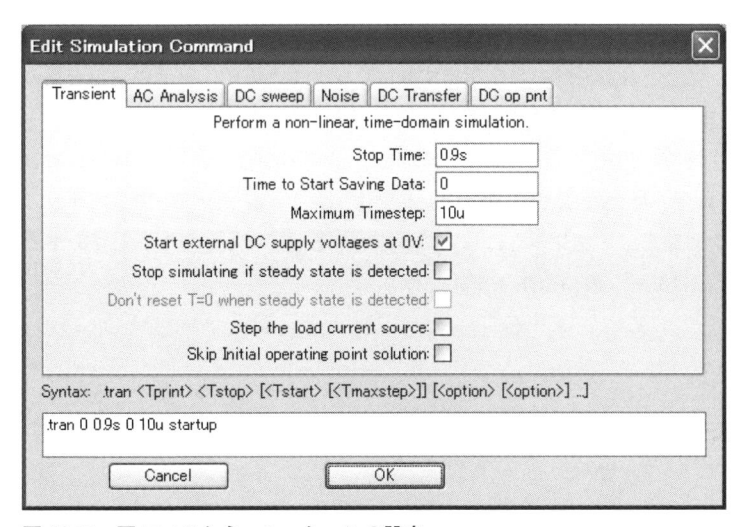

図17-25　図17-1のシミュレーションの設定

から「0.9」秒まで「10u」の刻みで解析します．

過渡解析のオプション設定を行います．

Start external DC supply voltage at 0Vのチェック・ボックスをクリックして有効にします．これは，スタートアップ・オプションと言われています．シミュレーション・スタート時にDC電源を0から直線的に上昇させ，$20\mu s$で設定した電圧値にするものです．

今回のシミュレーションは誘導負荷（DCモータが負荷）のため，収束性に問題があります．.OPTIONSにて，設定する必要があります．設定情報は次の通りです．

.Options RELTOL = 0.01
.Options VNTOL = 10m
.Options GMIN = 100n
.Options ABSTOL = 100u
.Options ITL4 = 100
.Options method = gear

RUNボタンを押すと解析が開始します．[Add Trace]で波形のノードを選択するか，プローブ機能で波形を表示させます．

● 波形の確認

無負荷の場合のIGBTの各種波形は図17-3の通りです．負荷がある場合は，図17-5の通りです．ノード（回路接続点）を指定すれば，すべての電圧，電流の波形を見ることができます．「電圧」×「電流」で損失も簡単に計算できます．特にIGBTの場合，テール電流が影響する下降時間の損失計算が最も重要です．今回の場合，DCモータの負荷を設定することで，高負荷の場合，低負荷の場合の回路動作がシミュレーションできます．このシミュレーション回路をテンプレートにして，いろいろとシミュレーションしてみてください．

次回は，DCモータのSPICEモデルを作ります．

定番回路シミュレータ LTspice 部品モデル作成術

第18章
部品：DCモータ
応用：モータ駆動回路

18-1——DCモータのSPICEモデルを作成してモータ・ドライブ回路の動作を再現

　本章では，DCモータのSPICEモデル作成方法を紹介します．ブラシ付きDCモータもブラシレスDCモータもパラメータ値が違うだけで同様に扱えます．また，フォトカプラのSPICEモデルも紹介します．

● 回路と再現する波形

　対象となる回路は，ブラシ付きDCモータ駆動回路です．回路図を図18-1（図17-1の再掲）に示します．ゲート駆動回路，フォトカプラを経由して，IGBTでDCモータをドライ

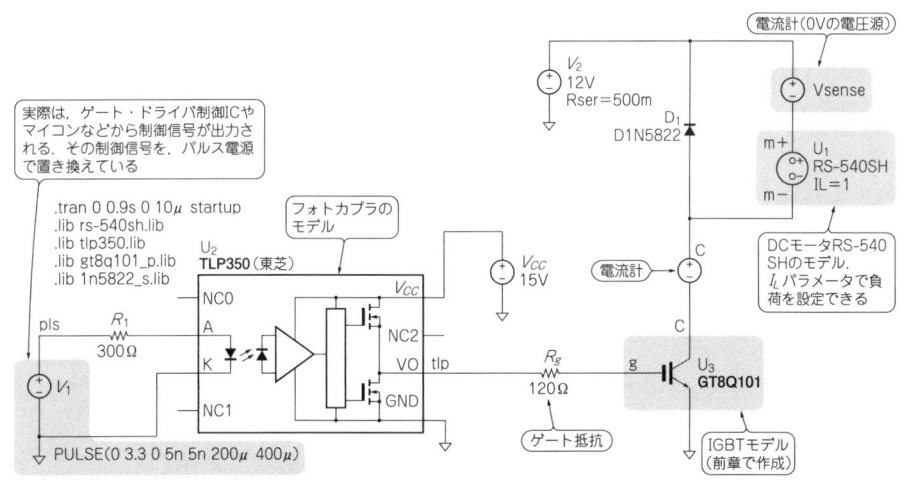

図18-1　LTspiceでDCモータの駆動回路を再現する

18-1——DCモータのSPICEモデルを作成してモータ・ドライブ回路の動作を再現　291

ブします．ゲート駆動回路部分は，ドライバIC自体をモデリングすることも可能ですが，今回は観察したい波形が出力側なので，パルス電圧源に置換します．

　前章では，IGBTのSPICEモデルを作成しました．今回は，DCモータとフォトカプラのSPICEモデルの解説をします．

　U_1のRS-540SHはDCモータの回路図シンボルです．I_Lというパラメータで，DCモータに加わる負荷を入力できます．DCモータに負荷がある場合とない場合の2通りの電子回路シミュレーションを行います．

　LTspiceの標準ライブラリにはDCモータのSPICEモデルがありません．DCモータの

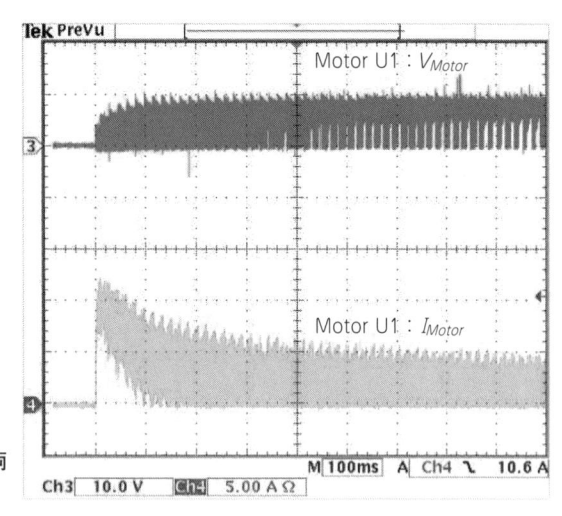

図18-2
モータに負荷がないときのモータ両端の電圧・電流波形(実機)

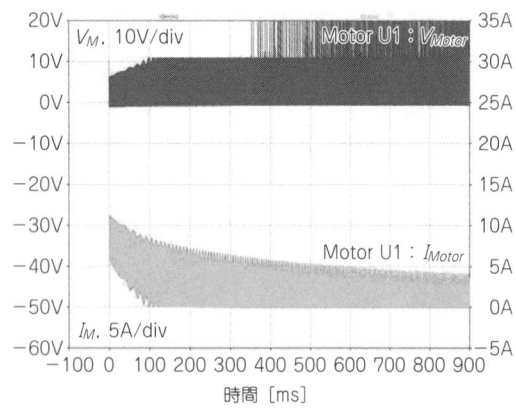

図18-3
モータに負荷がないときのモータ両端の電圧・電流波形をシミュレーションで再現

SPICEモデルを作成し，**図18-1**にSPICEモデルを組み込みます．再現する波形は2通りあります．DCモータの電流波形および電圧波形を確認します．

(1) DCモータに負荷がない場合：負荷設定パラメータ $I_L = 1$

DCモータの実測波形を**図18-2**，再現したLTspiceでのシミュレーション波形を**図18-3**に示します．

(2) DCモータに負荷がある場合：負荷設定パラメータ $I_L = 2.3$

DCモータの実測波形を**図18-4**，再現したLTspiceでのシミュレーション波形を**図18-5**に示します．

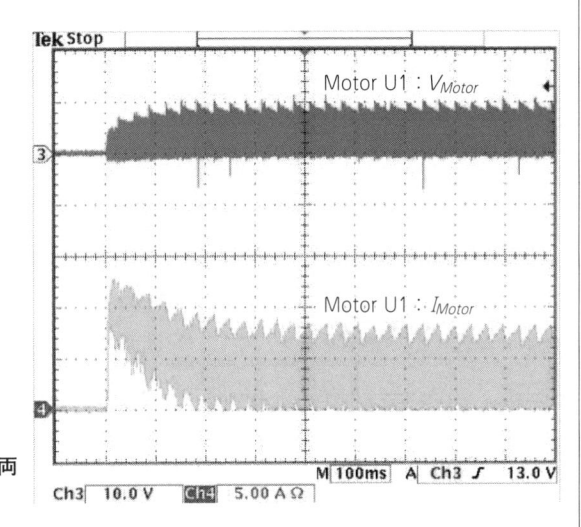

図18-4
モータに負荷があるときのモータ両端の電圧・電流波形(実機)

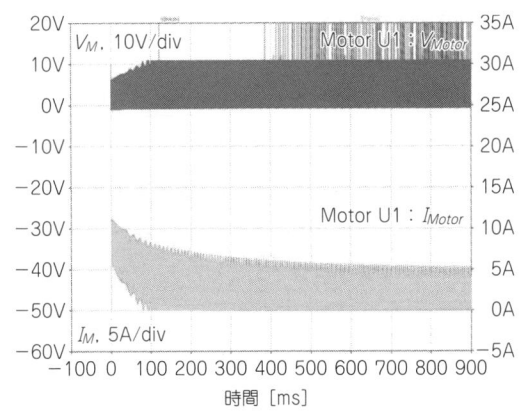

図18-5
モータに負荷があるときのモータ両端の電圧・電流波形をシミュレーションで再現

18-1 —— DCモータのSPICEモデルを作成してモータ・ドライブ回路の動作を再現

回路図の構成部品は下記のとおりです．

- U_1 DCモータ：RS-540SH（マブチモーター）
- U2 フォトカプラ：TLP350（東芝セミコンダクター&ストレージ社）
- U3 IGBT：GT8Q101（東芝セミコンダクター&ストレージ社）

モータの性能は次のとおりです．

- 限界電圧：12V
- 適正電圧：7.2V
- 適正負荷：19.6mN・m（200g・cm）
- 無負荷回転数：15800rpm
- 適正負荷時の回転数：14000rpm
- 適正負荷時の消費電流：6A

● モータ駆動回路はシミュレーションのしがいがある

　DCモータ駆動回路の実験では，モータにいろいろな負荷を与えて，各デバイスの電圧波形と電流波形を確認します．特に，電流波形は回路実験では観察が困難であり，シミュレーションを有効活用したほうが現実的です．

　また，今回の場合，取り扱う電流は比較的小さいのですが，産業用の場合は大電流になります．電流波形を観察するためのカレント・プローブも高価であり，取り扱いが難しいので，実験しにくいものです．大電流を扱い，いろいろな条件で解析が必要なモータ駆動回路の設計において，電子回路シミュレータは大きく貢献します．

18-2──DC モータの SPICE モデルを作成する前に…

■ 特徴

　モータにはブラシ付きDCモータ，DCブラシレス・モータ，ステッピング・モータなどいろいろな種類があります．これらは，等価回路を作成して，ネット・リストに変換し，SPICEモデルを作ります．

　DCモータとは，固定子に永久磁石を使用し，回転子にコイルを使用し，主にこの二つ

で構成されています．回転子に流れる電流の方向を切り替えることで，磁力の反発と吸引の力で回転を得ています．回転子のことを電機子とも呼びます．

小電流から大電流までさまざまなDCモータがありますが，基本的には同じ等価回路を利用できます．

DCモータの特徴は次のとおりです．

> ▶メリット
> (1) 制御用モータとして，優れた回転特性をもっている
> (2) 起動トルクが大きい
> (3) 入力電流に対して，出力トルクが線形的(直線的)に比例している
> (4) 印加する電圧に対して，回転特性が線形的(直線的)に比例している
> (5) コスト面でも比較的低価格で供給されており，品種が非常に多く選択肢が広い
> ▶デメリット
> (1) 機械式接点がある
> (2) 転流時にスパークが発生することがある
> (3) 回転騒音がある

これらはノイズの主原因であり，ノイズ対策が必要です．一般的には，各端子-ケース間にセラミック・コンデンサを挿入することで対策できます．また，シミュレーションでもセラミック・コンデンサ挿入時のノイズ低減のようすを確認できます．

■ パラメータを求めるのに使う数式

● DCモータの電圧と電流の関係式

DCモータに加える電源電圧の関係式は次のとおりです．DCモータの基本回路を図18-6に示します．

$$V_a = R_a I_a + V_C \quad \cdots\cdots(1)$$

V_a：電源電圧[V]
V_C：DCモータの逆起電力[V]
R_a：DCモータの内部抵抗[Ω]
I_a：DCモータに流れる電流[A]

例えば，DCモータの起動時には，モータは回転していないため，$V_C = 0$V です．よって，起動時の式は，$V_a = R_a I_a$ および $I_a = E_a / R_a$ になります．このときの I_a はDCモータの最大

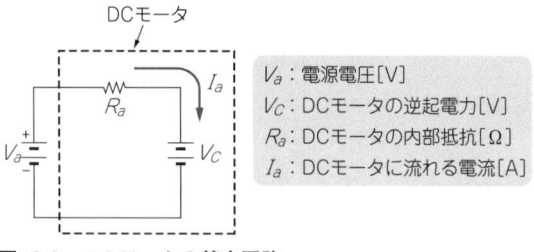

図18-6 DCモータの基本回路

V_a：電源電圧[V]
V_C：DCモータの逆起電力[V]
R_a：DCモータの内部抵抗[Ω]
I_a：DCモータに流れる電流[A]

電流です．

● トルクとモータ電流の比例定数 K_t

DCモータのトルク T は，トルク定数 K_t とDCモータに流れる電流 I_a で表現できます．

$$T = K_t I_a \quad \cdots\cdots(2)$$

です．つまり，DCモータに流れる電流 I_a に比例しています．

● 逆起電力を求める式

DCモータの逆起電力定数を K_e とします．逆起電力 V_C は次の式で表現できます．

$V_C = K_e \times$ 回転速度

$$= V_a - R_a I_a \quad \cdots\cdots(3)$$

*

(1)〜(3)は，SPICEモデルを作成するときにも活用する基本的な数式です．

■ 基本特性を表す *T-I* 特性と *T-N* 特性

トルク-電流(T-I)特性およびトルク-回転数(T-N)特性は，互いに連動しています．トルクと回転数を一定に保持したい場合には，電圧で制御できます．DCモータは電圧で制御できる操作しやすいモータなのです．

● *T-I* 特性：トルクが必要なら大電流を流す

T-I 特性は，トルクと電流の関係を表しています．T-I 特性図を図18-7に示します．DCモータに流した電流に対して，トルクが直線的に比例しています．大きなトルクが必要な場合には，電流を多く流す必要があります．

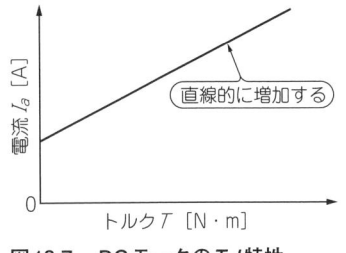

図18-7　DCモータの*T-I*特性

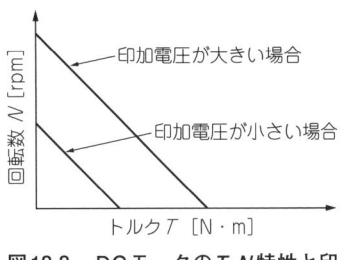

図18-8　DCモータの*T-N*特性と印加電圧

● *T-N*特性

　*T-N*特性は，トルクと回転数の関係を表しています．*T-N*特性図を図18-8に示します．トルクに対して，回転数は直線的に反比例します．また，DCモータに加える電圧に対しては比例してトルクや回転数が大きくなります．並行移動させた直線になります．

18-3──DCモータの3種類のSPICEモデル

　DCモータのSPICEモデルには3種類あります．周波数特性モデル，周波数特性＋逆起電力モデル，そして，周波数特性＋逆起電力＋物理的モデルへと発展していきます．
　ここでは，周波数特性＋逆起電力＋物理的モデルを作ってみます．

● その1…周波数特性モデル：コイルだけ
　DCモータの周波数特性モデルの等価回路を図18-9に示します．DCモータの内部抵抗と内部インダクタンスの直列接続回路です．ステッピング・モータの周波数特性モデルも同じ等価回路で表すことができます．
　内部抵抗および内部インダクタンスの定数の決定方法は，DCモータの2端子間のインピーダンス測定を行い，周波数-インピーダンス$|Z|$の特性図を取得し，その周波数特性図に合うように，抵抗値とインダクタンス値を決定します．
　周波数特性は，必要な周波数帯域の範囲に限定して測定するのがポイントになります．

● その2…周波数特性＋逆起電力モデル
　図18-10に示すモデルは，周波数特性モデルに逆起電力を追加したモデルです．
　逆起電力V_Cは，計算から算出できます．その値を電圧値に入力すれば完成します．

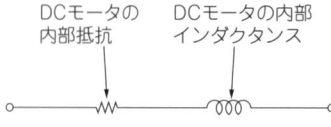

図18-9 DCモータの周波数特性モデルの等価回路

（DCモータの内部抵抗／DCモータの内部インダクタンス）

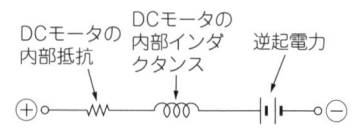

図18-10 DCモータの周波数特性＋逆起電力モデルの等価回路

（DCモータの内部抵抗／DCモータの内部インダクタンス／逆起電力）

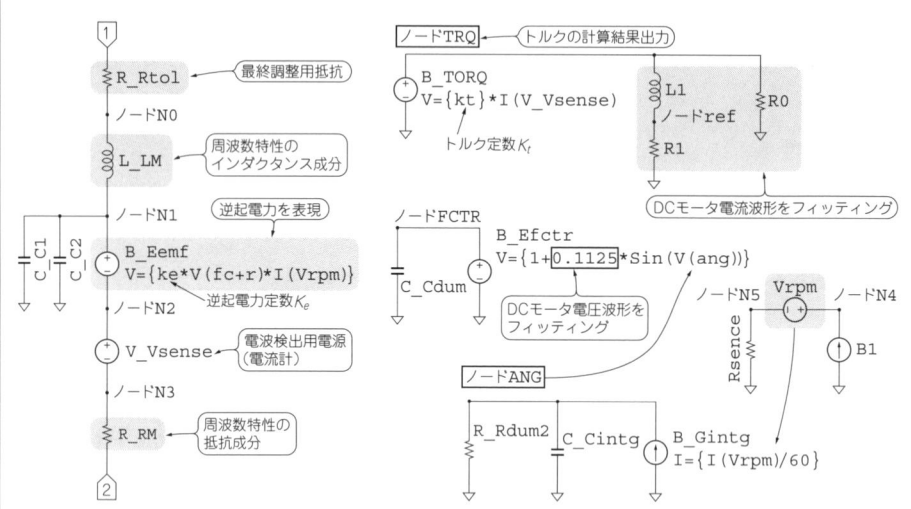

図18-11 トルクや負荷などの物理的要因を解析できる！ DCモータの「周波数特性＋逆起電力＋物理特性」の等価回路モデル

B1は，電流負荷I_Lのときの過渡現象におけるモータ電流値．RS-540SHの場合，次式で表される．
B1 0 N4 I= {v(ref)/(5.6239E−8*EXP(0.91426*IL))}
基本式はv(ref)/Yであり，I_Lに関するYの関数を決定していきますが，ここでは詳細は割愛します．

（図中ラベル）
- R_Rtol（最終調整用抵抗）
- ノードN0
- L_LM（周波数特性のインダクタンス成分）
- ノードN1
- B_Eemf V={ke*V(fc+r)*I(Vrpm)}（逆起電力を表現／逆起電力定数K_e）
- ノードN2
- V_Vsense（電波検出用電源（電流計））
- ノードN3
- R_RM（周波数特性の抵抗成分）
- ノードTRQ（トルクの計算結果出力）
- B_TORQ V={kt}*I(V_Vsense)（トルク定数K_t）
- L1／ノードref／R0／R1（DCモータ電流波形をフィッティング）
- ノードFCTR
- C_Cdum
- B_Efctr V={1+0.1125*Sin(V(ang))}（DCモータ電圧波形をフィッティング）
- ノードN5／Vrpm／ノードN4
- Rsence／B1
- ノードANG
- R_Rdum2／C_Cintg／B_Gintg I={I(Vrpm)/60}

$$V_C = K_e N = V_a - R_a I_a$$

で計算します．必要な情報がなければ，測定も必要になります．大体の場合，DCモータの製造元から得られる情報です．

● その3…周波数特性＋逆起電力＋物理特性モデル

　SPICEは電子回路シミュレーションですが，等価回路をくふうすることでトルクや負荷といった物理的要因を解析できます．実際のDCモータのSPICEモデルは，この周波数特性＋逆起電力＋物理特性モデルを使います．パラメータ・モデル単体だけでなく，**図18-11**に示すような等価回路を組み合わせたモデルになります．

　以降に作成手順を紹介します．

18-4——作成手順

図18-11の等価回路は複雑なので，実際にはLTspiceで回路を書いた後，ネットリストを出力して一つのシンボルにまとめてしまいます．この等価回路の素子の定数や関数の定数を決定していきます．

このDCモータSPICEモデルを使った電子回路シミュレーションで再現できるのは，無負荷時／負荷時の電圧波形と電流波形です．

最初にトルク定数K_tと逆起電力の定数K_eを計算します．必要な情報は，DCモータの仕様書を参照します．

> 準備1：トルク定数K_tの算出
> 準備2：逆起電力の定数K_e算出

二つの定数は，.PARAMESを使ってktおよびkeに入力します．準備が終了したら，手順に入ります．手順は四つあります．

> - 手順1：周波数測定に関わるパラメータの決定
> - 手順2：電流波形に関わるパラメータの決定
> - 手順3：電圧波形に関わるパラメータの決定
> - 手順4：部分的パラメータの最適化

抽出ツールはありませんので，評価回路を描き，各種パラメータの影響度合いを解析しながら，最適解を探していきます．

18-5——準備1：トルク定数K_tの計算

● トルク定数K_tに必要な情報を準備する

トルク定数K_tに必要な情報は，二つあります．適正負荷と適正負荷時の消費電流です．RS-540SHの場合，次のとおりです．
- 適正負荷：19.6mN・m
- 適正負荷時の消費電流：6A

これらの情報が記載されていない場合，回路実験を行い，それぞれの値を取得します．

● トルク定数 K_t を算出

K_t は，適正負荷/適正負荷時の消費電流ですから

$K_t = 19.6/6 = 3.267 \text{mN} \cdot \text{m/A}$

になります．これをネット・リストの.PARAMESにあるktの値とします．

18-6──準備2：逆起電力の定数 K_e の計算

● 逆起電力の定数 K_e に必要な情報を準備する

逆起電力の定数 K_e に必要な情報は，四つあります．仕様書から得られる情報は二つあります．無負荷回転数と適正電圧です．RS-540SHの場合，次のとおりです．

　　無負荷回転数：15800rpm

　　適正電圧：7.2V

あとの二つの情報は，作成手順が前後しますが，DCモータの抵抗成分と無負荷時の測定条件の電流値です．DCモータの抵抗成分は，手順1の周波数特性より得られる値です．DCモータの抵抗は，84.57mΩになります．また，無負荷時の測定条件の電流値は，1Aを採用しました．これらの情報が記載されていない場合，回路実験を行い，それぞれの値を取得します．

● 逆起電力の定数 K_e を算出

K_e は，

V_{emf} = 適正電圧 − (DCモータの抵抗 × 無負荷時の電流値)

$V_{emf} = K_e \times$ 無負荷回転数

の2式より算出します．V_{emf} は逆起電力です．最初の式より，

$V_{emf} = 7.2 − 0.08457 = 6.91543$

となります．これを2番目の式に代入します．

$6.91543 = K_e \times 15{,}800$

$K_e = 0.44 \text{mV/rpm}$

となります．これをネット・リストの.PARAMESにあるkeの値とします．

18-7——手順 1：周波数測定に関わるパラメータの決定

● DCモータの周波数特性を測定する

　DCモータの周波数特性を測定します．DCモータの2端子間にて測定します．抵抗成分とインダクタンス成分は仕様書に記載されていることがほとんどないため，測定する必要があります．

　プレシジョン・インピーダンス・アナライザ（Agilent 4294A）で周波数特性（インピーダンス特性）を測定しました．測定結果は図18-12のとおりです．

● インピーダンス特性図から抵抗成分とインダクタンス成分を抽出する

　インピーダンス特性図（図18-12）から抵抗成分とインダクタンス成分を抽出します．今回は，Agilent4294Aの抽出機能を活用しました．
抵抗成分：$84.57 m\Omega$
インダクタンス成分：$85 \mu H$
インピーダンス特性図から抽出する場合は，最適化ツール（PSpiceAAOやMATLABなど）を活用すれば簡単に得られます．抵抗成分は，ネット・リストのR_RM値に入力し，インダクタンス成分は，L_LMに入力します．

L_LM = 85u
R_RM = 84.57 m

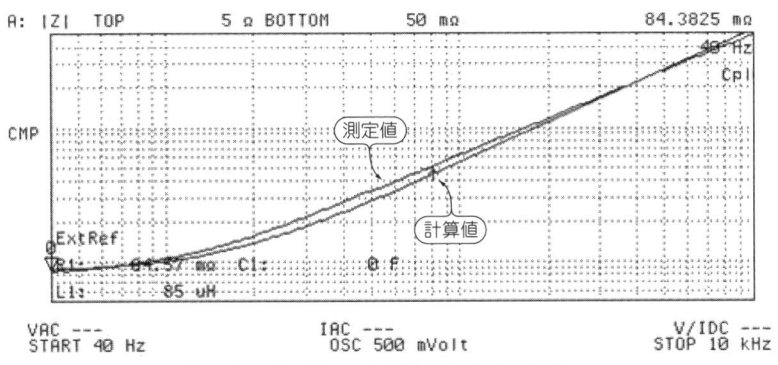

図18-12　DCモータのインピーダンスの周波数特性測定結果

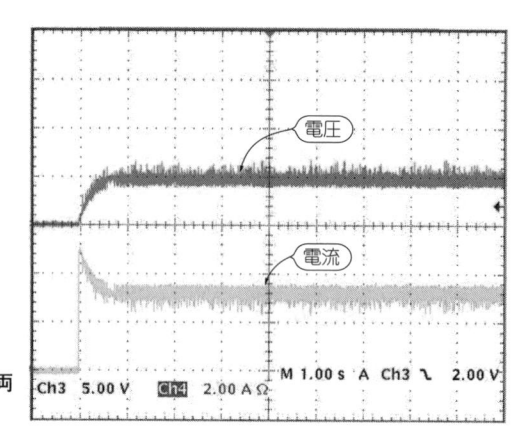

図18-13
負荷時のDCモータ(RS-540RH)両端の電圧と電流

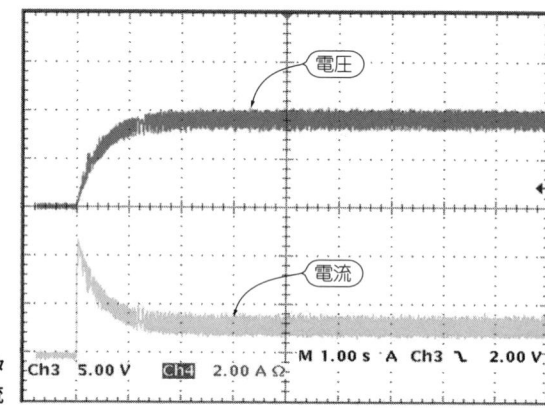

図18-14
参考：無負荷時のDCモータ(RS-540RH)両端の電圧と電流

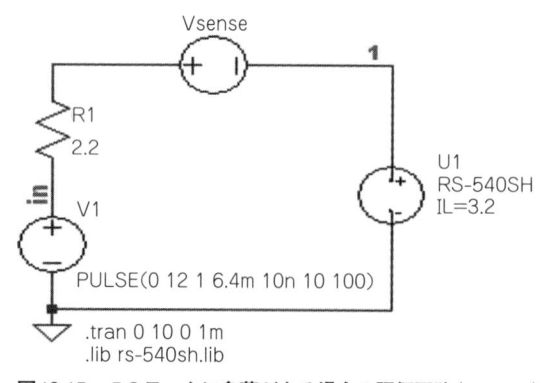

```
Vsense
R1 2.2
V1 PULSE(0 12 1 6.4m 10n 10 100)
U1 RS-540SH IL=3.2
.tran 0 10 0 1m
.lib rs-540sh.lib
```

図18-15 DCモータに負荷がある場合の評価回路(LTspice)

第18章──部品：DCモータ　応用：モータ駆動回路

18-8——手順 2：電流波形に関わるパラメータの決定

● 評価シミュレーションの作成

まず，DCモータの負荷時の電流波形と電圧波形を取得します．電流負荷は，3.2Aです．図18-13に負荷時のDCモータの実機波形を示します．参考までに無負荷の場合のDCモータの実機波形を図18-14に示します．

LTspice上で負荷がある場合の評価回路図（図18-15）を作成して過渡解析を行います．LTspiceでの解析結果は図18-16のとおりです．

● DCモータの電流波形から三つのパラメータ値を決定する

負荷時の実機波形（図18-13）とLTspiceのシミュレーション波形（図18-16）を比較しながら，DCモータの電流波形に関係する三つのパラメータ値の影響度合いを確認しながら，最適解を決定していきます．

DCモータの電流波形に関係するパラメータは，等価回路図（図18-11）にあるL1，R0およびR1です．R0は，電流波形の最大電流における大小を決定するパラメータです．L1は，最大電流から定常状態に向かう勾配を決定するパラメータです．R1は，最大電流か

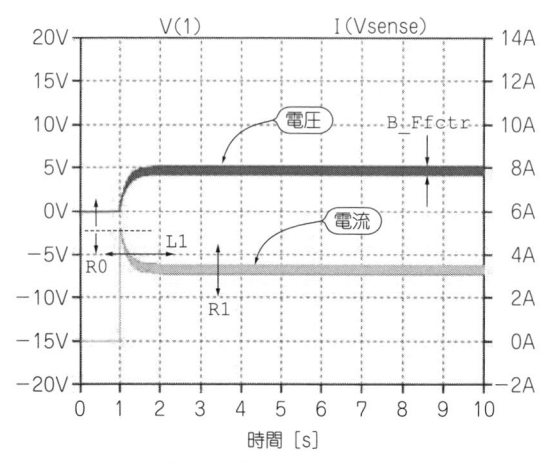

図18-16 負荷時（図18-15）のシミュレーション波形
図18-13の実波形と見比べながらパラメータL_1，R_0，R_1，B_Efctrをチューニングする

ら定常状態に向かうときの電流値の大きさを表現するパラメータになります．

最適解は次のようになりました．

R0 = 9.102208E − 6[Ω]
R1 = 16.1361m[Ω]
L1 = {0.1424*EXP(−1.0466*IL)}

それぞれの値をネット・リストに入力します．

18-9──手順3：電圧波形に関わるパラメータの決定

● 評価シミュレーションの作成

手順1の負荷時の評価シミュレーション（図18-16）がそのまま使用できます．今度は，電圧波形を使用します．

● DCモータの電圧波形から一つのパラメータ値を決定する

負荷時の実機波形（図18-13）とLTspiceのシミュレーション波形（図18-16）を比較しながら，DCモータの電圧波形に関係する一つのパラメータ値を決定します．決定するパラメータ値は，等価回路図（図18-11）のB_Efctrです．

B_Efctrは，次式で表されます．

V = {1 + A*sin(v(ang))}

定数Aを決めます．シミュレーション波形にて，電圧波形の変動電位を最適化していきます．この場合，A=0.1125になりました．これをネット・リストに入力します．

18-10──手順4：部分的パラメータの最適化

● 再現性を高める

無負荷のシミュレーション，負荷時のシミュレーションをしながら，実機波形と比較し，最終調整を抵抗値で行います．対象となるパラメータは，R_Rtolです．この抵抗値の影響度合いは全体にありますので，慎重に最適解を決定していきます．

最適化ツール（PSpice AAO）を活用すると確度が向上します．今回の場合，R_Rtol = 100mΩになりました．これでDCモータのSPICEモデルが完成しました．完成したネッ

リスト 18-1　DC モータ RS-540SH の SPICE モデルのネット・リスト

```
*$
* PART NUMBER: RS - 540SH
* All Rights Reserved Copyright (c) Bee Technologies Inc. 2012
* V=12.0V
.SUBCKT RS-540SH 1 2
+ PARAMS: IL=1 kt=3.267m ke=0.45m
B_Efctr FCTR 0              V={ 1+0.1125*sin(v(ang)) }
V_Vsense N2 N3              0Vdc
C_Cdum FCTR 0               10uF
R_RM N3 2                   0.08457
C_Cintg ANG 0               0.1591
C_C1 N1 0                   4.7n
C_C2 N1 0                   4.7n
R_Rdum2 ANG 0               1E12
R_Rtol 1 N0                 100m
L_LM N0 N1                  85uH
B_Eemf N1 N2                V={ ke*V(fctr)*I(vrpm) }
B_Gintg 0 ANG               I={ I(vrpm)/60 }
B_TORQ TRQ 0                V={kt}*I(V_Vsense)
L1 TRQ ref { 0.1424*EXP(-1.0466*IL) }
R1 ref 0 16.1361m
R0 TRQ 0 9.102208E-6
Rsense N5 0 0.01n
vrpm N4 N5 0
B1 0 N4 I={ v(ref)/(5.6239E-8*EXP(0.91426*IL)) }
.ic v(ANG)=0
.ic i(L_LM)=0
.ENDS
*$
```

ト・リストをリスト 18-1 に示します．

18-11──完成した DC モータの SPICE モデルの機能

　今回のDCモータのモデルは電圧変動および電流変動にも再現性があります．図18-17のとおり，従来のSPICEモデルよりも再現性があります．

● 負荷を入力できる

　DC モータに負荷がかかった場合にどのような回路動作になるのかがシミュレーションで検証できます．回路実験では観察しにくい各部の電流波形がシミュレーションで確認できます．電流波形と電圧波形を掛け合わせることで，損失計算もできます．

● DC モータのトルクと回転数がわかる

　過渡解析でシミュレーションした場合，その時点でのDCモータのトルクと回転数が把

図18-17 (a) 従来のSPICEモデル　(b) 今回作成したSPICEモデル　(c) 実機の波形
今回作成したSPICEモデルを使うと実波形をほぼ忠実に再現できる
無負荷時の波形例

(ほぼ同じ)

図18-18 LTspiceによるDCモータのトルクと回転数

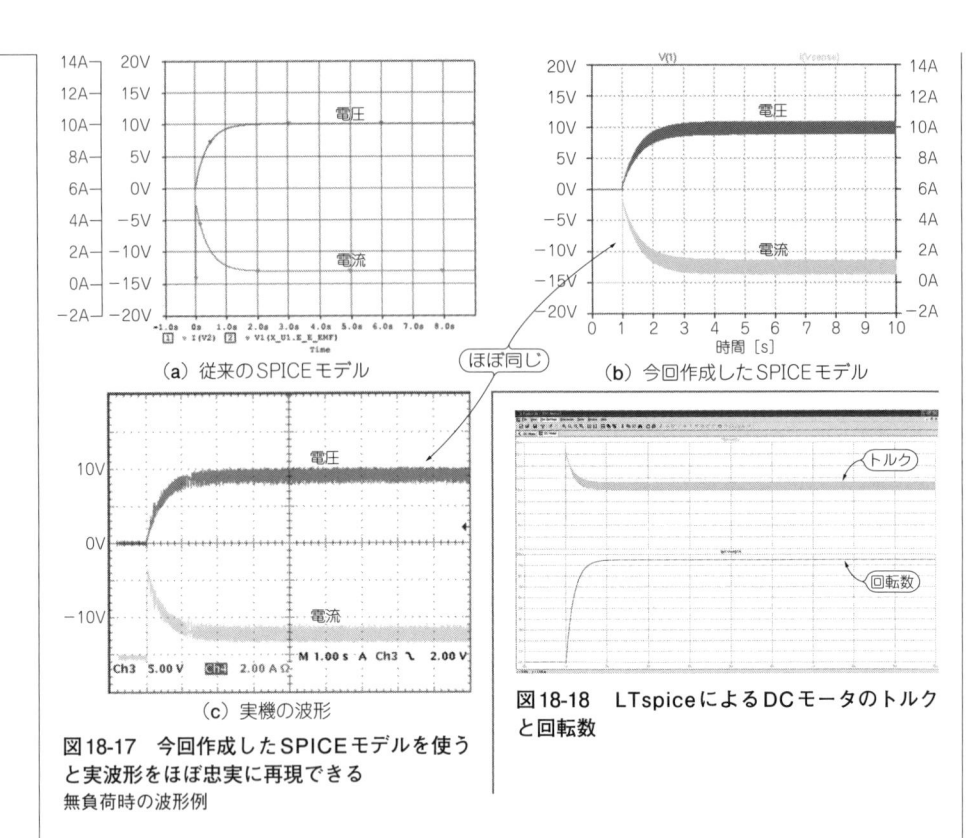

握できます．LTspiceの回路図は，**図18-15**と共通です．過渡解析を行います．

　トルクと回転数は，等価回路モデル内部でそのつど計算しています．サブサーキット内部のノードを呼び出すことで，表示できます．トルクは，［Add Trace］にて，V(u1：trq)を選択します．回転数を表示させたい場合には，I(u1：Vrpm)を選択します．

　表示は**図18-18**のようになります．それぞれに単位系があるため，見やすくするためには表示にもうひとくふう必要です．トルクは，V(u1：trq)/1V，回転数は，I(u1：Vrpm)/1Aで見やすくなります．

● サブサーキット内部を表示させるためには設定が必要

　DCモータのSPICEモデルの場合，トルクと回転数の計算を等価回路モデル内でリアルタイムに行っています．それらを表示させるためには，サブサーキットの内部表示の設定

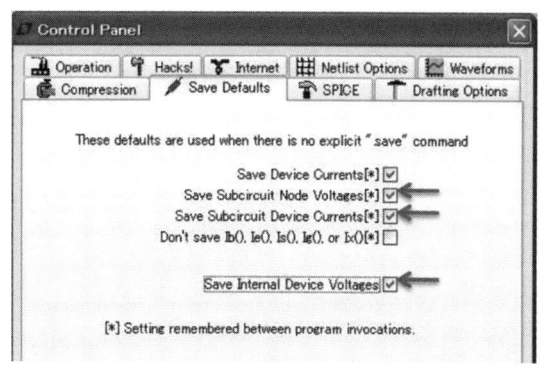

図18-19 サブサーキット内部のノードを表示させるための設定

をLTspiceに指示する必要があります．デフォルト設定では，サブサーキットの内部ノードを表示することはできません．

「Control Panel」にて，**図18-19**のように3カ所をチェックして有効にします．

● PSpiceの場合は等価回路図が異なる

今回のDCモータのSPICEモデルはLTspiceのみ有効です．PSpiceでも同様なことはできますが，ビヘイビア素子レベルでいくつか等価回路変換が必要です．

等価回路の考えかたは同じですので，興味のある方はEVALUE，GVALUEに置き換えて，等価回路変換をチャレンジしてください．

18-12──IGBTをドライブするフォトカプラのモデル

● 考えかた

光半導体も等価回路を工夫することで再現できます．

図18-20にフォトカプラのSPICEモデルの等価回路モデルの考えかたを示します．フォトダイオードと出力トランジスタで構成されています．

フォトダイオードは，フォトカプラの場合，ダイオードのパラメータ・モデルが活用できます．I-V特性，C-V特性，逆回復時間に再現性をもたせます．

出力トランジスタは，エバース-モル・モデルかガンメルプーン・モデルを採用します．以前は，エバース-モル・モデルを採用していましたが，現在の主流はガンメルプーン・

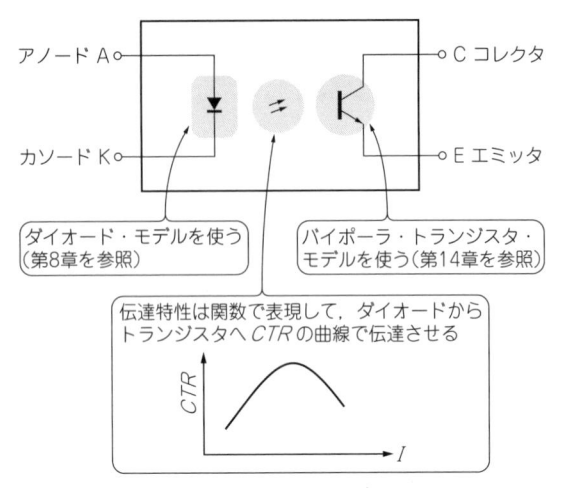

図18-20 フォトカプラの等価回路モデルの考えかた

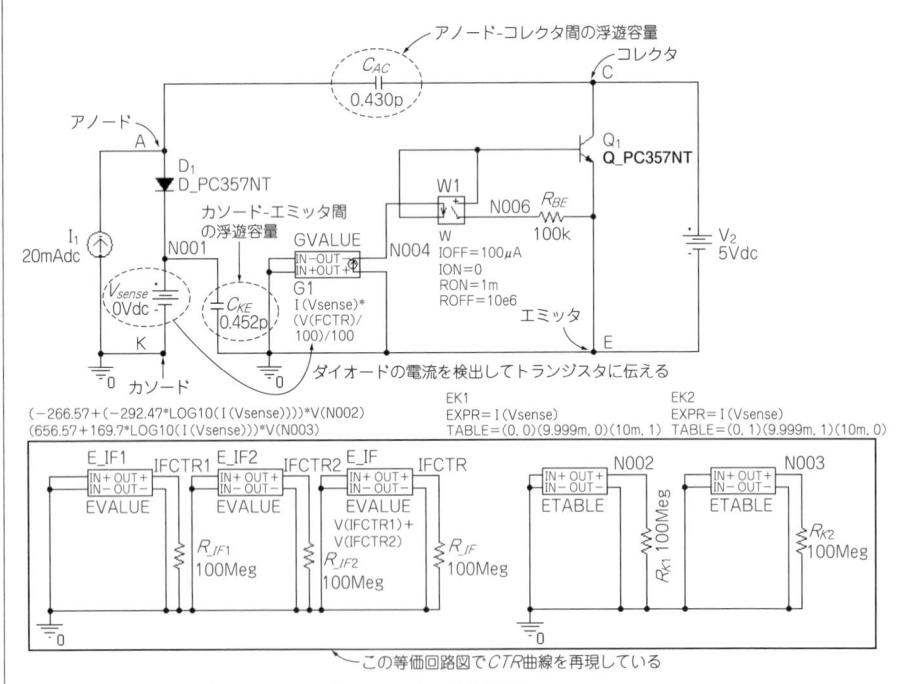

図18-21 フォトカプラPC357NT（シャープ）の等価回路

モデルです．特に飽和特性，スイッチング特性を表現します．

　これらを結びつけるのが伝達特性であり，CTR 曲線で伝わります．CTR 曲線は関数で表現し，二つのデバイスをビヘイビア素子でつなげます．

● フォトカプラの等価回路図

　図18-21にフォトカプラ，PC357NT（シャープ）の等価回路を示します．構成は D_1 でフォトダイオード，Q_1 で出力トランジスタを表現しています．V_{sense} を使ってダイオードの電流の情報を下部の CTR 曲線の等価回路を考慮し，出力トランジスタ側に伝達しています．また，C_{AC}，C_{KE} の容量は，端子間の浮遊容量を表現しています．

● フォトカプラのSPICEモデルのプロセス

　ダイオードのモデリング，CTR 曲線の関数の等価回路化，出力トランジスタのモデリングを行います．かなり手順が多いので，ここでは省略します．

　また，SPICEモデル作成後には，評価シミュレーションを行い，再現性を確認することが大切です．フォトカプラのSPICEモデルの事例は，スパイス・パークにたくさんあります．

18-13──完成したDCモータのSPICEモデルを組み込んでシミュレーション

● 手順1：シミュレーション用の回路図を作成する

　LTspiceを起動して，図18-1の回路図を描きます．それぞれの部品に対して，2種類のファイルが必要です．回路図を描くための回路図シンボル・ファイル（.asy）とSPICEモデルのネット・リストのライブラリ・ファイルです．

　LTSpiceの場合，拡張子がSUBのファイルが多いのですが，拡張子がLIBのファイルでも定義を行えば，問題なく取り込めます．.subファイルおよび.libファイルがライブラリ・ファイルになります．

　回路図シンボルは，ソフトウェア依存性がありますので，他のSPICE系シミュレータのシンボル・データを取り込めません．よって，LTspiceで回路図シンボルを作らなければなりません．SPICEモデルは，LTspiceIV/lib/subフォルダに格納し，回路図シンボルは，LTspiceIV/lib/symフォルダに格納します．

● 手順2：解析する

図18-22のとおりに解析設定します．今回は過渡解析を行います．解析時間は，「0」から「0.9」［秒］まで「10u」の刻みで解析します．また，過渡解析のオプション設定を行います．

「Start external DC supply voltage at 0V」のチェックボックスをクリックして有効にします．これは，スタートアップ・オプションといいます．シミュレーション・スタート時にDC電源を0から直線的に上昇させ，$20\,\mu$sで設定した電圧値になるというものです．

今回のシミュレーションは誘導負荷（DCモータが負荷）のため，収束性に問題があります．.OPTIONSにて，設定する必要があります．設定情報は次のとおりです．

```
.Options RELTOL=0.01
.Options VNTOL=10m
.Options GMIN=100n
.Options ABSTOL=100u
.Options ITL4=100
.Options method=gear
```

RUNボタンを押すと解析が開始します．［Add Trace］で波形のノードを選択するか，プローブ機能で波形を表示させます．

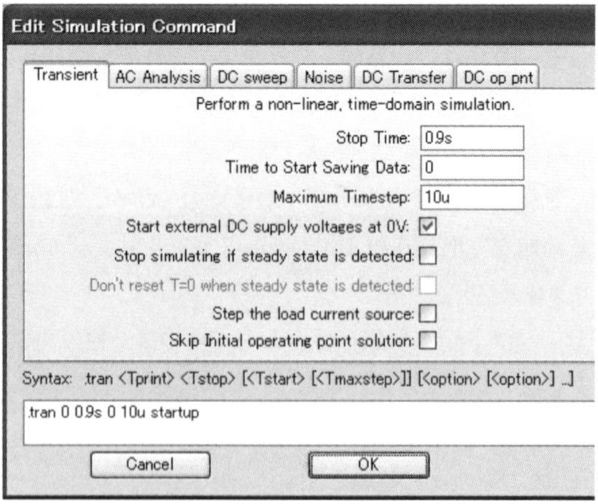

図18-22 解析の設定

● 波形の確認

　無負荷の場合のDCモータの各種波形は，図18-3のとおりです．また，負荷がある場合は，図18-5のとおりです．ノード（回路接続点）を指定すれば，すべての電圧波形，電流波形が見られます．

　また，「電圧」×「電流」で損失も簡単に計算できます．DCモータのサブサーキット内の素子を活用すれば，トルクと回転数も確認できます．DCモータの負荷を設定することで，高負荷の場合，低負荷の場合の回路動作がシミュレーションできます．

　このシミュレーション回路をテンプレートにして，色々とシミュレーションしてみてください．

Column (18-I)

ステッピング・モータのSPICEモデル

　一番簡単なステッピング・モータのSPICEモデルは，端子間をコイル成分と抵抗成分で表現します[図18-A(a)]．この等価回路モデルの弱点は，逆起電力が考慮されていないことです．過渡解析において，ある動作周波数の定常状態の場合に再現性はありますが，起動時の電流波形に再現性がありません．

　以下の対策をすることで，起動時の電流波形に再現性を持たせられます[図18-A(b)]．

- アナログ・ビヘイビア・モデル（ABM）で逆起電力を表現する
- 周波数帯域が広い場合は，コイルの等価回路をインピーダンス特性モデルにする

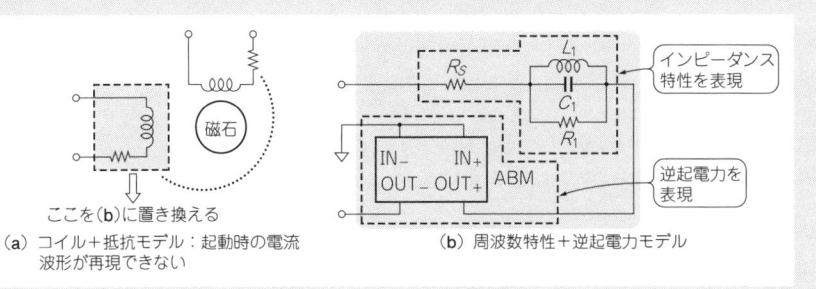

(a) コイル＋抵抗モデル：起動時の電流波形が再現できない

(b) 周波数特性＋逆起電力モデル

図18-A　ステッピング・モータのSPICEモデルの等価回路

定番回路シミュレータ LTspice 部品モデル作成術

第19章
部品：トランス
応用：絶縁型
スイッチング電源

本章では，トランスのSPICEモデルを作成して，絶縁型のスイッチング電源(絶縁型フライバック・コンバータ)の動作を再現してみます．

19-1──トランスのSPICEモデルを作成してスイッチング電源の動作を再現

● 回路と再現する波形

対象となる回路は，高電圧の絶縁型フライバック・コンバータ回路です．LT3511(リニアテクノロジー)というパワー素子内蔵の電源ICを活用した回路です．出力電圧を1次側フライバック波形から直接検出するため，トランス3次巻き線または絶縁のためのフォトカプラが不要です．

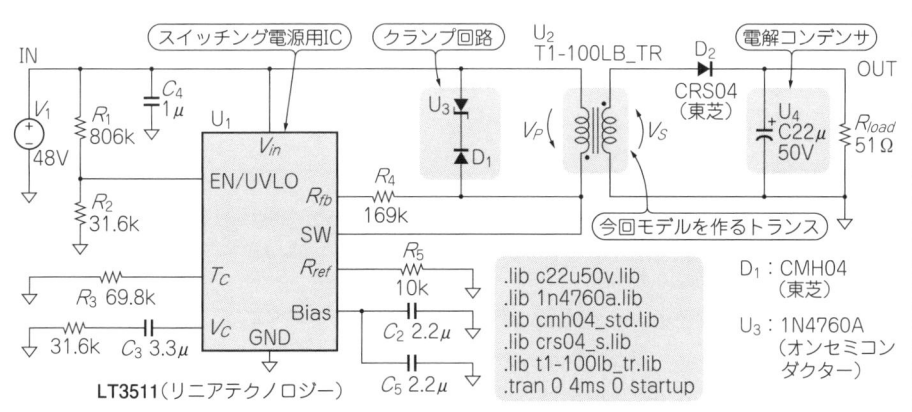

図19-1 シミュレーションと試作を行った絶縁型スイッチング電源回路

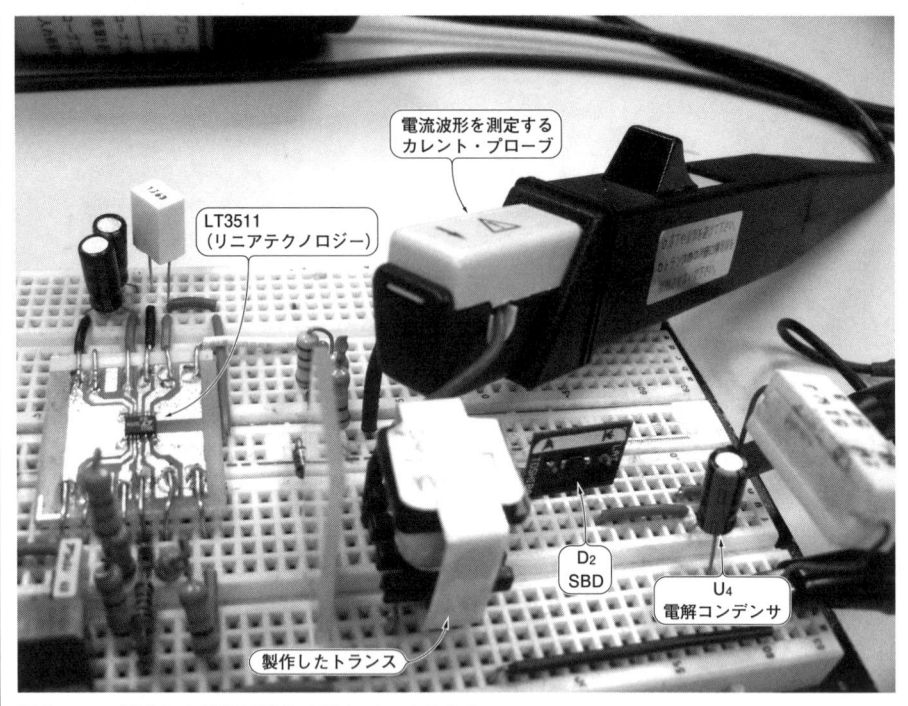

写真19-1　試作した電源回路を実験しているようす

　回路図を図19-1に示します．**写真19-1**に全体像を示します．電源回路の仕様は下記の通りです．

> 入力電圧：36 〜 75V
> 出力電圧：5V
> 出力電流：0.1A

　主な部品は下記の通りです．

> U1：電源IC，LT3511(リニアテクノロジー)
> U2：トランス(自作)
> U3：ツェナー・ダイオード1N4760A(オン・セミコンダクター)
> U4：電解コンデンサ，20μF，50V
> D1：ダイオード，CMH04(東芝セミコンダクター&ストレージ社)

図19-2 図19-1のトランスの1次側の波形
現実の波形の再現に成功

(a) 実測
(b) LTspiceのシミュレーション

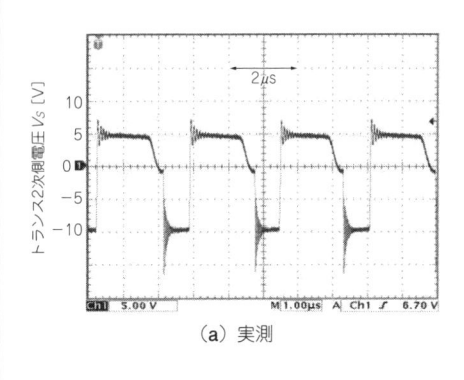

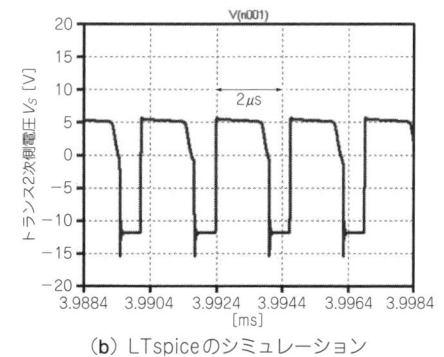

図19-3 図19-1のトランスの2次側の波形

(a) 実測
(b) LTspiceのシミュレーション

D2：ショットキー・バリア・ダイオード，CRS04（東芝セミコンダクター＆ストレージ社）

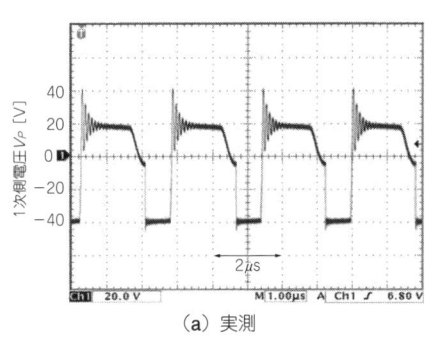

 トランスは自作しました．1次側インダクタンス$339\mu H$，2次側インダクタンス$21\mu H$です．

▶シミュレーションで1次側と2次側の波形を再現する

 再現する波形は2通りあります．トランス1次側（プライマリ）と2次側（セカンダリ）の電圧波形です．**図19-2**は1次側電圧V_Pの波形で，(a)に実測した波形を，(b)にLTspiceシミュレーション結果を示します．**図19-3**は2次側の電圧V_Sの波形で，(a)が実測，(b)がシミュレーション結果です．周波数特性に再現性のある等価回路モデルを採用することで，実機のふるまいを再現できるようになります．

電子回路シミュレーションで使用したSPICEモデルは，SPICEモデル配信サイトのスパイス・パーク（http://www.spicepark.info）から参照できます．

● トランスの試作回数を減らせる

実際の回路設計においても，受動部品，特にトランスが回路図に入ってくると，設計の難易度が高くなります．試作回数も増え，試行錯誤が多くなります．今回はトランスの周波数特性モデルを作成し，動作波形を検証していきます．

トランスの周波数特性モデルを採用すれば，容量成分，抵抗成分も考慮したシミュレーションができます．リーケージ（漏れ）・インダクタンスの等価回路も組み込み，これらの影響も観察できます．シミュレーションなので，実際にトランスを製作する前にトランスの仕様を決定し，影響を与えやすいパラメータを事前に知ることができます．

19-2—3種類のSPICEモデル

トランスのSPICEモデルには大きく分けて，3種類のモデルがあります．これらはいずれも純粋なトランス・モデルですが，これらを応用すると，差動トランス（位置センサ）や，ワイヤレス給電に使うコイルのSPICEモデルなども作成できます．

(1) インダクタンス＋結合係数モデル
(2) インダクタンス周波数特性＋結合係数モデル
(3) 巻き線＋コア・モデル

①インダクタンス＋結合係数モデル

● 単純で作りやすい

一番単純なトランスのSPICEモデルがインダクタンスと結合係数で表現するモデルです．例えば，1次側のインダクタンス値が339μH，2次側のインダクタンス値が21μHの場合，図19-4のように回路図を描きます．極性については，回転させることで目的の極性にする必要があります．結合係数は［Edit］-［SPICE Directive］の画面で図19-5のように値を入力します．

パラメトリック解析でL_1およびL_2の値を変えることで，影響度合いが観察でき，最適解を探すことができます．現在のトランスは性能が良いので，結合係数Kの値は0.99999

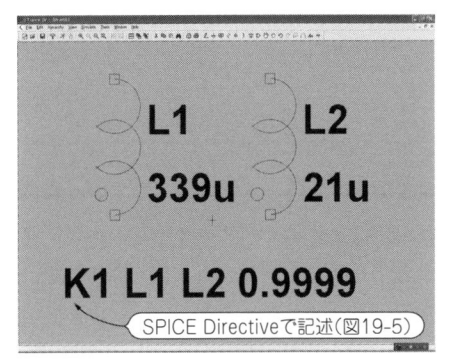

図19-4 もっとも基本的なトランスのデバイス・モデル
二つのコイルとその結合係数で表現する

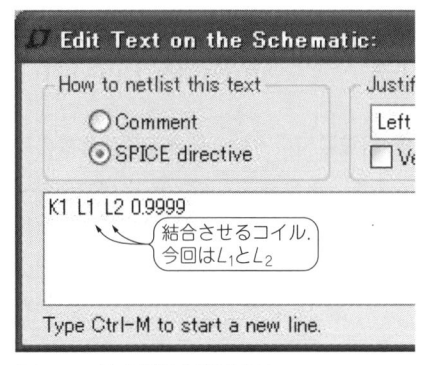

図19-5 結合係数の記述方法
この画面はメニューから[Edit]-[SPICE Directive]で呼び出す

から0.9999の範囲で設定するのが適しています．理想トランスでは，結合係数の値は1になります．

● 単純なトランス以外にも応用が可能

結合係数は，二つ以上のコイルの結合を表せます．差動トランス，ワイヤレス給電のコイルのようなデバイスの等価回路モデルを作成する場合にも活用できます．差動トランスの場合，結合係数と距離の関係をビヘイビア・モデルで記述することでモデル化できます．ワイヤレス給電のコイルも送信側コイルと受信側コイルの関係を結合係数で表現できます．

結合係数はトランスだけではなく，色々なデバイスに活用できます．

■ ②インダクタンス周波数特性＋結合係数モデル

● 最も実用的

実務で一番よく採用されているのが，周波数特性モデルと結合係数で表現されたSPICEモデルです．実機との再現性が非常に優れています．

トランスのインダクタンスの部分に，周波数特性に再現性のある等価回路モデルを採用します．トランスの場合，組み込む回路自体の動作周波数が著しく高くない場合は，3素子モデルを採用するのが普通です．

どうしても，高い周波数帯域で合わせこみができない場合，5素子モデルに発展する場合があります．また反共振現象が見られる場合，等価回路に工夫が必要になります．コイルの周波数帯域における等価回路の考え方は，第11章を参照してください．

今回の回路シミュレーションにおいても，この周波数特性モデルと結合係数で構成したSPICEモデルを採用しました．

● 周波数特性＋結合係数モデル作成の手順

　まず，トランスの1次側，2次側の端子間の周波数特性を測定します．ここでいう周波数特性は，X軸が周波数，Y軸がインピーダンス$|Z|$になります．リーケージ・インダクタンスの周波数特性も測定します．そして，それぞれの周波数特性に対する等価回路を決定し，素子の定数を決定します．最適解は，最適化ツールを活用することで，精度が向上します．

■ ③巻き線＋コア・モデル

　巻き線のモデルと，その巻き線が発生する磁束が通過するコアのモデルを組み合わせたモデルです．

● 巻き線モデル

　巻き線モデルとは，コイルの値ではなく，ターン数を入力するモデルです．LTspiceには標準で巻き線モデルはないため(他のSPICEシミュレータにはもつものもある)，等価回路モデルを作成する必要があります．考え方を図19-6に示します．関係式より，等価回路モデルが作成できます．

● コア・モデル

　コア・モデルもLTspiceの標準ライブラリにないため，等価回路モデルを作成する必要があります．B-H曲線(図19-7)の式から等価回路モデルを作成できます．コアのモデルを活用することで，コアが飽和状態になった場合の過渡解析ができます．コア・モデルのシミュレーション事例を図19-8に示します．

● コアの飽和特性まで含めた過渡解析が可能

　トランス・モデルにおける過渡解析で一番再現性のあるモデルは周波数特性＋結合係数モデルですが，このモデルでは，トランス製作前にコアとコイルの特性を考慮してシミュレーションできます．過渡解析を使って，コアが飽和状態になったときに波形動作がどうなるかも検証できます．

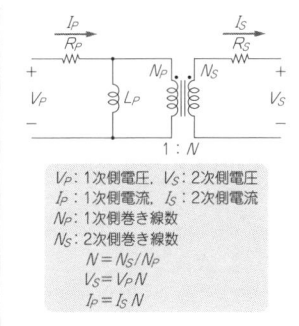

図19-6 トランスの等価回路モデルの考え方

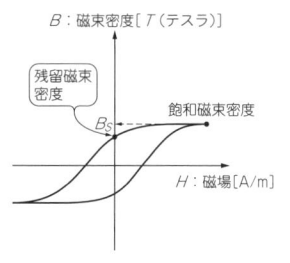

V_P：1次側電圧，V_S：2次側電圧
I_P：1次側電流，I_S：2次側電流
N_P：1次側巻き線数
N_S：2次側巻き線数
$N = N_S/N_P$
$V_S = V_P N$
$I_P = I_S N$

図19-7 トランスのコアなど磁性体の特性を表現するB-H曲線

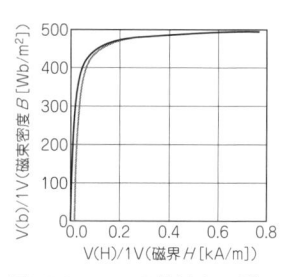

図19-8 コアの特性をモデル化したB-H曲線シミュレーション

これらのモデルに，さらに複数の要因を入力できるトランス・モデルを作成するツール市販品にあります．例えば電子回路シミュレータPSpice（ケイデンス）のアクセサリの中にある「Magnetic Part Editor」，Intusoft社のシミュレータ「Magnetics Designer」です．どちらも対話式のツールです．これらのツールで実機とどのくらいの再現性があるのかは未確認ですが，トランス製作前に検証できるので，こういうモデリング・ツールを試すのも良いかもしれません．

19-3──インダクタンス周波数特性＋結合係数モデルの作り方

実務で一番よく使われる，周波数特性＋結合特性のモデルの作り方について，詳しく見ていきましょう．

● 作成方針

1次側，2次側，それぞれのコイルの周波数特性モデルを作成し，結合係数でトランスのSPICEモデルを作成します．リーケージ・インダクタンスも考慮した等価回路モデルにします．トランスにリーケージ・インダクタンスがある場合，出力スイッチがオフした後に，電圧スパイクが1次側に発生します．このスパイクは，負荷電流が大きくなればなるほど，大きな蓄積エネルギを持っていて，これを消費させなければなりません．対策のためにクランプ回路を付加します．今回使ったのはD_Zクランプです．**図19-1**のD_1のダイオードとU_3のツェナー・ダイオードで構成しています．

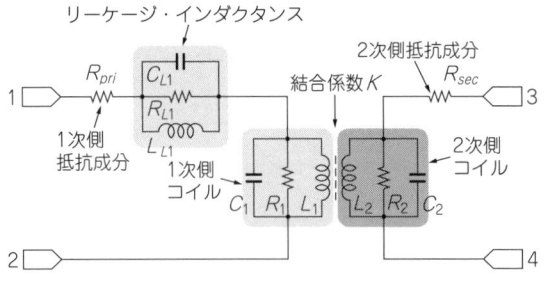

図19-9 トランスのSPICEモデルの等価回路図

● 周波数特性＋結合係数モデル作成手順

周波数特性モデルについては，コイルの3素子モデルを採用します．コイルの等価回路の選定は，組み込む回路の動作周波数で決定します．等価回路図は**図19-9**の通りです．

> 手順1：1次側に関わるパラメータの決定
> 手順2：2次側に関わるパラメータの決定
> 手順3：リーケージ・インダクタンスに関わるパラメータの決定
> 手順4：ネットリストにまとめる

トランス用の抽出ツールはありませんので，評価回路を描き，各種パラメータの影響度合いを解析しながら，最適解を探していきます．

19-4——手順1：1次側に関わるパラメータの決定

● 1次側インピーダンス特性を測定

1次側の端子間のインピーダンス特性をプレシジョン・インピーダンス・アナライザ4294A（アジレント・テクノロジー）にて測定します．測定結果は，**図19-10**に掲載します．また，1次側の直列抵抗成分をマルチメータで測定します．1次側の直列抵抗値は0.128 Ωでした．`Rpri = 0.128` となります．

● インピーダンスの測定結果から3素子モデルの最適解を決定する

等価回路モデル（**図19-9**）の場合，各種電気的特性の評価回路図を描き，**図19-10**の実測とシミュレーション結果を比較しながら，パラメータの数値を決定していきます．まず，

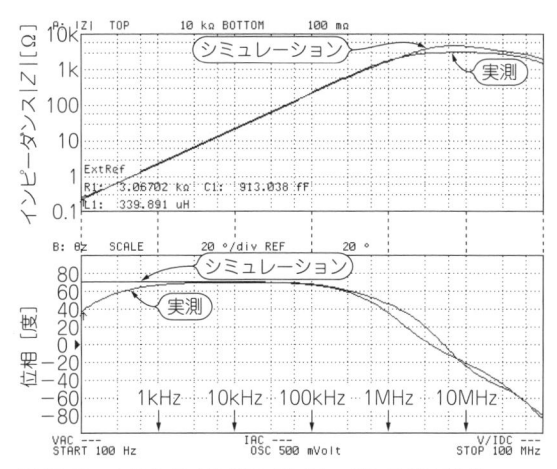

図19-10　トランス1次側のインピーダンス測定結果
シミュレーションはインピーダンス・アナライザで抽出した定数を使用

図19-9の等価回路図を描きます．ここでは，LCRの並列接続の3素子モデルについての最適解を決定します．コイルの3素子の最適化の方法については，第11章を参照してください．最適解は次の通りです．

$L_1 = 339.891\ \mu\mathrm{H}$
$R_1 = 22.06702\mathrm{k}\Omega$
$C_1 = 0.113038\mathrm{pF}$

19-5 — 手順2：2次側に関わるパラメータの決定

● 2次側のインピーダンス特性を測定

2次側の端子間のインピーダンス特性をインピーダンス・アナライザにて測定します．測定結果は，**図19-11**に掲載します．

また2次側の直列抵抗成分をマルチメータで測定します．2次側の直列抵抗値は，$0.020409\ \Omega$です．**Rsec = 0.020409** となります．

[図: トランス2次側インピーダンス測定結果のグラフ。上段は|Z|特性（実測とシミュレーション）、下段は位相特性。]

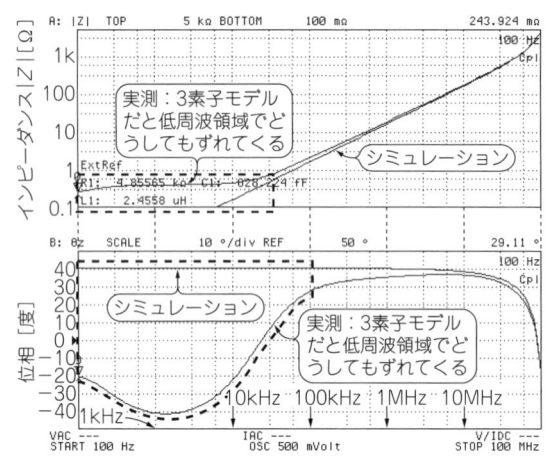

図19-11 トランス2次側のインピーダンス測定結果
シミュレーションはインピーダンス・アナライザで抽出した定数を使用

● インピーダンスの測定結果から3素子モデルの最適解を決定する

　等価回路モデル（図19-9）の場合，各種電気的特性の評価回路図を描き，図19-11の実測とシミュレーション結果を比較しながら，パラメータの数値を決定していきます．LCRの並列接続の3素子モデルについての最適解を決定します．最適解は次の通りです．

$L_2 = 21.25\,\mu H$
$R_2 = 287.865\,\Omega$
$C_2 = 23.084\,pF$

19-6――手順3：リーケージ・インダクタンスに関わるパラメータの決定

● リーケージ・インダクタンスのインピーダンス特性を測定

　リーケージ・インダクタンスの測定をするためには，2次側の端子間をショートし，1次側の端子間のインピーダンス特性をインピーダンス・アナライザにて測定します．測定結果は，図19-12に掲載します．

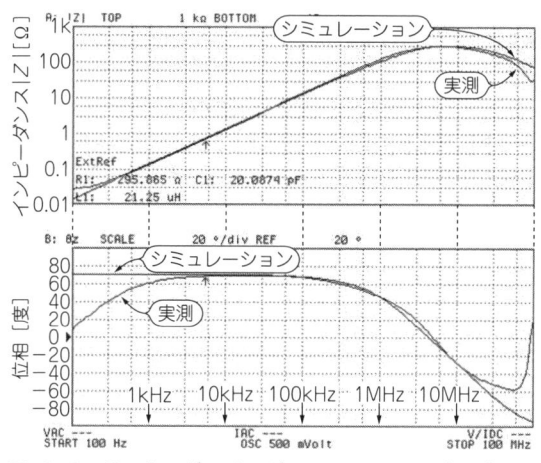

図19-12 リーケージ・インダクタンスのインピーダンス測定結果
シミュレーションはインピーダンス・アナライザで抽出した定数を使用

● インピーダンスの測定結果から3素子モデルの最適解を決定する

等価回路モデル(**図19-9**)の場合，各種電気的特性の評価回路図を描き，**図19-12**の実測とシミュレーション結果を比較しながら，パラメータの数値を決定していきます．

LCRの並列接続の3素子モデルについての最適解を決定します．最適解は次の通りです．

$L_{L1} = 2.8558\,\mu\text{H}$
$R_{L1} = 4.45565\,\text{k}\Omega$
$C_{L1} = 0.68224\,\text{pF}$

19-7――手順4：ネットリストにまとめる

手順1から3までの最適化した素子(**図19-13**)をネットリストに記述します．トランスのSPICEモデルのネットリストを**リスト19-1**に示します．また，ネットリストに対する回路図シンボル(**図19-14**)も作成します．これでトランスのSPICEモデルが完成しました．

リスト19-1 トランスT1のSPICEモデル

```
*SPICE MODEL
*COMPONENTS: Transformer
*PART NUMBER: T1-100LB_Tr
*MANUFACTURER: -
*All Rights Reserved Copyright (c) Bee Technologies Inc. 2012
.SUBCKT T1-100LB_Tr 1 2 3 4
R_Rpri    1     N1    0.128
L_L1      N2    2     339.891uH
R_R1      N2    2     22.06702k
C_C1      N2    2     0.113038p
L_LL1     N1    N2    2.8558uH
C_CL1     N1    N2    0.68224p
R_RL1     N1    N2    4.45565k
L_L2      4     N3    21.25uH
R_R2      N3    4     287.866
C_C2      N3    4     23.084p
R_Rsec    N3    3     0.020409
Kn_K1     L_L1  L_L2  1
.ENDS
```

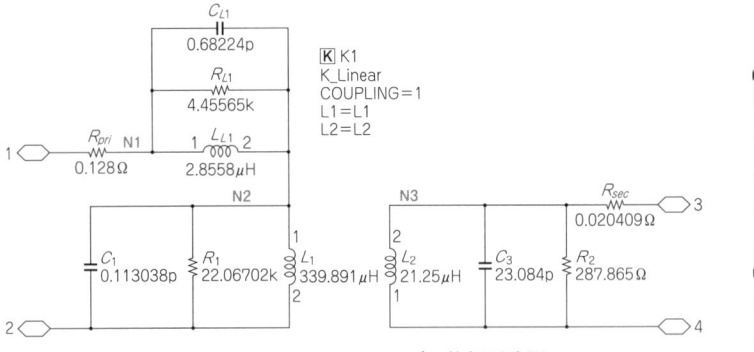

図19-13 今回試作したトランスのSPICEモデル等価回路図

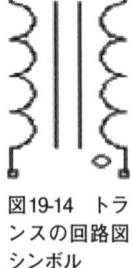

図19-14 トランスの回路図シンボル

19-8—トランス以外のデバイスのSPICEモデル作成

図19-1の回路シミュレーションをするためには，トランスのSPICEモデルの他にツェナー・ダイオード，ダイオード，ショットキー・バリア・ダイオード，電解コンデンサのSPICEモデルが必要です．

■ ツェナー・ダイオードU_3のSPICEモデル

● 三つのコンポーネントを使った等価回路モデル

ツェナー・ダイオードのSPICEモデルには，3種類あります．ダイオードのパラメータ・

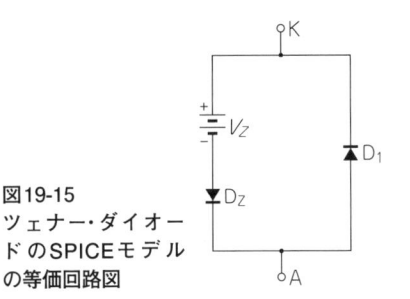

図19-15
ツェナー・ダイオードのSPICEモデルの等価回路図

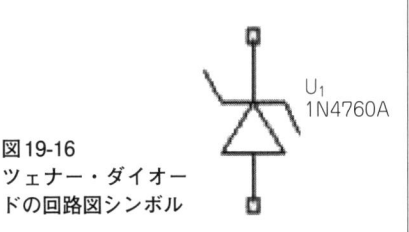

図19-16
ツェナー・ダイオードの回路図シンボル

リスト19-2 ツェナー・ダイオード U_3 のSPICEモデル

```
*PART NUMBER: 1N4760A
*MANUFACTURER: ON Semiconductor
*REMARK: STANDARD MODEL
*All Rights Reserved Copyright (c) Bee Technologies Inc. 2012
.SUBCKT 1N4760A A K
D1   A    K     DF_1N4760A
C1   A    K     24p
DZ   A2   A     DR_1N4760A
VZ   K    A2    67.85V
.MODEL DF_1N4760A D
+ IS=301.30E-15 N=1.2695 RS=.24041 IKF=7.8801E-3
+ CJO=155.35E-9 M=1.5721 VJ=67.133E-3
.MODEL DR_1N4760A D
+ IS=97.482E-27 N=.71354 RS=220.67 IKF=17.908
.ENDS
```

モデル，三つのコンポーネントの等価回路で表現するモデル，参照電圧ICの等価回路モデルです．

今回は，三つのコンポーネントの等価回路で表現するモデルを採用します．等価回路図を**図19-15**に示します．順方向特性は，D_1のダイオードで表現し，ツェナー特性をV_Zの電圧源とD_Zのダイオードで表現します．

● ダイオードのパラメータ・モデルを二つ組み合わせる

再現性のある電気的特性は，順方向特性，ツェナー特性，容量特性です．順方向特性および容量特性は，D_1のダイオードのモデル・パラメータで表現します．順方向特性は**IS**，**N**，**RS**，**IKF**の四つのモデル・パラメータで決定します．容量特性は**CJO**，**M**，**VJ**の三つのモデル・パラメータで決定します．ツェナー特性は，V_Zの電圧値を決定し，D_Zの**IS**，**N**，**RS**，**IKF**の四つのモデル・パラメータで決定します．最適化したネットリストを**リスト19-2**に示します．回路図シンボル(**図19-16**)も作成します．

■ ダイオードD_1のSPICEモデル

● ツェナー・ダイオードのクランプ回路に使うだけなので**単純なパラメータ・モデル**でよい

　ダイオードには3種類のSPICEモデルがあります．単純な動作を見るためのパラメータ・モデル，過渡解析で正確な波形検証を行うIFIR法による，逆回復特性に再現性のある等価回路モデル（損失の計算も可能），それと，電流減少率法による逆回復特性に再現性のある等価回路モデルです．

　特に，パワー・エレクトロニクス分野では，逆回復特性に再現性のある等価回路モデルを採用します．

　ただし，今回の場合，ダイオードD_1の用途がツェナー・ダイオードU_3との組み合わせによるD_Zクランプ回路で，動作への影響が小さいと考えられるので，単純なモデルであるパラメータ・モデルを採用しました．

　ダイオードのパラメータ・モデルは，順方向特性，接合容量特性に再現性があります．逆回復特性はモデル・パラメータが**TT**のみで表現されるため，波形形状に再現性はありません．耐圧は表現されています．ダイオードのパラメータ・モデルのSPICEモデルの作成方法は，第8章を参照してください．ダイオードD_1のSPICEモデルのネットリストを**リスト19-3**に示します．

■ ショットキー・バリア・ダイオードD_2のSPICEモデル

● パラメータ・モデルを採用

　ショットキー・バリア・ダイオードのSPICEモデルには2種類のモデルがあります．パ

リスト19-3　ダイオードD_1のSPICEモデル

```
* PART NUMBER: CMH04
* MANUFACTURER: TOSHIBA
* All Rights Reserved Copyright (C) Bee Technologies Inc. 2012
.MODEL DCMH04 D
+ IS=332.97E-12
+ N=1.5496
+ RS=17.173E-3
+ IKF=.1208
+ CJO=31.164E-12
+ M=.40099
+ VJ=.3905
+ ISR=0
+ BV=210
+ IBV=100.00E-6
+ TT=15.237E-9
```

ラメータ・モデルと逆特性に再現性のある等価回路モデルです．今回は，過渡解析にて動作波形を観察するので等価回路モデルを使いたいところですが，精度がよい反面収束性が悪くなります．今回はトランスとLT3511の動作を優先させるため，パラメータ・モデルを採用しました．等価回路モデルはパラメータ・モデルと比較して，収束性が悪いため，目的に応じて，SPICEモデルを使い分ける必要があります．

● 逆方向特性には再現性がない

　ショットキー・バリア・ダイオードのパラメータ・モデルは，順方向特性，接合容量特性に再現性があります．ショットキー・バリア・ダイオードの逆回復特性はゼロ，もしくは数nsですので，パラメータ・モデルでも再現性があります．

　ショットキー・バリア・ダイオードは，逆方向特性に特徴がありますが，パラメータ・モデルでは，逆方向特性が耐圧1点で表現されるため，再現性はありません．ショットキー・バリア・ダイオードのパラメータ・モデルのSPICEモデルの作成方法は，第10章を参照してください．ショットキー・バリア・ダイオードD_2のSPICEモデルのネットリストを**リスト19-4**に示します．

■ 電解コンデンサU_4のSPICEモデル

● 電解コンデンサのSPICEモデルの種類

　今回の回路解析シミュレーションでは，電解コンデンサのSPICEモデルにより，*ESR*，*ESL*の影響を観察します．よって，3素子モデルを採用しました．取り扱う周波数

リスト19-4　ショットキー・バリア・ダイオードD_2のSPICEモデル

```
* PART NUMBER: CRS04
* MANUFACTURER: TOSHIBA
* All Rights Reserved Copyright (C) Bee Technologies Inc. 2012
.MODEL CRS04 D
+ IS=29.640E-9
+ RS=76.228E-3
+ IKF=1.00E3
+ ISR=0
+ N=1
+ EG=.68
+ CJO=222.05E-12
+ M=.59331
+ VJ=1.0762
+ BV=42
+ IBV=100.00E-6
+ TT=0
```

帯域によって，等価回路モデルは異なります．コンデンサの等価回路の種類については，第9章を参照してください．

● 電解コンデンサのSPICEモデルの作成

　まず，電解コンデンサの周波数特性（インピーダンス特性）をインピーダンス・アナライザ4294Aで測定します．測定結果を図19-17に示します．等価回路は3素子モデル，LCRの直列接続です．容量値は，$22\mu F$なので，ESR，ESLをパラメトリック解析で影響度合いを検証し，最適値を決定します．4294Aには，3素子モデルの抽出機能があります．この機能を活用することで，SPICEモデル作成の時間は大幅に短縮できます．

　電解コンデンサU_4のSPICEモデルのネットリストをリスト19-5に掲載します．これで回路解析シミュレーションに必要なSPICEモデルは揃いました．

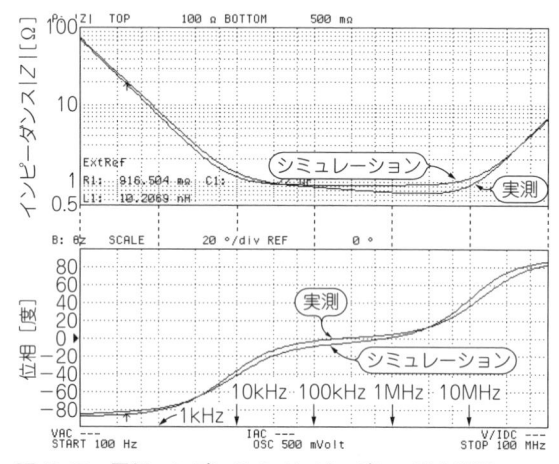

図19-17　電解コンデンサのインピーダンス測定結果

リスト19-5　電解コンデンサU_4のSPICEモデル

```
* PART NUMBER: C22U50V
* COMPONENTS: Electrolytic Capacitors
* MANUFACTURER: HER-MEI ELECTRIC CO., LTD.
* All Rights Reserved Copyright (C) Bee Technologies Inc. 2012
.SUBCKT c22u50v 1 2
R1   1    N1   913.504m
C1   N1   N2   22u
L1   N2   2    10.2069n
.ENDS
```

19-9 — 絶縁型フライバック・コンバータ回路に組み込んで再現シミュレーション

● 手順1：シミュレーション用の回路図を作成する

　LTspiceを起動して，図19-1の回路図を描きます．それぞれの部品に対して，2種類のファイルが必要です．回路図を描くための回路図シンボル・ファイル(.asy)とSPICEモデルのネットリストのライブラリ・ファイルです．LTSpiceの場合，拡張子がSUBファイルが多いのですが，拡張子がLIBファイルでも定義を行えば，問題なく，取り込めます．.subファイルおよび.libファイルがライブラリ・ファイルになります．

　回路図シンボルは，ソフトウェア依存性がありますので，他のSPICE系シミュレータのシンボル・データを取り込めません．よって，LTspiceで回路図シンボルを作らなければなりません．

　SPICEモデルは，LTspiceIV/lib/subフォルダに格納し，回路図シンボルは，LTspiceIV/lib/symフォルダに格納します．

● 手順2：解析する

　今回は過渡解析を行います．解析時間は0から4msに設定します．

　スイッチング回路なので，解析が行われやすくなるよう，過渡解析のオプション設定を行います．Start external DC supply voltage at 0Vのチェック・ボックスをクリックして有効にします．これはスタートアップ・オプションで，シミュレーション・スタート時にDC電源を0から直線的に上昇し，20μsで設定した電圧値になるというものです．RUNボタンを押すと解析が開始します．[Add Trace]で波形のノードを選択するか，プローブ機能で波形を表示させます．

● 入力電圧波形と出力電圧波形の確認

　ラベル機能を活用して，入力電圧波形を検出するラインをIN，出力電圧波形のラインをOUTと定義しました．図19-18の(a)に実波形，(b)にシミュレーション結果を掲載します．出力電圧が5Vであることが確認できます．

● LT3511のSWピンの電圧波形および電流波形の確認

　LT3511のSWピンの電圧波形および電流波形を確認しました．図19-19の(a)に実波形，

(a) 実測

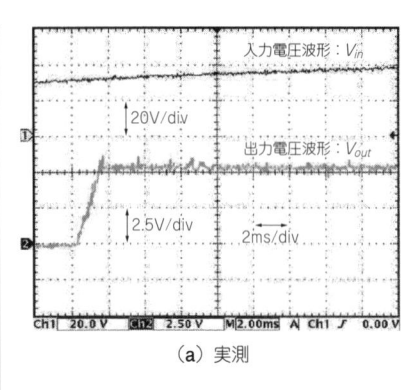

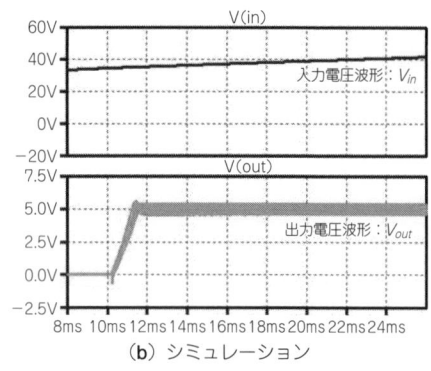

(b) シミュレーション

図19-18 入力電圧波形と出力電圧波形がだいたい再現できている

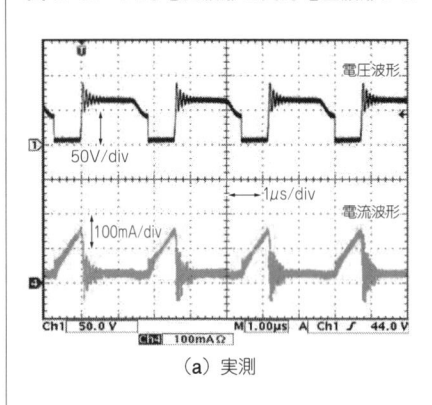

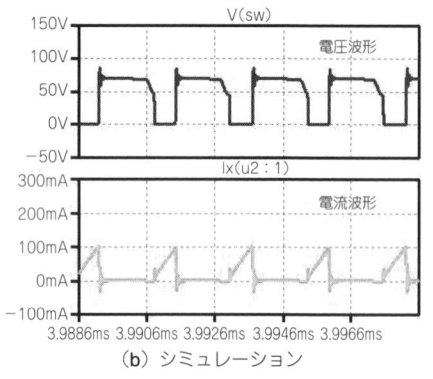

(a) 実測

(b) シミュレーション

図19-19 絶縁型DC-DCコンバータIC LT3511のスイッチング端子(SWピン)の電圧波形と電流波形

(b)にシミュレーション結果を示します．ノイズの発現箇所についての再現性が確認できました．

● ショットキー・バリア・ダイオードD_2の電圧波形，電流波形の確認と損失計算

　ショットキー・バリア・ダイオードD_2の電圧波形，電流波形を確認しました．**図19-20**の(a)に実波形，(b)にシミュレーション結果になります．波形形状とノイズの発現箇所についての再現性を確認しました．シミュレーションの方では，電圧波形×電流波形からスイッチング損失を計算させました．

(a) 実測　　　　　　　　　　　　　　(b) シミュレーション

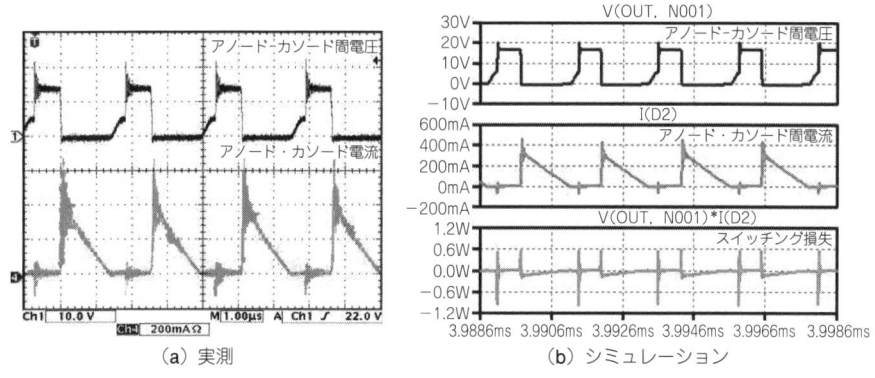

図 19-20　ショットキー・バリア・ダイオードのスイッチング波形

(a) 実測　　　　　　　　　　　　　　(b) シミュレーション

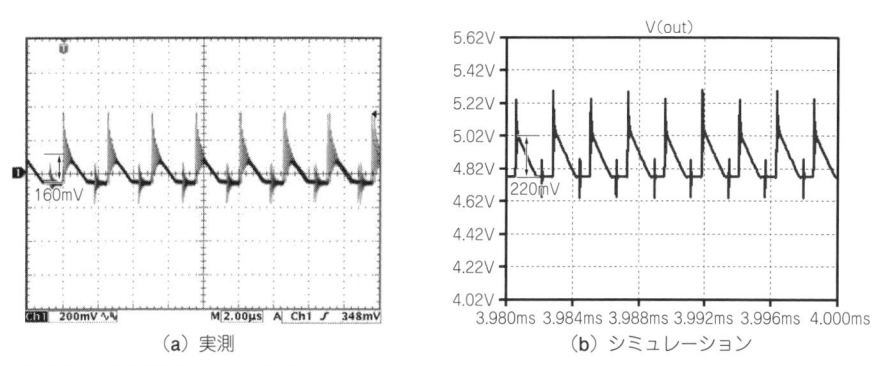

図 19-21　出力電圧のリプル波形

● 出力電圧のリプル波形確認

　出力電圧のリプル波形を確認しました．**図 19-21** の(a)に実波形，(b)にシミュレーション結果になります．リプルは，電解コンデンサの選定で改善できます．今回の回路をテンプレートにして，色々とシミュレーションしてみてください．

第20章

部品：太陽電池
再現：日照変化時の出力特性

本章では，太陽電池のモデルを作成してみます．

太陽電池は，起電力が約0.5Vのセルを何個か直列にしてパッケージした，太陽電池パネルを入手するのが一般的です．今回は，125Wの太陽電池パネルを例にモデルを作成しますが，出力の大小にかかわらず，ここで解説する方法でモデルを作成できます．

20-1――LTspiceでシミュレーションできる範囲

太陽電池は，日照条件によって特性が変化するため，再現性の高い回路実験が困難であり，電子回路シミュレーションを使って解析すると有効です．

● 太陽電池セルから太陽光システムまで

太陽電池のセル，またはパネルを対象とする出力特性のシミュレーションをする場合と，太陽光システム全体をシミュレーションする場合があります．

▶その1：太陽電池システムをシミュレーションする場合

太陽電池，パワー・コンディショナ，二次電池，インバータ回路などで構成され，実際の気象データである日射量を反映させ，全体をシミュレーションできます．仕様の発電能力があるかどうかや，一日を通じた負荷変動に対して電池の充放電でカバーできるかどうかなど，解析分野は多岐に渡ります．

▶その2：パネルを対象とするシミュレーションの場合

工夫次第では，影の影響を考慮したシミュレーションや，漏れ電流が発生した場合のシミュレーション，バイパス・ダイオードの影響を考慮したシミュレーションなどができます．これらのシミュレーションはLTspiceで可能です．

● エナジー・ハーベスト分野でも有効

　少ないエネルギをいかに電力変換し，蓄電するかに挑戦しているのが，エナジー・ハーベスト分野です．関連して，太陽電池を効率良く使用するためのトラッキング機能があるICもあります．これらにつなぐ小型の太陽電池も，同じ考え方でシミュレーションできます．

　本章で取り扱う太陽電池のSPICEモデルは，ハーベスト用の小さなセルから，メガソーラ・システムの全体シミュレーションまで活用できます．

20-2──基礎知識…太陽電池のデータシートの見方

　太陽電池のSPICEモデル作成は，データシートを参照し，作成します．データシートで理解しておいた方がよいいくつかの用語を解説します．

● 変換効率

　太陽電池の性能を表しているのが，変換効率です．変換効率とは，太陽の光エネルギを何％を電気エネルギに活用できるかを示す数値です．これは，太陽電池を構成する結晶構造に大きく依存します．計算は，

　　変換効率[%]＝出力できる電気エネルギ／入射する太陽光エネルギ×100

です．

● 基準状態(STC)

　太陽電池を評価する場合の世界共通の基準です．**基準状態**あるいは，STC(Standard Test Condition)といわれています．下記の三つが条件になります．

　　(1) AM1.5
　　(2) 1kW/m^2
　　(3) 25℃

それぞれ，簡単に解説します．

　(1) AMは，エア・マスと読みます．図20-1に示すようにAM1.5とは，太陽光線の入射角が41.8度の状況を指します．

　(2) 1kW/m^2は，光の強度(放射強度)の条件です．地表における基準状態では，1m^2当たり1kWの太陽光エネルギが照射されているということです．

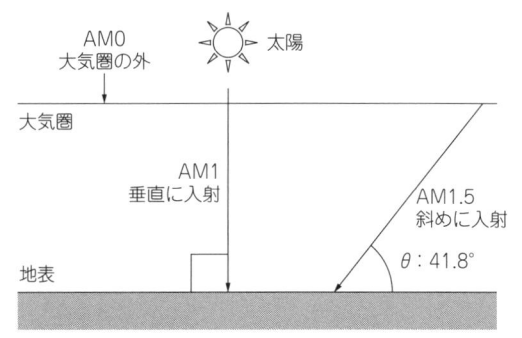

図20-1 大気における減衰の程度を表すAM(エア・マス)は太陽電池の評価基準でAM1.5と指定されている
大気による減衰を考慮に入れるのがAM(エア・マス).減衰の程度は角度で異なる

(3) 25℃は,太陽電池のセル温度の基準です.一般的に,太陽電池は高温で発電電圧が下降し,低温で発電電圧が上昇する傾向があります.

● 太陽電池の特性

太陽電池のSPICEモデル作成時には,太陽電池の電流-電圧特性をみて,等価回路モデルの定数をチューニングしていきます.実際には,電流-電圧特性と電力-電圧特性の両方を参照しますが,同じ特性を表現しています.**図20-2**に見方を示します.

(1) 開放電圧

太陽電池がオープンな状態にて,太陽電池の両端の電圧を測定します.その時の電圧を開放電圧(V_{OC})といいます.

(2) 短絡電流

太陽電池をショートした状態でショートした電流を測定します.その時の電流を短絡電流(I_{sc})といいます.

(3) 最大出力動作電圧

最大のエネルギを出力する時の電圧を最大出力動作電圧(V_{PM})といいます.

(4) 最大出力動作電流

最大のエネルギを出力する時の電流を最大出力動作電流(I_{PM})といいます.

(5) 最大出力

最大のエネルギの出力を最大出力(P_{max})といいます.$P_{max}=V_{PM} \times I_{PM}$の関係にありま

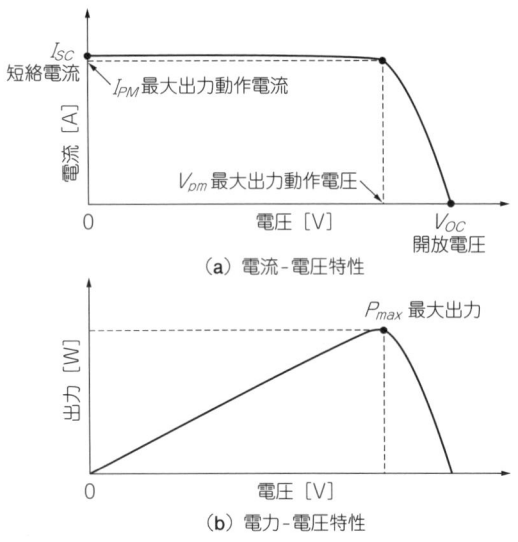

図20-2　太陽電池の特性…電流-電圧特性と(a) 電流-電圧特性／(b) 電力-電圧特性

す．

20-3──太陽電池の等価回路とシミュレーション結果

● 太陽電池のSPICEモデルは等価回路モデル

　太陽電池のSPICEモデルは等価回路モデルです．電流源，ダイオード，抵抗二つで構成される単純なモデルです．

　図20-3に太陽電池のSPICEモデルの等価回路図を示します．電流源を使用し，暗電流はダイオードの順方向特性のパラメータを使用します．暗電流は次式で表現できます．

$$I_d = I_o \left\{ \exp\left(\frac{qV_j}{nkT}\right) - 1 \right\} \quad \cdots\cdots(1)$$

ただし，I_o：逆方向飽和電流[A]，
　　　　q：電子の電荷量[Q]（定数），
　　　　V_j：動作電圧[V]，
　　　　k：ボルツマン定数[J/K]，
　　　　n：ダイオード因子（太陽電池によって決まる定数），
　　　　T：絶対温度[K]

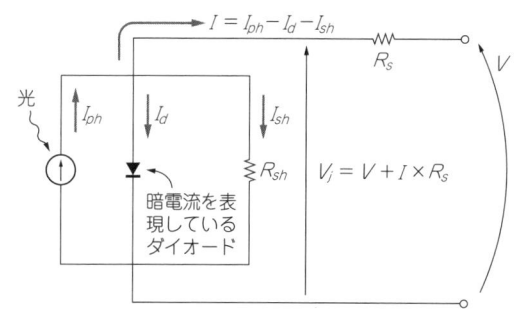

図20-3 太陽電池のSPICEモデルの等価回路

よって，太陽電池の出力電流特性を示す式は次のようになります．

$$I_{sh} = \frac{V_j}{R_{sh}}$$

$$I = I_{ph} - I_d - I_{sh}$$

$$V_j = V + R_s \times I$$

$$I = I_{ph} - I_o\left\{\exp\left(\frac{qV_j}{nkT}\right) - 1\right\} - \frac{V + I \times R_s}{R_{sh}} \quad \cdots\cdots(2)$$

式(2)の特性をイメージできると，チューニングの時に役立ちます．太陽電池HEM125PA(ホンダソルテック)のSPICEモデルを作成します．太陽電池の仕様は**表20-1**の通りです．

● 暗電流用のダイオード・モデルを作成する

暗電流のダイオード・モデルは，ダイオードのパラメータ・モデルを採用します．しか

表20-1 SPICEモデルを作る太陽電池HEM125PA(ホンダソルテック)の仕様値

項　目	値
最大出力 P_{max}	124.7W
最大動作電圧 V_{PM}	215V
最大動作電流 I_{PM}	0.58A
開放電圧 V_{OC}	280V
短絡電流 I_{SC}	0.66A

表20-2 ダイオードのSPICEモデルの順方向特性に関わるパラメータ
太陽電池の暗電流特性のモデルを作る場合，IKFはデフォルトの0で，残り三つのパラメータだけ調整する

モデルパラメータ	説　明	単　位	デフォルト
IS	飽和電流	A	10.00E−15
N	放射係数	−	1
RS	寄生抵抗	Ω	0.001
IKF	高注入Knee電流	A	0

リスト20-1 太陽電池の暗電流特性を表すダイオード・モデルのネットリスト

```
.Model DIODE_HEM125PA D
+ IS=52.4058u
+ N=1.1374k
+ RS=300.5273m
+ IKF=0
```

し，全てのモデル・パラメータを使用するのではなく，順方向特性に関わるモデル・パラメータのみを使用します．順方向特性に必要なパラメータは**表20-2**に示すように四つありますが，モデル・パラメータIKFは使用しなくても問題ありません．よって，IS，N，RSの三つのモデル・パラメータを使用します．IKF＝0として，IKFの値による影響をなくします．

テキスト・エディタを使用し，**リスト20-1**のように，暗電流特性を示すダイオードのモデルを作成します．拡張子をlibにして保存します．ここでは，ファイル名をDIODE_HEM125PA.libとしました．このSPICEモデルをLTCフォルダ¥LTspiceIV¥lib¥subフォルダ内に格納します．

● 回路図を描く

太陽電池の等価回路図(**図20-3**)を参照しながら，回路図を描き，出力特性のシミュレーションができるようにします．

作成した回路図を**図20-4**に示します．四角で囲まれている箇所が太陽電池のSPICEモ

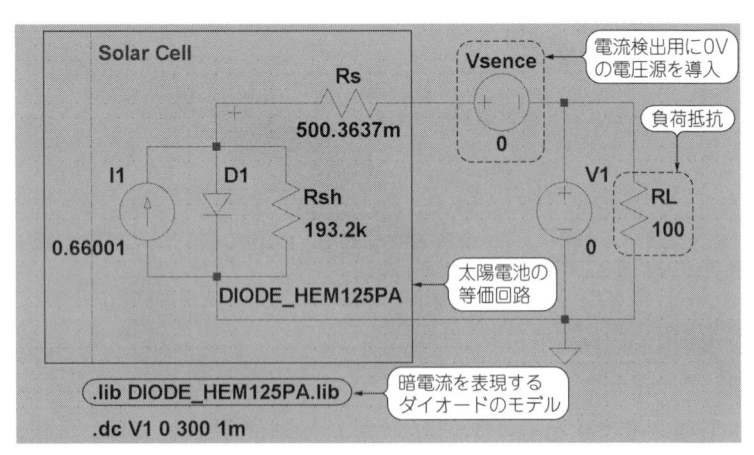

図20-4 太陽電池のSPICEモデルをシミュレーションする回路
シミュレーションの結果を見ながらパラメータを決めていく

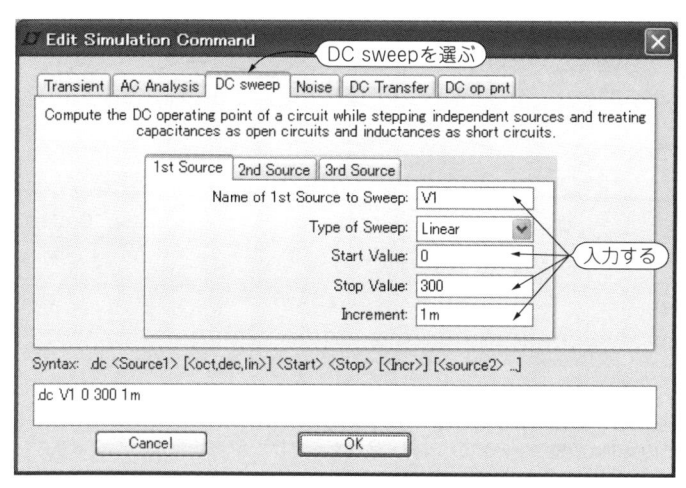

図20-5 図4のシミュレーション設定は太陽電池の特性に合わせて決める

デルです．出力特性を描くための電源がV1です．ここでは仮に負荷抵抗を100Ωとしました．実際には特性図を測定したときの負荷抵抗に合わせます．

電流検出のためにVsenceを配置しています．電流計の役割をします．

暗電流のモデルは，先ほど用意した拡張子がlibのファイルを取り込みます．ダイオードの回路図シンボルの名前をモデル名称にしておけば，回路図シンボルとの関連付けができます．

● 解析の設定を行う

解析の種類はDC解析です．DCスイープするのはV1です．表20-1の仕様より，0Vから300Vまで1mVの間隔でDCスイープします．解析設定画面を図20-5に示します．

● シミュレーションを行う

解析設定が終了したら，[Run]ボタンを押し，シミュレーションを実行します．出力特性の波形表示はTraceからI(Vsence)を選択して表示できます．見やすいように軸設定を変更します．電力-電圧特性を描かせたい場合は，TraceにV(v1)*I(Vsence)と入力します．

シミュレーションの結果を図20-6に示します．上図が電力-電圧特性シミュレーション結果，下図が電流-電圧特性シミュレーション結果になります．

20-3 ── 太陽電池の等価回路とシミュレーション結果

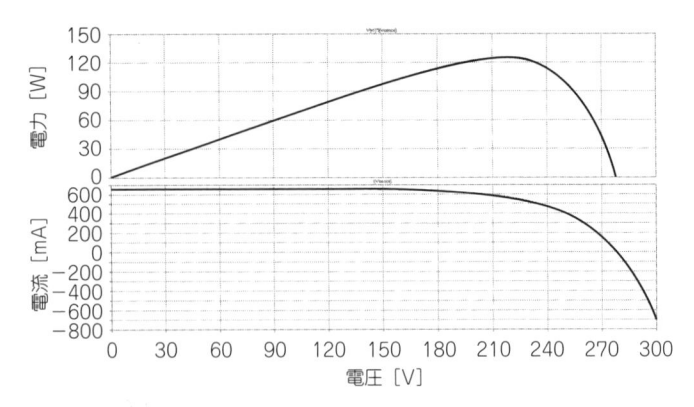

図20-6　図20-4のシミュレーション結果
この結果は調整済みのもの．実際には値を調整して太陽電池の特性に合わせる

20-4——等価回路のパラメータを決めてモデルを完成させる

● 最適化するパラメータは七つ

太陽電池のSPICEモデルは七つのパラメータを決定することで作成できます．電流源の値，抵抗RSHの値，暗電流特性を決めるダイオードのモデル・パラメータ三つ，抵抗RSの値です．SPICEモデル作成手順は次の通りです．

　　手順1：短絡電流（I_{SC}）を電流源で決定する
　　手順2：開放電圧（V_{OC}）をダイオード・モデル・パラメータRS，ISおよびNで決定する
　　手順3：出力特性の波形の特徴を抵抗値RSHおよびRSで決定する

各パラメータの影響度合いについては次の通りになります．

● 短絡電流（I_{SC}）はすぐに決定できる

短絡電流（I_{SC}）は，太陽電池の等価回路図の電流源に相当しますので，すぐに決定できます．出力特性を描きながら多少の微調整を行い，最終決定します．I1 = 0.66001A で決定しました．

● ダイオード・モデル・パラメータRSを決める

　ダイオード・モデル・パラメータRSについての影響度合いについて図20-7に示します．RS値は，開放電圧(V_{OC})を決定する場合に使用します．RSが大きい場合，開放電圧値も大きくなる傾向があります． RS = 300.5273mΩ で決定しました．

● ダイオード・モデル・パラメータISおよびNを決める

　ダイオード・モデル・パラメータISおよびNについての影響度合いは図20-8の通り，関連性があります．よって，二つの最適値は同時に決定する必要があります．ダイオード・モデル・パラメータISは，値が大きくなると，出力電圧が小さくなる方向に平行移動しています．逆に，ダイオード・モデル・パラメータNは，値が大きくなると，出力電圧が

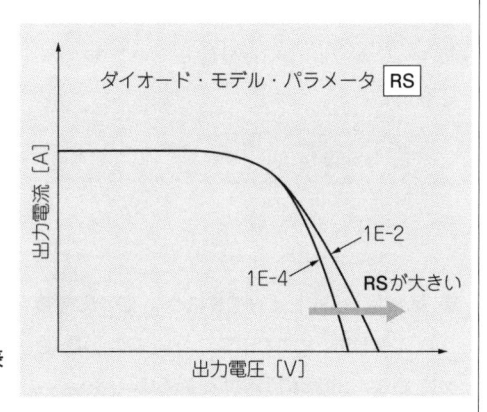

図20-7　太陽電池の等価回路の中にある暗電流特性を表すダイオードのモデル・パラメータRSの影響

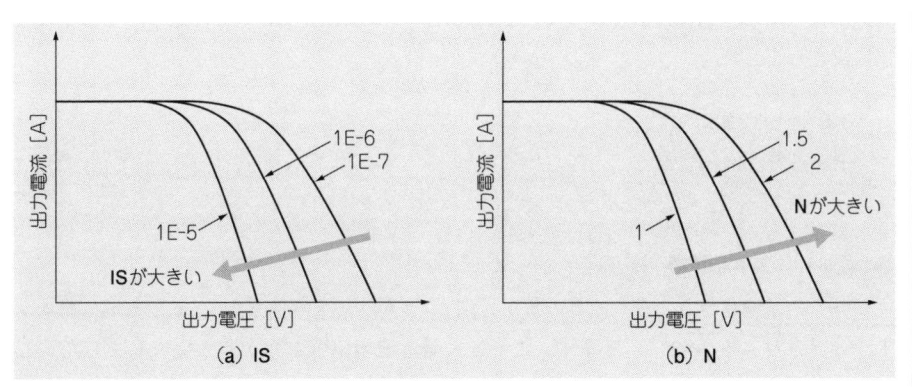

図20-8　太陽電池の等価回路の中にある暗電流特性を表すダイオードのモデル・パラメータISおよびNの影響
(a) IS
(b) N

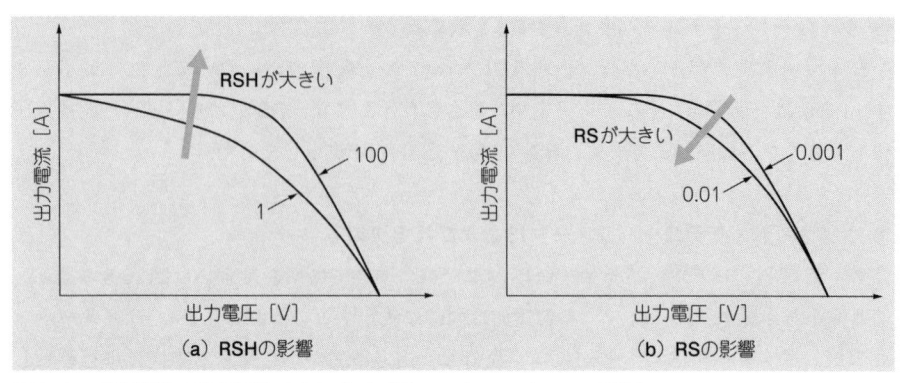

図20-9　太陽電池の等価回路の中にあるパラメータRSHとRSの影響

大きくなる方向に平行移動しています．これらの影響度合いを考慮し，それぞれの値に決定しました．

```
IS=52.4058uA
N=1.1374k
```

● 抵抗値RSHおよびRSについての影響度合い

抵抗値RSHおよびRSについての影響度合いは**図20-9**の通りです．これらのパラメータにより，出力電圧特性の膨らみ方を決定できます．これらを考慮して，パラメトリック解析を繰り返し，仕様書に合わせていきます．これらの影響度合いを考慮し，それぞれの値に決定しました．

```
RSH=193.200kΩ
RS=500.3637mΩ
```

● ネットリストにする

これらの最適化されたそれぞれの値を元に，ネットリストを作ります．できあがったネットリストを**リスト20-2**に示します．これで太陽電池のSPICEモデルが完成しました．この手法は太陽電池の大小問わず，活用できる方法です．

リスト20-2　できあがった太陽電池HEM125PAの SPICEモデルのネットリスト

```
*$
*PART NUMBER: HEM125PA
*MANUFACTURER: HONDA
*REMARK:Pmax=124.7(W)
*All Rights Reserved Copyright (c) Bee Technologies Inc. 2012
.SUBCKT HEM125PA Plus Minus
R_RS1 N00A Plus 500.3637m
R_Rsh1 Minus N00A 193.200k
D_D1 N00A Minus DIODE_HEM125PA
I_I1 Minus N00A DC 0.66001
.Model DIODE_HEM125PA D
+ IS=52.4058u
+ N=1.1374k
+ RS=300.5273m
+ IKF=0
.ENDS
*$
```

20-5──天候に応じた出力特性の表現方法

　太陽電池は，天候に大きく左右されます．快晴であれば，最大出力ですが，曇ったり，雨が降ると，出力特性が大きく変化します．その場合，太陽電池の等価回路モデルの電流源を変更するだけで，表現できます．一般的に，天候による影響は次の通りです．

　　快晴の場合：100％
　　曇りの場合：50％
　　雨の場合：16％

　HEM125PA（ホンダソルテック）は，電流源の値が0.66001Aなので，下記の通り電流源を変更すれば，その天候時の太陽電池のSPICEモデルになります．

　　快晴の場合：電流源の値=0.66001 × 1=0.66001A
　　曇りの場合：電流源の値=0.66001 × 0.5=0.330005A
　　雨の場合：電流源の値=0.66001 × 0.16=0.1056016A

　応用例として，電流源を過渡的に変化させれば，日射量変化になります．その場合，日射量と電流値を換算するテーブルの作成が必要です．太陽電池のSPICEモデルを作成し，色々とシステム構成のシミュレーションに活用してみてください．

第21章
部品：真空管
応用：オーディオ・アンプ

Western Electric社の三極真空管300BのSPICEモデルを作成して，シングル電力増幅回路のシミュレーションをしてみます．300Bは出力段の増幅回路に採用され，初段，2段目の後に接続されるのが一般的ですが，今回は，仮想的な単段のシングル電力増幅回路を作ります．

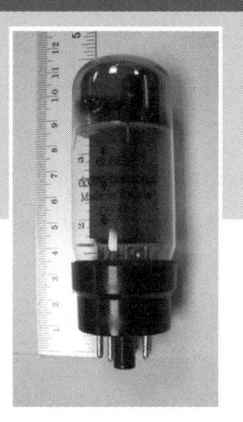

21-1 — 三極管の特性と等価回路

● オーディオ・アンプの設計に！真空管もLTspiceでシミュレーション

現在，真空管が採用されている分野は，高級オーディオ・アンプ，ギター・アンプなどです．真空管アンプを自作する人も増えています．しかし，アンプの設計，定数決定など難しいのが実情です．回路実験をする場合，高電圧を取り扱うので，感電にも十分な注意が必要です．採用する真空管のSPICEモデルを作成すれば，真空管のアンプもLTspiceでシミュレーションできます．

■ 三極管の二つの電気的特性

三極管の回路図シンボルを図21-1に示します．三極管には，ヒータと電極が分離している傍熱管と，ヒータと電極が一緒になっている(フィラメントとよぶ)直熱管があります(図21-2)．300Bは直熱管です．シミュレーションでは，ヒータのことを考えないので，この二つに区別はつけません．

三極管の電気的特性は二種類あります．グリッド特性(E_g-I_p特性曲線)とプレート特性(E_p-I_p特性曲線)です．

図21-1 三極管の回路図シンボル

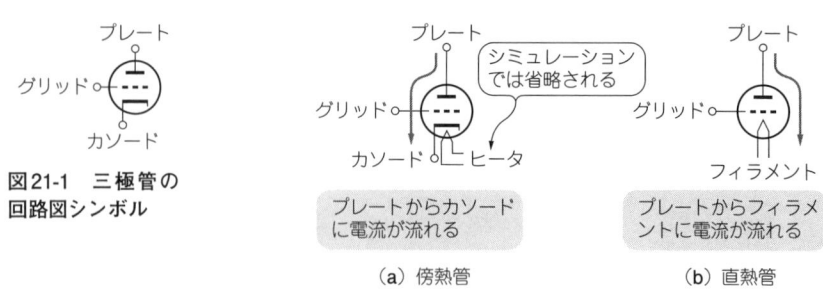

（a）傍熱管　プレートからカソードに電流が流れる
シミュレーションでは省略される

（b）直熱管　プレートからフィラメントに電流が流れる

図21-2 三極管は2種類あるがシミュレーション上では同じ扱い

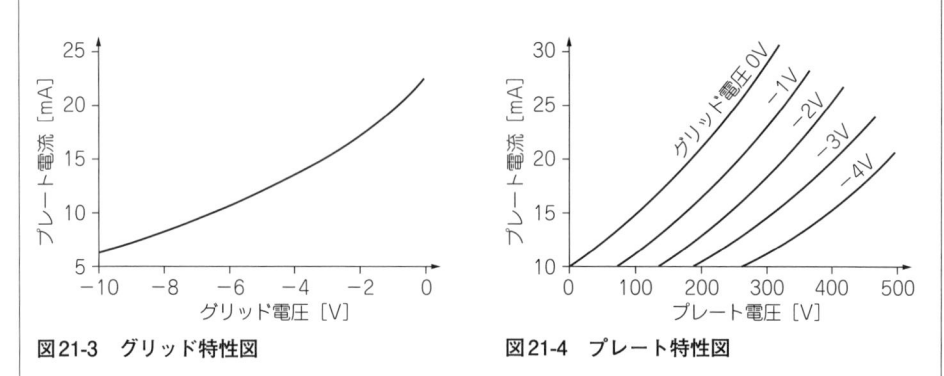

図21-3 グリッド特性図

図21-4 プレート特性図

● グリッド特性

　グリッド特性図を図21-3に示します．横軸がグリッド電圧，縦軸がプレート電流です．プレート電流は単位がmAです．グリッド電圧が増えるにつれ，プレート電流も増えています．

● プレート特性

　プレート特性図を図21-4に示します．横軸がプレート電圧，縦軸がプレート電流です．グリッド電圧を変化させることで，図21-4のようにプレート特性が変化します．この二つの特性図は基本になります．

■ 真空管の三つの定数

　プレート特性図の各ポイントにおける真空管の電気的特性を数値で表したものが，真空管の三定数といいます．次の通りです．

> (1) 増幅率：μ
> (2) 相互コンダクタンス：g_m
> (3) 内部抵抗：r_p

● **増幅率：μ**

　プレート電流を一定にした状態でバイアスを変化させた時のバイアスの変化あたりのプレート電圧の変化率のことを増幅率といいます．

　三極管の場合，プレート電流の数値が小さくなると，増幅率の値も小さくなる傾向にあります．増幅率の算出方法は次の通りです．

　　　増幅率＝プレート電圧の変化／バイアス電圧の変化

● **相互コンダクタンス：g_m**

　プレート電圧を一定にした状態で，バイアス（グリッド-カソード電圧）を変化させた時のバイアスの変化あたりのプレート電流に変化率を相互コンダクタンスと言います．相互コンダクタンスの値が大きい場合，カソードの電位が少し変動しただけで，大きなプレート電流が流れてしまいます．相互コンダクタンスの算出方法は，次の通りです．

　　　相互コンダクタンス＝プレート電流の変化／バイアス電圧の変化

● **内部抵抗：r_p**

　プレート特性図の曲線における任意の動作点の勾配のことを内部抵抗といいます．意味はプレート抵抗です．内部抵抗があると，電圧増幅においてはゲインが減ってしまいます．この内部抵抗の存在により，三極管では計算されたゲインがなかなか出ません．算出方法は次の通りです．

　　　内部抵抗＝プレート電圧の変化／プレート電流の変化

● **三つの定数の関係式**

　真空管の三つの定数には次の関係式があります．

> $\mu = g_m \times r_p$
> $g_m = \mu / r_p$
> $r_p = \mu / g_m$

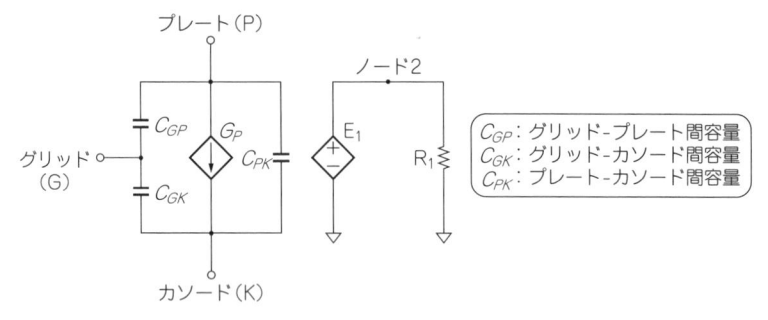

図21-5 三極管の等価回路
本章ではこの等価回路でSPICEモデルを作成する

C_{GP}：グリッド-プレート間容量
C_{GK}：グリッド-カソード間容量
C_{PK}：プレート-カソード間容量

つまり，三つの定数のうち，二つの定数の値がわかれば，残りの一つは算出できます．これらの三つの定数は，SPICEモデルを作成する場合にも必要になってくるパラメータです．

● 真空管のSPICEモデル

真空管のパラメータ・モデルは存在しないため，等価回路を作成してネットリストに置き換える，等価回路モデルを扱うことになります．真空管の等価回路モデルは，簡易的なモデルから，数式を駆使した複雑な等価回路モデルまであります．

今回採用する等価回路モデルは，測定や抽出ツール（最適化ツール）を使用せず，真空管のデータシートから必要な情報を読み取り，それを等価回路の定数に当てはめることができる作りやすいSPICEモデルです．等価回路図を図21-5に示します．

21-2——三極管のSPICEモデルを作成

三極管のSPICEモデルの等価回路図（図21-5）のネットリストは，リスト21-1のようになります．このネットリストにある定数を埋めて，モデルを完成させていきます．

● 手順1：増幅率の数値を決定する

真空管の三定数のうち，増幅率はデータシートに記載されています．あるいは特性カーブから任意の動作点で計算することもできます．今回は，データシートに記載されている $\mu = 3.85$ を採用します．

リスト21-1
三極管の等価回路をネットリストに置き換えたもの
[太字]の部分の値を決めると完成する

```
.subckt [スパイスモデルの名称] P G K
E1  2  0   VALUE={V(P,K)+[増幅率μ]*V(G,K)}
R1  2  0   100MEG
Gp  P  K   VALUE={[係数]*(PWR(V(2),1.5)+PWRS(V(2),1.5))/2}
Cgp G  P   [グリッド・プレート間容量]
Cgk G  K   [グリッド・カソード間容量]
Cpk P  K   [プレート・カソード間容量]
.ends
```

リスト21-2
決まった定数を入れていったんモデルを作る
[係数]の値はシミュレーションで特性曲線を見ながら決める

```
.subckt 300B P G K
E1  2  0   VALUE={V(P,K)+3.85*V(G,K)}
R1  2  0   100MEG
Gp  P  K   VALUE={[係数]*(PWR(V(2),1.5)+PWRS(V(2),1.5))/2}
Cgp G  P   15p
Cgk G  K   9p
Cpk P  K   4.3p
.ends
```

● **手順2：三つの容量値を決定する**(C_{GP}, C_{GK}, C_{PK})

容量値は，データシートに記載されている数値を採用します．データシートに記載されていない場合は，容量値の測定が必要になります．ここでは次の通りです．

　　　　グリッド・プレート間容量　C_{GP}=15pF
　　　　グリッド・カソード間容量　C_{GK}=9pF
　　　　プレート・カソード間容量　C_{PK}=4.3pF

● **手順1および手順2までのネットリストを作成する**

手順1および手順2までのネットリストを作成します(**リスト21-2**)．モデル名称は300Bと入力し，それぞれのパラメータについては，決定した数値を入力します．

● **手順3：G_Pの関数の係数を決定する**

G_Pの関数内にある係数が，グリッド特性にどう影響するかを**図21-6**に示します．係数はグリッド特性において傾きに影響しています．係数の値が大きいほど，傾きが大きくなります．この影響度合いを確認しながら，最適値を探していきます．今回，係数は 119.5029E-6 とします．完成したSPICEモデルを**リスト21-3**に示します．これでSPICEモデルが完成しました．

● **回路図シンボルは標準で用意されている**

LTspiceには，三極管の回路図シンボルが標準登録されています．部品選択画面から

リスト 21-3　300BのSPICEモデル

```
.subckt 300B P G K
E1 2 0 VALUE={V(P,K)+3.85*V(G,K)}
R1 2 0 100MEG
Gp P K VALUE={119.5029E-6*(PWR(V(2),1.5)+
                           PWRS(V(2),1.5))/2}
Cgp G P 15p
Cgk G K 9p
Cpk P K 4.3p
.ends
```

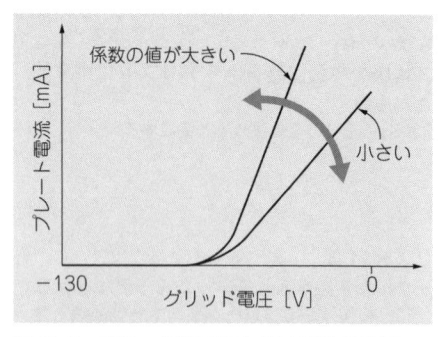

図21-6　グリッド特性における係数の影響

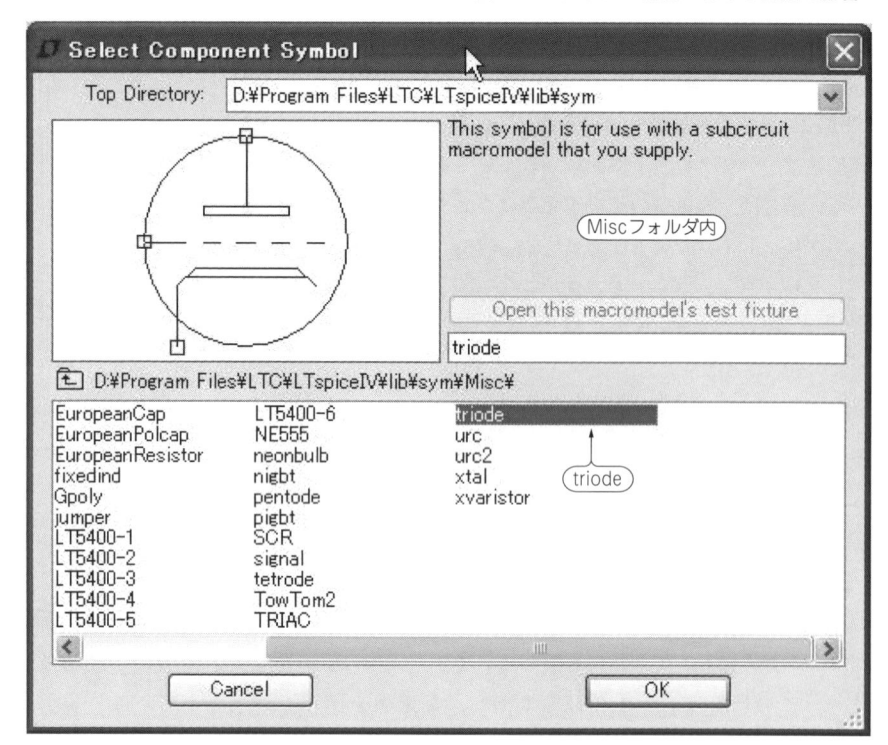

図21-7　LTspiceに用意されている三極管(Triode)の回路図シンボル

[Misc]を選択すると，その中にTriodeがあります．この回路図シンボル(図21-7)を採用します．これでSPICEモデルと回路図シンボルの準備ができました．

21-3——三極管シングル電力増幅回路を設計

● 三極管シングル電力増幅回路の基本回路

　三極管シングル電力増幅回路の基本的な回路図を**図21-8**に示します．この回路は，自己バイアス方式の三極管出力回路です．負荷には，出力トランスがあり，2次側にスピーカが接続します．スピーカの負荷抵抗は8Ωとします．負荷については，出力トランスの

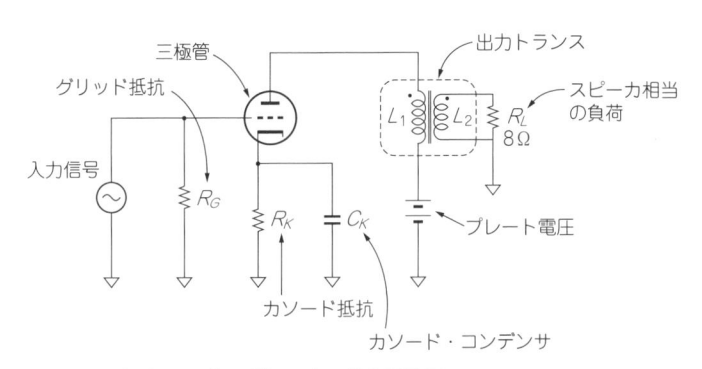

図21-8　三極管シングル増幅回路の基本回路図
通常は複数の増幅段を持たせるが，ここでは簡単に1段増幅の回路を示す

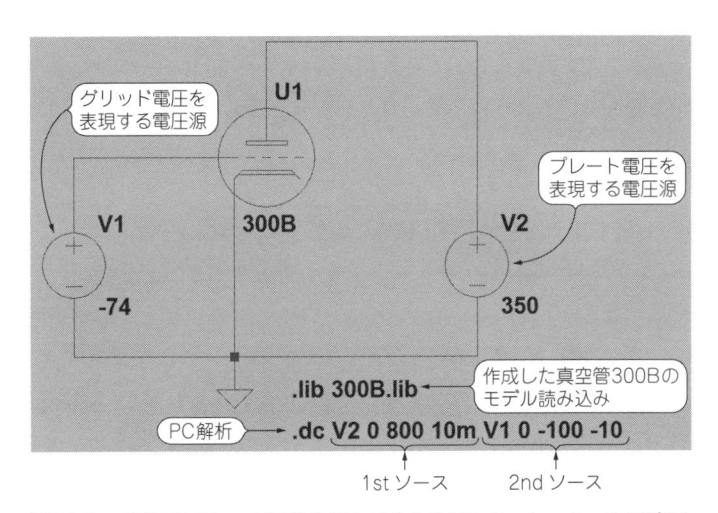

図21-9　300Bのプレート特性を描かせるためのシミュレーション回路図

(a) 1st Source(横軸)の設定　　(b) 2nd Source(複数の曲線を描く)の設定

図21-10　プレート特性を描かせるための設定

1次側のインピーダンスであり，3.5kΩとします．

● 定数を決めるためにまずは300Bのプレート特性を描かせてみる

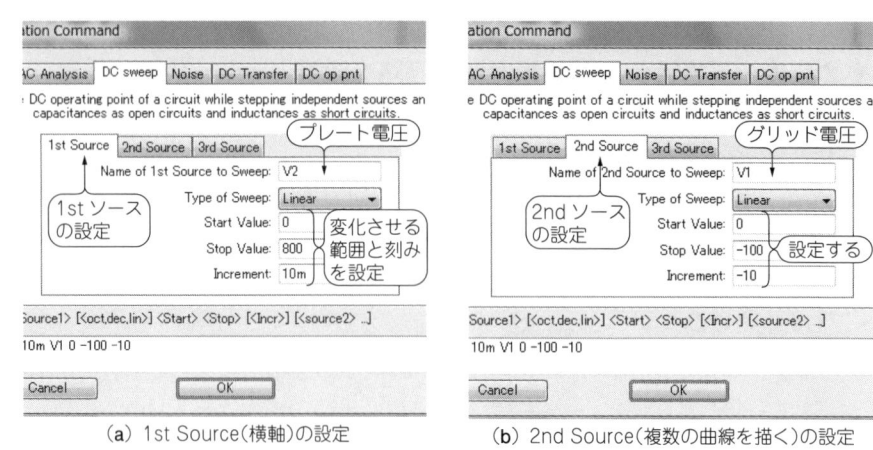

作成した300BのSPICEモデルを作成し，プレート特性のシミュレーションを行ってみます．プレート特性を描く回路図を図21-9に示します．

解析はDC解析です．図21-10のように設定します．1st Sourceでプレート電圧(V2)を設定します．0Vから800Vまでスイープします．2nd Sourceでグリッド電圧(V1)を設定します．0Vから−100Vまでスイープします．

解析結果が見やすくなるように，縦軸および横軸を変更した解析結果を図21-11に示します．

● 最大プレート損失ラインをプレート特性シミュレーション上に描く

300Bのデータシートから，最大プレート損失は40Wであることがわかります．最大プレート損失を描く数式は下記の通りです．

　　(Power/V2+0.001)×1V×1A

Powerに最大プレート損失の40Wを入力した(40/V2+0.001)×1V×1AをTraceで入力します．V2はプレート電圧源です．

最大プレート損失を描いたプレート特性を図21-12に示します．負荷線を描くときは，この最大プレート損失領域にはいらないように設計する必要があります．

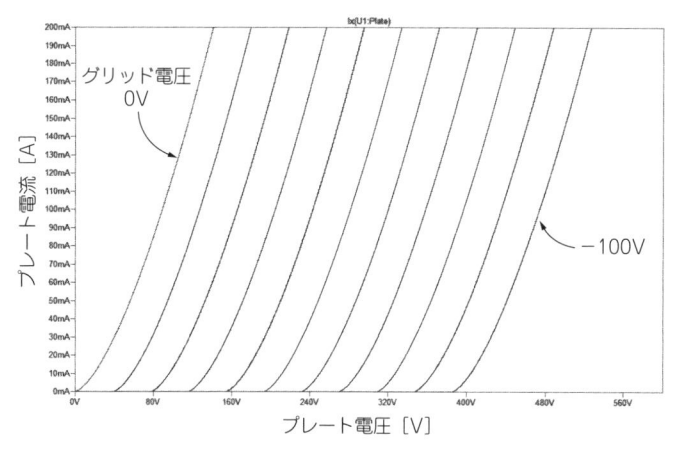

図21-11　300Bのプレート特性（シミュレーション）

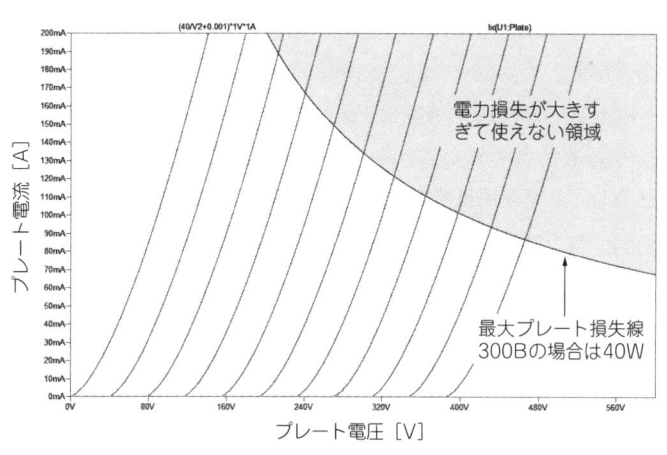

図21-12　最大プレート損失線を追加する
この線より下になるよう負荷線を考える

● 3.5kΩの負荷線をプレート特性上に描く

　負荷を3.5kΩとし，出力トランスを介して，スピーカに接続します．出力トランスのインピーダンスは，2.5k，3.5，5k，8kΩが一般的のようです．この中から，最適なインピーダンスの出力トランスを選定します．

　プレート特性シミュレーション上に負荷線を描きます．負荷線の電流値を示す式は下記の通りです．

設定プレート電流＋(設定プレート電圧-プレート電圧の電圧源)÷負荷抵抗

設定するプレート電圧およびプレート電流の値は，データシートに記載されている絶対最大定格の値を超えないようにします．最大プレート損失のカーブに近いほうが，出力を大きく取れますが，真空管の電力負担が大きくなり，寿命が短くなります．今回は以下のように設定しました．

> プレート電圧：350V
> プレート電流：50mA

この数値を上式に当てはめた50mA+(350 − V2)/3.5kをTraceに入力して表示されたラインが今回採用する負荷線になります．シミュレーション結果を図21-13に示します．

● カソード抵抗を決定する

図21-13でカーソル機能を活用し，プレート電圧が350Vと負荷線の交点を通過するグリッド電圧は−76Vです．このときのプレート電流は49mAです．76V/49mA = 1551Ωから，カソード抵抗は1.5kΩとします．

● カソード・コンデンサを用意する

カソード・コンデンサの役割は，信号によるプレート電流の変化に応じて，カソード電

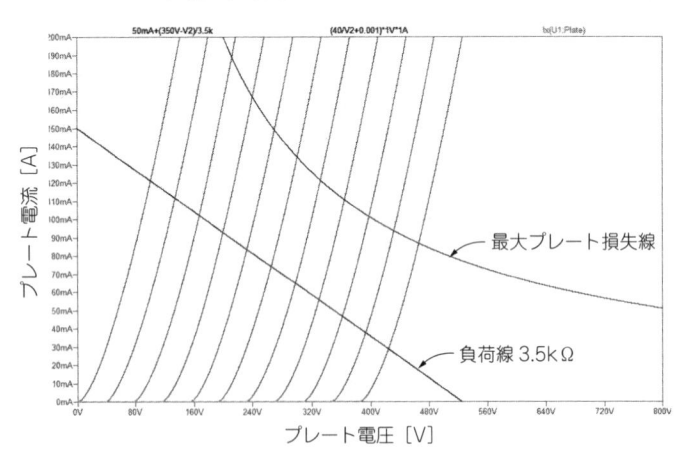

図21-13 負荷線を追加する
プレート損失に余裕を持たせつつ振幅が取れるよう考える．負荷(トランス)を3.5kΩとすると，このような負荷線になった

圧が変化するのを防ぐためのコンデンサです．ここでは47μFとします．

● グリッド抵抗を用意する

　300Bのグリッド抵抗は，300k～500kΩが一般的です．ここでは500kΩを採用します．これで300B周辺に必要な定数は決定しました．

● 電源電圧（プレート電圧）を決める

　プレート電圧の設定は350Vですが，これはカソード-プレート間の電圧です．300Bではカソード電圧が76Vと高く，無視できません．この二つの電圧を加えた350+76 = 426Vの電圧電源を必要とします．

● 出力トランス

　出力トランスは，1次側が3.5kΩで2次側が8Ωの出力トランスを選定します．今回の回路は，シングル出力回路のため，シングル用の出力トランスが必要です．

　プレート電流が流れるので，プレート電流より許容電流量が大きい出力トランスを選定します．今回は，TANGOトランス（アイエスオー社）から，シングル用アウトプット・トランスFC-30-3.5Sを選定しました．仕様は下記の通りです．

> 出力1次側インピーダンスの推奨容量：30W, 40Hz, 3.5kΩ
> 1次側のインダクタンス：最大26H～最小20H（重畳電流80mA）
> 2次側インピーダンス：0-4-6-8-16Ω
> 周波数特性：20～100kHz（-2dB）

　出力トランスの特性での選定で重要なのが，1次側インピーダンスおよび2次側インピーダンスの比です．1次側インピーダンスは最終的な出力段の回路とマッチングを行い，2次側インピーダンスはスピーカとマッチングさせます．今回の回路の場合，以下です．

> 1次側インピーダンス：3.5kΩ
> 2次側インピーダンス：8Ω

　このインピーダンス・マッチングにより，回路インピーダンスの高い真空管がインピーダンスの低いスピーカを十分な電力で駆動できるようになります．つまり，出力トランスの大きな役割は，インピーダンス変換です．

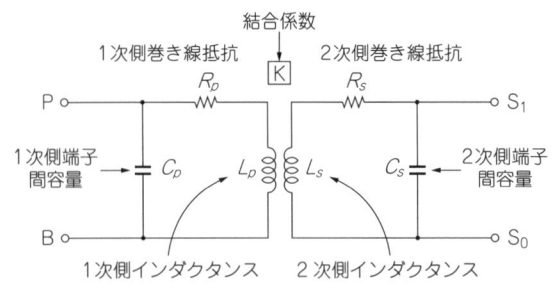

図21-14 出力トランスは簡易的な等価回路図で表す

● 出力トランスのSPICEモデル

ここでは，簡易的にトランスのSPICEモデルを作成します．第19章で解説した手順を使えば，解析精度の高いSPICEモデルを作成できますが，測定用サンプル，各端子のインピーダンス特性，リーケージ・インピーダンス特性図が必要です．

まず，仕様から得られる情報から，1次側と2次側の関係は次の通りです．

> インピーダンス比　437.5：1
> 巻き線比　20.9：1

出力トランスの等価回路図を図21-14に示します．各定数を次のように決定します．巻き線抵抗および端子間容量は，現物を測定することで，正確な数値を反映させることができます．

- L_p(一次側インダクタンス値)=23H
  データシートの値から標準値を求めてみました．
- L_s(二次側インダクタンス値)=0.053H
  $L_s=L_p/(n^2)$より算出 $n=$巻き線比である20.9を採用しました．
- R_p(一次側巻き線抵抗値)=152.9Ω：推定値
- R_s(二次側巻き線抵抗値)=0.65Ω：推定値
- C_p(一次側端子間容量値)=309.1pF：推定値
- C_s(二次側端子間容量値)=15.3nF：推定値

結合係数で L_p と L_s を結合させます．結合係数K1は，0.9994とします．

21-4──やってみよう！真空管アンプのシミュレーション

● シミュレーション用三極管シングル電力増幅回路の作成

　これでシングル電力増幅回路に必要な設計値およびシミュレーションに必要な情報がそろいました．これらを反映させ，作成した回路図が図21-15です．

　点線で囲まれた部分が出力トランスの等価回路になります．R_Lは負荷抵抗で，スピーカの代わりです．第22章で解説するスピーカの等価回路モデルを組み込んで，解析精度を向上させることも可能です．グリッド端子に入力する信号は正弦波信号にします．

● 過渡解析で動作確認

　図21-15の回路図に対して，過渡解析を行います．0sから1sまで，1msの間隔でシミュレーションを行います．シミュレーションの設定画面を図21-16に示します．

　シミュレーション結果を図21-17に示します．上側が300Bのプレート電流波形で，下側がスピーカに出力される電圧波形と，スピーカの電力損失波形です．

　損失波形をカーソル機能で観察すると3.783Wです．想定される波形結果が得られました．観察したい箇所に電圧プローブ，電流プローブをあてると，任意の箇所の波形を参照

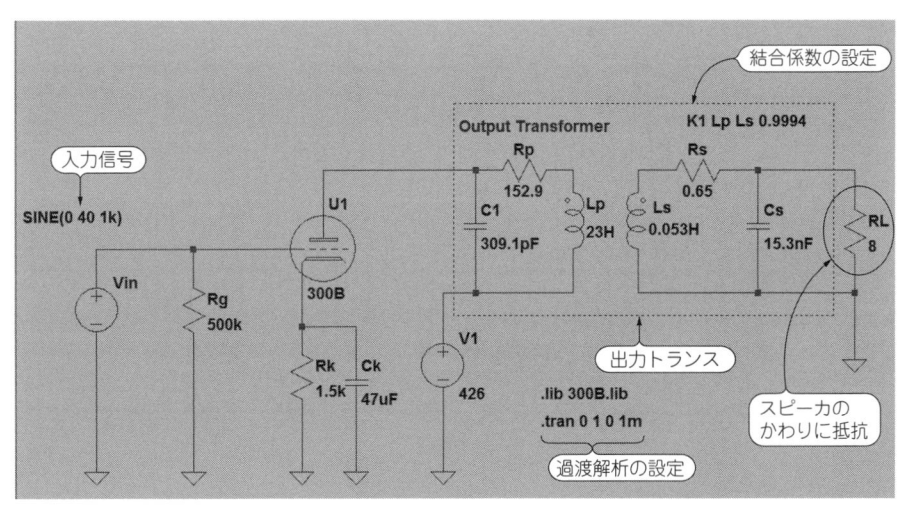

図21-15　シミュレーション回路その1…過渡解析用三極管シングル電力増幅回路

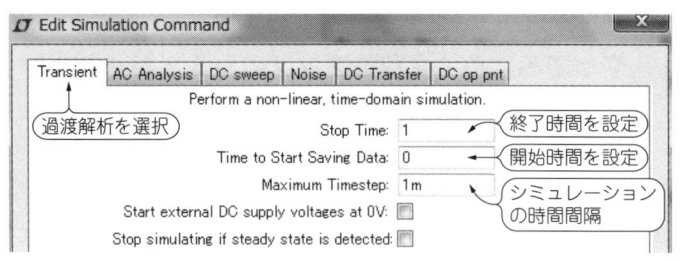

図21-16　過渡解析シミュレーションの設定

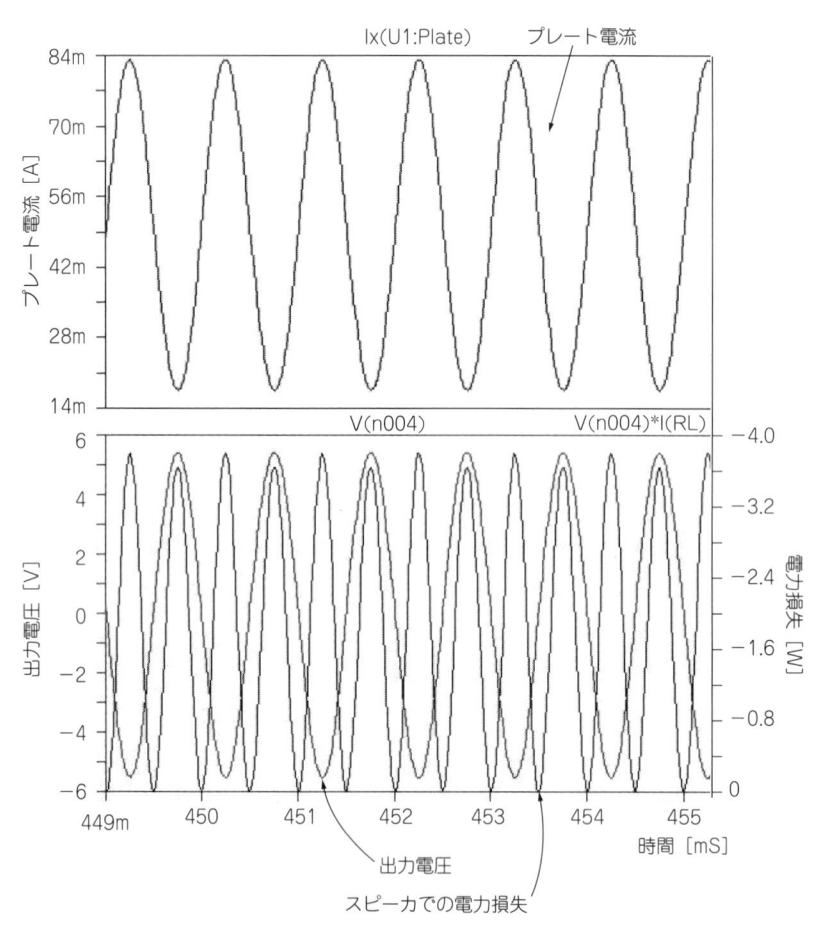

図21-17　過渡解析シミュレーションの結果

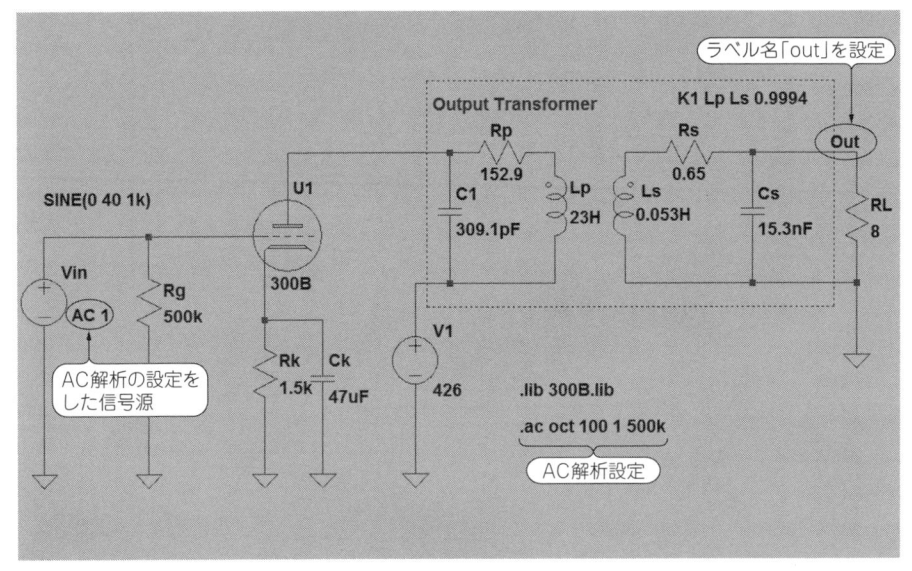

図21-18 シミュレーション回路その2…周波数特性解析用三極管シングル電力増幅回路

できます．

● 周波数特性をシミュレーション

作成した増幅回路の特性をシミュレーションしてみましょう．通常は，300Bの出力段の前に増幅段を何段か組み合わせるので，この回路は実際の回路と少し違います．しかし，特性を求める手順は，実用的な回路と同じです．

図21-18が周波数シミュレーションの回路図です．基本的な回路図は過渡解析用とほとんど変わりませんが，下記の2点の設定をしました．

(1) V_{in} の電源設定をAC 1に設定する

(2) 出力端子に「Out」のラベルを設定する

AC解析の設定画面を図21-19に示します．シミュレーション結果を図21-20に示します．

● 高調波ひずみ率をシミュレーション

LTspiceには，フーリエ変換を使用して，出力波形を対象に周波数成分を分析し，指定した周波数を基本波として全高調波ひずみ率を計算する機能があります．コマンドは次の通りです．

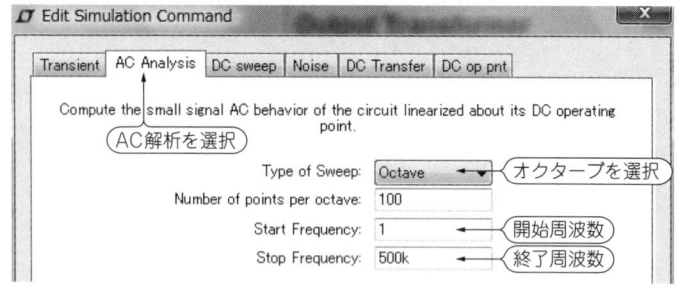

図21-19 周波数特性シミュレーションの設定

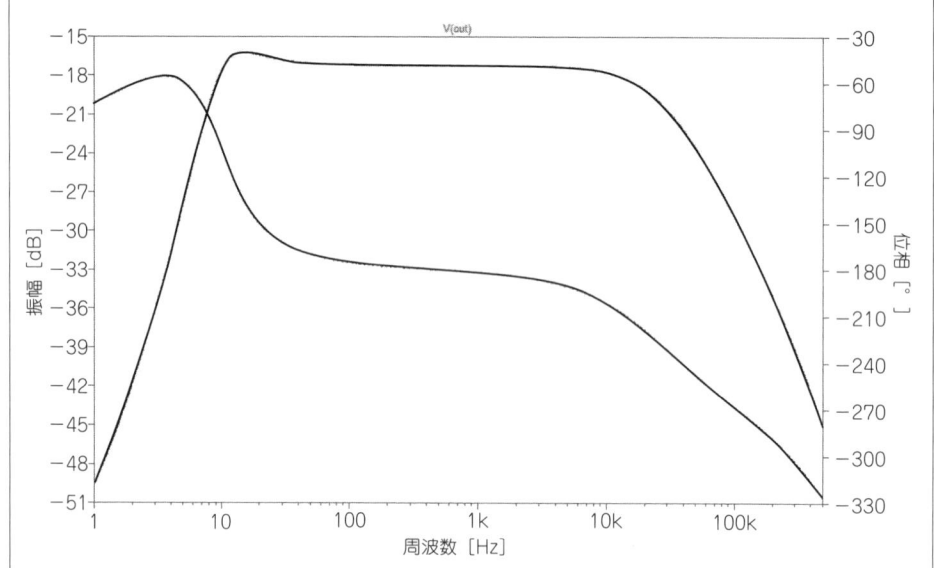

(AC解析を選択) (オクターブを選択) (開始周波数) (終了周波数)

図21-20 周波数特性シミュレーションの結果

```
.four 1kHz V(Out)
```

このように記述すると，1kHzの基本周波数に対して，高調波がどのくらいあるかを計算するよう指定することになります．もちろん，入力信号源は1kHzに設定して過渡解析を行う必要があります．

入力信号源のAmplitudeの設定も適切に行う必要があります．アンプの場合，一般的に出力電力が大きいほどひずみが大きくなります．一般的には，1W出力時のひずみ率がよく活用されるので，1W出力になるようAmplitudeの値を調整します．今回の回路では，

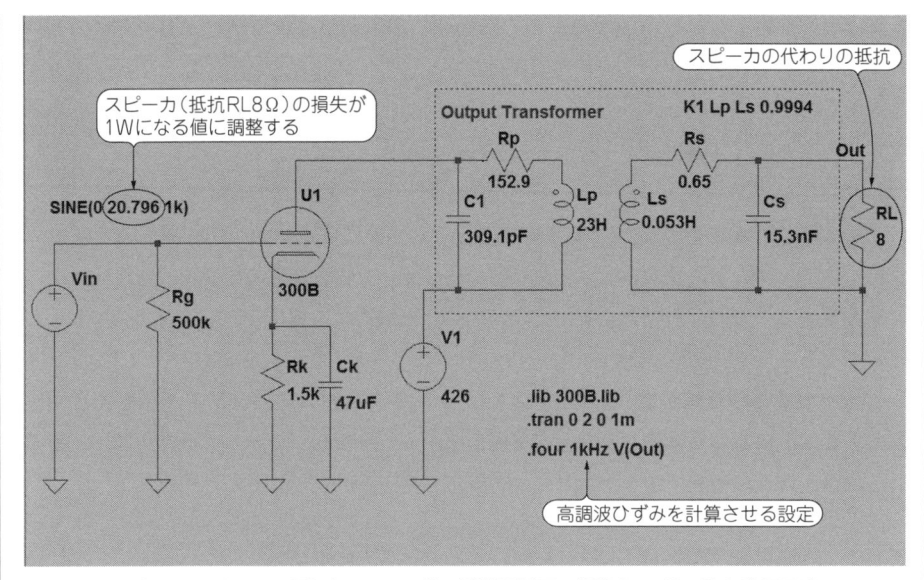

図21-21 シミュレーション回路その3…ひずみ特性解析用三極管シングル電力増幅回路
fourコマンドを追加し，過渡解析を実行する

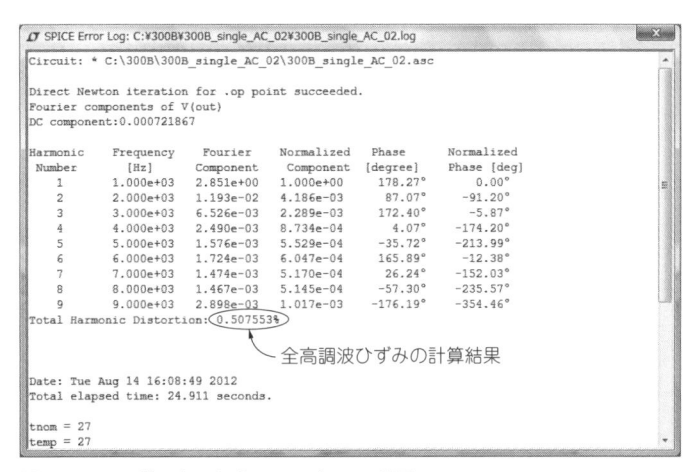

図21-22 ひずみ率のシミュレーション結果
過渡解析後に[View]-[SPICE Error Log]で結果が見られる

V_{in}のAmplitudeが**20.796V**のとき，出力1Wになりました．

回路図を**図21-21**に示します．過渡解析の時間は，最低でも1s以上に設定してください．ここでは，0sから2sまで1msの刻みで過渡解析を行います．

過渡解析が終了したあと，メニューから[View]-[SPICE Error Log]をクリックすると，ひずみ率の計算結果が表示されます(**図21-22**)．この回路は0.507553％という結果になりました．あまり良い値ではありませんが，この回路はまだ改善の余地があります．実際のアンプ回路では，高調波ひずみ率はもっと低くできるでしょう．

＊

　このように，真空管のSPICEモデルと出力アンプのSPICEモデルを作成するだけで，真空管のアンプの回路設計を行い，シミュレーションで動作波形の観察や，周波数特性，高調波ひずみ率の解析ができます．実際にアンプを製作する前にLTspice内で試作することができます．

　真空管も多くの種類がありますが，データシートをベースにSPICEモデルを簡単に作成できます．いろいろと真空管の選定を変えながら，シミュレーション上で設計，評価できるのは，非常に便利です．

定番回路シミュレータ LTspice 部品モデル作成術

第22章
部品：スピーカ
再現：シミュレーション波形を音声として聴く！

　オーディオ回路は，パワー・アンプを中心にSPICEシミュレータが得意とする回路分野です．オーディオ用パワー・アンプの負荷はスピーカです．多くの場合，8Ωあるいは4Ωの抵抗で代用しますが，スピーカのインピーダンスには周波数特性があり，周波数によらずほぼ一定の値を持つ抵抗とは異なります．そこで，パワー・アンプの負荷にスピーカを表す周波数特性モデルを採用すると，周波数特性の再現性が向上します．

● ホントに聴ける！シミュレーション波形を音声ファイルに出力
　LTspiceの.WAVEコマンドを使うと，シミュレーションで出力された波形を音声ファイル(.wav)に出力し，音声再生ソフトウェアなどで実際に音として聴くことができます．
　音源の回路を作成し，スピーカのモデルを通したうえで，出力波形を音声ファイルに変換し，実際に耳で聴いてみましょう．

22-1――スピーカのSPICEモデル

● スピーカの動作
　スピーカとは，電気信号を物理的な振動に変化させ，音声を出力する装置です．スピーカの構造を図22-1に示します．
　オーディオ・アンプからの電流がスピーカのボイス・コイルに流れると，ボイス・コイルが振動し，その振動がコーンに伝わります．その振動が空気を振動させ，電気信号が音に変換されます．

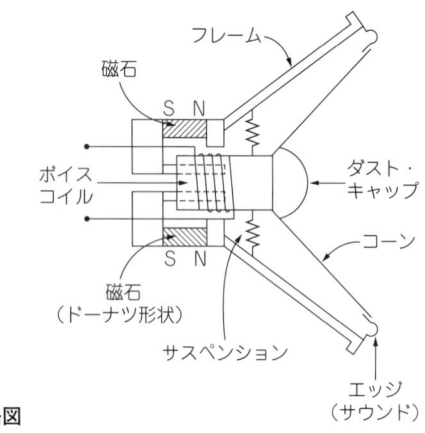

図 22-1
スピーカの概略図

● **一般的な等価回路**

スピーカのSPICEモデルは等価回路モデルです．スピーカのインピーダンスからみた等価回路を図22-2に示します．二つの要素で構成されています．電気系の等価回路であるR_1およびL_1の直列回路と，機械系の等価回路であるC_1，L_2およびR_2の並列回路です．

電気系の等価回路は，主にボイス・コイルのインピーダンス特性が表現されています．周波数が低い帯域では，インピーダンスには機械系の影響が大きいのが通例です．使用する周波数が十分に高い場合，機械系のインピーダンスへの影響を無視でき，電気系によるインピーダンスのみを考慮すればよい場合もあります．

● **改善された等価回路モデル**

経験則から，スピーカの周波数特性では，低い周波数帯域でSPICEモデルの解析の精度を向上させたいと思ったとき，機械系の等価回路部分に対してC_2を挿入すると，さらに解析精度が向上できる場合があります．改善された等価回路モデルを図22-3に示します．

● **SPICEモデル作成の手順**

まず，スピーカの周波数特性を測定します．ここでいう周波数特性は，X軸が周波数，Y軸がインピーダンスの絶対値$|Z|$になります．周波数は，20Hzから20kHzまでの範囲です．

周波数特性（インピーダンス特性）に合うように，等価回路上の素子の値を決定します．作成の手順は，次の通りです．

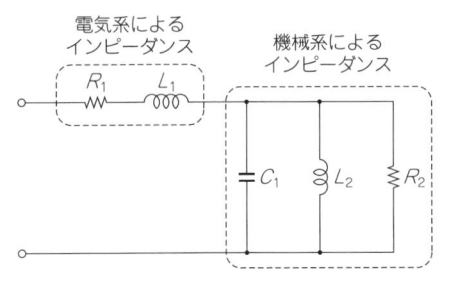

図22-2 スピーカの等価回路
アンプからみたインピーダンスの周波数特性を表す

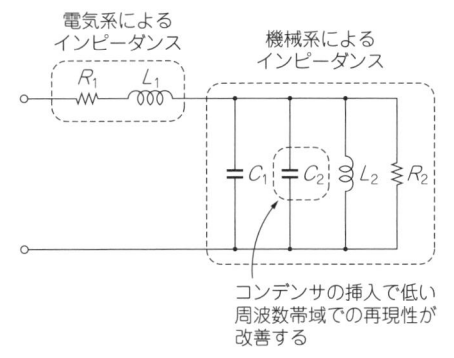

図22-3 より精度のよいスピーカの等価回路

コンデンサの挿入で低い周波数帯域での再現性が改善する

準備：スピーカの周波数特性（インピーダンス特性）を取得する
手順1：電気的インピーダンスに関するパラメータの決定
手順2：機械的インピーダンスに関するパラメータの決定
手順3：ネットリストにまとめる

　抽出ツールはありませんので，評価回路を描き，各種パラメータの影響度合いを解析しながら，最適解を探していきます．

　ここでは，フルレンジ・スピーカF120A（FOSTEX社）を例にして，SPICEモデルを作成していきます．

22-2 ── 準備：スピーカの周波数特性（インピーダンス特性）を取得する

● 取得方法

　インピーダンスは，スピーカのデータシートに記載されている場合があります．インピーダンスを測定する機器がない場合は，データシートから読み取った値でもかまいません．データシートに記載がなくても，スピーカの製造メーカに問い合わせると入手できる場合があります．

● 測定する場合…20Hz～20kHzと広い周波数帯域で測る

　インピーダンスの測定機器から取得する場合は，20Hzから20kHzまでの帯域でインピーダンス $|Z|$ を測定してください．十分低い周波数から測定しないと，機械系によるインピーダンス特性の波形が綺麗に取得できません．一般的に，20Hzから1000Hz付近に機械系に

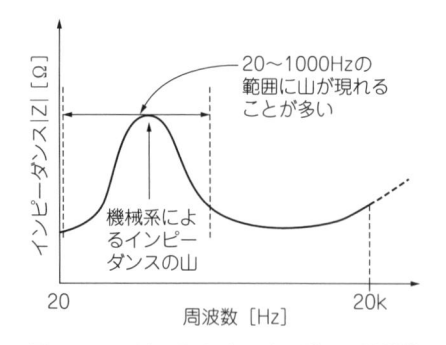

図22-4 スピーカのインピーダンス周波数特性
周波数の低いところに山があり，周波数の高いほうに向けて上昇していく

表22-1 スピーカF120Aの実測インピーダンス特性

周波数 [Hz]	インピーダンス [Ω]
20	10.9
50	30.5
67	57
100	27
200	11.2
500	8.7
1000	8.8
2000	9.3
5000	11.9
10000	17.5
20000	32

よるインピーダンス変化が現れます．

　測定した場合，図22-4のような全体像になっていることを確認してください．表22-1にF120Aのインピーダンス周波数特性測定結果を示します．特性図を図22-5に示します．

　次からの手順1および手順2で，SPICEモデルの周波数特性が図22-5の特性に近くなるようパラメータを最適化していきます．

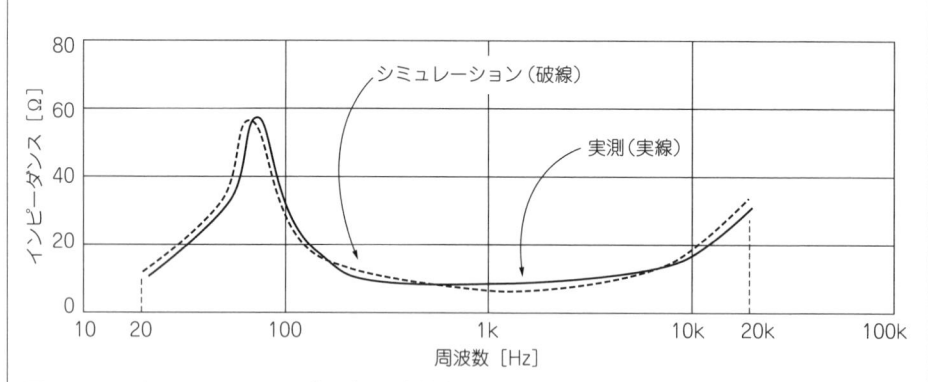

図22-5 スピーカF120のインピーダンス特性(実測とシミュレーション)

第22章──部品：スピーカ　再現：シミュレーション波形を音声として聴く！

22-3 — 手順1：電気系のインピーダンスに関わるパラメータの決定

電気系のインピーダンスに関するパラメータは，図22-3の通りR_1とL_1です．R_1を決定してから，L_1を決定します．

● パラメータR_1を決定する

電気系のインピーダンスに関するパラメータR_1は，図22-6のような影響があります．R_1を10Ω，20Ω，30Ωと変えてパラメトリック解析を行いました．数値を大きくすると，特性図全体が大きく平行移動します．$R_1=8.5$Ωに決定しました．

● パラメータL_1を決定する

電気系のインピーダンスに関するパラメータL_1は，図22-7のような影響があります．L_1について，0.1mH，0.2mH，0.3mHでパラメトリック解析を行いました．高い周波数領域で数値を大きくすると，インピーダンスも大きくなります．$L_1 = 0.25$mH に決定しました．

22-4 — 手順2：機械系のインピーダンスに関するパラメータの決定

● 四つのパラメータを決める順番

機械系のインピーダンスに関するパラメータは，図22-3の通り，C_1，C_2，L_2，R_2の四つです．L_2，C_1，R_2，C_2の順番で決定していきます．

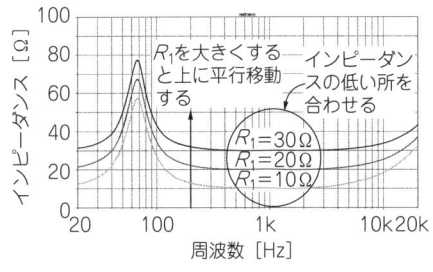

図22-6　等価回路にあるR_1の影響

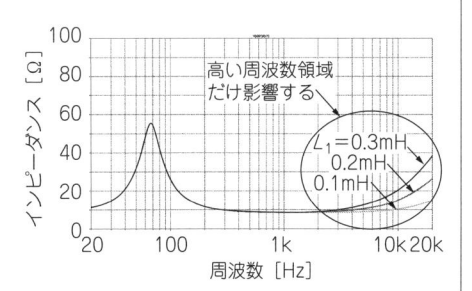

図22-7　等価回路にあるL_1の影響

(1) L_2で20Hz付近のインピーダンス値を決定する
(2) C_1で機械的インピーダンス値のピークの周波数を決定する
(3) L_2で機械的インピーダンス値のピークの値を決定する
(4) C_2で微調整を行う

● ①…パラメータL_2を決定する
　機械系のインピーダンスに関するパラメータL_2は，図22-8のような影響があります．L_2について，50mH，100mH，150mHでパラメトリック解析を行いました．20Hzにおけるインピーダンスに注目すると，インピーダンス値が大きくなります．L_2 = 45mH に決定致しました．

● ②…機械系のインピーダンスに関するパラメータC_1を決定する
　機械系のインピーダンスに関するパラメータC_1は図22-9のような影響があります．C_1について，100μF，200μF，300μFでパラメトリック解析を行いました．C_1の数値を大きくすると，機械的インピーダンスのピークの周波数が低い方に平行移動しています．C_1 = 120μH に決定しました．

● ③…機械系のインピーダンスに関するパラメータR_2を決定する
　機械系のインピーダンスに関するパラメータR_2は図22-10のような影響があります．R_2について，20Ω，40Ω，60Ωでパラメトリック解析を行いました．R_2の数値を大きくすると，機械系の影響によるインピーダンスのピークでの値が大きくなります．R_2 = 47Ω に決定致しました．

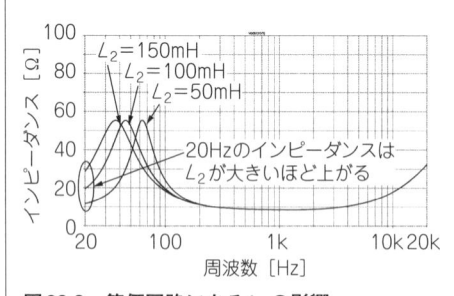

図22-8　等価回路にあるL_2の影響

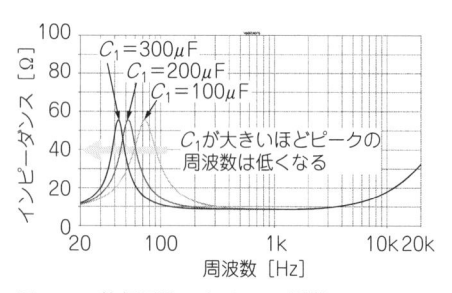

図22-9　等価回路にあるC_1の影響

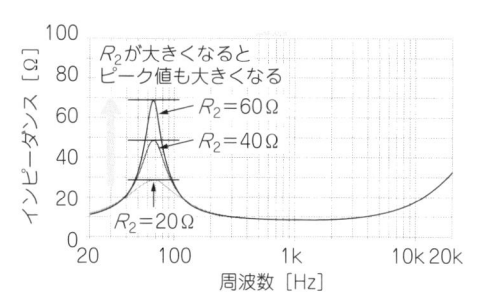

図22-10 等価回路にあるR_2の影響

● ④…機械系のインピーダンスに関するパラメータC_2を決定する

機械系のインピーダンスに関するパラメータC_2は，C_1同様の影響があります．C_2は微調整を行うために使います．測定データと比較し，最適な値を決定します．$C_2 = 5\mu\mathrm{F}$に決定しました．ここまでで各パラメータの値が決定できました．

22-5 ― 手順3：ネットリストにまとめる

● 手順1および手順2で決定した最適値のパラメータをSPICEモデルにする

図22-3をネットリストにし，電気系のパラメータと機械系のパラメータの値をそれぞれ入力します．ネットリストは**リスト22-1**になります．今回は，フルレンジのスピーカのSPICEモデルを作成しました．同様の手順で，ツィータやウーハなどもSPICEモデルを作成できます．

リスト22-1 スピーカF120AのSPICEモデルのネットリスト

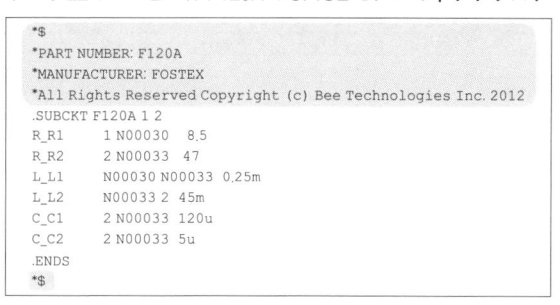

```
*$
*PART NUMBER: F120A
*MANUFACTURER: FOSTEX
*All Rights Reserved Copyright (c) Bee Technologies Inc. 2012
.SUBCKT F120A 1 2
R_R1    1 N00030   8.5
R_R2    2 N00033   47
L_L1    N00030 N00033 0.25m
L_L2    N00033 2  45m
C_C1    2 N00033  120u
C_C2    2 N00033  5u
.ENDS
*$
```

22-6 — スピーカのSPICEモデルの周波数特性をシミュレーションする

● 手順1：シミュレーション用の回路図を作成する

LTspiceを起動して，インピーダンス特性を描く回路図（図22-11）を描きます．AC電源を配置します．破線で囲まれた部分が，フルレンジ・スピーカF120AのSPICEモデルの等価回路になります．

● 手順2：解析する

AC解析を行います．解析する周波数は20から20000までを解析します．解析設定を図22-12に示します．[RUN]ボタンを押すと解析が開始します．[Add Trace]でノードを選択するか，プローブ機能を使うと，波形が表示されます．

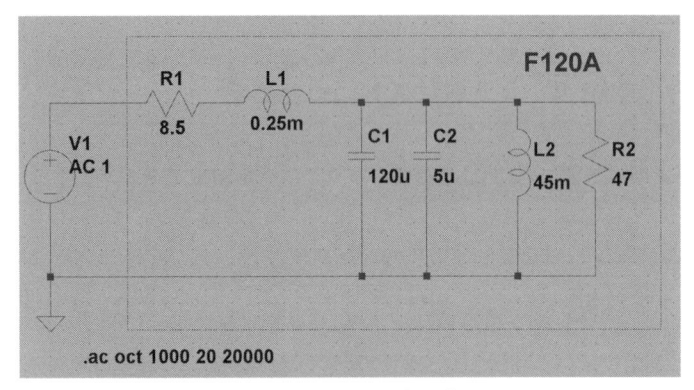

図22-11　作成したスピーカF120Aの等価回路モデル

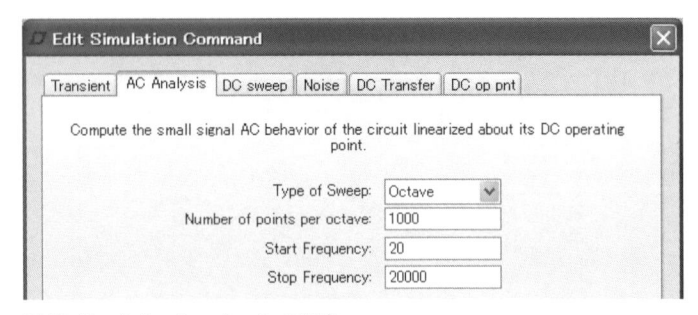

図22-12　シミュレーションの設定

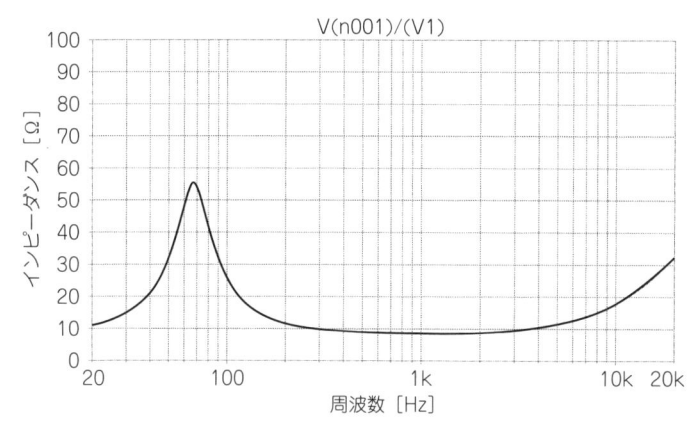

図22-13　作成した図22-11のスピーカのSPICEモデルのインピーダンス特性

● インピーダンス特性の表示

　インピーダンス特性は，プローブ機能では直接表示させることができません．Traceで数式を入力します．今回の回路では，V(n001) /I(V1)を入力することで，インピーダンスの計算結果が表示できます．図22-13にシミュレーション結果を掲載します．

22-7──音源の回路を作成してファイル出力

　音源の回路を二つ作成します．一つは，スピーカを負荷抵抗8Ωとした場合，もう一つは，今回作成したF120AのSPICEモデルを負荷とした場合です．音源は，「ド」，「レ」，「ミ」の信号をサイン電源で作成します．これらの出力波形を.wavファイル，音声ファイルに変換し，音声再生ソフトを通じて，耳で聴いてみます．

● 音源の回路を作成する

　音源はサイン波形にて，周波数を設定することで作成できます．「ド」，「レ」，「ミ」の周波数は下記の通りです．

「ド」：523.251131Hz
「レ」：587.329536Hz
「ミ」：659.255114Hz

今回，小数点以下は四捨五入して設定しました．回路を図22-14に示します．「ド」，「レ」，「ミ」の音源は，それぞれ，V_1，V_2，V_3のサイン電源になります．スピーカはR_Lの負荷抵抗，8Ωになります．

● シミュレーションする

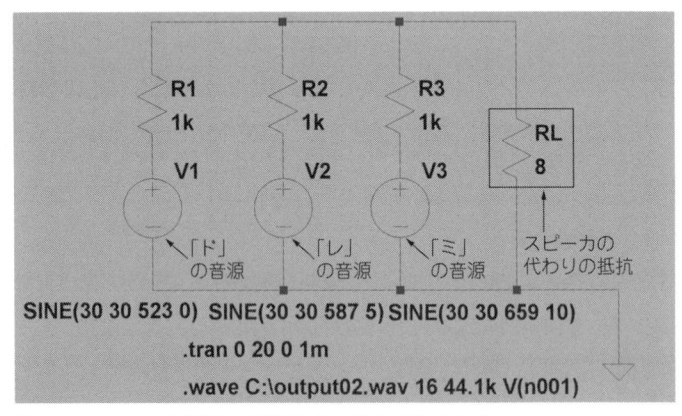

```
R1    R2    R3
1k    1k    1k         RL
                       8
V1    V2    V3
 「ド」   「レ」   「ミ」    スピーカの
 の音源  の音源  の音源   代わりの抵抗

SINE(30 30 523 0)  SINE(30 30 587 5)  SINE(30 30 659 10)
.tran 0 20 0 1m
.wave C:\output02.wav 16 44.1k V(n001)
```

図22-14 三つの周波数の正弦波を加算して出力する

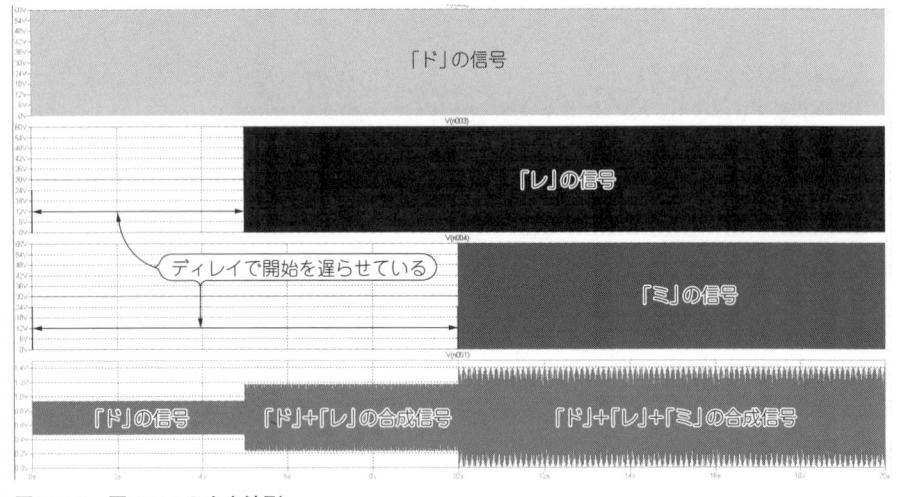

「ド」の信号

「レ」の信号

ディレイで開始を遅らせている

「ミ」の信号

「ド」の信号 | 「ド」+「レ」の合成信号 | 「ド」+「レ」+「ミ」の合成信号

図22-15 図22-14の出力波形
過渡解析時間が長いため見えませんが，ズーム機能で拡大すると，サイン波形が確認できます

音声波形を得るには，まず過渡解析を行います．0から20sまで1ms刻みで解析します．シミュレーションの波形を図22-15に示します．．

● 出力波形を音声ファイルに変換する

出力波形を音声ファイルに変換するには，.waveコマンドを使用します．
実際に使用したコマンドの記述は下記の通りです．

.wave C:¥output02.wav 16 44.1k V(n001)

書式は，出力するファイル名(格納先)，出力ビット数，サンプリング・レート，対象となる出力波形のノードとなります．出力データはWAV形式なので，拡張子をwavにしておくとよいでしょう．

上記のコマンドでは，16ビット，44.1kのサンプリング・レートで，Cドライブのルート・フォルダに，output02.wavというファイル名でV(n001)の波形の音声ファイルを生成します．

● 音声ファイルを聴いてみる

Cドライブに生成されたoutput02.wavをクリックすると，PCにセットアップされている音声再生ソフトが立ち上がります．私はiTuneで再生しました．音量が小さい場合は，正弦波電源の振幅電圧(今回の回路では30V)を大きくすると，音量が大きくなります．

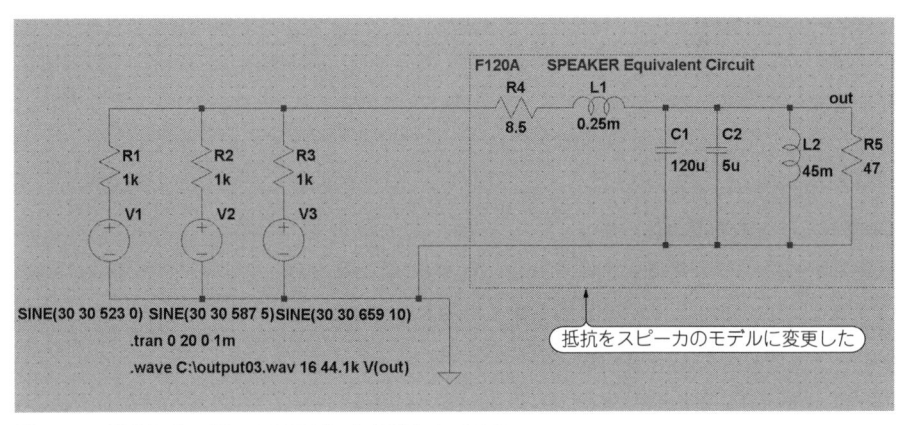

図22-16 製作したスピーカのモデルを負荷にしてみる

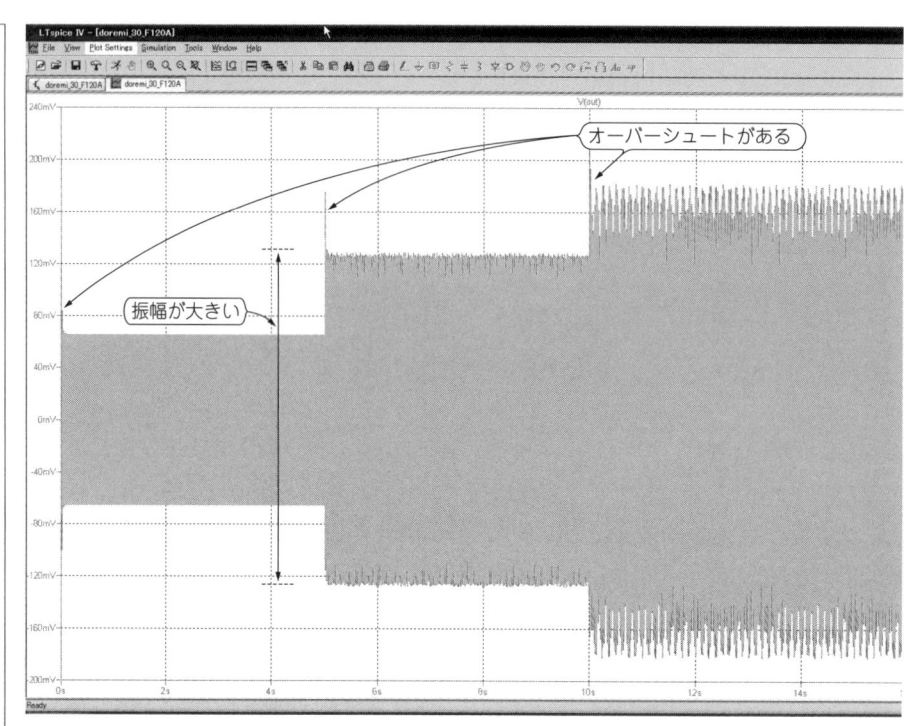

図22-17　図22-15の出力波形
抵抗負荷のときの波形(図22-14一番下)とは波形が異なっている

● スピーカを負荷抵抗から等価回路モデルに置き換える

　図22-14の回路のスピーカは単なる負荷抵抗になっています．今回作成したフルレンジのスピーカF120AのSPICEモデルに置き換えてみます．置き換えた回路図を**図22-16**に示します．出力波形のシミュレーション結果は**図22-17**です．.waveコマンドにより，同じ条件でoutput03.wavが生成されました．

● 音声ファイルを聞き比べる

　スピーカを抵抗で代用した場合(output02.wav)は，雑な感じですが，フルレンジのスピーカF120AのSPICEモデルに置き換えた場合(output03.wav)の音声ファイルは，違和感がなく，聴きやすかったです．是非，聞き比べてください．

REFERENCE
参考文献

(1) 神崎 康宏；電子回路シミュレータLTspice入門編，CQ出版社，2009年.
(2) 森下 勇；電子回路シミュレータPSpiceリファレンス・ブック，CQ出版社, 2009年.
(3) Ron M. Kielkowski；Spice: Practical Device Modeling/Book and Disk, Mcgraw-Hill, 1995.
(4) Giuseppe Massabrio, Paolo Antognetti；Semiconductor Device Modeling with Spice, McGraw-Hill Professional, 1998.

初出一覧

■ 第1部　LTspice電子回路シミュレーション スタートアップ
第1章　書き下ろし
第2章　書き下ろし

■ 第2部　部品モデル作りの基礎知識
第3章　書き下ろし
第4章　書き下ろし
第5章　書き下ろし
第6章　書き下ろし

■ 第3部　ためして合点！部品モデルの作り方
第7章　書き下ろし
第8章　トランジスタ技術2011年7月号
第9章　トランジスタ技術2011年8月号
第10章　トランジスタ技術2011年9月号
第11章　トランジスタ技術2011年10月号
第12章　トランジスタ技術2011年11月号
第13章　トランジスタ技術2011年12月号
第14章　トランジスタ技術2012年1月号
第15章　トランジスタ技術2012年3月号
第16章　トランジスタ技術2012年4月号
第17章　トランジスタ技術2012年5月号
第18章　トランジスタ技術2012年6月号
第19章　トランジスタ技術2012年7月号
第20章　書き下ろし
第21章　書き下ろし
第22章　書き下ろし

INDEX
索引

[数字・アルファベット]

1SR139-400 —— 101
2SA1015 —— 214
2SC1815 —— 213
22R105 —— 167
300B —— 350
ABM —— 79
add trace —— 37
.asy —— 48, 132
BF —— 224
bi —— 80, 90
BNX025H01 —— 249
BR —— 220
BV —— 110, 144, 243
bv —— 80, 88
CGDO —— 186
CGSO —— 186
CJE —— 229
CJO —— 106, 141, 241
CJV —— 227
D5LC20U —— 158
DC-DCコンバータ —— 199
DCモータ —— 291

EEUFM1E821L —— 175, 207
EG —— 137
ESL —— 119
ESR —— 119, 123
EVALUE —— 79, 88
F120A —— 365, 369
GT8Q101 —— 268, 288
GVALUE —— 79, 88
HEM125PA —— 337, 343
IBV —— 110, 144, 243
IC —— 199
IGBT —— 267
IKE —— 220
IKF —— 105, 138, 224, 239
.inc —— 48
IS —— 105, 138, 222, 239
ISC —— 220
ISE —— 224
ISR —— 110, 144
KP —— 181
L —— 180
L7447140 —— 175, 206
Label —— 89

LED —— 214

.lib —— 48

LT3798 —— 35

LTC3867 —— 67

LTspice —— 27

M —— 106, 141, 241

MJ —— 188

MJC —— 227

MJE —— 229

.model —— 51

Model Editor —— 59, 104, 137

MOSFET —— 173

N —— 105, 138, 239

NC —— 220

NE —— 224

NK —— 224

OSM57LZ161D —— 214, 238

PB —— 188, 222

PSpice Model Editor —— 59, 104, 238

RC —— 226

RD —— 184

RDS —— 185

RE2-50V222MMA —— 122

RG —— 191

RS —— 105, 138, 239

RS-540SH —— 294, 305

RSJ450N04 —— 68

S3L60 —— 53

SBD —— 133

SCS110AG —— 144

.sub —— 48

.subckt —— 51

tanδ —— 122

TF —— 231

TOX —— 180

TPC8014 —— 175

TPS5618 —— 199

TR —— 232

TT —— 108, 143, 242

VAF —— 223

VAR —— 218

VJ —— 106, 141, 241

VJC —— 227

VJE —— 229

VTO —— 183

W —— 180

[あ・ア行]

アナログ・ビヘイビア・モデル —— 79, 205

エミフィル —— 248, 249

音声ファイル —— 373

[か・カ行]

カーボン被膜抵抗 —— 93

回路図シンボル —— 48, 72, 132

ガンメル・プーン —— 217

寄生インダクタンス —— 198

コイル —— 155
コンデンサ —— 117

[さ・サ行]
三極管 —— 345
ショットキー・バリア・ダイオード
　—— 133
真空管 —— 345
スイッチング電源 —— 155, 313
ステッピング・モータ —— 311
スピーカ —— 363
整流回路 —— 101, 117
セメント抵抗 —— 93

[た・タ行]
ダイオード —— 101, 133
太陽電池 —— 333
抵抗 —— 93
電解コンデンサ —— 117
電源回路 —— 247
電源制御IC —— 199

等価回路モデル —— 65, 151
トランス —— 313

[な・ナ行]
ネットリスト —— 48, 131

[は・ハ行]
パラメータ・モデル —— 51
パワー MOSFET —— 173
汎用ダイオード —— 101
評価 —— 113
評価レポート —— 116
フィルタ —— 247
フォトカプラ —— 307
ブロードライザ —— 248, 258
ヘフナ・モデル —— 86, 270

[ま・マ行]
モータ駆動回路 —— 267

[ら・ラ行]
ラベル —— 89
リードインダクタンス —— 198

全身丸ごとハードウェア！
トランジスタ技術

いざ電子装置を作ろうとすると，教科書に書かれた情報だけでは不足です．市場に出回っている部品や半導体にどのようなものがあり，どのように使いこなすべきなのか，生きた情報が欠かせません．

トランジスタ技術は，現場で活躍するエンジニアが，実験や試作を通じて日ごろ使っている各種電子部品/半導体を使って回路に組み上げ，その使い方のポイントなどを詳細に伝える，実用性＆具体性が第一の月刊誌です．

創刊：1964年10月　発売日：毎月10日　判形式：B5判

見どころ❶　最新部品やICの試用レポート
日々誕生し，進化する新しい部品やICを実際に動作させて性能や機能を検証レポートします．

見どころ❸　キットで試しながらじっくり学習
臨時増刊号や書籍に付録されている付録キットの応用事例を詳しく解説します．

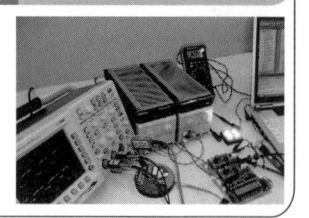

見どころ❷　本1冊分！80ページ超の大型特集
注目の技術や今まさに必要とされている部品/IC，実装/測定技術などに焦点を当てて，網羅的かつ具体的に解説します．

見どころ❹　充実の広告
最新の半導体/部品や測定器，ユニークな開発用ボードや装置，流通部品の一覧など物作りに欠かせない情報が満載です．

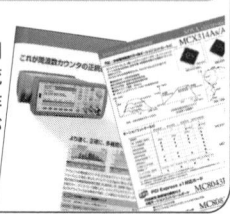

バックナンバの入手方法
CQ出版社　営業部　☎(03) 5395-2141

トランジスタ技術のバックナンバはCQ出版で購入できます．最新号から約1年半前まで取り揃えています．

STEP 1
トランジスタ技術のホームページ
http://toragi.cqpub.co.jp/
にアクセスして，[バックナンバ]をクリック

STEP 2
定期雑誌バックナンバー在庫一覧が開いたら，[雑誌・書籍のお求め方法のページへ]をクリック

CQ出版社　〒112-8619 東京都文京区千石4-29-14　http://www.cqpub.co.jp/

ライブラリ・シリーズ

好評発売中

パターン・マッチングで読み解く！
回路の素 101
鈴木 雅臣 著

B5 判
160 ページ
本体価格 2,400 円
JAN9784789845304

設計現場で遭遇する回路図にはたくさんの記号や配線が縦横無尽に描かれています．動作を読み解こうとしても，複雑すぎて多少の電気回路の知識では歯が立ちません．現場の生きた回路図には，性能改善やトラブル対策用の回路や部品が追加されており情報が多すぎるのです．

どんなに立派に見える回路図でも，シンプルで小さな回路の素で構成されています．本書では，回路図を読み解くために最低限知っておきたい要素回路を101個集めて，動作波形や設計式とともに整理しました．味付けされていない骨回路を一つずつ覚えていけば，苦手な回路図が読めるようになることでしょう．

本書は月刊「トランジスタ技術」2011年4月号特集「基本中の基本！電子回路80選」を編集，加筆，修正したものです．

イントロダクション		第5章	信号処理
回路図を読み解く第一歩		第6章	整流
第1章	アンプ	第7章	スイッチ
第2章	フィルタ	第8章	発振
第3章	演算回路	第9章	定電圧 / 定電流など
第4章	電圧 - 電流 / 電流 - 電圧変換		

POWER ELECTRONICSシリーズ

好評発売中

磁気回路 - コア選択 - 巻き線の難題を解く
スイッチング電源のコイル / トランス設計
戸川 治朗 著
JAN9784789846394

A5 判
284 ページ
本体価格 2,800 円

パワー・エレクトロニクス設計においてもっとも理解しにくく扱いにくいとされているのが，チョーク・コイルおよびトランスです．材料さえ手にすればだれにでも自作できるものですが，現実には検討すべきパラメータがあまりに多く，どのような手順で設計・製作を進めるのが効果的かの最適解がありません．系統だてて解説した成書も存在しませんでした．本書ではスイッチング電源回路設計の立場から，磁気回路，コアの選択，巻き線法などまで現実的にていねいに解説しています．

第1章	チョーク・コイルとトランスのあらまし
第2章	コイル / トランスのコア材を徹底理解する
第3章	コイル・トランスの製作…巻き線の実践ノウハウ
第4章	スイッチング電源用チョーク・コイルの設計
第5章	スイッチング電源用トランス設計のあらまし
第6章	スイッチング電源用トランスの設計
第7章	ノイズ・フィルタのコイル設計
第8章	コイル / トランスの測定

CQ出版社 〒112-8619 東京都文京区千石4-29-14　http://www.cqpub.co.jp/

表示の価格は本体価格です．定価には購入時の消費税が加わります．

| アナログ・デザイン・シリーズ | 好評発売中 |

電源回路設計 成功のかぎ
要求仕様どおりの電源を短時間で設計できる

馬場 清太郎 著
JAN9784789842051

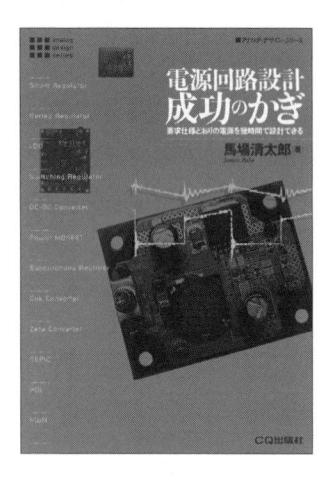

A5 判
384 ページ
本体価格 3,000 円

本書では，最近の安定化電源回路を取り上げます．安定化電源の回路方式を大別すると，出力を連続的に安定化するリニア・レギュレータと，スイッチングを用いて不連続的に安定化するスイッチング・レギュレータ（DC-DC コンバータ）があります．最近では，電子回路の高効率化の要求が高まり，それにあわせて小型化 / 低価格化の要求も厳しく，ほとんどの電子機器に DC-DC コンバータが採用されるようになりました．しかし，DC-DC コンバータ回路には明示されていないパラメータが多く，動作を真に理解するには，簡単でわかりやすい近似式を立てて設計し，実験して検証することが必要不可欠です．本書では，各種電源回路の動作を近似によって簡単な 1 次式で表して，その設計手法を具体的に示していきます．

＊：本書は「わかる!! 電源回路教室」として『トランジスタ技術』誌に連載した記事を大幅に加筆して再構成したものです．

第 1 章	電源回路設計の概要	第 12 章	反転型コンバータと新型コンバータ
第 2 章	シャント・レギュレータ		
第 3 章	3 端子レギュレータ	第 13 章	DC-DC コンバータと効率
第 4 章	LDO レギュレータ	第 14 章	高効率 DC-DC コンバータ
第 5 章	リニア・レギュレータを安定に動作させる	第 15 章	DC-DC コンバータを安定に動作させる
第 6 章	スイッチング・レギュレータの基礎	第 16 章	DC-DC コンバータの高速制御
第 7 章	降圧型コンバータの基本回路	第 17 章	インダクタとトランス
第 8 章	スイッチング電源の回路形式	第 18 章	抵抗とコンデンサの基礎知識
第 9 章	降圧型コンバータの実用回路	第 19 章	電源用半導体の基礎知識
第 10 章	昇圧型コンバータの実用設計	第 20 章	プリント基板のパターン設計
第 11 章	昇降圧型コンバータ		

| TOOL 活用シリーズ | 好評発売中 |

プリント基板 CAD EAGLE でボード作り
プロ仕様の機能を使って本格電子工作

渡辺 明禎 他共著
JAN9784789836388

A5 判
344 ページ
本体価格 2,500 円
CD-ROM 付き

量産メーカ向けの IC が 1 個から買えたり，数十？数百万円もする基板設計ツールがただで手に入ったり，注文して数日で基板が送られてきたり…．インターネットが普及した今，個人でも簡単に本格的な電子機器を開発できる時代になりました．

本書では，USB オーディオを題材として，プリント基板 CAD ソフト EAGLE の使い方から基板の発注方法まで，高速試作の一部始終をお見せします．付属 CD-ROM には，プリント基板 CAD EAGLE Light6.3 と 6.4，EAGLE の日本語版チュートリアル，EAGLE の操作法を解説する動画，本書で作成した基板データなどを収録しています．

第 1 章	はじめてのプリント基板づくり
第 2 章	部品マクロを作る
第 3 章	回路図を描いて部品表を出力する
第 4 章	プリント・パターンを作画する
第 5 章	発注 / 組み立て…そして音出し

CQ出版社　☎112-8619 東京都文京区千石4-29-14　http://www.cqpub.co.jp/

表示の価格は本体価格です．定価には購入時の消費税が加わります．

関連図書

http://www.cqpub.co.jp/

素子数無制限！動作を忠実に再現！
電子回路シミュレータLTspice入門編

大きな回路も解析できる！

神崎 康宏 著
A5判　256頁
CD-ROM付き
本体価格2,400円
JAN9784789836319

LTspiceは，OPアンプなどの高性能なアナログICを手掛けるリニアテクノロジー社が，同社の顧客向けに提供しているSPICEシミュレータです．同社のウェブサイトからも自由にダウンロードでき，使用期間も使用可能な素子数にも制限がありません．電子回路シミュレーションの入門に最適です．

電子回路の動作をパソコンで疑似体験！
電子回路シミュレータPSpice入門編

商用ツールの定番

棚木 義則 編著
A5判　264頁
CD-ROM付き
本体価格1,800円
JAN9784789836272

電子回路シミュレータで，回路の特性や動作の正しい解析結果を得るテクニックを，シンプルな回路を例として解説しました．付属CD-ROMには，電子回路シミュレーション・ソフトウェア OrCAD Family Release 9.2 Lite Editionに加え，2SC1815などのデバイス・モデルを収録していますので，すぐにシミュレータを使うことができます．

CQ出版社

表示の価格は本体価格です．定価には購入時の消費税が加わります．

〈著者略歴〉

堀米　毅（ほりごめ つよし）

1971年	北海道生まれ	1996年	新電元工業株式会社に入社
1994年	室蘭工業大学工学部卒業	2002年	株式会社ビー・テクノロジーおよびSiam
1996年	室蘭工業大学大学院工学修士取得		Bee Technologies（タイ）を設立，現在に至る

● **本書記載の社名，製品名について** ── 本書に記載されている社名および製品名は，一般に開発メーカーの登録商標です．なお，本文中では ™，®，© の各表示を明記していません．

● **本書掲載記事の利用についてのご注意** ── 本書掲載記事は著作権法により保護され，また産業財産権が確立されている場合があります．したがって，記事として掲載された技術情報をもとに製品化をするには，著作権者および産業財産権者の許可が必要です．また，掲載された技術情報を利用することにより発生した損害などに関して，CQ出版社および著作権者ならびに産業財産権者は責任を負いかねますのでご了承ください．

● **本書付属のCD-ROMについてのご注意** ── 本書付属のCD-ROMに収録したプログラムやデータなどは著作権法により保護されています．したがって，特別の表記がない限り，本書付属のCD-ROMの貸与または改変，個人で使用する場合を除いて複写複製（コピー）はできません．また，本書付属のCD-ROMに収録したプログラムやデータなどを利用することにより発生した損害などに関して，CQ出版社および著作権者は責任を負いかねますのでご了承ください．

● **本書に関するご質問について** ── 文章，数式などの記述上の不明点についてのご質問は，必ず往復はがきか返信用封筒を同封した封書でお願いいたします．勝手ながら，電話でのお問い合わせには応じかねます．ご質問は著者に回送し直接回答していただきますので，多少時間がかかります．また，本書の記載範囲を越えるご質問には応じられませんので，ご了承ください．

● **本書の複製等について** ── 本書のコピー，スキャン，デジタル化等の無断複製は著作権法上での例外を除き禁じられています．本書を代行業者等の第三者に依頼してスキャンやデジタル化することは，たとえ個人や家庭内の利用でも認められておりません．

JCOPY 〈出版者著作権管理機構委託出版物〉
本書の全部または一部を無断で複写複製（コピー）することは，著作権法上での例外を除き，禁じられています．本書からの複製を希望される場合は，出版者著作権管理機構（TEL：03-5244-5088）にご連絡ください．なお，本書付属CD-ROMの複写複製（コピー）は，特別の表記がない限り許可いたしません．

コンデンサ／トランジスタ／トランス／モータ／真空管
…どんな部品もOK！
定番回路シミュレータLTspice 部品モデル作成術　　CD-ROM付き

2013年6月1日　初　版発行	© 堀米 毅 2013
2022年5月1日　第5版発行	（無断転載を禁じます）

　　　　　　　　　　　　　　　　　　　　　　　著　者　　堀　米　　　毅
　　　　　　　　　　　　　　　　　　　　　　　発行人　　小　澤　拓　治
　　　　　　　　　　　　　　　　　　　　　　　発行所　　CQ出版株式会社
　　　　　　　　　　　　　　　　　　　　　〒112-8619　東京都文京区千石 4-29-14
　　　　　　　　　　　　　　　　　　　　　　　　　　電話　編集　03-5395-2123
ISBN978-4-7898-3639-5　　　　　　　　　　　　　　　　　販売　03-5395-2141
定価はカバーに表示してあります

乱丁，落丁本はお取り替えします　　　　　　　編集担当者　内門 和良／上村 剛士
　　　　　　　　　　　　　　　　　　　　　　DTP・印刷・製本　三晃印刷株式会社
　　　　　　　　　　　　　　　　　　　　　　カバー・表紙デザイン　千村 勝紀
　　　　　　　　　　　　　　　　　　　　　　　　　　　　　　　Printed in Japan